高等数学

（少学时）

主编　王　萍　李　娜

编者　刘瑞娟　洪银萍　周　雷

田　明　陈晓龙　赵宏艳

谢秋玲　樊庆端

東華大學出版社

内容简介

本书是针对一般的本科院校的本科少学时以及高职专科(96 学时)的学生编写的。考虑到教学对象的特点,本书在内容选择和表述上,采用了通俗易懂的语言,选用了难易程度适中的例题,由浅入深、循序渐进,使学生在掌握了初等数学的知识的前提下进一步学习和掌握高等数学的基础知识和思维方式,为其学习专业基础课以及后续专业课提供必须的数学基础知识和数学工具,提高他们的利用数学解决实际问题的能力。

本书由王萍、李娜主编。主要内容包括:函数、极限与连续(刘瑞娟编写),导数与微分(陈晓龙编写),微分中值定理与导数的应用(田明编写),不定积分(谢秋玲编写),定积分(赵宏艳编写),微分方程(李娜编写),向量与空间解析几何(樊庆端编写),多元函数微分学(洪银萍编写),二重积分(周雷编写),无穷级数(王萍编写)。

本书可作为普通高职院校的高等数学课程教材,也可作为其他工科院校读者的学习参考书。

图书在版编目(CIP)数据

高等数学:少学时/王萍,李娜主编.—上海:东华大学出版社,2013.6

ISBN 978-7-5669-0303-7

Ⅰ.①高… Ⅱ.①王… ②李… Ⅲ.①高等数学—高等学校—教材 Ⅳ.①O13

中国版本图书馆 CIP 数据核字(2013)第 144272 号

责任编辑:杜亚玲
文字编辑:刘红梅
封面设计:潘志远

高等数学(少学时)
主编 王 萍 李 娜
出　　版:东华大学出版社(上海市延安西路 1882 号,200051)
本 社 网 址:http://www.dhupress.net
天猫旗舰店:http://dhdx.tmall.com
营 销 中 心:021-62193056 62373056 62379558
印　　刷:苏州望电印刷有限公司
开　　本:710mm×1000mm 1/16
印　　张:16.75
字　　数:340 千字
版　　次:2013 年 6 月第 1 版
印　　次:2013 年 6 月第 1 次印刷
书　　号:ISBN 978-7-5669-0303-7/O·012
定　　价:34.00 元

目　　录

第一章　函数、极限与连续

日常生活中的一切事物都在不停地变化着，作为变化着的事物及它们之间依存关系的反映，在数学中就产生了变量与函数的概念. 函数是数学中最基本的概念，它的基本思想是：由某一事物的变化去推知另一事物的变化. 它的基本手段是：将变化事物的关系抽象化、形象化、简单化.

极限是人们研究事物变化趋势的一个必不可少的工具，它是从有限认识无限，从近似认识精确，从离散认识连续，从量变认识质变的一种重要的思维方法. 事实上，高等数学中的许多基本概念，如连续、导数、定积分等，本身就是某种特殊形式的极限.

连续是函数的重要特性之一，是处理客观世界连续性现象的重要数学工具.

第一节　函　　数

一、引例

函数是变量与变量之间的依赖关系. 先看下面几个例子.

【例 1】　自由落体问题

一个自由落体，从开始下落时算起经过的时间设为 t(s)，在这段时间中落体的路程设为 s(m). 由于只考虑重力对落体的作用，而忽略空气阻力等其它外力的影响，故从物理学知道 s 与 t 之间有如下的依赖关系

$$s = \frac{1}{2}gt^2, \tag{1.1}$$

其中 g 为重力加速度(在地面附近它近似于常数，通常取 $g = 9.8\ \mathrm{m/s^2}$).

如果落体从开始到着地所需的时间为 T，则变量 t 的变化范围(或称变域)为 $0 \leqslant t \leqslant T$.

当 t 在变域内任取一值时，由(1.1)可求出 s 的对应值. 例如

$$t = 1(\mathrm{s})\ 时，s = \frac{1}{2} \times 9.8 \times 1^2 = 4.9(\mathrm{m})；$$

$$t=2(\mathrm{s})\text{ 时},s=\frac{1}{2}\times 9.8\times 2^2=19.6(\mathrm{m}).$$

【例 2】 图 1-1 是气温自动记录仪描出的某一天的温度变化曲线，它给出了时间 t 与气温 T 之间的依赖关系.

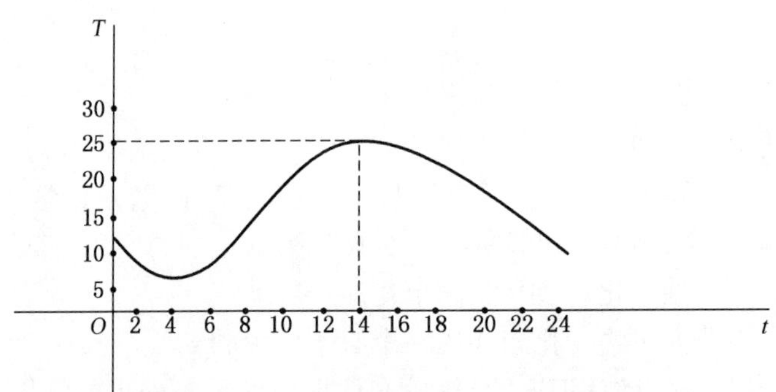

图 1-1

时间 t(小时)的变域是 $0\leqslant t\leqslant 24$，当 t 在这范围内任取一值时，从图 1-1 中的曲线可找出气温的对应值. 例如 $t=14$ 时，$T=25$℃，为一天中的最高温度.

以上的例子所描述的问题虽各不相同，但却有共同的特征：它们都表达了两个变量之间的相互依赖关系，当一个变量在它的变域中任取定一值时，另一个变量按一定法则就有一个确定的值与之对应. 把这种确定的依赖关系抽象出来，就是函数的概念.

二、函数的概念

1. 区间与邻域

在研究函数时，常用到一种特殊的集合——**区间**来表示变量的变化范围，即数轴上介于两个定点(定数)之间的一切点(实数)的集合，这两个定点(定数)称为区间的端点. 包括：

(1) 开区间：$(a, b)=\{x|a<x<b, x\in\mathbf{R}\}$；

(2) 闭区间：$[a, b]=\{x|a\leqslant x\leqslant b, x\in\mathbf{R}\}$；

(3) 半开半闭区间：$(a, b]=\{x|a<x\leqslant b, x\in\mathbf{R}\}$，$[a, b)=\{x|a\leqslant x<b, x\in\mathbf{R}\}$；

(4) 无穷区间：$(a, +\infty)=\{x|x>a, x\in\mathbf{R}\}$，$(-\infty, b]=\{x|x\leqslant b, x\in\mathbf{R}\}$ 等.

为今后研究方便，常常将开区间 $(x_0-\delta, x_0+\delta)$ 称为点 x_0 的 δ 邻域，记为

$U(x_0, \delta)$，即

$$U(x_0, \delta) = \left\{x \middle| |x - x_0| < \delta\right\}.$$

其中，点 x_0 称为该邻域的中心，δ 称为该邻域的半径.

在数轴上，$|x - x_0|$ 表示点 x 与点 x_0 之间的距离，因此，$U(x_0, \delta)$在数轴上表示与点 x_0 距离小于 δ 的一切点 x 的全体. 有时用到的邻域需要把邻域中心去掉，即点 x_0 的去心 δ 邻域：

$$\begin{aligned}\mathring{U}(x_0, \delta) &= (x_0 - \delta, x_0) \cup (x_0, x_0 + \delta) \\ &= \{x \mid 0 < |x - x_0| < \delta\}.\end{aligned}$$

2. 函数的定义

定义 1　设 D 是实数集 $\mathbf{R}$ 的子集，f 是一个对应法则. 如果对于 D 中的每一个 x，按照对应法则 f，都有确定的实数 y 与之对应，则称 f 为定义在 D 上的函数. 集 D 称为函数 f 的定义域，与 D 中 x 相对应的 y 称为 f 在 x 的函数值，记作 $y = f(x)$. 全体函数值的集

$$W = \{y \mid y = f(x), x \in D\},$$

称为函数 f 的值域.

确定函数的要素有两个：函数的定义域与对应关系 f.

若自变量在定义域内任取一个数值时，对应的函数值只有一个，这种函数叫做单值函数，否则叫做多值函数.（今后若无特别声明，均指单值函数）

函数的图形：点集 $C = \{(x, y) \mid y = f(x), x \in D\}$ 称为函数 $y = f(x)$ 的图形.

【例 3】　绝对值函数 $y = |x| = \begin{cases} x, & x \geqslant 0 \\ -x, & x < 0 \end{cases}$，它的定义域 $D = (-\infty, +\infty)$，值域 $W = [0, +\infty)$.

【例 4】　函数

$$y = \operatorname{sgn} x = \begin{cases} 1, & x > 0, \\ 0, & x = 0, \\ -1, & x < 0, \end{cases}$$

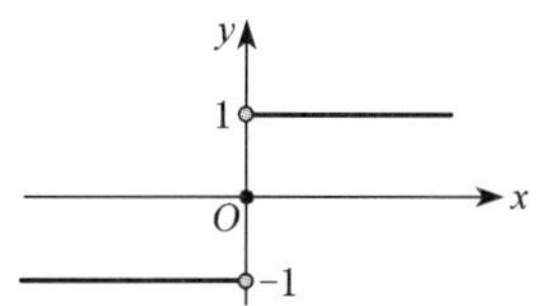

图 1-2

称为符号函数. 它的定义域 $D = (-\infty, +\infty)$，值域 $W = \{-1, 0, 1\}$，如图 1-2 所示.

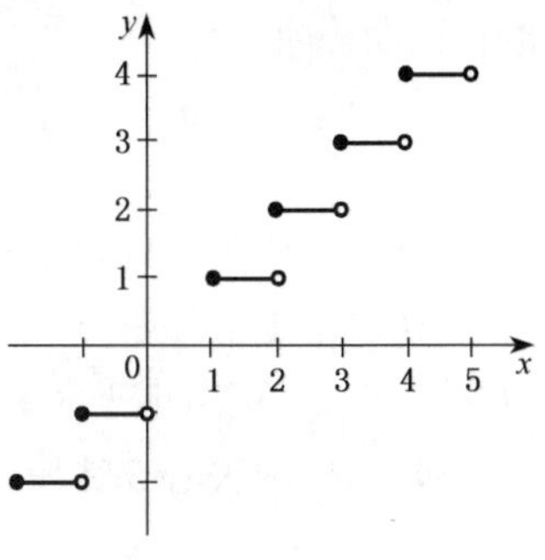

图 1-3

【例 5】 函数 $y=[x]$ 称为取整函数，其中 $[x]$ 表示不超过 x 的最大整数. 例如，$\left[\dfrac{4}{9}\right]=0$，$[\pi]=3$，$[-4.2]=-5$. 它的图像如图 1-3 所示.

例 6、例 7 和例 8 表明，有些函数在定义域的不同部分，对应法则用不同的算式表示的函数称为分段函数. 分段函数在实际问题中经常出现.

【例 6】 电风扇每台零售价为 110 元，成本为 60 元. 厂方为鼓励销售商大量采购，决定凡订购量超过 300 台以上的，每多购一台，售价就降低 0.1 元，但最低价为每台 75 元，将每台的实际售价 p 表示为订购量 x 的函数.

解 以 $p=p(x)$ 表示这个函数，根据题目规定，小于 300 台，零售价为 110 元；由于最低价为 75 元，$110-(x-300)\cdot 0.1=75$，解出 $x=650$；超过 650 台，按最低价每台 75 元销售. 于是，

$$p(x)=\begin{cases}110, & 0\leqslant x\leqslant 300,\\ 110-(x-300)\cdot 0.1, & 300<x<650,\\ 75, & x\geqslant 650.\end{cases}$$

三、函数的基本性质：奇偶性、单调性、周期性、有界性

1. 奇偶性

定义 2 设函数 $y=f(x)$ 的定义域关于原点对称，若满足

$$f(-x)=-f(x),\ \forall x\in D,$$

则称 $y=f(x)$ 为奇函数，相应地，若满足

$$f(-x)=f(x),\ \forall x\in D,$$

则称 $y=f(x)$ 为偶函数. 例如 $f(x)=x^3$ 是奇函数，$f(x)=x^2$ 是偶函数.

奇函数图形关于原点对称；偶函数图形关于 y 轴对称.

如果知道 $y=f(x)$ 在对称区间 $[-l,l]$（或 $(-l,l)$）上的奇偶性，则只须讨论 f 在 $[0,l]$（或 $(0,l)$）上的性质就可以了，因为 f 在 $[-l,0]$（或 $(-l,0]$）的性质完全可以由对称性得到.

2. 单调性

定义 3 设函数的定义域为 D，区间 $I\subset D$.

若对于任意的 $x_1<x_2\in I$，有 $f(x_1)<f(x_2)$，则称 $f(x)$ 在区间 I 上单调递增；

若对于任意的 $x_1 < x_2 \in I$，有 $f(x_1) > f(x_2)$，则称 $f(x)$ 在区间 I 上单调递减.

函数的单调性是函数非常重要的性质，它在研究反函数的存在性、函数的极值问题和方程根的个数等方面起着关键的作用.

3. 有界性

定义 4　设函数的定义域为 D，区间 $I \subset D$. 如果存在正数 M，使得对于一切 $x \in X$，总有：

(1) $|f(x)| \leqslant M$，则称函数 $f(x)$ 在 D 上是有界的；否则就称 $f(x)$ 在 D 上是无界；

(2) $f(x) \leqslant M$，则称函数 $f(x)$ 在 D 上有上界的；

(3) $f(x) > M$，则称函数 $f(x)$ 在 D 上有下界.

由定义，有界函数必有上界和下界. 反之，既有上界又有下界的函数必为有界函数. 函数的有界性是对函数值域的一个限制，它可以使我们在考虑函数值变化时有一个参考的范围.

4. 周期性

定义 5　设函数 $f(x)$ 在区间 D 上有定义，如果存在常数 $a > 0$，使对于任意的 $x \in D$，恒有 $f(x+a) = f(x)$ 成立，则称 $f(x)$ 为周期函数.

满足上式的最小的正数 a，称为 $f(x)$的周期.

例如，函数 $\sin x$，$\cos x$ 都是以 2π 为周期的函数；函数 $\tan x$ 是以 π 为周期的函数.

四、初等函数

1. 反函数与复合函数

定义 6　若对于原函数 $y = f(x)$ 的值域 W 中的任一 y 的值，从关系式 $f(x) = y$ 可以确定 x 的值，则得到一个新的函数 $x = \varphi(y)$，称为 $y = f(x)$ 的反函数. 习惯上，$y = f(x)$ 的反函数记为 $y = f^{-1}(x)$.

注意，原函数 $y = f(x)$ 的图形与它的反函数 $y = f^{-1}(x)$ 的图形关于直线 $y = x$ 对称.

定义 7　如果 $y = f(u)$，$u \in D_f$，$u = \varphi(x)$，$x \in D_\varphi$，且 $\varphi(x)$ 的值域全部或部分属于 $f(u)$ 的定义域，即 $\varphi(x)$ 的值域 R_φ 与 $f(u)$ 的定义域 D_f 的交集非空，则称 y 是 x 的复合函数，记作 $y = f[\varphi(x)]$，u 称为中间变量.

如对 $f(x) = e^x$，$\varphi(x) = \sin^2 x$，这里 $D_f = (-\infty, +\infty)$，$R_\varphi = [0, 1]$，这里 $R_\varphi \subset D_f$，故 $f[\varphi(x)] = e^{\sin^2 x}$.

又如：$y=f(u)=\sqrt{u}$，$u=\varphi(x)=\sin x-2$，这里 $D_f=[0,+\infty)$，$R_\varphi=[-3,-1]$，$D_f\cap R_\varphi=\varnothing$，即 $\varphi(x)$ 的值域使 $y=f(u)$ 无意义，所以这两个函数不能复合.

注意，判断函数 $y=f(u)$ 与 $u=\varphi(x)$ 能否构成复合函数的关键是 $f(u)$ 的定义域 D_f 与 $\varphi(x)$ 的值域 R_φ 的交集是非空集合，即 $D_f\cap R_\varphi\neq\varnothing$.

【例 7】 指出下列函数由哪些函数复合而成的？

(1) $y=\dfrac{1}{\arctan 3x}$；　(2) $y=\lg\tan\dfrac{x}{2}$；　(3) $y=\cos^2\sqrt{2+x^2}$.

解 (1) $y=u^{-1}$，$u=\arctan v$，$v=3x$，这里 v 已是简单函数，故不必继续分解.

(2) $y=\lg u$，$u=\tan v$，$v=\dfrac{x}{2}$.

(3) $y=u^2$，$u=\cos v$，$v=\sqrt{w}$，$w=2+x^2$.

2. 基本初等函数

在自然科学和工程技术中，最常见的函数是初等函数. 而五种基本初等函数（指数函数、对数函数、幂函数、三角函数、反三角函数）则是构成初等函数的基础.

(1) 指数函数

$$y=a^x\quad(a>0,\ a\neq 1),$$

定义域为 $(-\infty,+\infty)$，任意 $x\in\mathbf{R}$，总有 $a^x>0$，且 $a^0=1$，所以指数函数的图形位于 x 轴的上方. 在今后的学习中，常用的指数函数是 $y=\mathrm{e}^x$，其中 $\mathrm{e}=2.7182818284\cdots$ 为无理数.

(2) 对数函数

$$y=\log_a x\quad(a>0,\ a\neq 1),$$

它是指数函数 $y=a^x$ 的反函数. 所以它的定义域为 $(0,+\infty)$，值域为 $(-\infty,+\infty)$. 当 $a>1$ 时为严格单增函数，当 $0<a<1$ 时为严格单减函数. 它的图形位于 y 轴的右方，且通过点 $(-1,0)$.

工程数学中常常用到以 e 为底的对数函数 $y=\log_{\mathrm{e}}x$，称为自然对数，并简记为 $y=\ln x$.

(3) 幂函数

$$y=x^\mu\quad(\mu\in\mathbf{R},\ \mu\neq 0),$$

它的定义域当 μ 是正整数时为 $(-\infty,+\infty)$，当 μ 是负整数时为不为零的一切实数. 当 μ 是有理数或无理数时情况比较复杂. 但不论 μ 为何值，幂函数在 $(0,+\infty)$ 内总有定义. 这时可以把它看作指数函数 $y=\mathrm{e}^u$ 与对数函数 $u=\mu\ln x$ 的复合函数：

$$x^{\mu} = e^{\mu \ln x},\ 0 < x < +\infty.$$

(4) 三角函数

正弦函数　　$y = \sin x,\quad -\infty < x < +\infty;$

余弦函数　　$y = \cos x,\quad -\infty < x < +\infty;$

正切函数　　$y = \tan x,\quad x \neq (2k+1)\dfrac{\pi}{2}\ (k \in \mathbf{Z});$

余切函数　　$y = \cot x,\quad x \neq k\pi\ (k \in \mathbf{Z});$

正割函数　　$y = \sec x,\quad x \neq (2k+1)\dfrac{\pi}{2}\ (k \in \mathbf{Z});$

余割函数　　$y = \csc x,\quad x \neq k\pi\ (k \in \mathbf{Z}).$

我们在中学里已经知道,这些函数都是周期函数.

(5) 反三角函数

反三角函数是三角函数的反函数,由于三角函数都是周期函数,故对于其值域的每个 y 值,与之对应的 x 值有无穷多个,因此在三角函数的定义域上,其(单值的)反函数是不存在的. 为了避免多值性,我们在各个三角函数中适当选取它们的一个严格单调区间,由此得出的反函数称之为反三角函数的主值支,简称主值.

反正弦函数

$$y = \arcsin x,\ x \in [-1, 1],\ y \in \left[-\frac{\pi}{2}, \frac{\pi}{2}\right];$$

反余弦函数

$$y = \arccos x,\ x \in [-1, 1],\ y \in [0, \pi];$$

反正切函数

$$y = \arctan x,\ x \in (-\infty, +\infty),\ y \in \left(-\frac{\pi}{2}, \frac{\pi}{2}\right);$$

反余切函数

$$y = \operatorname{arccot} x,\ x \in (-\infty, +\infty),\ y \in (0, \pi).$$

上列五种函数统称为基本初等函数,是最常用、最基本的函数.

3. 初等函数

定义 8　由基本初等函数和常函数经过有限次的四则运算与有限次的函数复合所产生并且能用一个解析式表示的函数称为初等函数.

例如函数

$$y = \sqrt{1+x^2},\ y = 3\sin\left(2x + \frac{2}{3}\pi\right),\ y = x2^{\sin x} - \frac{1}{x} - \log_2(1+2x^2)$$

都是初等函数.

并非所有函数皆为初等函数,分段函数一般不是初等函数.不是初等函数的函数统称为非初等函数.例如,符号函数 $\operatorname{sgn} x$,取整函数 $[x]$ 都是非初等函数.但也有分段函数却能用一个解析式来表示,如函数 $f(x)=\begin{cases}x, & x\geqslant 0,\\ -x, & x<0,\end{cases}$ 可以写成 $f(x)=\sqrt{x^2}$,因而它是一个初等函数.

在建筑、电工、力学、电讯等工程技术问题中常用的一大类函数是以 e 为底的指数函数 e^x 和 e^{-x} 所构成的双曲函数.

(1) 双曲正弦:$\operatorname{sh} x=\dfrac{\mathrm{e}^x-\mathrm{e}^{-x}}{2}$;

(2) 双曲余弦:$\operatorname{ch} x=\dfrac{\mathrm{e}^x+\mathrm{e}^{-x}}{2}$;

(3) 双曲正切:$\operatorname{th} x=\dfrac{\operatorname{sh} x}{\operatorname{ch} x}=\dfrac{\mathrm{e}^x-\mathrm{e}^{-x}}{\mathrm{e}^x+\mathrm{e}^{-x}}$.

习题 1-1

1. 求下列函数的定义域:

(1) $y=\arccos(x-3)$;　(2) $y=\mathrm{e}^{\frac{1}{x}}$;　(3) $y=\sqrt{3-x}+\arctan\dfrac{1}{x}$;

(4) $y=\dfrac{2x}{\sqrt{x^2-3x+2}}$;　(5) $y=\sqrt{\lg(x^2-3)}$;　(6) $y=\dfrac{1}{2}\ln\dfrac{1+x}{1-x}$.

2. 下列函数哪些是奇函数?哪些是偶函数?哪些是非奇非偶函数:

(1) $f(x)=2x-3x^5$;　(2) $f(x)=\dfrac{a^x-a^{-x}}{2}$;　(3) $f(x)=\sin(\cos x)$;

(4) $f(x)=\sin x-\cos x+1$;　(5) $f(x)=\dfrac{|x|}{x}$;　(6) $f(x)=x\sin x$.

3. 指出下列复合函数是由哪些函数复合而成的:

(1) $y=\sin^2 x$;　(2) $y=\ln\cos 2x$;　(3) $y=\sec^3\left(1-\dfrac{1}{x}\right)$;

(4) $y=\mathrm{e}^{\cos^2 x}$;　(5) $y=\sqrt{1+\ln^2 x}$;　(6) $y=(\arcsin \mathrm{e}^x)^3$.

4. 若 $f(x)=\begin{cases}1+x, & -\infty<x\leqslant 0,\\ 2^x, & 0<x<+\infty,\end{cases}$ 求 $f(-2)$, $f(0)$, $f(5)$ 及 $f(x-1)$.

5. 设 $f\left(x+\dfrac{1}{x}\right)=x^2+\dfrac{1}{x^2}$,求 $f(x)$.

6. 一球的半径为 R,作外切于球的圆锥,试将圆锥的体积表示为圆锥高 h 的函数.

$$V=\frac{\pi R^2h^2}{3(h-2R)},\ 2R<h<+\infty.$$

第二节　极限的概念

一、数列的极限

极限理论是整个微积分理论的基础及基本工具，贯穿于整个课程之中. 在各种类型的极限中，数列的极限是最简单的.

极限的概念是由于求解某些实际问题的真值而产生的. 如古代数学家刘徽的"割圆术"，就是极限思想在几何学上的应用. 在一个圆内，做一个内接正六边形，其面积为 A_1；再做一个内接正十二(6×2)边形，其面积为 A_2；再做一个内接正二十四(6×2^2)边形，其面积为 A_3；……，一般对于内接的正 $6\times2^{n-1}$ 边形，面积记作 $A_n(n\in N)$；得到一系列的内接正多边形的面积：A_1，A_2，$\cdots A_n$，$\cdots$，形成一列有次序的数，而且 n 越大即随着边数的无限增加，内接正多边形就无限地接近于圆，同时 A_n 就越接近某个定值，此定值即为圆的面积.

1. 数列的概念及表示

定义 1　按照一定的顺序排成的一列数，称之为数列，可以记为

$$x_1,\ x_2,\ x_3,\ \cdots,\ x_n,\ \cdots \text{或}\{x_n\},$$

其中 x_n 称为数列的一般项或通项.

若视数列为定义在自然数域 **N** 上的函数 $f(n)$，则 $x_n=f(n)$，$n\in\mathbf{N}$. 数列的图示方法有两种(如图 1-4，图 1-5)：

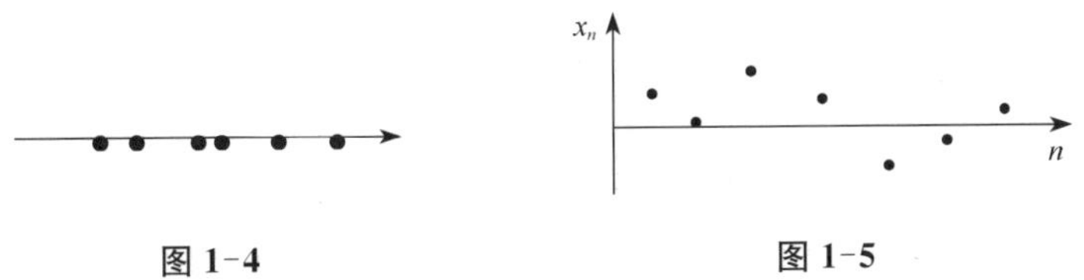

图 1-4　　图 1-5

2. 数列的特性

(1) 有界数列：$\exists M>0$，使 $|x_n|\leqslant M$ 对所有的 n 都成立，称数列 $\{x_n\}$ 为有界数列，其特点是所有的 x_n 都落在一条宽为 $2M$ 的区域中，如图 1-6.

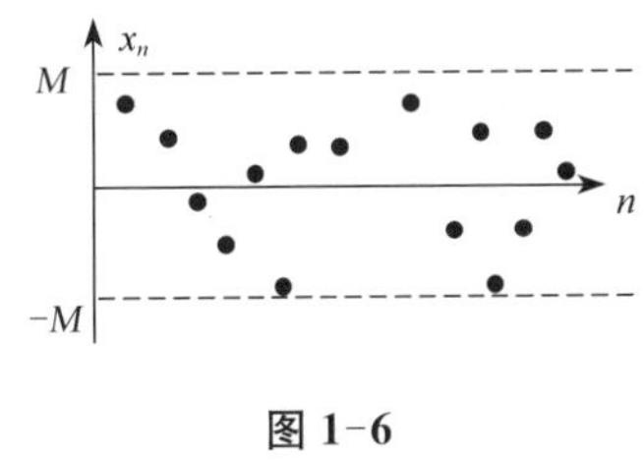

图 1-6

如，数列 $\left\{\dfrac{1}{2^n}\right\}$，$\{(-1)^n\}$ 都是有界数列；数列

$\{n\}$，$\{(-1)^n n^2\}$ 则为无界数列.

注 有界数列的等价定义：存在常数 a，b，使得 $a \leqslant x_n \leqslant b$，$\forall n \in \mathbf{N}$. 其中 a 为下界，b 为上界.

(2) 单调数列：$x_1 < x_2 < x_3 < \cdots < x_n < \cdots$，单调增加数列

$x_1 > x_2 > x_3 > \cdots > x_n > \cdots$，单调减小数列

数列 $\left\{\frac{1}{2^n}\right\}$：$\frac{1}{2}$，$\frac{1}{4}$，$\frac{1}{8}$，…，$\frac{1}{2^n}$，…为单减(有界)数列，$\{n\}$：1，2，3，…，$n$，…为单增(无上界)数列，而 $\{(-1)^n\}$：-1，1，-1，1，…则为非单调(有界)数列.

3. 数列的极限

观察下面数列的变化趋势

$1, \frac{1}{2}, \frac{1}{4}, \frac{1}{8}, \cdots, \frac{1}{2^n}, \cdots \qquad x_n = \frac{1}{2^{n-1}} \to 0\ (n \to \infty)$；

$\frac{1+1}{1}, \frac{2+1}{2}, \frac{3+1}{3}, \cdots, \frac{n+1}{n}, \cdots \qquad x_n = \frac{n+1}{n} \to 1\quad (n \to \infty)$；

$1, -\frac{1}{2}, \frac{1}{3}, -\frac{1}{4}, \cdots, (-1)^{n-1}\frac{1}{n}, \cdots \qquad x_n = (-1)^{n-1}\frac{1}{n} \to 0\quad (n \to \infty)$.

共同点：存在常数 a，当 n 无限增大时，x_n 无限接近于 a. 这一类数列统称为"收敛数列"，a 则为数列的极限. 不具备这一条件的数列则为发散数列. 如数列 $\{(-1)^n\}$，$\{n\}$ 均为发散数列.

问题：如何用数学的语言描述数列的收敛或发散？收敛或发散的数列有什么样的性质？如果数列收敛，如何求其极限？

对于收敛的数列 $\{x_n\}$，当 n 充分大时，x_n 充分接近于 a，即 $|x_n - a|$ 可以充分的小. 如数列 $\left\{1+(-1)^n\frac{1}{n}\right\}$，观察可得：$x_n = 1+(-1)^n\frac{1}{n} \to 1(n \to \infty)$；此时 $a = 1$；即当 n 充分大时，$|x_n - 1| = \left|1+(-1)^n\frac{1}{n} - 1\right| = \frac{1}{n}$ 可以充分的小，或要使 $|x_n - 1| = \frac{1}{n}$ 足够的小，只要让 n 充分大即可.

如要使 $|x_n - 1| = \frac{1}{n} < 0.1$，显然只要 $n > 10$；如果要 $|x_n - 1| = \frac{1}{n} < 0.01$，只要 $n > 100$；如果要求 $|x_n - 1| = \frac{1}{n} < 0.0001$，只要 $n > 10000$，……

一般，对于任意小的正数 ε，要使 $|x_n - 1| = \frac{1}{n} < \varepsilon$，只要 $n > \frac{1}{\varepsilon}$；记 $N = \left[\frac{1}{\varepsilon}\right]$，则当 $n > N$ 时，必有 $n > \frac{1}{\varepsilon}$，从而有 $|x_n - 1| = \frac{1}{n} < \varepsilon$.

按照上述分析，所谓$\lim\limits_{n\to\infty}x_n=a$，可以量化为：对于任意选取．事先给定的正数$\varepsilon$，存在正整数$N$，只要$n>N$，就有$|x_n-a|<\varepsilon$.

为了表达方便，用记号"$\forall$"表示"任意选取，事先给定的"，记号"$\exists$"表示"存在".

定义 2　$\forall\varepsilon>0$，$\exists N>0$，当$n>N$时，若有$|x_n-a|<\varepsilon$，则称数列$\{x_n\}$收敛，并且以a为极限，记作：$\lim\limits_{n\to\infty}x_n=a$（或$x_n\to a$，$(n\to\infty)$）.

注　① ε的任意小性，N的存在性，且$N=N(\varepsilon)$不是唯一的，一般ε越小，N越大；

② $\lim\limits_{n\to\infty}x_n=a$的图示如图 1-9.

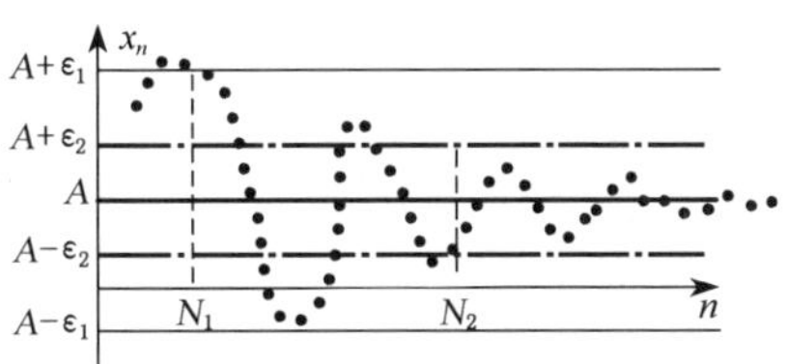

图 1-9

以上描述极限的方式称为$\varepsilon-N$语言，是对数列极限的精确数学描述，有很高的理论价值，还可以用来讨论验证一些极限问题.

【例 1】　设$|q|<1$，证明等比数列：$1, q, q^2, q^3, \cdots, q^4, \cdots$以 0 为极限.

证　（证明$\lim\limits_{n\to\infty}q^n=0$，即应证明$\forall\varepsilon>0$，$\exists N$，当$n>N$时，$|q^n-0|<\varepsilon$）.

$\forall\varepsilon>0$，欲使$|q^n-0|=|q|^n<\varepsilon$，只要$n\ln|q|<\ln\varepsilon$，即$n>\dfrac{\ln\varepsilon}{\ln|q|}$.

故取$N=\left[\dfrac{\ln\varepsilon}{\ln|q|}\right]$，当$n>N$，即$n>\dfrac{\ln\varepsilon}{\ln|q|}$时，$|q^n|<\varepsilon$，即证得$\lim\limits_{n\to\infty}q^n=0$.

由数列极限定义可得

$\lim\limits_{n\to\infty}\dfrac{1}{n^\alpha}=0(\alpha>0)$；$\lim\limits_{n\to\infty}C=C$（$C$为常数）；$\lim\limits_{n\to\infty}q^n=0(|q|<1)$.

4. 数列极限的性质

定理 1　（唯一性）若数列$\{x_n\}$收敛，则其极限是唯一的.

定理 2　（有界性）收敛的数列一定是有界的数列.

定理 3　如果数列收敛于a，则其任意子列一定收敛且必收敛于a.

注　定理 3 表明，如果某数列的两个子列收敛于不同的值，则此数列一定发散．如$\{(-1)^n\}$，$x_{2n+1}=-1\to-1$，$x_{2n}=1\to1$，故此数列发散.

二、函数的极限

1. 自变量趋于无穷大时函数的极限（$x\to\infty$，$f(x)\to A$）

复习数列极限的定义：数列$\{x_n\}$以a为极限即$\lim\limits_{n\to\infty}x_n=a\Leftrightarrow\forall\varepsilon>0$，$\exists N$，$n>N$时，$|x_n-a|<\varepsilon$.

令$x_n=f(n)$，则$\lim\limits_{n\to\infty}f(n)=a\Leftrightarrow\forall\varepsilon>0$，$\exists N$，当$n>N$时，$|f(n)-a|<\varepsilon$．将$n$换成连续变量$x$，将$a$改记为$A$，就可以得到$x\to\infty$时，$f(x)\to A$的极限的定

义及其数学上的精确描述.

定义 3 $\forall \varepsilon > 0, \exists X$,当$|x| > X$时,$|f(x)-A| < \varepsilon$,称$A$为$x \to \infty$时,$f(x)$的极限,记作$\lim\limits_{x\to\infty} f(x) = A$,或$f(x) \to A, (x \to \infty)$.

例如,当$x \to \infty$时,函数$\frac{1}{x}$与0无限接近,即有$\lim\limits_{x\to\infty} \frac{1}{x} = 0$.

注 ① 描述$\lim\limits_{x\to\infty} f(x) = A$的语言称为$\varepsilon \sim X$语言;

② ε的任意小性,$X = X(\varepsilon)$的存在性,一般ε越小,X越大;

③ 从图 1-7 看,若$\lim\limits_{n\to\infty} f(x) = A$,则$y = A$是曲线$y = f(x)$的水平渐近线.

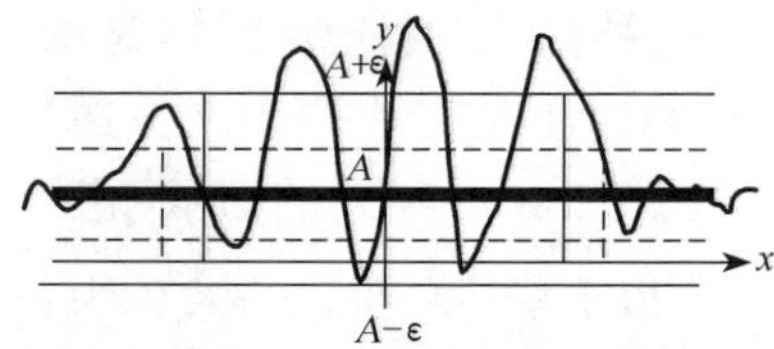

图 1-7

【例 2】 证明:$\lim\limits_{x\to\infty} \frac{1}{x} = 0$.

证 (应证明,$\forall \varepsilon > 0, \exists X$,当$|x| > X$时,$\left|\frac{1}{x} - 0\right| = \frac{1}{|x|} < \varepsilon$) $\forall \varepsilon > 0, \exists X = \frac{1}{\varepsilon} > 0$,当$|x| > X$时,有

$$|f(x) - A| = \left|\frac{1}{x} - 0\right| = \frac{1}{|x|} < \varepsilon,$$

这就证明了$\lim\limits_{x\to\infty} \frac{1}{x} = 0$.

2. 自变量趋于有限值时函数的极限($f(x) \to A, x \to x_0$)

定义 4 $\forall \varepsilon > 0, \exists \delta > 0$,当$0 < |x - x_0| < \delta$时,若有$|f(x) - A| < \varepsilon$,则称当$x \to x_0$时,函数$f(x)$以$A$为极限,记作$\lim\limits_{x\to x_0} f(x) = A$或$f(x) \to A(x \to x_0)$.

注 ① 描述极限$\lim\limits_{x\to x_0} f(x) = A$的数学语言称为$\varepsilon \sim \delta$语言;

② 注意定义中ε的任意小性,δ的存在性,一般ε越小,δ也越小;

③ 定义中$0 < |x - x_0|$,即$x \neq x_0$,表明$\lim\limits_{x\to x_0} f(x)$存在与否与函数$f(x)$在$x_0$有无定义无关,而与$f(x)$在$x_0$邻域内的状况有关;

④ 从图 1-8 上看,当x落入$(x_0 - \delta, x_0 + \delta)$时,函数$f(x)$落入宽为$2\varepsilon$的区域$(A - \varepsilon, A + \varepsilon)$中.

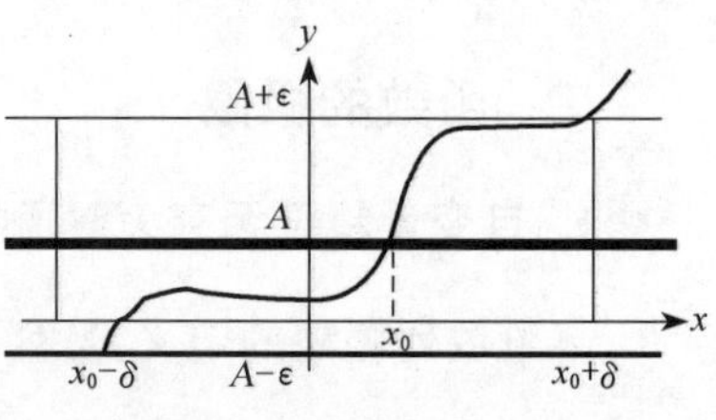

图 1-8

【例 3】 证明极限 $\lim\limits_{x\to 2}(2x+3)=5$

分析　$|f(x)-A|=|(2x+3)-5|=2|x-1|$. $\forall\varepsilon>0$,要使 $|f(x)-A|<\varepsilon$,只要 $|x-1|<\frac{\varepsilon}{2}$.

证　因为 $\forall\varepsilon>0$, $\exists\delta=\frac{\varepsilon}{2}$,当 $0<|x-1|<\delta$ 时,有

$$|f(x)-A|=|(2x+3)-5|=2|x-1|<2\delta=\varepsilon.$$

注　用定义不难证明:常数的极限仍然为常数,以及 $\lim\limits_{x\to x_0}x=x_0$.

3. 左极限与右极限(单侧极限)

若 x 从 x_0 的左侧 $(x<x_0)$ 趋于 x_0 时,有 $f(x)\to A$,称 A 为函数 $f(x)$ 在 x_0 的左极限,记作 $\lim\limits_{x\to x_0^-}f(x)=A$,或 $f(x_0-0)=\lim\limits_{x\to x_0^-}f(x)=A$;

若 x 从 x_0 的右侧 $(x>x_0)$ 趋于 x_0 时,有 $f(x)\to A$,称 A 为函数 $f(x)$ 在 x_0 的右极限,记作 $\lim\limits_{x\to x_0^+}f(x)=A$,或 $f(x_0+0)=\lim\limits_{x\to x_0^+}f(x)=A$.

【例 4】 设函数 $f(x)=\begin{cases}x-1, & x<0,\\ 0, & x=0\\ x+1, & x>0\end{cases}$,试观察函数在 $x=0$ 时的左、右极限.

解　$f(0-0)=\lim\limits_{x\to 0^-}f(x)=\lim\limits_{x\to 0^-}(x-1)=-1$, $f(0+0)=\lim\limits_{x\to 0^+}f(x)=\lim\limits_{x\to 0^+}(x+1)=1$ 很显然,$f(0+0)\neq f(0-0)$.

定理 4　函数在一点极限存在的充分必要条件是在这一点的左右极限存在并且相等,即

$$\lim_{x\to x_0}f(x)=A\Leftrightarrow\lim_{x\to x_0^+}f(x)=\lim_{x\to x_0^-}f(x)=A.$$

【例 5】 观察函数 $f(x)=\begin{cases}x+a, & x\leqslant 1,\\ \dfrac{x-1}{x^2-1}, & x>1.\end{cases}$ 问 $\lim\limits_{x\to 1}f(x)$ 是否存在?

解　右极限:$\lim\limits_{x\to 1^+}f(x)=\lim\limits_{x\to 1^+}\dfrac{x-1}{x^2-1}=\lim\limits_{x\to 1^+}\dfrac{1}{x+1}=\dfrac{1}{2}$;

左极限:$\lim\limits_{x\to 1^-}f(x)=\lim\limits_{x\to 1^-}(x+a)=1+a$.

根据左右极限与函数极限的关系,只有当 $1+a=\frac{1}{2}$,即 $a=-\frac{1}{2}$ 时,极限存在,并且有 $\lim\limits_{x\to 1}f(x)=-\frac{1}{2}$;若 $a\neq-\frac{1}{2}$,极限则不存在.

习题 1-2

1. 观察下列数列是否有极限：

(1) $u_n = \frac{n}{n+1}$；　(2) $u_n = \frac{1}{n^2+1}$；　(3) $u_n = \frac{n^2-1}{n+1}$；

(4) $u_n = (-1)^n \frac{1}{n}$；　(5) $u_n = (-1)^n n$；　(6) $u_n = \sin \frac{\pi}{n}$.

2. 根据数列极限的定义证明：

(1) $\lim\limits_{n\to\infty} \frac{1}{n} = 0$；　(2) $\lim\limits_{n\to\infty} \frac{3n+1}{2n+1} = \frac{3}{2}$.

3. 观察下列函数极限是否存在.如果存在，求出该极限.

(1) $\lim\limits_{x\to 0} \sin x$；　(2) $\lim\limits_{x\to +\infty} e^{-x}$；　(3) $\lim\limits_{x\to -\infty} \arctan x$；

(4) $\lim\limits_{x\to +\infty} \arctan x$；　(5) $\lim\limits_{x\to 0} \cos \frac{1}{x}$.

4. 利用函数极限定义证明：

(1) $\lim\limits_{x\to 2}(3x-2) = 4$；　(2) $\lim\limits_{x\to +\infty} \frac{1}{x+3} = 0$.

5. 讨论函数 $x \to 0$ 时，$f(x)$ 的极限是否存在，并说明理由.

$$f(x) = \begin{cases} x-1, & x < 0, \\ 0, & x = 0, \\ x+1, & x > 0. \end{cases}$$

6. 证明：若 $f(x) = \frac{x^2}{|x|}$，则$\lim\limits_{x\to 0} f(x) = 0$.

第三节　无穷小与无穷大

在极限的研究中，有两类特殊的极限：$\lim\limits_{\substack{x\to x_0 \\ (x\to\infty)}} f(x) = 0$ 与 $\lim\limits_{\substack{x\to x_0 \\ (x\to\infty)}} f(x) = \infty$，它们有着重要的作用和性质，需要进行专门的讨论.

一、无穷小

在实际问题中，常会遇到以 0 为极限的变量.例如，把石子投入水中，水波向四面传开，它的振幅随时间的增加而逐渐减小并趋向于 0；又如电池在使用过程中，其电量随时间的增加而逐渐减小并趋向于 0；函数 $f(x) = x-1$，当 x 趋近于 1 时，$f(x)$ 无限趋近于 0.对于这种变量的变化性态，给出下面定义.

1. 无穷小的概念

定义 1　如果函数 $f(x)$ 当 $x \to x_0 (x \to \infty)$ 时的极限为 0，那么称函数 $f(x)$

为当 $x \to x_0(x \to \infty)$ 时的无穷小.

特别地,以 0 为极限的数列 $\{x_n\}$ 称为 $n \to \infty$ 时的无穷小.

例如,因为 $\lim\limits_{x \to 1}(x-1)=0$,所以当 $x \to 1$ 时,函数 $f(x)=x-1$ 为无穷小. 因为 $\lim\limits_{x \to -\infty} e^x = 0$,所以当 $x \to -\infty$ 时,函数 $f(x)=e^x$ 为无穷小.

注① 无穷小不能脱离过程. 如 $f(x)=\dfrac{1}{1-x}$ 是 $x \to \infty$ 时的无穷小,而在 $x \to 0$ 时不是无穷小;

② 无穷小不是指很小的数,而是"要多小有多小";

③ "零"是一个特殊的数,数中只有 0 是无穷小.

无穷小是以 0 为极限的特殊函数,从辩证法的角度来看,特殊与一般之间往往存在转化关系.

2. 无穷小与有极限变量的关系

定理 1　在自变量的同一变化过程中,函数 $f(x)$ 具有极限 A 的充分必要条件是 $f(x)=A+\alpha$,其中 α 是该极限过程中的无穷小.

证明:下面仅就 $x \to x_0$ 的情况给出证明,其他情况证明类似.

必要性　设 $\lim\limits_{x \to x_0} f(x)=A$,由极限的定义可知,对 $\forall \varepsilon>0$,$\exists \delta>0$,当 $0<|x-x_0|<\delta$ 时,则有 $|f(x)-A|<\varepsilon$.

若令 $\alpha(x)=f(x)-A$,即有 $|\alpha(x)|<\varepsilon$,再由极限的定义可知 $\lim\limits_{x \to x_0}\alpha(x)=0$.

可见 $\alpha(x)$ 是当 $x \to x_0$ 时的无穷小,且 $f(x)=A+\alpha(x)$.

充分性　设 $f(x)=A+\alpha(x)$,其中 $\lim\limits_{x \to x_0}\alpha(x)=0$. 由极限的定义可知,对任意的 $\varepsilon>0$,存在 $\delta>0$,当 $0<|x-x_0|<\delta$ 时,则有 $|\alpha(x)|=|f(x)-A<\varepsilon|$,再由极限的定义可知 $\lim\limits_{x \to x_0} f(x)=A$.

下面给出无穷小的几条性质.

定理 2　有限个无穷小的和也是无穷小.

证　只需证明两个无穷小之和是无穷小就可以了. 设 α, β 是 $x \to x_0$ 时的两个无穷小,而 $\gamma=\alpha+\beta$,任意给定 $\varepsilon>0$,因 $\lim\limits_{x \to x_0}\alpha=0$,故对 $\dfrac{\varepsilon}{2}>0$,存在 $\delta_1>0$,当 $x \in \mathring{U}(x_0, \delta_1)$ 时,有 $|\alpha|<\dfrac{\varepsilon}{2}$;又因 $\lim\limits_{x \to x_0}\beta=0$,故对 $\dfrac{\varepsilon}{2}>0$,存在 $\delta_2>0$,当 $x \in \mathring{U}(x_0, \delta_2)$ 时,有 $|\beta|<\dfrac{\varepsilon}{2}$.

取 $\delta=\min\{\delta_1, \delta_2\}$,则当 $x \in \mathring{U}(x_0, \delta_2)$ 时,有

$$|\gamma|=|\alpha+\beta| \leqslant |\alpha|+|\beta|<\frac{\varepsilon}{2}+\frac{\varepsilon}{2}=\varepsilon$$

这就说明 $\lim\limits_{x\to x_0}\gamma=0$，$\gamma=\alpha+\beta$ 也是 $x\to x_0$ 时的无穷小.

定理 3 有界函数与无穷小之积仍然是无穷小.

证 考虑极限过程为 $x\to x_0$，设函数 $g(x)$ 在 x_0 的某一去心邻域内有界，则存在正数 M，使 $|g(x)|\leqslant M$；$f(x)$ 是 $x\to x_0$ 时的无穷小，由定义，$\lim\limits_{x\to x_0}f(x)=0\Leftrightarrow\forall\varepsilon>0,\exists\delta>0,0<|x-x_0|<\delta$ 时，$|f(x)|<\dfrac{\varepsilon}{M}$；即 $\forall\varepsilon>0,\exists\delta>0$，$0<|x-x_0|<\delta$ 时，$|f(x)\cdot g(x)|=|f(x)|\cdot|g(x)|<\dfrac{\varepsilon}{M}\cdot M=\varepsilon$，证得：$\lim\limits_{x\to x_0}f(x)\cdot g(x)=0$.

推论 1 常数与无穷小之积仍然是无穷小.

推论 2 有限个无穷小之积仍然是无穷小.

【例 1】 求极限 $\lim\limits_{x\to\infty}\dfrac{\sin x}{x}$.

解 因为 $-1\leqslant\sin x\leqslant1$，即 $\sin x$ 是有界函数；又 $\dfrac{1}{x}\to0(x\to\infty)$ 即 $\dfrac{1}{x}$ 是 $x\to\infty$ 时的无穷小，由无穷小的性质，$\dfrac{\sin x}{x}$ 仍然是无穷小，从而有 $\lim\limits_{x\to\infty}\dfrac{\sin x}{x}=0$.

二、无穷大

如果当 $x\to x_0$ 时，对应的函数值的绝对值 $|f(x)|$ 无限增大，就说函数 $f(x)$ 当 $x\to x_0$ 时为无穷大.

定义 2 $\forall M>0,\exists\delta>0$，当 $0<|x-x_0|<\delta$ 时，若有 $|f(x)|>M$，则称 $f(x)$ 是 $x\to x_0$ 时的无穷大，记作 $\lim\limits_{x\to x_0}f(x)=\infty$.

定义 2′ $\forall M>0,\exists X>0$，当 $|x|>X$ 时，若有 $|f(x)|>M$，则称 $f(x)$ 是 $x\to\infty$ 时的无穷大，记作 $\lim\limits_{x\to x_0}f(x)=\infty$.

注 ① 无穷大不是数，不可与很大的数(如一千万、一亿等)混为一谈；

② 无穷大与无界量是不一样的. 比如数列 1, 0, 2, 0, …, n, 0, … 是无界的，但它不是无穷大；

③ $\lim f(x)=\infty$ 属于极限不存在，因为其变化趋势是绝对值越来越大，故习惯上总称极限为无穷大；

④ 若 $\lim\limits_{x\to x_0}f(x)=\infty$，则曲线 $y=f(x)$ 有一条竖直的渐近线：$x=x_0$.

定理 4 (无穷大与无穷小的关系)在同一极限过程中，如果 $f(x)$ 为无穷大，则 $\dfrac{1}{f(x)}$ 必为无穷小；如果 $f(x)$ 为无穷小，且 $f(x)\neq0$，则 $\dfrac{1}{f(x)}$ 为无穷大.

证　设 $f(x)\neq 0$ 且 $f(x)$ 是 $x\to x_0$ 时的无穷小，即 $\lim\limits_{x\to x_0}f(x)=0$，从而对于任意大的正数 M，取 $\varepsilon=\dfrac{1}{M}$，则 $\exists\delta>0$，$0<|x-x_0|<\delta$ 时，$|f(x)|<\varepsilon$；即 $\left|\dfrac{1}{f(x)}\right|>\dfrac{1}{\varepsilon}=M$，表明 $\dfrac{1}{f(x)}$ 是 $x\to x_0$ 时的无穷大.

【例 2】　下列函数在什么趋向下是无穷小？在什么趋向下是无穷大？

(1) $f(x)=\mathrm{e}^{-x}$；　　(2) $f(x)=\dfrac{x+1}{x-1}$.

解　(1) 当 $x\to+\infty$ 时，$f(x)=\mathrm{e}^{-x}$ 是无穷小；而当 $x\to-\infty$ 时，$f(x)=\mathrm{e}^{-x}$ 是无穷大；

(2) 当 $x\to-1$ 时，$f(x)=\dfrac{x+1}{x-1}$ 是无穷小；而当 $x\to+1$ 时，$f(x)=\dfrac{x+1}{x-1}$ 是无穷大.

思考：函数 $f(x)=\mathrm{e}^{\frac{1}{x}}$ 是否是 $x\to 0$ 时的无穷大？

习题 1-3

1. 指出下列函数哪些是无穷小？哪些是无穷大？

(1) $y=\dfrac{1-2x}{x^2}\ (x\to 0)$；　　(2) $y=2^x-1\ (x\to 0)$；

(3) $y=\mathrm{e}^x\ (x\to-\infty)$；　　(4) $y=\ln(x-1)\ (x\to 1^+)$；

(5) $y=\dfrac{x^2-1}{x^2+2x-3}\ (x\to-3)$.

2. 利用无穷小的性质说明下列函数是无穷小：

(1) $\lim\limits_{x\to 0}(2x^2-3x+x)$；　　(2) $\lim\limits_{x\to\infty}\dfrac{\sin x}{x}$；

(3) $\lim\limits_{x\to\infty}\dfrac{\arctan x}{x}$；　　(4) $\lim\limits_{x\to 0}x^2\sin\dfrac{1}{x}$.

3. 求下列极限并说明理由：

(1) $\lim\limits_{x\to\infty}\dfrac{2x+1}{x}$；　　(2) $\lim\limits_{x\to\infty}\dfrac{1-x^2}{1+x^2}$.

第四节　极限运算法则

本节讨论极限的求法，主要是建立极限的四则运算法则. 利用这些法则，可以求出某些函数的极限. 以后还将介绍极限的其它求法. 用 $\lim f(x)$ 表示自变量在 $x\to x_0$ 或 $x\to\infty$ 过程中 $f(x)$ 的极限.

一、极限的四则运算法则

定理 1(函数极限的四则运算法则)

设 $\lim\limits_{x\to x_0}f(x)=A,\lim\limits_{x\to x_0}g(x)=B$, 则极限的四则运算法则

1° $\lim\limits_{x\to x_0}[f(x)\pm g(x)]=A\pm B=\lim\limits_{x\to x_0}f(x)\pm\lim\limits_{x\to x_0}g(x)$;

2° $\lim\limits_{x\to x_0}[f(x)\cdot g(x)]=A\cdot B=[\lim\limits_{x\to x_0}f(x)]\cdot[\lim\limits_{x\to x_0}g(x)]$;

3° $\lim\limits_{x\to x_0}\dfrac{f(x)}{g(x)}=\dfrac{A}{B}=\dfrac{\lim\limits_{x\to x_0}f(x)}{\lim\limits_{x\to x_0}g(x)}(B\neq 0)$;

推论 ① $\lim\limits_{x\to x_0}Cf(x)=C\lim\limits_{x\to x_0}f(x)=CA$;

② $\lim\limits_{x\to x_0}f(x)=A$,则$\lim\limits_{x\to x_0}[f(x)]^n=A^n(n\geqslant 2$ 且 $n\in N)$.

注 定理的条件是 $f(x),g(x)$ 的极限都存在,且法则 3°中分母的极限不为零

说明:① 法则对 $x\to\infty$ 的极限也成立.

② 法则 1°, 2°可推广到有限个极限都存在的函数的情形.

【例 1】 求极限 $\lim\limits_{x\to 1}(3x-2)$.

解 $\lim\limits_{x\to 1}(3x-2)=\lim\limits_{x\to 1}3x-\lim\limits_{x\to 1}2=3\lim\limits_{x\to 1}x-2=3\cdot 1-2=1$.

推广:$\lim\limits_{x\to x_0}(a_0x^n+a_1x^{n-1}+\cdots+a_{n-1}x+a_n)=\lim\limits_{x\to x_0}a_0x^n+\lim\limits_{x\to x_0}a_1x^{n-1}+\cdots+\lim\limits_{x\to x_0}a_n=a_0\lim\limits_{x\to x_0}x^n+a_1\lim\limits_{x\to x_0}x^{n-1}+\cdots+\lim\limits_{x\to x_0}a_n=a_0x_0^n+a_1x_0^{n-1}+\cdots+a_n$.

对于多项式函数 $P(x)=a_0x^n+a_1x^{n-1}+\cdots+a_{n-1}x+a_n$, 有 $\lim\limits_{x\to x_0}P(x)=P(x_0)$.

【例 2】 求极限 $\lim\limits_{x\to -1}\dfrac{x^2+2x+5}{x^2+1}$.

解
$$\lim_{x\to -1}\frac{x^2+2x+5}{x^2+1}=\frac{\lim\limits_{x\to -1}(x^2+2x+5)}{\lim\limits_{x\to -1}(x^2+1)}=\frac{\lim\limits_{x\to -1}(x^2)+\lim\limits_{x\to -1}(2x)+\lim\limits_{x\to -1}5}{\lim\limits_{x\to -1}(x^2)+\lim\limits_{x\to -1}1}=\frac{1-2+5}{1+1}=2.$$

求多项式函数或有理分式函数当 $x\to x_0$ 时的极限时,只要把 x_0 代替函数中的 x 就行了. 但是对于有理分式函数,这样代入后如果分母等于零,则没有意义.

【例 3】 求极限 $\lim\limits_{x\to 4}\dfrac{x-4}{x^2-16}$.

$x\to 4$ 时,分子分母的极限都是零,不能分子、分母分别取极限.

解 $\lim\limits_{x\to 4}\dfrac{x-4}{x^2-16}=\lim\limits_{x\to 4}\dfrac{1}{x+4}=\dfrac{1}{8}$. $\left(\dfrac{0}{0}\text{ 型，消除零因子}\right)$

【例 4】 求极限 $\lim\limits_{x\to 1}\dfrac{2x+5}{x^2-2x+1}$.

解 $x\to 1$ 时，分母的极限是零，不能应用商的极限定理，但因

$$\lim_{x\to 1}\frac{x^2-2x+1}{2x+5}=\frac{0}{7}=0,$$

故由上节无穷小与无穷大的关系，$\lim\limits_{x\to 1}\dfrac{2x+5}{x^2-2x+1}=\infty$.

【例 5】 求极限 $\lim\limits_{x\to\infty}\dfrac{5x^3-3x^2+1}{2x^3+4x^2-3x}$.

解 将分子分母同除以 x^3，得

$$\text{原式}=\lim_{x\to\infty}\frac{5-\dfrac{3}{x}+\dfrac{1}{x^3}}{2+\dfrac{4}{x}-\dfrac{3}{x^2}}=\frac{\lim\limits_{x\to\infty}\left(5-\dfrac{3}{x}+\dfrac{1}{x^3}\right)}{\lim\limits_{x\to\infty}\left(2+\dfrac{4}{x}-\dfrac{3}{x^2}\right)}=\frac{5}{2}.$$

【例 6】 求极限 $\lim\limits_{x\to\infty}\dfrac{2x^2-x+1}{7x^4+5x-2}$.

解 将分子分母同除以 x^4，得

$$\text{原式}=\lim_{x\to\infty}\frac{\dfrac{2}{x^2}-\dfrac{1}{x^3}+\dfrac{1}{x^4}}{7+\dfrac{5}{x^3}-\dfrac{2}{x^4}}=\frac{0}{7}=0.$$

注 当 $x\to\infty$ 时，对于有理函数有如下结论($a_0\neq 0$, $b_0\neq 0$)，

$$\lim_{x\to\infty}\frac{a_0x^n+a_1x^{n-1}+\cdots+a_{n-1}x+a_n}{b_0x^m+b_1x^{m-1}+\cdots+b_{m-1}x+b_m}=\begin{cases}0, & n<m,\\ \dfrac{a_0}{b_0}, & n=m,\\ \infty, & n>m.\end{cases}$$

【例 7】 求极限 $\lim\limits_{x\to\infty}\dfrac{(3x^4+2x^2+x+6)^3\,(2x^2-3)^9}{(5x^6-4x^3+7)^4\,(x^3-1)^2}$.

解 $\lim\limits_{x\to\infty}\dfrac{(3x^4+2x^2+x+6)^3\,(2x^2-3)^9}{(5x^6-4x^3+7)^4\,(x^3-1)^2}=\lim\limits_{x\to\infty}\dfrac{3^3\cdot 2^9\cdot x^{30}+\cdots}{5^4\cdot x^{30}+\cdots}=\dfrac{3^3\cdot 2^9}{5^4}$.

下面介绍关于复合函数求极限的定理.

二、复合函数的极限运算法则

定理 2 设函数 $y=f(g(x))$ 是由函数 $y=f(u)$ 与函数 $u=g(x)$ 复合而成的，$\lim\limits_{u\to u_0}f(u)=A$，$\lim\limits_{x\to x_0}g(x)=u_0$，且存在 $\delta_0>0$，使得 $x\in\mathring{U}(x_0,\delta_0)$ 时，$g(x)$

$\neq u_0$ 则有 $\lim\limits_{x\to x_0} f(g(x)) = A$.

证明从略.

在定理中，若把 $\lim\limits_{x\to x_0} g(x) = u_0$，换成 $\lim\limits_{x\to x_0} g(x) = \infty$，或 $\lim\limits_{x\to\infty} g(x) = \infty$，而把 $\lim\limits_{u\to u_0} f(u) = A$ 换成$\lim\limits_{u\to\infty} f(u) = A$，结论仍然成立.

【例 8】 求极限 $\lim\limits_{x\to 1}\sqrt{\dfrac{x^2-1}{x-1}}$.

解 把 $y = f(x) = \sqrt{\dfrac{x^2-1}{x-1}}$ 看成是由 $y = \sqrt{u}$ 和 $u = \dfrac{x^2-1}{x-1}$ 复合而成. 由于 $\lim\limits_{x\to 1}\dfrac{x^2-1}{x-1} = 2$，因此$\lim\limits_{x\to 1}\sqrt{\dfrac{x^2-1}{x-1}} = \sqrt{2}$.

【例 9】 求极限 $\lim\limits_{x\to 4}\dfrac{\sqrt{2x+1}-3}{\sqrt{x-2}-\sqrt{2}}$.

解
$$\begin{aligned}\lim_{x\to 4}\frac{\sqrt{2x+1}-3}{\sqrt{x-2}-\sqrt{2}} &= \lim_{x\to 4}\frac{(\sqrt{x-2}+\sqrt{2})(2x+1-9)}{(\sqrt{2x+1}+3)(x-2-2)}\\ &= 2\lim_{x\to 4}\frac{\sqrt{x-2}+\sqrt{2}}{\sqrt{2x+1}+3} = \frac{2\sqrt{2}}{3}.\end{aligned}$$

习题 1-4

1. 计算下列极限：

(1) $\lim\limits_{x\to 1}(4x^3+x^2-5x+8)$； (2) $\lim\limits_{x\to 0}\dfrac{x^2+4}{x-3}$； (3) $\lim\limits_{x\to 1}\dfrac{x^2-2x+1}{x^2-1}$；

(4) $\lim\limits_{x\to -1}\left(\dfrac{1}{x+1}-\dfrac{3}{x^3+1}\right)$； (5) $\lim\limits_{h\to 0}\dfrac{(x+h)^2-x^2}{h}$； (6) $\lim\limits_{x\to\infty}\dfrac{3x^2+2x}{4x^2-2x+1}$；

(7) $\lim\limits_{x\to\infty}\left(1-\dfrac{1}{x-1}+\dfrac{1}{x+1}\right)$； (8) $\lim\limits_{x\to+\infty}\dfrac{(2x+1)^{10}(3x-5)^{10}}{(6x-1)^{20}}$.

2. 计算下列极限：

(1) $\lim\limits_{x\to 4}\dfrac{\sqrt{2x+1}-3}{\sqrt{x}+3}$； (2) $\lim\limits_{x\to 0}\dfrac{\sqrt{1+x^2}-1}{x^2}$； (3) $\lim\limits_{x\to 0}(\sqrt{x^2+3x}-\sqrt{x^2-2x})$.

3. 若 $\lim\limits_{x\to 1}\dfrac{x^2+ax+b}{1-x} = 5$，求 a，b 的值.

第五节　极限存在准则　两个重要极限

下面介绍判定极限存在的两个准则. 作为应用这两个准则的例子，还将讨论两个重要极限.

准则 I(夹逼准则)

在同一极限过程中,函数 $f(x)$, $g(x)$, $h(x)$ 满足

① $g(x)\leqslant f(x)\leqslant h(x)$;

② $\lim g(x)=A$, $\lim h(x)=A$,

则 $\lim f(x)$存在,且 $\lim f(x)=A$.

证 考虑极限过程 $x\to x_0$,由$\lim\limits_{x\to x_0}g(x)=A$, $\lim\limits_{x\to x_0}h(x)=A$ 有

$$\forall\varepsilon>0,\exists\delta_1>0,\text{当 }0<|x-x_0|<\delta_1\text{ 时},|g(x)-A|<\varepsilon,$$

$$\forall\varepsilon>0,\exists\delta_2>0,\text{当 }0<|x-x_0|<\delta_2\text{ 时},|h(x)-A|<\varepsilon,$$

取$\delta=\min\{\delta_1,\delta_2\}$,则当$0<|x-x_0|<\delta$时,$|g(x)-A|<\varepsilon$与$|h(x)-A|<\varepsilon$同时成立,即同时有 $A-\varepsilon<g(x)<A+\varepsilon$ 和 $A-\varepsilon<h(x)<A+\varepsilon$, 利用条件可得

$$A-\varepsilon<g(x)<f(x)<h(x)<A+\varepsilon,$$

从而,$|f(x)-A|<\varepsilon$,证得 $\lim f(x)=A$.

作为准则 I 的应用,下面证明一个重要的极限 $\lim\limits_{x\to0}\dfrac{\sin x}{x}=1$.

对于 $0<x<\dfrac{\pi}{2}$,面积之间有不等式:$S_{\triangle AOC}<S_{扇AOC}<S_{\triangle AOB}$,如图 1-9 所示.

且由于 $S_{\triangle AOC}=\dfrac{1}{2}\sin x$, $S_{扇AOC}=\dfrac{1}{2}x$, $S_{\triangle AOB}=\dfrac{1}{2}\tan x$, 则有

$$\frac{1}{2}\sin x<\frac{1}{2}x<\frac{1}{2}\tan x,\text{即 }\sin x<x<\tan x,$$

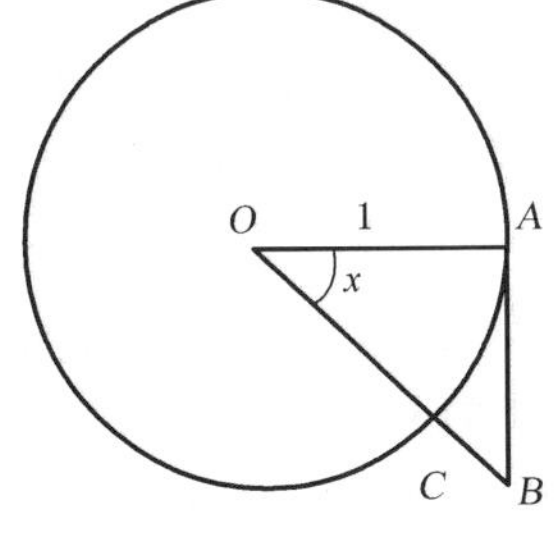

图 1-9

由 $\sin x>0$,两端同时除以 $\sin x$, $1<\dfrac{x}{\sin x}<\dfrac{1}{\cos x}$,或 $\cos x<\dfrac{\sin x}{x}<1$. 上述不等式对 $-\dfrac{\pi}{2}<x<0$ 也成立,即对 $0<|x|<\dfrac{\pi}{2}$,均有 $\cos x<\dfrac{\sin x}{x}<1$,且 $\lim\limits_{x\to0}\cos x=1$, $\lim\limits_{x\to0}1=1$,则由夹逼准则,可得$\lim\limits_{x\to0}\dfrac{\sin x}{x}=1$.

$$\text{第一个重要极限公式:}\lim_{x\to0}\frac{\sin x}{x}=1\left(\frac{0}{0}\text{ 型}\right).$$

注 ① 函数 $f(x)=\dfrac{\sin x}{x}$ 在点$x=0$无定义,但极限仍然存在,此极限属于$\dfrac{0}{0}$型的极限;

② 当 $\varphi(x)\to 0$ 时，$\lim \dfrac{\sin\varphi(x)}{\varphi(x)}=1$.

【例 1】 求极限 $\lim\limits_{x\to 0}\dfrac{\tan x}{x}$.

解 $\lim\limits_{x\to 0}\dfrac{\tan x}{x}=\lim\limits_{x\to 0}\dfrac{1}{x}\cdot\dfrac{\sin x}{\cos x}=\lim\limits_{x\to 0}\dfrac{\sin x}{x}\cdot\dfrac{1}{\cos x}=1$.

【例 2】 求极限 $\lim\limits_{x\to 0}\dfrac{1-\cos^2 x}{x^2}$.

解 $\lim\limits_{x\to 0}\dfrac{1-\cos x}{x^2}=\lim\limits_{x\to 0}\dfrac{\sin^2 x}{x^2(1+\cos x)}=\lim\limits_{x\to 0}\left(\dfrac{\sin x}{x}\right)^2\dfrac{1}{1+\cos x}=\dfrac{1}{2}$.

【例 3】 求极限 $\lim\limits_{x\to 0}\dfrac{\arctan x}{x}$.

解 设 $t=\arctan x$，则，当 $x\to 0$ 时，$t\to 0$，于是

$$\lim_{x\to 0}\frac{\arctan x}{x}=\lim_{t\to 0}\frac{t}{\tan t}=1.$$

用类似的方法，还可得到 $\lim\limits_{x\to 0}\dfrac{\arcsin x}{x}=1$.

准则Ⅱ(单调有界收敛准则) 单调有界数列必有极限.

对于此准则我们不作证明，证明过程可参考任何一本理科《数学分析》教材. 这里，我们给出如下的几何解释.

从数轴上看，对应于单调数列的点 x_n 只能向一个方向移动，所以只有两种可能情形：或者点 x_n 沿数轴移向无穷远；或者点 x_n 无限趋近于某一个定点 A，也就是数列 x_n 趋向一个极限. 但现在假定数列是有界的，而有界数列的点 x_n 都落在数轴上某个闭区间 $[-M, M]$ 内，因此上述第一种情形就不可能发生了，这就表示这个数列趋向一个极限，并且这个极限的绝对值不超过 M，如图 1-10.

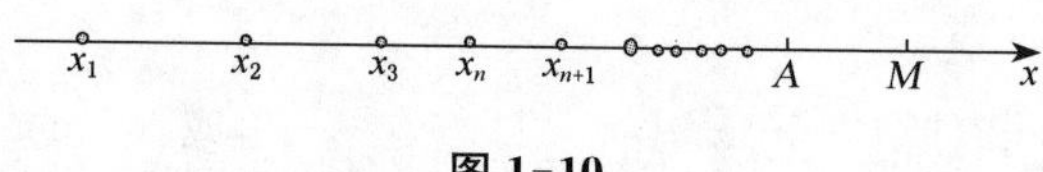

图 1-10

作为准则Ⅱ的应用，我们讨论另一个重要极限

$$\lim_{n\to\infty}\left(1+\frac{1}{x}\right)^x=\mathrm{e}.$$

考虑 x 取正整数 n 而趋向于 $+\infty$ 的情形.

设 $x_n=\left(1+\dfrac{1}{n}\right)^n$ 借助于不等式$\dfrac{b^{n+1}-a^{n+1}}{b-a}<(n+1)b^n$，$(b>a)$，或 $b^{n+1}-a^{n+1}<(b-a)(n+1)b^n$，整理可得：$a^{n+1}>b^n[(n+1)a-nb]$.

取 $a=1+\dfrac{1}{n+1}$，$b=1+\dfrac{1}{n}(b>a)$，代入不等式，并整理得：$\left(1+\dfrac{1}{n+1}\right)^{n+1}$

$> \left(1+\frac{1}{n}\right)^n$；

即 $x_{n+1} > x_n$，数列 $\{x_n\}$ 单调递增；取 $a=1$，$b=1+\frac{1}{2n}$，代入并整理得 $\left(1+\frac{1}{2n}\right)^n < 2$，或 $\left(1+\frac{1}{2n}\right)^{2n} < 4$，即表明 $x_{2n} < 4$，即 $\{x_{2n}\}$ 有界. 又因为 x_n 单调递增，则 $x_{2n-1} < x_{2n} < 4$，x_{2n-1} 也有界，从而数列 $\{x_n\}$ 有界；即数列 $\{x_n\}$ 单调有界，根据准则 Ⅱ，数列有极限，用 e 表示这一极限值，则有 $\lim\limits_{n\to\infty}\left(1+\frac{1}{n}\right)^n = \mathrm{e}$. 利用这一结论，可以进一步证明重要极限：

第二个重要极限公式 $\lim\limits_{x\to\infty}\left(1+\frac{1}{x}\right)^x = \mathrm{e}$　或　$\lim\limits_{x\to 0}(1+x)^{\frac{1}{x}} = \mathrm{e}$　(1^∞ 型).

注　一般当 $\varphi(x)\to\infty$ 时，有 $\lim\left(1+\frac{1}{\varphi(x)}\right)^{\varphi(x)} = \mathrm{e}$；或 $\varphi(x)\to 0$ 时，$\lim(1+\varphi(x))^{\frac{1}{\varphi(x)}} = \mathrm{e}$.

【例 4】　求极限 $\lim\limits_{n\to\infty}\left(1-\frac{1}{n}\right)^n$.

解　
$$\lim_{n\to\infty}\left(1-\frac{1}{n}\right)^n = \lim_{n\to\infty}\left[\left(1-\frac{1}{n}\right)^{-n}\right]^{-1} = \lim_{n\to\infty}\left[\left(1+\frac{1}{-n}\right)^{-n}\right]^{-1}$$
$$= \lim_{n\to\infty}\frac{1}{\left(1+\frac{1}{-n}\right)^{-n}} = \frac{1}{\mathrm{e}}.$$

【例 5】　求极限 $\lim\limits_{x\to 0}(1+2x)^{\frac{1}{x}}$.

解　$\lim\limits_{x\to 0}(1+2x)^{\frac{1}{x}} = \lim\limits_{x\to 0}\left[(1+2x)^{\frac{1}{2x}}\right]^2 = \mathrm{e}^2$.

【例 6】　求极限 $\lim\limits_{x\to \mathrm{e}}\frac{\ln x-1}{x-\mathrm{e}}$.

解　令 $x-\mathrm{e}=t$，则 $x=\mathrm{e}+t$；当 $x\to\mathrm{e}$ 时，$t\to 0$；
$$\lim_{x\to\mathrm{e}}\frac{\ln x-1}{x-\mathrm{e}} = \lim_{t\to 0}\frac{\ln(\mathrm{e}+t)-1}{t} = \lim_{t\to 0}\frac{1}{t}\cdot[\ln(\mathrm{e}+t)-\ln \mathrm{e}]$$
$$= \lim_{t\to 0}\frac{1}{t}\cdot\ln\left(1+\frac{t}{\mathrm{e}}\right) = \lim_{t\to 0}\frac{1}{\mathrm{e}}\cdot\ln\left(1+\frac{t}{\mathrm{e}}\right)^{\frac{\mathrm{e}}{t}}$$
$$= \frac{1}{\mathrm{e}}\cdot\ln \mathrm{e} = \mathrm{e}^{-1}.$$

习题 1-5

1. 计算下列极限：

(1) $\lim\limits_{x\to 1}\frac{\sin 2x}{3x}$；　　(2) $\lim\limits_{x\to 0}\frac{x}{\tan(5x)}$；　　(3) $\lim\limits_{x\to 0}\frac{2\arcsin x}{7x}$；

(4) $\lim\limits_{n\to\infty}2^n\sin\dfrac{x}{2^n}$；　(5) $\lim\limits_{x\to 0}x\cot x$；　(6) $\lim\limits_{x\to a}\dfrac{\sin x-\sin a}{x-a}$；

(7) $\lim\limits_{x\to\pi}\dfrac{\sin x}{x-\pi}$；　(8) $\lim\limits_{x\to\infty}\left(1+\dfrac{2}{x}\right)^x$；　(9) $\lim\limits_{x\to\infty}\left(1-\dfrac{1}{x}\right)^x$；

(10) $\lim\limits_{x\to 0}(1+x)^{\frac{2}{x}}$；　(11) $\lim\limits_{x\to\infty}\left(1+\dfrac{1}{x}\right)^{x+5}$；　(12) $\lim\limits_{x\to\infty}\left(\dfrac{2x+3}{2x+1}\right)^{x+1}$.

2. 设 $\lim\limits_{x\to\infty}\left(1+\dfrac{5}{x}\right)^{kx}=e^{-10}$，求 k 的值.

3. 用极限夹逼准则证明：

$$\lim_{n\to\infty}\left(\frac{1}{\sqrt{n^2+1}}+\frac{1}{\sqrt{n^2+2}}+\cdots+\frac{1}{\sqrt{n^2+2n}}\right)=2.$$

第六节　无穷小的比较

前面第四节告诉我们，两个无穷小的和、差及乘积都是无穷小. 但是，关于两个无穷小的商，却会出现不同的情况. 观察 $x\to 0$ 时，函数极限 $\sin x$，x^2，$1-\cos x$ 极限，易知，三个函数均为无穷小. 但是 $\lim\limits_{x\to 0}\dfrac{\sin x}{x^2}=\infty$；$\lim\limits_{x\to 0}\dfrac{1-\cos x}{x^2}=\dfrac{1}{2}$；$\lim\limits_{x\to 0}\dfrac{1-\cos x}{\sin x}=0$，反映了不同的无穷小趋向于零的“速度”有“快”、“慢”之分.

定义　在同一极限过程中，设 $\alpha=\alpha(x)$，$\beta=\beta(x)$ 均为无穷小，则

① 如果 $\lim\dfrac{\beta}{\alpha}=0$，称 β 是比 α 高阶的无穷小；记作 $\beta=o(\alpha)$；或称 α 是比 β 低阶的无穷小；

② 如果 $\lim\dfrac{\beta}{\alpha}=c(c\neq 0)$，称 β 与 α 为同阶无穷小；记作 $\beta=O(\alpha)$；

特别当 $c=1$ 时，即 $\lim\dfrac{\beta}{\alpha}=1$ 称 β 与 α 为等价无穷小，记作 $\beta\sim\alpha$；

③ 如果 $\lim\dfrac{\beta}{\alpha^k}=c(c\neq 0,\ k>0)$，称 β 是 α 的 k 阶无穷小.

显然，等价无穷小是同阶无穷小的特殊情形，即 $c=1$ 的情形.

因 $\lim\limits_{x\to 0}\dfrac{\sin x}{x}=1$，根据定义，$\sin x$ 与 x 是 $x\to 0$ 时的等价无穷小，即 $\sin x\sim x$；

又 $\lim\limits_{x\to 0}\dfrac{1-\cos x}{x^2}=\dfrac{1}{2}$，$1-\cos x$ 与 x^2 为同阶无穷小，或 $1-\cos x$ 是 x 的二阶无穷小；由 $\lim\limits_{x\to 0}\dfrac{1-\cos x}{\sin x}=0$，$1-\cos x=o(\sin x)$，$(x\to 0)$.

关于等价无穷小，有下面两个定理.

定理 1　β 与 α 是等价无穷小的充分必要条件为，$\beta=\alpha+o(\alpha)$.

证　$\beta\sim\alpha\Leftrightarrow\lim\dfrac{\beta}{\alpha}=1\Leftrightarrow\lim\left(\dfrac{\beta}{\alpha}-1\right)=0\Leftrightarrow\lim\left(\dfrac{\beta-\alpha}{\alpha}\right)=0\Leftrightarrow\beta-\alpha=o(\alpha)$

两个等价无穷小不一定相等，但它们的差为其中一个的高阶无穷小.

定理 2　设 $\alpha,\alpha',\beta,\beta'$ 是同一极限过程中的无穷小，且满足 $\alpha\sim\alpha'$，$\beta\sim\beta'$，及 $\lim\dfrac{\alpha'}{\beta'}$ 存在或为无穷大，则：$\lim\dfrac{\alpha}{\beta}=\lim\dfrac{\alpha'}{\beta'}$.

证　$\lim\dfrac{\alpha}{\beta}=\lim\dfrac{\alpha}{\alpha'}\cdot\dfrac{\alpha'}{\beta'}\cdot\dfrac{\beta'}{\beta}=\lim\dfrac{\alpha}{\alpha'}\cdot\lim\dfrac{\alpha'}{\beta'}\cdot\lim\dfrac{\beta'}{\beta}=\lim\dfrac{\alpha'}{\beta'}$.

定理 2 表明，求两个无穷小之比的极限时，分子及分母都可用等价无穷小来代替. 如果选择适当的话，可以使计算简化.

【例 1】　求极限 $\lim\limits_{x\to0}\dfrac{\sin mx}{\tan nx}$.

解　当 $x\to0$ 时，$\sin mx\sim mx$，$\tan nx\sim nx$，从而 $\lim\limits_{x\to0}\dfrac{\sin mx}{\tan nx}=\lim\limits_{x\to0}\dfrac{mx}{nx}=\dfrac{m}{n}$.

【例 2】　求极限 $\lim\limits_{x\to0}\dfrac{\sqrt{1+\sin^2x}-1}{x^2}$.

解　利用等价代换公式，$\sqrt[n]{1+x}-1\sim\dfrac{x}{n}(x\to0)$，$\sqrt{1+\sin^2x}-1\sim\dfrac{\sin^2x}{2}$，

$$\lim_{x\to0}\frac{\sqrt{1+\sin^2x}-1}{x^2}=\lim_{x\to0}\frac{\sin^2x}{2x^2}=\frac{1}{2}.$$

【例 3】　求极限 $\lim\limits_{x\to0}\dfrac{\tan x-\sin x}{\sin^3x}$.

解　错误解法：$\lim\limits_{x\to0}\dfrac{\tan x-\sin x}{\sin^3x}=\lim\limits_{x\to0}\dfrac{x-x}{x^3}=0$.

（注意：加、减中每一项不能分别作代换，因为当 $x\to0$ 时，尽管有 $\tan x\sim x$ 以及 $\sin x\sim x$，但是 $\tan x-\sin x\sim0$ 显然不可能成立）

正确解法应该为：

$$\lim_{x\to0}\frac{\tan x-\sin x}{\sin^3x}=\lim_{x\to0}\frac{\tan x(1-\cos x)}{\sin^3x}=\lim_{x\to0}\frac{x\cdot\dfrac{x^2}{2}}{x^3}=\frac{1}{2}.$$

注　常用的几个等价代换公式：当 $x\to0$ 时，

$\sin x\sim x$；　$\tan x\sim x$；　$1-\cos x\sim\dfrac{x^2}{2}$；　$\arcsin x\sim x$；

$\arctan x\sim x$；　$\sqrt[n]{1+x}-1\sim\dfrac{x}{n}$；$\ln(1+x)\sim x$；　$e^x-1\sim x$.

习题 1-6

1. 验证下列各组无穷小量之间的关系：

(1) 当 $x\to1$ 时，$1-\sqrt{x}$ 与 $1-x$ 是同阶无穷小；

(2) 当 $x \to 0$ 时，$(1-\cos x)^2$ 是比 x^2 高阶的无穷小；

(3) 当 $x \to 1$ 时，$\dfrac{1-x^3}{2+x}$ 与 $1-x$ 是等价无穷小.

2. 利用等价无穷小的性质，求下列函数的极限：

(1) $\lim\limits_{x\to 0}\dfrac{\tan 4x}{\sin 3x}$； (2) $\lim\limits_{x\to 0}\dfrac{\tan x-\sin x}{x\sin^2 x}$； (3) $\lim\limits_{x\to 1}\dfrac{\ln x}{1-x}$；

(4) $\lim\limits_{x\to 0}\dfrac{e^{2x}-1}{\ln(1+x)}$； (5) $\lim\limits_{n\to\infty}n^2\left(1-\cos\dfrac{\pi}{n}\right)$； (6) $\lim\limits_{x\to 0}\dfrac{\sqrt{1+x\sin x}-1}{e^{x^2}-1}$.

第七节　函数的连续性

一、函数连续性的概念

客观世界的许多现象和事物不仅是运动变化的，而且其运动变化的过程往往是连续不断的. 比如气温的变化，河水的流动，植物的生长等等. 这种现象在函数关系上的反映就是函数的连续性. 连续函数不仅是微积分的研究对象，而且微积分中的主要概念、定理、公式与法则等往往都要求函数具有连续性.

定义 1　设 $y=f(x)$ 在点 x_0 的某邻域 $U(x_0)$ 内有定义，给自变量 x 以改变量 Δx，$x_0+\Delta x\in U(x_0)$，称 $\Delta y=f(x_0+\Delta x)-f(x_0)$ 为函数的改变量，如果

$$\lim_{\Delta x\to 0}\Delta y=\lim_{\Delta x\to 0}[f(x_0+\Delta x)-f(x_0)]=0,$$

则称函数 $f(x)$ 在 x_0 连续.

注：该定义表明，函数在一点连续的本质特征是自变量变化很小时，对应的函数值的变化也很小.

若记 $x_0+\Delta x=x$，则函数 $f(x)$ 在 x_0 点连续的定义又可叙述如下：

定义 2　设 $y=f(x)$ 在点 x_0 的某邻域内有定义，如果 $\lim\limits_{x\to x_0}f(x)=f(x_0)$，即极限值等于该点的函数值，那么就称函数 $f(x)$ 在点 x_0 连续.

下面说明左连续和右连续的概念.

左连续：$\lim\limits_{\Delta x\to 0^-}\Delta y=0$ 或 $\lim\limits_{x\to x_0^-}f(x)=f(x_0)$；

右连续：$\lim\limits_{\Delta x\to 0^+}\Delta y=0$ 或 $\lim\limits_{x\to x_0^+}f(x)=f(x_0)$；

根据左右极限与函数极限的关系，不难推出：

定理 1　函数 $f(x)$ 在 x_0 点连续的充分必要条件：$f(x)$ 在 x_0 点既左连续又右连续.

若函数 $f(x)$ 在 (a, b) 内点点连续，称 $f(x)$ 在开区间 (a, b) 内连续；若函数

$f(x)$在(a, b)内连续，在左端点 $x=a$ 右连续，且在右端点 $x=b$ 左连续，则称 $f(x)$ 在闭区间$[a, b]$上连续，连续函数的图形是一条连续而不间断的曲线.

左右连续的概念经常用在讨论分段函数在分界点的连续性.

【例 1】 a 为何值时，函数 $f(x)=\begin{cases} x+a, & x\leqslant 0, \\ \cos x, & x>0, \end{cases}$ 在 $x=0$ 点连续.

解 $f(0)=a$，$\lim\limits_{x\to 0^-}f(x)=\lim\limits_{x\to 0^-}(x+a)=a$，$\lim\limits_{x\to 0^+}f(x)=\lim\limits_{x\to 0^+}\cos x=1$，三者相等则函数在 $x=0$ 连续，即 $a=1$ 时，$f(x)$在 $x=0$ 连续.

二、间断点及其分类

函数的不连续点称为函数的间断点. 设函数 $f(x)$在 x_0 的某去心邻域内有定义，如果 $f(x)$符合下列条件之一，则 $f(x)$在 x_0 点不连续，称 x_0 为函数 $f(x)$的一个间断点.

① $f(x)$在 x_0 点无定义；

② $f(x)$在 x_0 点有定义，但极限$\lim\limits_{x\to x_0}f(x)$不存在；

③ $f(x)$在 x_0 点有定义，且极限$\lim\limits_{x\to x_0}f(x)$也存在，但$\lim\limits_{x\to x_0}f(x)\neq f(x_0)$.

间断点被分为两大类(第一类、第二类间断点)：

第一类间断点 x_0：左、右极限 $\lim\limits_{x\to x_0^-}f(x)$，$\lim\limits_{x\to x_0^+}f(x)$ 均存在的间断点称为第一类间断点.

第一类间断点包括以下两类：

(1) 可去间断点 x_0

如果左右极限存在并且相等，$\lim\limits_{x\to x_0^-}f(x)=\lim\limits_{x\to x_0^+}f(x)$，即极限$\lim\limits_{x\to x_0}f(x)$存在，称 x_0 为可去间断点.

【例 2】 $y=\dfrac{x^2-1}{x-1}$ 在 $x=1$ 是否函数的间断点？

解 $y=\dfrac{x^2-1}{x-1}$在 $x=1$ 无定义，故 $x=1$ 是间断点，且由于$\lim\limits_{x\to 1}\dfrac{x^2-1}{x-1}=2$ 即极限存在，从而 $x=1$ 是函数 $y=\dfrac{x^2-1}{x-1}$ 的可去间断点.

注 如果补充定义：$f(1)=2$，则可以得到一个在点 $x=1$ 连续的函数，$F(x)=\begin{cases} \dfrac{x^2-1}{x-1}, & x\neq 1 \\ 2, & x=1 \end{cases}$，使得 $F(x)=f(x)$，$x\neq 1$，$F(1)=\lim\limits_{x\to 2}f(x)=2$.

一般地，如果 x_0 是函数 $f(x)$的可去间断点，且$\lim\limits_{x\to x_0}f(x)=A$，则可以补充定

义得到在 x_0 连续的函数 $F(x)$，即 $F(x)=\begin{cases} f(x), & x\neq x_0, \\ A, & x=x_0. \end{cases}$

(2) 跳跃间断点 x_0

如果左右极限存在但并不相等，即 $\lim\limits_{x\to x_0^+}f(x)\neq \lim\limits_{x\to x_0^-}f(x)$ 称 x_0 为跳跃间断点.

【例 3】 $y=\begin{cases} x-1, & x\leqslant 1, \\ 3-x, & x>1, \end{cases}$ 讨论函数在点 $x=1$ 的连续性.

解 $\lim\limits_{x\to 1^+}y=\lim\limits_{x\to 1^+}(3-x)=2$，$\lim\limits_{x\to 1^-}y=\lim\limits_{x\to 1^-}(x-1)=0$，

从而点 $x=1$ 是函数的跳跃间断点，在 $x=1$ 不连续.

第二类间断点 x_0：左右极限 $\lim\limits_{x\to x_0^+}f(x)$，$\lim\limits_{x\to x_0^-}f(x)$ 至少有一个不存在，则 x_0 为第二类间断点.

第二类间断点中常见的类型有：

(1) 无穷间断点 x_0

如果 $\lim\limits_{x\to x_0}f(x)=\infty$，则 x_0 为函数称为 $f(x)$ 的无穷间断点.

如 $f(x)=\dfrac{1}{1-x}$，$x=1$ 是无穷间断点；

$f(x)=\tan x$，$x=\dfrac{\pi}{2}$ 是无穷间断点.

(2) 振荡间断点 x_0

如 $f(x)=\sin\dfrac{1}{x}$，$x=0$ 是函数的振荡间断点，$\lim\limits_{x\to 0}f(x)=\lim\limits_{x\to 0}\sin\dfrac{1}{x}$ 不存在，其图形为图1-10.

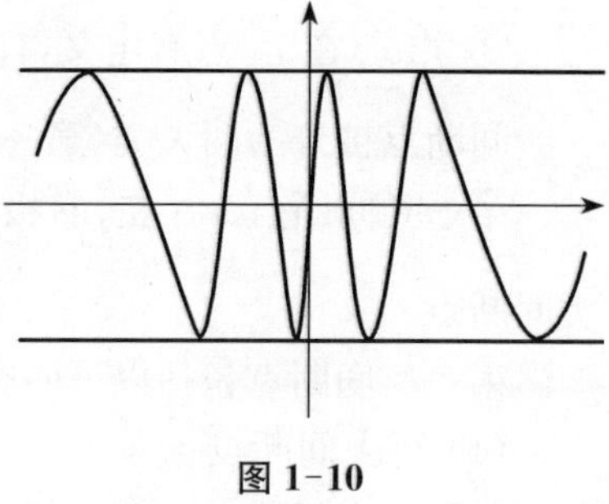

图 1-10

三、初等函数的连续性

1. 连续函数的和、差、积、商的连续性

定理 2 设 $\lim\limits_{x\to x_0}f(x)=f(x_0)$，且 $\lim\limits_{x\to x_0}g(x)=g(x_0)$

① 若 $F(x)=f(x)\pm g(x)$，则 $\lim\limits_{x\to x_0}F(x)=f(x_0)\pm g(x_0)=F(x_0)$；

② 若 $F(x)=f(x)\cdot g(x)$，则 $\lim\limits_{x\to x_0}F(x)=f(x_0)\cdot g(x_0)=F(x_0)$；

③ 若 $F(x)=\dfrac{f(x)}{g(x)}$，则 $\lim\limits_{x\to x_0}F(x)=\dfrac{f(x_0)}{g(x_0)}=F(x_0)$，$g(x_0)\neq 0$.

即连续函数的和、差、积、商仍然连续.

由函数在某点连续的定义和极限的四则运算法则，可得上述定理.

2. 反函数和复合函数的连续性定理

定理 3　如果函数 $y=f(x)$ 在 $(a,\ b)$ 内单调连续，当 $x\in(a,\ b)$ 时，$y\in I$；则存在定义在区间 I 上的反函数 $y=f^{-1}(x)$，且反函数也是单调连续的，即单调连续函数存在单调连续的反函数.

定理 4　设 $u=\varphi(x)$，$\lim\limits_{x\to x_0}\varphi(x)=a$；$y=f(u)$ 在 $u=a$ 连续，即 $\lim\limits_{u\to a}f(u)=f(a)$，则对于复合函数 $y=f[\varphi(x)]$，有 $y=f[\varphi(x)]$.

注　① $\lim\limits_{x\to x_0}f[\varphi(x)]=f(a)=f[\lim\limits_{x\to x_0}\varphi(x)]$，表明连续函数的符号与极限运算符号可以交换；

如求极限 $\lim\limits_{x\to 0}\dfrac{\ln(1+x)}{x}=\lim\limits_{x\to 0}\ln(1+x)^{\frac{1}{x}}=\ln[\lim\limits_{x\to 0}(1+x)^{\frac{1}{x}}]=\ln\mathrm{e}=1.$

② 如果将定理中的条件 $\lim\limits_{x\to x_0}\varphi(x)=a$ 换为 $\lim\limits_{x\to x_0}\varphi(x)=\varphi(x_0)$，即 $\varphi(x)$ 在 x_0 连续，并记 $F(x)=f[\varphi(x)]$，

则 $\lim\limits_{x\to x_0}F(x)=\lim\limits_{x\to x_0}f[\varphi(x)]=f[\lim\limits_{x\to x_0}\varphi(x)]=f[\varphi(x_0)]=F(x_0)$，表明连续函数的复合函数仍然是连续函数.

用连续的定义不难证明，所有基本初等函数在其定义域内连续；再由初等函数的定义及本节定理，可得下列重要结论：**初等函数在定义区间内均为连续函数（定义区间是指包含在定义域内的区间）**.

【例 4】　求下列极限

(1) $\lim\limits_{x\to 1}\mathrm{e}^{x^2-1}$；

分析：连续函数求极限只需直接代入.

解　$\lim\limits_{x\to 1}\mathrm{e}^{x^2-1}=1.$

(2) $\lim\limits_{x\to 1}\dfrac{x-1}{\sqrt{3x-2}-\sqrt{x}}$.

分析："$\dfrac{0}{0}$"型，使用分母有理化.

解　原极限 $=\lim\limits_{x\to 1}\dfrac{(x-1)(\sqrt{3x-2}+\sqrt{x})}{2(x-1)}=1.$

四、闭区间上连续函数的性质

初等函数在其定义区间内是连续的，而连续函数的图形是一条连续不断的曲线. 现在，我们来进一步讨论闭区间上连续函数的性质，主要讨论闭区间上连续函数的最值定理和介值定理.

1. 最大值、最小值定理

定义 3 设函数 $f(x)$，$x \in I$；对于 $x_0 \in I$，$\forall x \in I$，若 $f(x) \leqslant f(x_0)$，称 $f(x_0)$ 为 $f(x)$ 在区间 I 上的最大值，x_0 为最大值点；若 $f(x) \geqslant f(x_0)$，称 $f(x_0)$ 为 $f(x)$ 在区间 I 上的最小值，x_0 则称为最小值点.

定理 5 （最大最小值定理）闭区间 $[a, b]$ 上的连续函数可以在区间上取得最大值及最小值. 即存在 $\alpha, \beta \in [a, b]$，使得 $\forall x \in [a, b]$，均有 $f(\alpha) \leqslant f(x) \leqslant f(\beta)$.

注 闭区间、连续有一个条件不满足，均无法保证上述结论成立.

定理 6 （有界性定理）闭区间上的连续函数一定是区间上有界函数.

2. 介值定理

定理 7 设函数 $f(x)$ 在闭区间 $[a, b]$ 上连续，且 $f(a) \cdot f(b) < 0$，则至少存在一点 $\xi \in (a, b)$，使得 $f(\xi) = 0$.

注 ① 定理 7 表明，端点函数值异号的连续曲线与 x 轴至少有一个交点 $(\xi, 0)$；

② 定理 7 表明，函数 $f(x)$ 至少有一个零点 ξ，或方程 $f(x) = 0$ 至少有一个实根 ξ，故定理 7 也称为零点定理或根的存在性定理；

③ 注意定理中的 ξ 是区间 (a, b) 的内点，即 $\xi \in (a, b)$. 定理只能说明 ξ 的存在性，但并不能由此求出 ξ.

定理 8(介值定理) 设 $f(x)$ 在 $[a, b]$ 上连续，且 $f(a) \neq f(b)$，则对介于 $f(a)$，$f(b)$ 之间的任意一个数 A，总存在 $\xi \in [a, b]$，使 $f(\xi) = A$，如图 1-11.

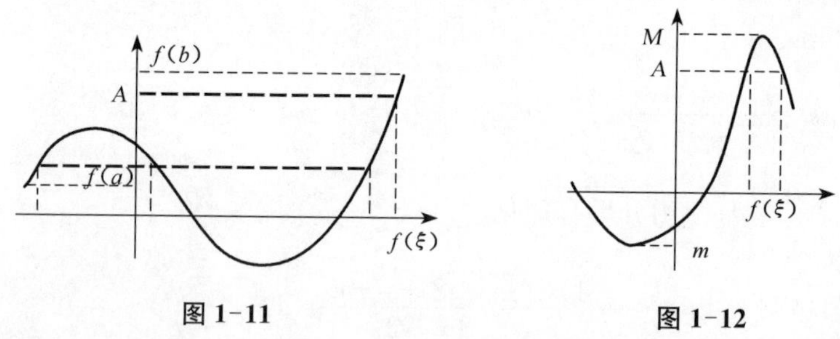

图 1-11　　图 1-12

推论 闭区间上的连续函数一定可以取得介于最大值最小值之间的任何值 ($\forall A, m \leqslant A \leqslant M, \exists \xi \in [a, b]$，使得 $f(\xi) = A$，如图 1-12).

【例 5】 证明方程 $x^3 - 4x^2 + 1 = 0$ 在区间 $(0, 1)$ 内至少有一个实根.

证 设 $f(x) = x^3 - 4x^2 + 1$，则 $f(x)$ 在区间 $[0, 1]$ 上连续，且 $f(0) = 1$，$f(1) = -2$，即端点的函数值异号；由定理 7，$\exists \xi \in (0, 1)$，使 $f(\xi) = 0$，即 $\xi^3 - 4\xi^2$

$+1=0$，证得方程 $x^3-4x^2+1=0$ 在区间 $(0,1)$ 内至少有一个实根 ξ.

【例 6】 证明方程 $x=a\sin x+b(a>0,b>0)$ 至少有一个不超过 $a+b$ 的正根.

证　设 $f(x)=x-a\sin x-b$，则 $f(x)$ 在闭区间 $[0,a+b]$ 上连续，且

$f(0)=-b<0$，$f(a+b)=a+b-a\sin(a+b)-b=a[1+\sin(a+b)]\geqslant 0$.

如果 $f(a+b)=a(1+\sin(a+b))>0$，则 $f(0)\cdot f(a+b)<0$，由定理 6，$\exists\xi\in(0,a+b)$，使得 $f(\xi)=0$；

如果 $f(a+b)=a(1+\sin(a+b))=0$，取 $\xi=a+b$ 满足要求，即 $\xi=a+b$ 是方程 $x=a\sin x+b$ 的正根；

总之，存在 $\xi\in(0,a+b]$，使得 $f(\xi)=0$，即 ξ 是方程 $f(x)=0$ 即 $x=a\sin x+b$ 的不超过 $a+b$ 的正根.

习题 1-7

1. 研究下列函数的连续性，并画出函数的图形.

(1) $f(x)=\begin{cases}x+1, & x\geqslant 1.\\ 3-x, & x<1;\end{cases}$　　(2) $f(x)=\begin{cases}x, & |x|\leqslant 1,\\ 1, & |x|>1.\end{cases}$

2. 求下面函数的间断点，并说明该间断点的类型，如果是可去间断点，则补充或改变函数定义使之连续.

(1) $f(x)=\dfrac{x^2-1}{x^2-3x+2}$；　　(2) $f(x)=\dfrac{\tan x}{x}$；

(3) $f(x)=\begin{cases}x^2+1, & x\leqslant 0,\\ x-1, & x>0;\end{cases}$　　(4) $f(x)=\begin{cases}3x-1, & x\neq 0,\\ 2, & x=0;\end{cases}$

(5) $f(x)=\cos^2\dfrac{1}{x}$；　　(6) $f(x)=(1+x^2)^{\frac{1}{x^2}}$.

3. 问 a 取何值时，函数 $f(x)=\begin{cases}e^x, & x<0,\\ a+x, & x\geqslant 0,\end{cases}$ 在 $(-\infty,+\infty)$ 上连续？

4. 求下列极限：

(1) $\lim\limits_{x\to 0}\ln\dfrac{\sin x}{x}$；　　(2) $\lim\limits_{x\to 3}\dfrac{e^{2x}+1}{x}$；　　(3) $\lim\limits_{x\to\frac{\pi}{8}}\ln(3\sin 2x)$；

(4) $\lim\limits_{x\to 0}\dfrac{\ln(2x+1)}{x}$；　　(5) $\lim\limits_{x\to 0}(\cos x)^{\frac{4}{x^2}}$.

第一章　习题答案

习题 1-1

1. (1) $(2,4)$；　　(2) $(-\infty,0)\cup(0,+\infty)$；　　(3) $(-\infty,0)\cup(0,3]$；

(4) $(2,+\infty)\cup(-\infty,1)$；(5) $[2,+\infty)\cup(-\infty,-2]$；　(6) $(-1,1)$.

2. (1) 奇函数；(2) 奇函数；(3) 偶函数；(4) 非奇非偶函数；(5) 偶函数；(6) 偶函数.

3. (1) $y=u^2$，$u=\sin x$；　　(2) $y=\ln u$，$u=\cos v$，$v=2x$；

(3) $y=u^3$, $u=\sec v$, $v=1-\dfrac{1}{x}$； (4) $y=e^u$, $u=v^2$, $v=\cos x$；

(5) $y=\sqrt{u}$, $u=1+v^2$, $v=\ln x$； (6) $y=u^3$, $u=\arcsin v$, $v=e^x$.

4. -1, 1, 32, $f(x-1)=\begin{cases} x, & -\infty<x\leqslant 1, \\ 2^{x-1}, & 1<x<+\infty. \end{cases}$

5. $f(x)=x^2-2$.

6. 略.

习题 1-2

1. (1) 1； (2) 0； (3)极限不存在； (4)0； (5) 极限不存在； (6) 0.

2. 略.

3. (1) 0； (2) 0； (3) $-\dfrac{\pi}{2}$； (4) $\dfrac{\pi}{2}$； (5) 极限不存在.

4. 略.

5. $f(0+0)=1$, $f(0-0)=-1$, $x\to 0$ 时, $f(x)$ 的极限不存在.

6. $f(0+0)=f(0-0)=0$,则 $\lim\limits_{x\to 0}f(x)=0$.

习题 1-3

1. (1) 无穷大； (2)无穷小； (3) 无穷小； (4) 无穷大； (5) 无穷大.

2. 略.

3. (1) 2； (2) -1.

习题 1-4

1. (1) 8； (2) $-\dfrac{4}{3}$； (3) 0； (4) -1； (5)$2x$； (6) $\dfrac{3}{4}$； (7) 1； (8)6^{-10}.

2. (1) 0； (2) $\dfrac{1}{2}$； (3)$\dfrac{5}{2}$. 3. $a=-7$, $b=6$.

习题 1-5

1. (1) $\dfrac{2}{3}$； (2) $\dfrac{1}{5}$； (3) $\dfrac{2}{7}$； (4) x； (5) 1； (6) $\cos a$； (7) -1；(8)e^2； (9) e^{-1}； (10) e^2； (11) e； (12)e.

2. $k=-2$ 3. 略

习题 1-6

1. 略. 2. (1) $\dfrac{4}{3}$； (2) $\dfrac{1}{2}$； (3) -1； (4) 2； (5) $\dfrac{\pi^2}{2}$； (6) $\dfrac{1}{2}$.

习题 1-7

1. 略.

2. (1) $x=1$ 是可去间断点, $x=2$ 是无穷间断点； (2) $x=0$ 是可去间断点；
(3) $x=0$ 是跳跃间断点； (4) $x=0$ 是跳跃间断点；
(5) $x=0$ 是振荡间断点； (6) $x=0$ 是可去间断点.

3. $a=1$.

4. (1) 0； (2) $\dfrac{e^6+1}{3}$； (3) $\ln\dfrac{3\sqrt{2}}{2}$； (4) 2； (5) e^{-2}.

第二章　导数与微分

导数和微分是微分学的两个基本概念，导数是反映函数相对于自变量变化的快慢程度(即求变化率问题)，微分是指明当自变量有一增量时，函数大体上变化了多少．本章将在极限的基础上，系统地讨论导数和微分的概念及计算方法．

第一节　导数的概念

一、两个实例

1. 变速直线运动的速度

由物理学可知，作匀速直线运动的质点速度可由公式

$$v=\frac{s}{t}$$

来表示，其中 t 表示时间，s 表示时间 t 内运动的位移．

但在实际问题中，质点运动大都是非匀速(变速)的，以上速度(平均速度)公式就不能用了．那么如何来描述质点作非匀速直线运动时的速度呢？

设作变速直线运动的质点运动规律为　　$s=s(t)$．

当时间从 t_0 变到 $t_0+\Delta t$ 时，质点运动的路程从 $s(t_0)$ 变到 $s(t_0+\Delta t)$ 其位移的改变量为

$$\Delta s=s(t_0+\Delta t)-s(t_0).$$

在 $[t_0,t_0+\Delta t]$ 这段时间内的平均速度为

$$\bar{v}=\frac{\Delta s}{\Delta t}=\frac{s(t+\Delta t_0)-s(t_0)}{\Delta t}.$$

我们用这段时间的平均速度 $\bar{v}$ 去近似代替 t_0 时刻的即时速度．然后我们把时间间隔不断地减少，显然时间间隔越小，这种近似代替的精确度就越高．当时间间隔 $\Delta t\to 0$ 时，我们把平均速度 $\bar{v}$ 的极限称为 t_0 时刻的即时速度(或速度)，即

$$v(t_0)=\lim_{\Delta x\to 0}\frac{\Delta s}{\Delta t}=\lim_{\Delta x\to 0}\frac{s(t_0+\Delta t)-s(t_0)}{\Delta t}. \tag{2.1}$$

2. 曲线的切线斜率

设曲线方程为 $y=f(x)$，点 $M_0(x_0, f(x_0))$ 为曲线上的一个定点，下面我们来求曲线在点 $M_0(x_0, f(x_0))$ 处的切线斜率(图 2-1). 在曲线上另取一点 $M(x_0+\Delta x, f(x_0+\Delta x))$，作割线 M_0M，则割线 M_0M 的斜率为

$$\bar{k}=\tan\varphi=\frac{\Delta y}{\Delta x}=\frac{f(x_0+\Delta x)-f(x_0)}{\Delta x}.$$

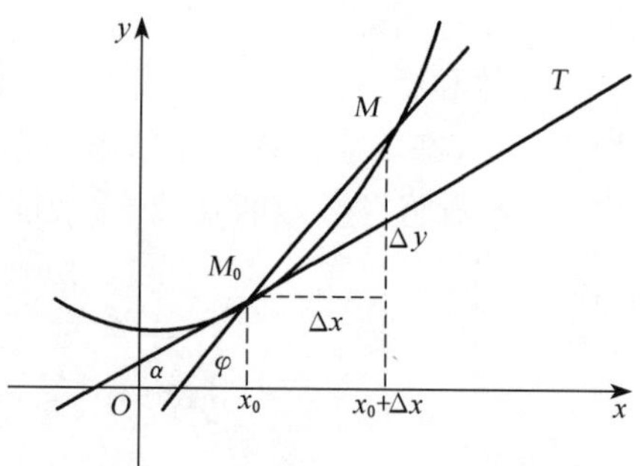

图 2-1

当 Δx 变得越来越小时，点 M 越接近于点 M_0，割线 M_0M 则绕着点 M 转动. 当 $\Delta x\to 0$ 时，点 M 沿曲线 $y=f(x)$ 趋近于 M_0. 割线 M_0M 也随之无限趋近与它的极限位置——切线 M_0T，而割线 M_0M 的倾斜角 φ 趋近于切线 M_0T 的倾斜角 α，即割线 M_0M 的倾斜角 φ 的极限为切线 M_0T 的倾斜角 α. 即割线 M_0M 的斜率 $\bar{k}=\tan\varphi$ 的极限为曲线在定点 M_0 处切线 M_0T 的斜率，即

$$k=\tan\alpha=\lim_{\varphi\to\alpha}\tan\varphi=\lim_{\Delta x\to 0}\frac{\Delta y}{\Delta x}=\lim_{\Delta x\to 0}\frac{f(x_0+\Delta x)-f(x_0)}{\Delta x}. \tag{2.2}$$

二、导数的概念

上面讨论的两个实例虽然来自不同的问题，但是其数学形式恰是相同的，都是当自变量的增量趋近于零时，函数的增量与自变量的增量之比的极限. 在自然科学和工程技术中，还有许多其他的量也有这种数学形式. 因此，撇开这些问题的实际意义，考虑他们在数量关系上的共性.

定义 1 设函数 $y=f(x)$ 在 $N(x_0, \delta)$ 内有定义，当自变量 x 在 x_0 处有增量 Δx 时，函数有相应的增量 $\Delta y=f(x_0+\Delta x)-f(x_0)$. 当 $\Delta x\to 0$ 时，若 $\frac{\Delta y}{\Delta x}$ 的极限存在，则称函数 $y=f(x)$ 在点 x_0 可导，这个极限值称为函数 $y=f(x)$ 在点 x_0 处的导数(或微商)，记作 $f'(x_0)$，即

$$f'(x_0)=\lim_{\Delta x\to 0}\frac{\Delta y}{\Delta x}=\lim_{\Delta x\to 0}\frac{f(x_0+\Delta x)-f(x_0)}{\Delta x}, \tag{2.3}$$

也可记为 $y'\Big|_{x=x_0}$，$\dfrac{\mathrm{d}y}{\mathrm{d}x}\Big|_{x=x_0}$ 或$\dfrac{\mathrm{d}}{\mathrm{d}x}f(x)\Big|_{x=x_0}$.

关于导数的几点说明：

① 函数 $f(x)$在点 x_0 处可导时，也称 $f(x)$在点 x_0 具有导数或导数存在.

如果极限(2.3)不存在，称函数 $f(x)$在点 x_0 处不可导.

② 导数的定义式也可取不同的形式，常见的有

$$f'(x_0)=\lim_{h\to 0}\frac{f(x_0+h)-f(x_0)}{h}\tag{2.4}$$

和

$$f'(x_0)=\lim_{x\to x_0}\frac{f(x)-f(x_0)}{x-x_0},\tag{2.5}$$

式(2.4)中 h 的即自变量的增量 Δx.

③ 前面所讨论的两个实例可以叙述如下：

作变速直线运动的质点在任何时刻 t_0 的速度 $v(t)$，就是位移函数 $s(t)$对时间 t 的导数，即

$$v(t_0)=s'(t_0).$$

曲线 $y=f(x)$ 在点 $M_0(x_0,f(x_0))$ 处切线的斜率就是函数 $y=f(x)$ 在点 x_0 处的导数，即

$$\tan\alpha=f'(x_0).$$

④ $\dfrac{\Delta y}{\Delta x}$表示的是自变量 x 从 x_0 变到 $x_0+\Delta x$ 时，函数 $y=f(x)$ 的平均变化率，而 $f'(x_0)$则是函数在点 x_0 的变化率.

定义 2　左导数与右导数

若极限

$$\lim_{h\to 0^-}\frac{f(x_0+h)-f(x_0)}{h}\quad \text{及}\quad \lim_{h\to 0^+}\frac{f(x_0+h)-f(x_0)}{h}$$

存在. 这两个极限分别称为函数 $f(x)$在点 x_0 处的左导数和右导数，记作$f'_-(x_0)$及 $f'_+(x_0)$，即

$$f'_-(x_0)=\lim_{h\to 0^-}\frac{f(x_0+h)-f(x_0)}{h},f'_+(x_0)=\lim_{h\to 0^+}\frac{f(x_0+h)-f(x_0)}{h}.\tag{2.6}$$

显然，$f'(x_0)$存在，即函数在点 x_0 处可导的充分必要条件是 $f'_-(x_0)=f'_+(x_0)$.

定义 3　如果函数 $y=f(x)$ 在区间(a,b)内的每一点都可导，就说函数 $f(x)$ 在区间(a,b)内可导，这时，对于区间(a,b)内的每一个值 x，都有唯一确定的导

数值 $f'(x)$ 与之对应，这就构成了的一个新的函数，这个新的函数称为函数 $y=f(x)$ 的导函数，简称导数，记为

$$f'(x),\ y',\ \frac{\mathrm{d}y}{\mathrm{d}x} \text{ 或 } \frac{\mathrm{d}}{\mathrm{d}x}f(x).$$

显然，函数 $y=f(x)$ 在点 x_0 处的导数，就是导函数 $f'(x)$在 x_0 点处的函数值，即

$$f'(x_0)=f'(x)\big|_{x=x_0}.$$

三、利用定义求简单函数的导数

根据导数的定义，可以得到求导数的一般步骤：

(1) 求函数增量 $\quad \Delta y=f(x+\Delta x)-f(x)$；

(2) 算比值 $\quad \dfrac{\Delta y}{\Delta x}=\dfrac{f(x+\Delta x)-f(x)}{\Delta x}$；

(3) 求极限 $\quad y'=\lim\limits_{\Delta x\to 0}\dfrac{f(x+\Delta x)-f(x)}{\Delta x}$.

【例 1】 求常数函数 $y=C$ 的导数.

解 (1) 求函数增量 $\quad \Delta y=f(x+\Delta x)-f(x)=C-C=0$；

(2) 算比值 $\quad \dfrac{\Delta y}{\Delta x}=\dfrac{0}{C}=0$；

(3) 取极限 $\quad y'=\lim\limits_{\Delta x\to 0}\dfrac{\Delta y}{\Delta x}=\lim\limits_{\Delta x\to 0}0=0$；

所以 $\quad (C)'=0.$

【例 2】 求幂函数 $y=x^2$ 的导数.

解 (1)求函数增量 $\quad \Delta y=(x+\Delta x)^2-x^2=x^2+2x\Delta x+(\Delta x)^2-x^2$

$$=2x\Delta x+(\Delta x)^2;$$

(2) 算比值 $\quad \dfrac{\Delta y}{\Delta x}=\dfrac{2x\Delta x+(\Delta x)^2}{\Delta x}=2x+\Delta x$；

(3) 取极限 $\quad y'=\lim\limits_{\Delta x\to 0}\dfrac{\Delta y}{\Delta x}=\lim\limits_{\Delta x\to 0}(2x+\Delta x)=2x$；

所以 $\quad (x^2)'=2x.$

【例 3】 求正弦函数 $y=\sin x$ 的导数.

解　(1) 求函数的增量　$\Delta y=\sin(x+\Delta x)-\sin x=2\cos\left(x+\frac{\Delta x}{2}\right)\sin\frac{\Delta x}{2}$;

(2) 算比值　$\frac{\Delta y}{\Delta x}=\frac{2\cos\left(x+\frac{\Delta x}{2}\right)\sin\frac{\Delta x}{2}}{\Delta x}=\frac{\cos\left(x+\frac{\Delta x}{2}\right)\sin\frac{\Delta x}{2}}{\frac{\Delta x}{2}}$;

(3) 取极限　$y'=\lim\limits_{\Delta x\to 0}\frac{\Delta y}{\Delta x}=\lim\limits_{\Delta x\to 0}\frac{\cos\left(x+\frac{\Delta x}{2}\right)\sin\frac{\Delta x}{2}}{\frac{\Delta x}{2}}=\cos x\cdot 1=\cos x$;

所以　$$(\sin x)'=\cos x,$$

同理可得　$$(\cos x)'=-\sin x.$$

【例 4】　求对数函数 $y=\log_a x$ 的导数.

解　(1) 求函数的增量　$\Delta y=\log_a(x+\Delta x)-\log_a x=\log_a\left(1+\frac{\Delta x}{x}\right)$;

(2) 算比值　$\frac{\Delta y}{\Delta x}=\frac{1}{\Delta x}\log_a\left(1+\frac{\Delta x}{x}\right)=\frac{1}{x}\cdot\frac{x}{\Delta x}\log\left(1+\frac{\Delta x}{x}\right)$

$$=\frac{1}{x}\log_a\left(1+\frac{\Delta x}{x}\right)^{\frac{x}{\Delta x}};$$

(3) 取极限　$y'=\lim\limits_{\Delta x\to 0}\frac{\Delta y}{\Delta x}=\lim\limits_{\Delta x\to 0}\frac{1}{x}\log_a\left(1+\frac{\Delta x}{x}\right)^{\frac{x}{\Delta x}}$

$$=\frac{1}{x}\lim_{\Delta x\to 0}\log_a\left(1+\frac{\Delta x}{x}\right)^{\frac{x}{\Delta x}}=\frac{1}{x}\log_a e=\frac{1}{x\ln a};$$

所以　$$(\log_a x)'=\frac{1}{x\ln a}.$$

当 $a=e$ 时,得自然对数的导数　$(\ln x)'=\frac{1}{x\ln e}=\frac{1}{x}$.

【例 5】　设 $f(x)=\begin{cases}2x, & x\geqslant 0,\\ 3x, & x<0,\end{cases}$ 求 $f'(0)$.

解　$f'_-(x_0)=\lim\limits_{h\to 0^-}\frac{f(0+h)-f(0)}{h}=\lim\limits_{h\to 0^-}\frac{3h-0}{h}=3$,

$$f'_+(x_0)=\lim_{h\to 0^+}\frac{f(0+h)-f(0)}{h}=2.$$

$f'_-(x_0)=f'_+(x_0)$,故 $f'(x_0)$ 不存在.

【说明】　求分段函数在分段点处的导数时,应首先求出分段函数在分段点处的左导数和右导数;然后根据结论"$f'(x_0)$ 存在的充分必要条件是 $f'_-(x_0)=f'_+(x_0)$"来确定分段函数在分段点处的导数是否存在.

四、导数的几何意义与物理意义

1. 几何意义

由引例中对曲线切线斜率的讨论可知,函数 $y=f(x)$ 在点 x_0 处导数 $f'(x_0)$ 的几何意义,就是曲线在点 $M(x_0, y_0)$ 处切线斜率,

即
$$f'(x_0)=\lim_{\Delta x\to 0}\frac{\Delta y}{\Delta x}=\tan\alpha.$$

由导数的几何意义和直线的点斜式方程,可得曲线 $y=f(x)$ 在点 $M(x_0, y_0)$ 处的

切线方程
$$y-y_0=f'(x_0)(x-x_0), \tag{2.7}$$

法线方程
$$y-y_0=-\frac{1}{f'(x_0)}(x-x_0),\quad (f'(x_0)\neq 0). \tag{2.8}$$

2. 物理意义

设作变速直线运动的质点运动规律为 $s=s(t)$,

则 t_0 时刻的即时速度(或速度) $v(t_0)=\lim\limits_{\Delta x\to 0}\dfrac{\Delta s}{\Delta t}=\lim\limits_{\Delta x\to 0}\dfrac{s(t_0+\Delta t)-s(t_0)}{\Delta t}$.

【例 6】 求曲线 $y=\sin x$ 在 $\left(\frac{\pi}{4}, \frac{\sqrt{2}}{2}\right)$ 处的切线方程和法线方程.

解 由导数的几何意义,所求的切线斜率为

$$k_1=y'\big|_{x=\frac{\pi}{4}}=(\sin x)'\big|_{x=\frac{\pi}{4}}=\cos x\big|_{x=\frac{\pi}{4}}=\cos\frac{\pi}{4}=\frac{\sqrt{2}}{2},$$

于是所求切线方程为
$$y-\frac{\sqrt{2}}{2}=\frac{\sqrt{2}}{2}\left(x-\frac{\pi}{4}\right),$$

即
$$4x-4\sqrt{2}y+4-\pi=0,$$

所求法线斜率为
$$k_2=-\frac{1}{k_1}=-\sqrt{2},$$

于是所求法线方程为
$$y-\frac{\sqrt{2}}{2}=-\sqrt{2}\left(x-\frac{\pi}{4}\right),$$

即
$$4x+2\sqrt{2}y-2-\pi=0.$$

五、可导与连续的关系

定理 1　如果函数 $y=f(x)$ 在点 x_0 可导，则它在点 x_0 处连续.

该定理也可简述为“可导必连续”. 但这个定理的逆命题是不成立的，即函数在点 x_0 处连续，但在点 x_0 不一定可导.

例如，函数 $y=|x|=\begin{cases} x, & x\geqslant 0, \\ -x, & x<0 \end{cases}$ 在点 $x=0$ 连续(图 2-2).

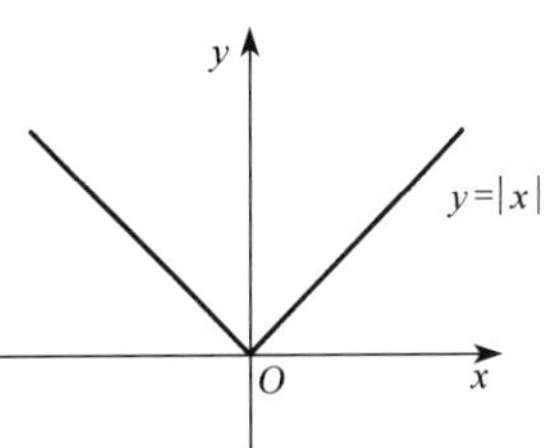

图 2-2

$$\frac{\Delta y}{\Delta x}=\frac{|0+\Delta x|-|0|}{\Delta x}=\frac{|\Delta x|}{\Delta x},$$

左导数 $$\lim_{\Delta x\to 0^-}\frac{\Delta y}{\Delta x}=\lim_{\Delta x\to 0^-}\frac{|\Delta x|}{\Delta x}=\lim_{\Delta x\to 0^-}\frac{-\Delta x}{\Delta x}=-1,$$

右导数 $$\lim_{\Delta x\to 0^+}\frac{\Delta y}{\Delta x}=\lim_{\Delta x\to 0^+}\frac{|\Delta x|}{\Delta x}=\lim_{\Delta x\to 0^+}\frac{\Delta x}{\Delta x}=1.$$

左导数、右导数存在但不相等，所以 $y=|x|=\begin{cases} x, & x\geqslant 0 \\ -x, & x<0 \end{cases}$，在点 $x=0$ 处不可导.

【例 7】　已知 $f(x)=\begin{cases} e^x, & x\geqslant 0, \\ ax+b, & x<0, \end{cases}$ 问 a, b 为何值时，$f(x)$处在 $x=0$ 连续、可导.

分析：本题是找 $f'(0)$ 存在的充分条件，这是困难的. 我们可以利用“函数 $f(x)$ 在 $x=0$ 处可导必有 $f(x)$ 在 $x=0$ 处连续”这个重要结论、函数连续的条件以及函数可导的条件，来找出 $f'(0)$ 存在的必要条件，最后说明 $f'(0)$ 存在的充分条件. 这样，本题的难点也就解决了.

解　若 $f(x)$ 在 $x=0$ 处可导，则 $f(x)$ 在 $x=0$ 处连续，从而

$$f(0-0)=f(0)=f(0+0)，且\ f'_-(0)=f'_+(0).$$

因为　$f(0-0)=b,\ f(0+0)=1,\ f(0)=1$，所以 $b=1$

又因为

$$f'_-(0)=\lim_{x\to 0^-}\frac{f(x)-f(0)}{x-0}=\lim_{x\to 0^-}\frac{ax+b-1}{x}=a,$$

$$f'_+(0)=\lim_{x\to 0^+}\frac{f(x)-f(0)}{x-0}=\lim_{x\to 0^+}\frac{e^x-1}{x}=1.$$

所以 $a=1$. 显然当 $a=b=1$ 时，$f(x)$ 在 $x=0$ 处可导，且 $f'(0)=1$.

习题 2-1

1. 已知自由落体运动方程 $s = s(t) = \frac{1}{2}gt^2$，求：

(1) 落体在 $t_0 = 10\ \text{s}$ 到 $t_0 + \Delta t = 10.1\ \text{s}$ 时间间隔内的平均速度 $\bar{v}$；

(2) 落体在 $t_0 = 10\ \text{s}$ 时刻的即时速度.

2. 用幂函数的求导公式求下列函数的导数：

(1) $y = x^3$；　(2) $y = \frac{1}{\sqrt{x}}$；　(3) $y = x^2 \cdot \sqrt[3]{x}$；　(4) $y = \frac{\sqrt[3]{x}}{\sqrt{x}}$.

3. 求下列函数在指定点处的导数.

(1) $y = \sin x, x = \frac{\pi}{3}$；　(2) $y = \cos x, x = \frac{5\pi}{4}$；

(3) $y = \log_2 x, x = 7$.

4. 自变量取哪些值时，抛物线 $y = x^2$ 与 $y = x^3$ 的切线平行？

5. 求曲线 $y = \sin x$ 在 $x = \frac{2\pi}{3}$ 处的切线方程和法线方程.

6. 证明函数 $y = |\sin x|$ 在点 $x = 0$ 处连续但不可导.

7. 设 $f(x) = \begin{cases} x^2, & x \geqslant 3, \\ ax + b, & x < 3, \end{cases}$ 试确定 a, b 的值，使 $f(x)$ 在 $x = 3$ 处可导.

第二节　导数的运算

上一节根据导数的定义求了一些简单函数的导数，但显然按定义求导数很繁，有时甚至是不可能的. 因此我们需要有求导法则，求导公式，借助他们来进行求导运算.

一、导数的四则运算法则

定理 1　若函数 $u(x)$、$v(x)$ 在点 x 处可导，则函数 $u(x) \pm v(x)$、$u(x) \cdot v(x)$、$\frac{u(x)}{v(x)}(v(x) \neq 0)$ 在点 x 处也可导，而且

(1) $[u(x) \pm v(x)]' = u'(x) \pm v'(x)$　(2.9)

(2) $[u(x) \cdot v(x)]' = u'(x) \cdot v(x) + u(x) \cdot v'(x)$　(2.10)

(3) $[ku(x)]' = ku'(x)$　(2.11)

(4) $\left[\frac{u(x)}{v(x)}\right]' = \frac{u'(x)v(x) - u(x)v'(x)}{v^2(x)}$　(2.12)

现仅就(2.10)式进行证明

设 $y=u(x)\cdot v(x)$，则

$$\begin{aligned}\Delta y&=u(x+\Delta x)\cdot v(x+\Delta x)-u(x)\cdot v(x)\\&=[u(x)+\Delta u][v(x)+\Delta v]-u(x)\cdot v(x)\\&=\Delta uv(x)+u(x)\Delta v+\Delta u\Delta v,\end{aligned}$$

根据极限的四则运算法则和 $u(x)$、$v(x)$ 在点 x 处可导，并注意到 $\lim\limits_{\Delta x\to 0}\Delta v=0$（可导必连续），得

$$\begin{aligned}\lim_{\Delta x\to 0}\frac{\Delta y}{\Delta x}&=\lim_{\Delta x\to 0}\left[\frac{\Delta u}{\Delta x}v(x)+u(x)\frac{\Delta v}{\Delta x}+\frac{\Delta u}{\Delta x}\Delta v\right]\\&=\lim_{\Delta x\to 0}\frac{\Delta u}{\Delta x}v(x)+\lim_{\Delta x\to 0}u(x)\frac{\Delta v}{\Delta x}+\lim_{\Delta x\to 0}\frac{\Delta u}{\Delta x}\lim_{\Delta x\to 0}\Delta v\\&=u'(x)\cdot v(x)+u(x)\cdot v'(x),\end{aligned}$$

即 $$[u(x)\cdot v(x)]'=u'(x)\cdot v(x)+u(x)\cdot v'(x).$$

注(1)　$[u(x)\cdot v(x)]'\neq u'(x)\cdot v'(x)$；

注(2)　法则的(1)、(2)均可推广到有限个函数的情形. 如 u, v, w 均在点 x 处可导，则有

$$(u+v+w)'=u'+v'+w',$$

$$(uvw)'=u'vw+uv'w+uvw'.$$

【例 1】　求函数 $y=x^5+2\cos x-3\ln x$ 的导数.

解　$$\begin{aligned}y'&=(x^5+2\cos x-3\ln x)'=(x^5)'+2(\cos x)'-3(\ln x)'\\&=5x^4-2\sin x-\frac{3}{x}.\end{aligned}$$

【例 2】　求函数 $y=\sqrt{x}\sin x$ 的导数.

解　$y'=(\sqrt{x}\sin x)'=(\sqrt{x})'\sin x+\sqrt{x}(\sin x)'=\dfrac{1}{2\sqrt{x}}\sin x+\sqrt{x}\cos x.$

【例 3】　求函数 $y=\dfrac{x^2-1}{x^2+1}$ 的导数.

解　$$\begin{aligned}y'&=\left(\frac{x^2-1}{x^2+1}\right)'=\frac{(x^2-1)'(x^2+1)-(x^2-1)(x^2+1)'}{(x^2+1)^2}\\&=\frac{2x(x^2+1)-(x^2-1)2x}{(x^2+1)^2}=\frac{4x}{(x^2+1)^2}.\end{aligned}$$

【例 4】　求正切函数 $y=\tan x$ 的导数.

解　$$\begin{aligned}y'&=(\tan x)'=\left(\frac{\sin x}{\cos x}\right)'=\frac{(\sin x)'\cos x-\sin x(\cos x)'}{\cos^2 x}=\frac{\cos^2 x+\sin^2 x}{\cos^2 x}\\&=\sec^2 x,\end{aligned}$$

即 $$(\tan x)' = \sec^2 x,$$

同理可得 $$(\cot x)' = -\csc^2 x.$$

【例 5】 求正割函数 $y = \sec x$ 的导数.

解 $$y' = (\sec x)' = \left(\frac{1}{\cos x}\right)' = \frac{1'\cos x - 1(\cos x)'}{\cos^2 x} = \frac{\sin x}{\cos^2 x} = \sec x\tan x,$$

即 $$(\sec x)' = \sec x\tan x,$$

同理可得 $$(\csc x)' = -\csc x\cot x.$$

二、反函数的求导法则

定理 2 设 $x = \varphi(y)$ 单调、连续、可导，且 $\varphi'(y) \neq 0$，则其反函数 $y = f(x)$ 存在且可导，有：

$$\frac{\mathrm{d}y}{\mathrm{d}x} = \frac{1}{\frac{\mathrm{d}x}{\mathrm{d}y}}，或\ f'(x) = \frac{1}{\varphi'(y)}，或\ y' = \frac{1}{x'}. \tag{2.13}$$

【例 6】 设函数 $y = \arcsin x, x \in [-1, 1]$，求 y'.

解 $y = \arcsin x, x \in [-1, 1]$是函数 $x = \sin y$ 在$\left[-\frac{\pi}{2}, \frac{\pi}{2}\right]$上的单调连续的反函数，且 $x = \sin y$ 的导数在$\left(-\frac{\pi}{2}, \frac{\pi}{2}\right)$内不为零，由定理 2.3 的条件，得

$$\frac{\mathrm{d}y}{\mathrm{d}x} = \frac{1}{\frac{\mathrm{d}x}{\mathrm{d}y}} = \frac{1}{(\sin y)'} = \frac{1}{\cos y} = \frac{1}{\sqrt{1-\sin^2 y}} = \frac{1}{\sqrt{1-x^2}}, \quad (-1, 1),$$

即 $(\arcsin x)' = \dfrac{1}{\sqrt{1-x^2}}, (-1, 1)$，同理可得 $(\arccos x)' = -\dfrac{1}{\sqrt{1-x^2}}, (-1, 1)$.

【例 7】 证明：$(\arctan x)' = \dfrac{1}{1+x^2}, (-\infty, +\infty)$.

证 $y = \arctan x, x \in (-\infty, +\infty)$ 是函数 $x = \tan y$ 在 $y \in \left(-\frac{\pi}{2}, \frac{\pi}{2}\right)$ 上的单调连续的反函数，故

$$\frac{\mathrm{d}y}{\mathrm{d}x} = \frac{1}{\frac{\mathrm{d}x}{\mathrm{d}y}} = \frac{1}{(\tan y)'} = \frac{1}{\sec^2 y} = \frac{1}{1+\tan^2 y} = \frac{1}{1+x^2},$$

即 $(\arctan x)' = \dfrac{1}{1+x^2}, (-\infty, +\infty)$；同理可得 $(\operatorname{arccot} x)' = \dfrac{1}{1+x^2}, (-\infty, +\infty)$.

注 至此，所有基本初等函数的导数公式已全部推出：

幂函数：$(x^{\alpha})' = \alpha x^{\alpha-1}$；

对数、指数函数：$(\log_a x)' = \dfrac{1}{x\ln a}$；　$(\ln x)' = \dfrac{1}{x}$；　$(a^x)' = a^x \ln a$；　$(e^x)' = e^x$.

三角函数和反三角函数：

$(\sin x)' = \cos x$；　$(\cos x)' = -\sin x$；　$(\tan x)' = \sec^2 x$；

$(\cot x)' = -\csc^2 x$；　$(\sec x)' = \sec x \tan x$；　$(\csc x)' = -\csc x \cot x$；

$(\arcsin x)' = \dfrac{1}{\sqrt{1-x^2}}$；　$(\arccos x)' = -\dfrac{1}{\sqrt{1-x^2}}$，　$(-1, 1)$；

$(\arctan x)' = \dfrac{1}{1+x^2}$；　$(\operatorname{arccot} x)' = -\dfrac{1}{1+x^2}$，　$(-\infty, +\infty)$.

三、复合函数的求导法则

定理 3　设函数 $u=\varphi(x)$ 在点 x 处可导，函数 $y=f(u)$ 在对应点 u 处可导，则复合函数 $y=f[\varphi(x)]$ 在点 x 处可导，且

$$y'(x) = f'(u) \cdot \varphi'(x), \tag{2.14}$$

此法则也可写为

$$\frac{dy}{dx} = \frac{dy}{du} \cdot \frac{du}{dx} \quad 或 \quad y'_x = y'_u \cdot u'_x.$$

这就是说，求复合函数 $y=f[\varphi(x)]$ 的导数时，等于复合函数对中间变量的导数乘以中间变量对自变量的导数. 复合函数的求导法则亦称链式法则.

注　这个法则可以推广到多个中间变量的情形：

如 $y=f(u)$，$u=\varphi(v)$，$v=\varphi(x)$，那么复合函数 $y=f[\varphi(\varphi(x))]$ 的导数为

$$y'(x) = f'(u)\varphi'(v)\varphi'(x).$$

【例 8】　求函数 $y=\sqrt{3x^2-5x+2}$ 导数.

解　函数 $y=\sqrt{3x^2-5x+2}$ 可以看成由 $y=\sqrt{u}$，$u=3x^2-5x+2$ 复合而成的

因为　$$y'_u = \frac{1}{2\sqrt{u}}, \quad u'_x = 6x-5,$$

所以　$$y'_x = y'_u \cdot u'_x = \frac{1}{2\sqrt{u}}(6x-5) = \frac{6x-5}{2\sqrt{3x^2-5x+2}}.$$

【例 9】　求函数 $y=\ln\cos 6x$ 的导数.

解　函数 $y=\ln\cos 6x$ 可以看成由 $y=\ln u$，$u=\cos v$，$v=6x$ 复合而成的

因为 $$y'_u=\frac{1}{u},\ u'_v=-\sin v,\ v'_x=6,$$

所以 $$y'_x=y'_u u'_v v'_x=\frac{1}{u}\cdot(-\sin v)6=-6\tan 6x.$$

【例 10】 求复合函数 $y=[\arctan(\sqrt{x})]^2$ 的导数.

解 $y=[\arctan(\sqrt{x})]^2$：$y=u^2$，$u=\arctan v$，$v=\sqrt{x}$，则

$$\frac{\mathrm{d}y}{\mathrm{d}x}=\frac{\mathrm{d}y}{\mathrm{d}u}\cdot\frac{\mathrm{d}u}{\mathrm{d}v}\cdot\frac{\mathrm{d}v}{\mathrm{d}x}=2u\cdot\frac{1}{1+v^2}\cdot\frac{1}{2\sqrt{x}}=\frac{\arctan\sqrt{x}}{(1+x)\sqrt{x}}.$$

注 ① 对复合函数进行分解时，一般要求分解为一些基本初等函数或基本初等函数的四则运算的形式即可.

② 在熟悉了复合函数求导法则之后，中间变量在求导过程中可以不必写出来，按照"由外向内，逐层求导"的原则即可.

【例 11】 求函数 $y=\sin(\cos^2 x)$ 的导数.

解 $y'=[\sin(\cos^2 x)]'=\cos(\cos^2 x)(\cos^2 x)'=\cos(\cos^2 x)2\cos x(\cos x)'$
$=\cos(\cos^2 x)2\cos x(-\sin x)=-\sin 2x\cos(\cos^2 x).$

【例 12】 求函数 $y=\ln\sqrt{\dfrac{x-1}{x+1}}$ 的导数.

解 因为 $y=\ln\sqrt{\dfrac{x-1}{x+1}}=\dfrac{1}{2}[\ln(x-1)-\ln(x+1)]$，

所以 $y'=\dfrac{1}{2}[\ln(x-1)-\ln(x+1)]'=\dfrac{1}{2}\left(\dfrac{1}{x-1}-\dfrac{1}{x+1}\right)=\dfrac{1}{x^2-1}.$

四、含有抽象函数的导数

【例 13】 设 ① $y=f(x^2)$，② $y=\dfrac{1}{f(x^2)}$，其中 $f'(u)$ 存在且 $f'(u)\neq 0$，求 y'.

解 ① 对 $y=f(x^2)$ 由函数 $y=f(u)$，$u=x^2$ 复合而成，故

$$y'=[f(x^2)]'=f'(u)\varphi'(x)=2xf'(x^2),$$

② 对 $y=\dfrac{1}{f(x^2)}$ 得 $y'=\dfrac{-\{f(x^2)\}'}{f^2(x^2)}=-\dfrac{2xf'(x^2)}{f^2(x^2)}.$

【例 14】 设函数① $y=\mathrm{e}^{\sin f(2x)}$，② $y=f[\tan\varphi(\sqrt{x})]$，③ $y=f(\mathrm{e}^x)\cdot\mathrm{e}^{f(x)}$，其中 f、φ 均可导，求 y'.

解 ① $y=\mathrm{e}^{\sin f(2x)}=\cos f(2x)\cdot f'(2x)\cdot 2=2f'(2x)\mathrm{e}^{\sin f(2x)}\cos f(2x)$

② $y'=f'[\tan\varphi(\sqrt{x})]\cdot\sec^2\varphi(\sqrt{x})\cdot\varphi'(\sqrt{x})\cdot\dfrac{1}{2\sqrt{x}}$

③ $y'=\{f(e^x)\}'\cdot e^{f(x)}+f(e^x)\{e^{f(x)}\}'$
$\quad=f'(e^x)\cdot e^x\cdot e^{f(x)}+f(e^x)\cdot e^{f(x)}\cdot f'(x)$

显然，$\{f[\tan\varphi(\sqrt{x})]\}'$ 表示复合函数对自变量 x 求导；而 $f'[\tan\varphi(\sqrt{x})]$ 实际上等于 $f'(u)$，即对中间变量 u 求导.

习题 2-2

1. 求下列函数在指定点的导数：

(1) 设 $f(x)=3x^4+2x^3+5$，求 $f'(0)$，$f'(1)$；

(2) 设 $f(x)=\dfrac{x}{\cos x}$，求 $f'(0)$，$f'(\pi)$.

2. 求下列函数的导数：

(1) $y=6x^3-7x^2+5x-23$；

(2) $y=\dfrac{1}{x}+\sqrt{x}-\dfrac{3}{\sqrt{x}}+\dfrac{7}{\sqrt[5]{x}}$；

(3) $y=\dfrac{3}{x^2+1}$；

(4) $y=x^5\ln x$；

(5) $y=\dfrac{x-1}{x+1}$；

(6) $y=\dfrac{x}{1-\cos x}$.

3. 求下列函数的导函数：

(1) $y=(2x+5)^4$；

(2) $y=\cos(4-3x)$；

(3) $y=\sin^2 x$；

(4) $y=\ln(x^2+x+1)$；

(5) $y=\arcsin\sqrt{x}$；

(6) $y=\ln(\sec x+\tan x)$；

(7) $y=e^{\arctan\sqrt{x}}$；

(8) $y=\ln[\ln(\ln x)]$；

(9) $y=\arcsin\sqrt{\dfrac{1-x}{1+x}}$；

(10) $y=\sin\dfrac{1}{x}\cdot e^{\tan\frac{1}{x}}$；

(11) $y=\dfrac{\cos x}{\sqrt{\cos 2x}}$；

(12) $y=\sqrt{1+\cot(2x+1)}$.

4. 若 $f'(x)$存在，求下列函数的导数：

(1) $y=f(\sin^2 x)$；

(2) $y=\ln[f(x)]$.

第三节　高阶导数及参数方程所确定函数的导数

本节介绍如何求初等函数的高阶导数，以及由参数方程所确定的函数的一阶和二阶导数.

一、高阶导数的运算

定义 1 如果函数 $y=f(x)$ 的导数 $y'=f'(x)$ 仍是可导函数,那么称 $f'(x)$ 的导数为 $f(x)$ 的二阶导数,记作

$$y'',\ f''(x),\ \frac{\mathrm{d}^2 y}{\mathrm{d}x^2} \text{ 或 } \frac{\mathrm{d}^2 f(x)}{\mathrm{d}x^2},$$

即

$$y''=(y')',\ f''(x)=[f'(x)]',\ \frac{\mathrm{d}^2 y}{\mathrm{d}x^2}=\frac{\mathrm{d}}{\mathrm{d}x}\left(\frac{\mathrm{d}y}{\mathrm{d}x}\right) \text{ 或 } \frac{\mathrm{d}^2 f(x)}{\mathrm{d}x^2}=\frac{\mathrm{d}}{\mathrm{d}x}\left(\frac{\mathrm{d}f(x)}{\mathrm{d}x}\right).$$

类似地可定义 $f(x)$的三阶导数,四阶导数,….

它们分别记为 $$y''',\ f'''(x),\ \frac{\mathrm{d}^3 y}{\mathrm{d}x^3} \text{ 或 } \frac{\mathrm{d}^3 f(x)}{\mathrm{d}x^3},$$

$$y^{(4)},\ f^{(4)}(x),\ \frac{\mathrm{d}^4 y}{\mathrm{d}x^4} \text{ 或 } \frac{\mathrm{d}^4 f(x)}{\mathrm{d}x^4}.$$

一般地 $f(x)$ 的 $n-1$ 阶导数的导数,便称为 $f(x)$的 n 阶导数,记为

$$y^{(n)},\ f^{(n)}(x),\ \frac{\mathrm{d}^n y}{\mathrm{d}x^n} \text{ 或 } \frac{\mathrm{d}^n f(x)}{\mathrm{d}x^n}.$$

二阶及二阶以上的导数统称为高阶导数.

$y=f(x)$ 在点 x_0 处的 n 阶导数,记为

$$y^{(n)}\big|_{x=x_0},\ f^{(n)}(x_0),\ \frac{\mathrm{d}^n y}{\mathrm{d}x^n}\Big|_{x=x_0} \text{ 或 } \frac{\mathrm{d}^n f(x)}{\mathrm{d}x^n}\Big|_{x=x_0}.$$

【例 1】 求函数 $y=6x^3-3x^2+7x-5$ 的四阶导数.

解 $y'=18x^2-6x+7$,

$y''=36x-6$,

$y'''=36$,

$y^{(4)}=0$.

一般地,一个 n 次多项式的 n 阶导数为常数, $n+1$ 阶导数为零.

【例 2】 求函数 $y=\mathrm{e}^{-x}\sin x$ 的二阶导数.

解 $y'=-\mathrm{e}^{x}\sin x+\mathrm{e}^{-x}\cos x=-\mathrm{e}^{-x}(-\cos x+\sin x)$,

$y''=\mathrm{e}^{-x}(-\cos x+\sin x)-\mathrm{e}^{-x}(\sin x+\cos x)=-2\mathrm{e}^{-x}\cos x$.

【例 3】 求指数函数 $y=a^x$ 的 n 阶导数.

解 $y'=a^x\ln a$,

$y''=a^x\ln^2 a$,

$y''' = a^x \ln^3 a, \cdots,$

一般地　$y^{(n)} = a^x \ln^n a.$

在求 n 阶导数时，应注意探究在导数阶数增高过程中导数的变化规律，以便归纳得出结论.

【例 4】 求正弦函数 $y = \sin x$ 的 n 阶导数.

解　$y' = \cos x = \sin\left(\dfrac{\pi}{2} + x\right)$——(保持三角函数名称与求导前相同，以便探索变化规律)

$$y'' = \cos\left(\frac{\pi}{2} + x\right) = \sin\left[\frac{\pi}{2} + \left(\frac{\pi}{2} + x\right)\right] = \sin\left(2 \cdot \frac{\pi}{2} + x\right),$$

$$y''' = \cos\left(2 \cdot \frac{\pi}{2} + x\right) = \sin\left[\frac{\pi}{2} + \left(2 \cdot \frac{\pi}{2} + x\right)\right] = \sin\left(3 \cdot \frac{\pi}{2} + x\right),$$

上面每求一次导数，结果函数名称不变，而自变量增加一个$\dfrac{\pi}{2}$，因此

一般地，有　$y^{(n)} = \sin(n \cdot \dfrac{\pi}{2} + x).$

二、二阶导数的物理意义

设物体做变速直线运动，其运动方程为　$s = s(t),$

则物体运动的速度为　$v(t) = s'(t) = \dfrac{\mathrm{d}s}{\mathrm{d}t},$

此时，速度 v 关于时间 t 的变化率称为加速度，即

$$a = v'(t) = s''(t) = \frac{\mathrm{d}^2 s}{\mathrm{d}t^2},$$

由此可见，加速度 a 为路程 s 关于时间 t 的二阶导数，这就是二阶导数的物理意义.

【例 5】 已知一物体的运动方程 $s = 10\sin(3t + 5)$，求物体的加速度.

解　$v = s' = 30\cos(3t + 5),$

$a = v' = s'' = -90\sin(3t + 5).$

三、参数方程所确定函数的导数

定理 1　对参数方程 $\begin{cases} x = \varphi(t), \\ y = \phi(t), \end{cases}$ 设函数 $x = \varphi(t)$ 具有单调连续的反函数 $t = \varphi^{-1}(x)$，则由参数方程所确定的函数，可以看成是 $y = \varphi(t)$ 和 $t = \varphi^{-1}(x)$ 复合而成的函数. 假设 $x = \varphi(t)$ 和 $y = \varphi(t)$ 均可导，且 $\varphi'(t) \neq 0$，于是根据复合函数的

求导法则，有 $\frac{\mathrm{d}y}{\mathrm{d}x}=\frac{\mathrm{d}y}{\mathrm{d}t}\cdot\frac{\mathrm{d}t}{\mathrm{d}x}$，

即
$$\frac{\mathrm{d}y}{\mathrm{d}x}=\frac{\frac{\mathrm{d}y}{\mathrm{d}t}}{\frac{\mathrm{d}x}{\mathrm{d}t}},\tag{2.15}$$

这就是由参数方程所确定的函数 $y(x)$ 对 x 的导数公式.

【例 6】 设 $\begin{cases}x=\ln(1+t^2),\\ y=t-\arctan t,\end{cases}$ 求 $\frac{\mathrm{d}y}{\mathrm{d}x}$.

解 $\frac{\mathrm{d}y}{\mathrm{d}t}=1-\frac{1}{1+t^2}=\frac{t^2}{1+t^2}$，$\frac{\mathrm{d}x}{\mathrm{d}t}=\frac{2t}{1+t^2}$，所以，$\frac{\mathrm{d}y}{\mathrm{d}x}=\frac{\frac{\mathrm{d}y}{\mathrm{d}t}}{\frac{\mathrm{d}x}{\mathrm{d}t}}=\frac{t^2}{2t}=\frac{t}{2}$.

四、参数方程的高阶导数

已知参数方程为 $\begin{cases}x=\varphi(t),\\ y=\psi(t),\end{cases}$ $\varphi(t)$、$\psi(t)$ 二阶可导，$\varphi'(t)\neq 0$，则已有 $\frac{\mathrm{d}y}{\mathrm{d}x}=\frac{\psi'(t)}{\varphi'(t)}$，求 $\frac{\mathrm{d}^2y}{\mathrm{d}x^2}$.

令 $\frac{\mathrm{d}y}{\mathrm{d}x}=\frac{\psi'(t)}{\varphi'(t)}=F(t)$，则

$$\frac{\mathrm{d}^2y}{\mathrm{d}x^2}=\frac{\mathrm{d}}{\mathrm{d}x}\left(\frac{\mathrm{d}y}{\mathrm{d}x}\right)=\frac{\mathrm{d}}{\mathrm{d}x}F(t)=\frac{\mathrm{d}}{\mathrm{d}t}F(t)\cdot\frac{\mathrm{d}t}{\mathrm{d}x}=F'(t)\cdot\frac{1}{\varphi'(t)}.\tag{2.16}$$

【例 7】 设 $\begin{cases}x=\ln(1+t^2),\\ y=t-\arctan t,\end{cases}$ 求 $\frac{\mathrm{d}^2y}{\mathrm{d}x^2}$.

解 由例 6，$\frac{\mathrm{d}y}{\mathrm{d}x}=\frac{t}{2}$，为求 $\frac{\mathrm{d}^2y}{\mathrm{d}x^2}$，构造参数方程 $\begin{cases}x=\ln(1+t^2),\\ F(t)=\frac{t}{2},\end{cases}$ 则

$$\frac{\mathrm{d}F}{\mathrm{d}t}=\frac{1}{2},\quad \frac{\mathrm{d}x}{\mathrm{d}t}=\frac{2t}{1+t^2},\ \frac{\mathrm{d}^2y}{\mathrm{d}x^2}=\frac{\mathrm{d}F}{\mathrm{d}x}=\frac{\frac{\mathrm{d}F}{\mathrm{d}t}}{\frac{\mathrm{d}x}{\mathrm{d}t}}=\frac{1+t^2}{4t}=\frac{1}{4}\left(t+\frac{1}{t}\right).$$

习题 2-3

1. 求下列函数的二阶导数：

(1) $y=3x^2+\ln x$；　　(2) $y=\mathrm{e}^x\cos x$；

(3) $y=(1+x^2)\arctan x$；

(4) $y=\ln(x+\sqrt{1+x^2})$；

(5) $y=\sqrt{a^2-x^2}$；

(6) $y=\ln(1+\sqrt{1+x^2})$.

2. 求下列函数的 n 阶导数：

(1) $y=\dfrac{1}{x+1}$；

(2) $y=\cos x$.

3. 求由下列参数方程所确定的函数的导数 $\dfrac{\mathrm{d}y}{\mathrm{d}x}$：

(1) $\begin{cases}x=t(1-\sin t),\\ y=t\cos t;\end{cases}$

(2) $\begin{cases}x=\arcsin t,\\ y=\sqrt{1-t^2}.\end{cases}$

4. 求由下列参量方程所确定的函数的二阶导数$\dfrac{\mathrm{d}^2y}{\mathrm{d}x^2}$：

(1) $\begin{cases}x=a\cos^3 t,\\ y=a\sin^3 t;\end{cases}$

(2) $\begin{cases}x=\mathrm{e}^t\cos t,\\ y=\mathrm{e}^t\sin t.\end{cases}$

第四节　隐函数导数

一、隐函数的求导法则

对于两个变量之间的对应关系，可以用不同的方式表达. 其中，一种表达方式 $y=f(x)$，即因变量 y 可由自变量 x 的数学解析式表示出来的函数，称为显函数. 另一种表达方式中 x 与 y 之间的对应关系可由方程 $F(x,\ y)=0$ 来确定的，如 $\cos(xy)=x$ 等. 即当 x 在某一区间(或集合)内取定任一值时，相应地总有满足方程的 y 值存在，此时，称方程 $F(x,\ y)=0$ 在该区间(或集合)内确定了一个 y 关于 x 的隐函数. 把一个隐函数化成显函数，称为隐函数的显化. 但有的隐函数的显化是很困难的. 一般而言，隐函数不一定能化成显函数的形式.

对隐函数，不显化如何求它的导数呢?可把方程 $F(x,\ y)=0$ 中的 y 看成是 x 的函数(或 x 看成是 y 的函数)，并按照复合函数的求导法则，方程两边对 x 求导，就可求出隐函数的导数.

【例 1】 设 $y^3+3x^2y+x=1$，求 y', $y'(0)$.

解 注意到 $y=y(x)$，代入方程，则：$y^3(x)+3x^2y(x)+x\equiv 1$.

两端对 x 求导，得

$$3y^2(x)\cdot y'(x)+3[x^2y'(x)+2xy(x)]+1=0$$

解出 y'：　$y'(x)=-\dfrac{1+6xy(x)}{3x^2+3y^2(x)}$.

一般可以写作 $y'=-\dfrac{1+6xy}{3x^2+3y^2}$.

当 $x=0$ 时，$y=1$,从而 $y'(0)=-\frac{1}{3}$.

注 一般地,由方程 $F(x,y)=0$ 所确定的隐函数的导数$\frac{\mathrm{d}y}{\mathrm{d}x}$中,仍常含有 y.

【例 2】 求由方程 $\sin(xy)=x$ 所确定的隐函数导数$\frac{\mathrm{d}y}{\mathrm{d}x}$.

解 方程两边对 x 求导,有 $\cos(xy)(y+xy'_x)=1$

得
$$\frac{\mathrm{d}y}{\mathrm{d}x}=\frac{1-y\cos(xy)}{\cos(xy)}.$$

【例 3】 设 $y^2-2xy+9=0$,求$\frac{\mathrm{d}^2y}{\mathrm{d}x^2}$.

解 方程两边对 x 求导得 $2yy'-2(y+xy')=0$,

所以
$$y'=\frac{\mathrm{d}y}{\mathrm{d}x}=\frac{y}{y-x}=\frac{y(x)}{y(x)-x},$$

注意到 y 是 x 的函数,有

$$\frac{\mathrm{d}^2y}{\mathrm{d}x^2}=\left(\frac{y}{y-x}\right)'=\frac{y'(y-x)-y(y'-1)}{(y-x)^2}=\frac{-xy'+y}{(y-x)^2}$$

$$=\frac{y}{(y-x)^2}-\frac{x}{(y-x)^2}\cdot\frac{y}{y-x}=\frac{y}{(y-x)^2}-\frac{xy}{(y-x)^3}.$$

二、取对数求导法

利用隐函数的求导方法,还可以简化一些显函数的求导运算.如对某些显函数 $y=f(x)$ 直接求导比较困难或很麻烦,可先对等式两边取对数,变成隐函数的形式,然后利用隐函数的求导方法求出它的导数,这种方法称为对数求导法.

1. 幂指函数 $y=[f(x)]^{\varphi(x)}$ 的导数

两边取对数：$\ln y=\varphi(x)\ln f(x)$，隐函数方程,两端关于 x 求导

$$\frac{1}{y}\cdot y'=\varphi'(x)\ln f(x)+\varphi(x)\cdot\frac{f'(x)}{f(x)},$$

所以，$y'=y\left[\varphi'(x)\ln f(x)+\varphi(x)\cdot\frac{f'(x)}{f(x)}\right]$

$$=[f(x)]^{\varphi(x)}\left[\varphi'(x)\ln f(x)+\varphi(x)\cdot\frac{f'(x)}{f(x)}\right].$$

注 要求掌握方法,上述公式不一定记.

【例 4】　设 $y=\left(\frac{x^2}{1+x}\right)^x$，求 y'.

解　取对数，$\ln y = x\ln\frac{x^2}{1+x} = x[2\ln x - \ln(1+x)]$，

两边关于 x 求导 $\frac{1}{y}y' = \ln\frac{x^2}{1+x} + x\left[\frac{2}{x} - \frac{1}{1+x}\right]$，

即
$$y' = \left(\frac{x^2}{1+x}\right)^x\left\{\ln\frac{x^2}{1+x} + x\left[\frac{2}{x} - \frac{1}{1+x}\right]\right\}$$
$$= \left(\frac{x^2}{1+x}\right)^x\left\{\ln\frac{x^2}{1+x} + 2 - \frac{x}{1+x}\right\}.$$

注　(1) $[\ln(uv)]' = (\ln u)' + (\ln v)'$，使用对数求导法是可以利用此性质；

(2) $\ln x^2 \neq 2\ln x$，但 $(\ln x^2)' = (2\ln x)'$.

利用对数求导法时，$(\ln x^\alpha)' = (\alpha\ln x)'$.

2. 积、商型函数的导数

【例 5】　设 $y=\sqrt{\sin x \cdot x^3 \cdot \sqrt{1-x^2}}$，求 y'.

解　取对数：$\ln y = \frac{1}{2}[\ln\sin x + 3\ln x + \frac{1}{2}\ln(1-x^2)]$，求导得

$$\frac{1}{y}y' = \frac{1}{2}\left[\frac{\cos x}{\sin x} + \frac{3}{x} + \frac{1}{2}\left(\frac{-2x}{1-x^2}\right)\right] = \frac{1}{2}\left[\cot x + \frac{3}{x} - \frac{x}{1-x^2}\right]$$

$$y' = y\cdot\frac{1}{2}\left[\cot x + \frac{3}{x} - \frac{x}{1-x^2}\right]$$
$$= \frac{1}{2}\sqrt{\sin x \cdot x^3 \cdot \sqrt{1-x^2}}\cdot\left[\cot x + \frac{3}{x} - \frac{x}{1-x^2}\right]$$

习题 2-4

1. 求隐函数的导数：

(1) $xy = e^2 - e^y$，求 $y'|_{x=0}$；　　(2) $\sin(xy) + \ln(y-x) = x$，求 $y'|_{x=0}$.

2. 求下列方程所确定的隐函数的导数 y'：

(1) $y^2 - 3xy + 9 = 0$；　　(2) $x^3 + y^3 - 3axy = 0$；

(3) $xy = e^{x+y}$；　　(4) $x\cos y = \sin(x+y)$；

(5) $\arctan\frac{y}{x} = \ln\sqrt{x^2+y^2}$；　　(6) $x = e^{\frac{x-y}{y}}$.

3. 利用取对数求导法求下列函数的导数：

(1) $y = \left(\frac{x}{1+x}\right)^x$；　　(2) $y = \sqrt[5]{\frac{x-5}{5\sqrt{x^2+2}}}$；

(3) $y = \frac{\sqrt{x+2}(3-x)^4}{(x+1)^5}$；　　(4) $y = \sqrt{x\cdot\sin x\cdot\sqrt{1+e^x}}$.

4. 求由下列方程所确定的隐函数的二阶导数：

(1) $y = \tan(x + y)$；　　(2) $xy - e^{x+y} = 0$.

第五节　微　　分

一、微分的概念

实例：一块正方形金属薄片受温度变化的影响，其边长从 x_0 变到 $x_0 + \Delta x$，问此薄片面积改变了多少？

设此薄片的边长为 x，面积为 A，则 $A = x^2$. 当边长 x 从 x_0 变到 $x_0 + \Delta x$ 时，相应的面积 A 改变量为

$$\Delta A = (x_0 + \Delta x)^2 - x^2 = 2x_0 \Delta x + (\Delta x)^2.$$

ΔA 由两部分组成：第一部分 $2x_0\Delta x$ 是 Δx 的线性函数(图 2-3 中带有斜线的两个矩形面积之和)，第二部分 $(\Delta x)^2$(图 2-4 中的小正方形面积)是比 Δx 高阶的无穷小. 因此当 $|\Delta x|$ 很小时，第一项 $2x_0\Delta x$ 是主要的，第二项 $(\Delta x)^2$ 是次要的，故可得 ΔA 的近似值.

$$\Delta A \approx 2x_0 \Delta x = A'|_{x=x_0} \cdot \Delta x.$$

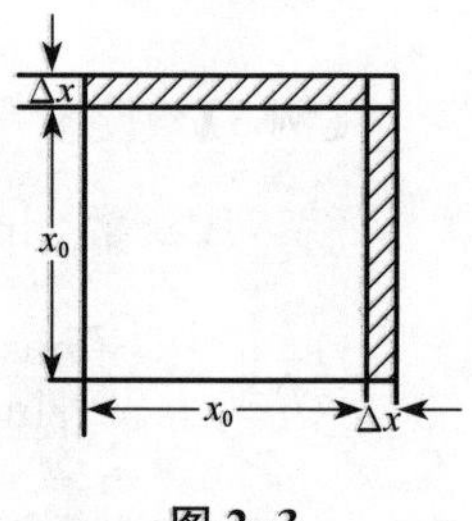

图 2-3

这时所产生的误差是较 Δx 高阶的无穷小.

对于一般函数，是否也有类似情形呢？

定义 1.　设函数 $y = f(x)$ 在某 $N(x_0, \delta)$ 内有定义，x_0 及 $x_0 + \Delta x$ 在这区间内，如果函数的增量 $\Delta y = f(x_0 + \Delta x) - f(x_0)$ 可表示为 $\Delta y = A\Delta x + o(\Delta x)$，其中 A 是不依赖与 Δx 的常数，$o(\Delta x)$ 是比 Δx 高阶的无穷小. 那么称函数 $y = f(x)$ 在点 x_0 是可微的，而 $A\Delta x$ 称为函数 $y = f(x)$ 在点 x_0 微分，记作 $\mathrm{d}y$

即
$$\mathrm{d}y = A\Delta x \tag{2.17}$$

注　若 $y = f(x)$ 在点 x_0 可微，由定义，$\Delta y = A\Delta x + o(\Delta x)$，此式两边同除以 Δx 得

$$\frac{\Delta y}{\Delta x} = A + \frac{o(\Delta x)}{\Delta x}$$

当 $\Delta x \to 0$ 时，有 $A = f'(x_0)$.

因此，若函数 $y = f(x)$ 在点 x_0 可微，则 $y = f(x)$ 在点 x_0 一定可导，且 $A = f'(x_0)$.

反之,如函数 $y=f(x)$ 在点 x_0 可导,即 $\lim\limits_{\Delta x\to 0}\frac{\Delta y}{\Delta x}=f'(x_0)$,根据无穷小与极限间的关系,有 $\frac{\Delta y}{\Delta x}=f'(x_0)+\alpha$,其中 $\lim\limits_{\Delta x\to 0}\alpha=0$,

得
$$\Delta y=f'(x_0)\Delta x+\alpha(\Delta x),$$
即
$$\Delta y=f'(x_0)\Delta x+o(\Delta x)$$
所以函数 $y=f(x)$ 在点 x_0 可微. 故我们有

定理 1.　函数 $y=f(x)$ 在点 x_0 可微的充分必要条件是函数 $y=f(x)$ 在点 x_0 可导,且有

$$\mathrm{d}y=f'(x_0)\Delta x$$

当 $f'(x_0)\neq 0$ 时,称函数的微分 $\mathrm{d}y=f'(x_0)\Delta x$ 为 Δy 的线性主部,当 $|\Delta x|$ 很小时,有

$$\Delta y\approx \mathrm{d}y$$

注　通常将自变量 x 的增量 Δx 称为自变量的微分,记作 $\mathrm{d}x$,即 $\mathrm{d}x=\Delta x$. 函数 $y=f(x)$ 在任意点 x 处的微分称为函数的微分,记作 $\mathrm{d}y$,

即
$$\mathrm{d}y=f'(x)\mathrm{d}x. \tag{2.18}$$

最初引入导数符号 $\frac{\mathrm{d}y}{\mathrm{d}x}$ 的时候,一直将它作为一个不可分割的记号,现在 $\frac{\mathrm{d}y}{\mathrm{d}x}$ 就不单单是导数的一个符号,也可看作函数微分与自变量微分之商,所以导数也称微商.

二、微分的几何意义

设函数 $y=f(x)$(图 2-4),在 x 轴上取点 x 与 $x+\Delta x$,在曲线上有相对应的点 $M(x,\ f(x))$ 和 $M'(x+\Delta x,\ f(x+\Delta x))$,过 M 点作倾斜角为 α 的切线 MT,交 $M'P$ 于 Q,根据微分定义

$$\mathrm{d}y=f'(x)\Delta x=\tan\alpha\cdot\Delta x=PQ$$

因此,函数 $y=f(x)$ 在点 x 处微分的几何意义,就是曲线 $y=f(x)$ 在点 $M(x,\ f(x))$ 处对应这一横坐标改变量时切线 MT 的纵坐标的改变量 PQ.

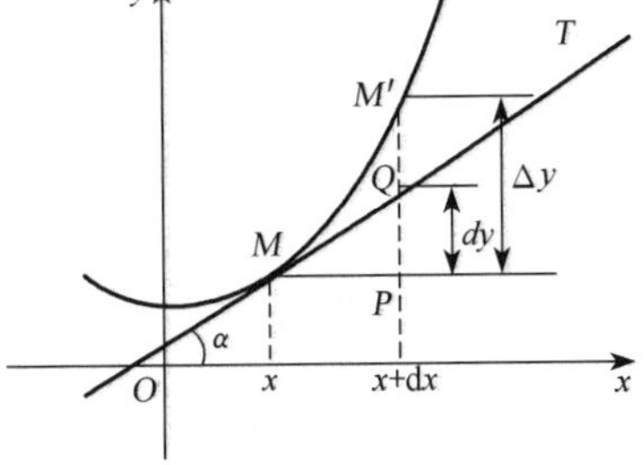

图 2-4

【例 1】　设函数 $y=x^2-5x+2$,在点 $x=1$ 处,分别计算当 $\Delta x=0.1$ 与 Δx

$=0.01$ 时函数的改变量 Δy 与微分 $\mathrm{d}y$.

解 函数的改变量

$$\begin{aligned}\Delta y &= [(x+\Delta x)^2-5(x+\Delta x)+2]-(x^2-5x+2)\\ &=(2x-5)\Delta x+(\Delta x)^2,\end{aligned}$$

函数的微分为

$$\mathrm{d}y=f'(x)\Delta x=(2x-5)\Delta x,$$

当 $x=1,\Delta x=0.1$ 时， $\Delta y=-0.299,\mathrm{d}y=-0.3$，
当 $x=1,\Delta x=0.01$ 时， $\Delta y=-0.0299,\mathrm{d}y=-0.03$.

从以上等式可以看出，$\Delta y-\mathrm{d}y=(\Delta x)^2$，当 $|\Delta x|$ 减少时，$\Delta y-\mathrm{d}y$ 减少得更快. 因此，很小时，可以用 $\mathrm{d}y$ 近似地代替 Δy，从而简化了计算.

三、微分的运算

由 $\mathrm{d}y=f'(x)\mathrm{d}x$ 可知，要计算函数的微分，只要求出函数的导数，再乘以自变量的微分就可以了，所以从导数的基本公式和法则能直接推出微分的基本公式和法则.

1. 基本初等函数的微分公式

(1) $\mathrm{d}(c)=0\cdot\mathrm{d}x$； (2) $\mathrm{d}(x^\alpha)=\alpha x^{\alpha-1}\mathrm{d}x$；

(3) $\mathrm{d}(a^x)=a^x\ln a\mathrm{d}x$，$\mathrm{d}(\mathrm{e}^x)=\mathrm{e}^x\mathrm{d}x$；

(4) $\mathrm{d}(\log_a x)=\dfrac{1}{x\ln a}\mathrm{d}x$，$\mathrm{d}(\ln x)=\dfrac{1}{x}\mathrm{d}x$；

(5) $\mathrm{d}(\sin x)=\cos x\mathrm{d}x$； (6) $\mathrm{d}(\cos x)=-\sin x\mathrm{d}x$；

(7) $\mathrm{d}(\tan x)=\sec^2 x\mathrm{d}x$； (7) $\mathrm{d}(\cot x)=-\csc^2 x\mathrm{d}x$；

(9) $\mathrm{d}(\sec x)=\sec x\tan x\mathrm{d}x$； (10) $\mathrm{d}(\csc x)=-\csc x\cot x\mathrm{d}x$；

(11) $\mathrm{d}(\arcsin x)=\dfrac{1}{\sqrt{1-x^2}}\mathrm{d}x$； (12) $\mathrm{d}(\arccos x)=-\dfrac{1}{\sqrt{1-x^2}}\mathrm{d}x$；

(13) $\mathrm{d}(\arctan x)=\dfrac{1}{1+x^2}\mathrm{d}x$； (14) $\mathrm{d}(\mathrm{arccot}\, x)=-\dfrac{1}{1+x^2}\mathrm{d}x$.

2. 函数和、差、积、商的微分法则

设函数 u、v 都是 x 的可微函数，k 为常数，则

(1) $\mathrm{d}(u\pm v)=\mathrm{d}u\pm\mathrm{d}v$；

(2) $\mathrm{d}(uv)=v\mathrm{d}u+u\mathrm{d}v$；

(3) $\mathrm{d}(ku)=k\mathrm{d}u$；

(4) $d\left(\frac{u}{v}\right)=\frac{v\mathrm{d}u-u\mathrm{d}v}{v^2}$.

3. 一阶微分形式不变性

设函数 $u=\varphi(x)$ 在点 x 处可微，$y=f(u)$ 在点 u 处可微，则复合函数 $y=f[\varphi(x)]$ 在点 x 处也可微，且微分为

$$\mathrm{d}y=\{f[\varphi(x)]\}'\mathrm{d}x=f'[\varphi(x)]\varphi'(x)\mathrm{d}x=f'[\varphi(x)]\mathrm{d}\varphi(x)=f'(u)\mathrm{d}u.$$

由上式知，如把 u 看成自变量时，则与原来的微分形式一样. 即 u 是中间变量还是自变量，其微分形式不变，这个性质称为一阶微分形式不变性. 当我们在求复合函数的微分时，可以利用复合函数的求导法则，再乘以自变量的微分；也可以用微分形式不变性进行计算.

【例 2】 求函数 $y=\sqrt{3+2x+5x^2}$ 的微分.

解一 $\mathrm{d}y=\mathrm{d}(\sqrt{3+2x+5x^2})=\frac{2+10x}{2\sqrt{3+2x+5x^2}}\mathrm{d}x=\frac{1+5x}{\sqrt{3+2x+5x^2}}\mathrm{d}x.$

解二
$$\mathrm{d}y=\mathrm{d}(\sqrt{3+2x+5x^2})=\frac{\mathrm{d}(3+2x+15x^2)}{2\sqrt{3+2x+5x^2}}$$
$$=\frac{2+10x}{2\sqrt{3+2x+5x^2}}\mathrm{d}x=\frac{1+5x}{\sqrt{3+2x+5x^2}}\mathrm{d}x.$$

【例 3】 求函数 $y=\mathrm{e}^{-3x}\sin 2x$ 的微分.

解
$$\begin{aligned}\mathrm{d}y&=\mathrm{d}(\mathrm{e}^{-3x}\sin 2x)=\sin 2x\mathrm{d}(\mathrm{e}^{-3x})+\mathrm{e}^{-3x}\mathrm{d}(\sin 2x)\\&=-3\mathrm{e}^{-3x}\sin 2x\mathrm{d}x+2\mathrm{e}^{-3x}\cos 2x\mathrm{d}x\\&=\mathrm{e}^{-3x}(2\cos 2x-3\sin 2x)\mathrm{d}x.\end{aligned}$$

习题 2-5

1. 设 $y=x^3+1$，当 $x=2$，$\Delta x=0.01$ 时，计算 Δy，$\mathrm{d}y$.

2. 求下列各函数的微分：

(1) $y=(\sqrt{x}+1)\left(\frac{1}{\sqrt{x}}-1\right)$；　　(2) $y=(2x^3+3x^2+1)^3$；

(3) $y=\mathrm{e}^{\cos 2x}$；　　(4) $y=\mathrm{e}^x\sin(2-x)$；

(5) $y=\frac{\ln x}{x^n}$；　　(6) $y=\frac{\tan x}{x^2+1}$.

3. 求下列各方程所确定函数 y 的微分 $\mathrm{d}y$：

(1) $xy=\mathrm{e}^x-\mathrm{e}^y$；　　(2) $\arctan\frac{y}{x}=\sqrt{x^2+y^2}$.

第二章　习题答案

习题 2-1

1. (1) 10.05 g；(2) 10 g .

2. (1) $y'=3x^2$；(2) $y'=-\dfrac{1}{2\sqrt{x^3}}$；(3) $y'=\dfrac{7}{3}x^{\frac{5}{3}}$；(4) $y'=-\dfrac{1}{6}x^{-\frac{7}{6}}$.

3. (1) $\dfrac{1}{2}$；(2) $\dfrac{\sqrt{2}}{2}$；(3) $\dfrac{1}{7\ln 2}$.

4. $x=0$，$x=\dfrac{2}{3}$.

5. 切线为 $x+2y-\sqrt{3}-\dfrac{2}{3}\pi=0$；法线为 $4x-2y+\sqrt{3}-\dfrac{8}{3}\pi=0$.

6. 证略.

7. $a=6$，$b=-9$.

习题 2-2

1. (1) $f'(0)=0$；$f'(1)=18$；(2) $f'(0)=1$，$f'(\pi)=-1$；

2. (1) $18x^2-14x+5$；(2) $-\dfrac{1}{x^2}+\dfrac{1}{2\sqrt{x}}+\dfrac{3}{2}x^{-\frac{3}{2}}-\dfrac{7}{5}x^{-\frac{6}{5}}$；(3) $-\dfrac{6x}{(x^2+1)^2}$；

(4) $5x^4\ln x+x^4$；(5) $\dfrac{2}{(x+1)^2}$；(6) $\dfrac{1-\cos x-x\sin x}{(1-\cos x)^2}$.

3. (1) $8(2x+5)^3$；(2) $3\sin(4-3x)$；(3) $\sin 2x$；(4) $\dfrac{2x+1}{x^2+x+1}$；(5) $\dfrac{1}{2\sqrt{x-x^2}}$；

(6) $\sec x$；(7) $e^{\arctan\sqrt{x}}\dfrac{1}{2\sqrt{x}(1+x)}$；(8) $\dfrac{1}{x\ln x\ln(\ln x)}$；(9) $-\dfrac{1}{\sqrt{2x}(1-x)(1+x)}$；

(10) $-\dfrac{1}{x^2}e^{\tan\frac{1}{x}}\left(\cos\dfrac{1}{x}+\sin\dfrac{1}{x}\sec^2\dfrac{1}{x}\right)$；

(11) $\dfrac{-\sin x\cos 2x+\cos x\sin 2x}{\sqrt{\cos^3 2x}}$；(12) $-\dfrac{\csc^2(2x+1)}{\sqrt{1+\cot(2x+1)}}$.

4. (1) $\sin 2x\cdot f'(\sin^2 x)$；(2) $\dfrac{f'(x)}{f(x)}$.

习题 2-3

1. (1) $6-\dfrac{1}{x^2}$；(2) $-2e^x\sin x$；(3) $2\arctan x+\dfrac{2x}{1+x^2}$；(4) $-\dfrac{x}{\sqrt{(1+x^2)^3}}$；

(5) $-\dfrac{a^2}{\sqrt{(a^2-x^2)^3}}$；(6) $\dfrac{(1-x^2)\sqrt{1+x^2}+1}{(1+x^2+\sqrt{1+x^2})^2\sqrt{1+x^2}}$.

2. (1) $y^{(n)}=(-1)^n(n)!(1+x)^{-n-1}$；(2) $y^{(n)}=\cos\left(x+\dfrac{n\pi}{2}\right)$.

3. (1) $\dfrac{\cos t-t\sin t}{1-\sin t-t\cos t}$；(2) $-t$.

4. (1) $\dfrac{1}{3a\sin t\cos^4 t}$；(2) $\dfrac{2}{(\cos t-\sin t)^3e^t}$.

习题 2-4

1. (1) $-2e^{-2}$；(2) 1.

2. (1) $\dfrac{3y}{2y-3x}$；(2) $\dfrac{ay-x^2}{y^2-ax}$；(3) $\dfrac{y-xy}{xy-x}$；(4) $\dfrac{\cos y-\cos(x+y)}{\cos(x+y)+x\sin y}$；(5) $\dfrac{x+y}{x-y}$；

(6) $\dfrac{1-\frac{y}{x}}{1+\ln x}$.

3. (1) $\left(\dfrac{x}{1+x}\right)^x\left(\ln x-\ln(1+x)+\dfrac{1}{1+x}\right)$；

(2) $\sqrt[5]{\dfrac{x-5}{5\sqrt{x^2+2}}}\left(\dfrac{1}{5(x-5)}-\dfrac{x}{5(x^2+2)}\right)$；

(3) $\dfrac{\sqrt{x+2}\,(3-x)^4}{(x+1)^5}\left(\dfrac{1}{2(x+2)}-\dfrac{4}{3-x}-\dfrac{5}{x+1}\right)$；

(4) $\sqrt{x\cdot\sin x\cdot\sqrt{1+e^x}}\left(\dfrac{1}{2x}+\dfrac{\cos x}{2\sin x}+\dfrac{e^x}{4(1+e^x)}\right)$.

4. (1) $-2\csc^2(x+y)\cot^3(x+y)$；(2) $\dfrac{(x-1)^2y+y(1-y)^2}{x^2(1-y)^3}$.

习题 2-5

1. 0.120 601；0.12.

2. (1) $dy=-(\dfrac{1}{2\sqrt{x^3}}+\dfrac{1}{2\sqrt{x}})dx$；(2) $dy=18(2x^3+3x^2+1)^2(x^2+x)dx$；

(3) $dy=-2\sin 2x\cdot e^{\cos 2x}dx$；(4) $dy=e^x(\sin(2-x)-\cos(2-x))dx$；

(5) $dy=\dfrac{x^{n-1}-nx^{n-1}\ln x}{x^{2n}}dx$；(6) $dy=\dfrac{(x^2+1)\sec^2 x-2x\tan x}{(x^2+1)^2}dx$.

3. (1) $dy=\dfrac{e^x-y}{x+e^y}dx$；(2) $dy=\dfrac{x\sqrt{x^2+y^2}+y}{x-y\sqrt{x^2+y^2}}dx$.

第三章　微分中值定理与导数的应用

第一节　微分中值定理

本章中,我们将应用导数来研究函数以及曲线的某些性态,并利用这些知识解决一些实际问题. 首先要介绍微分学的几个中值定理,它们是导数应用的理论基础.

一、罗尔定理(Rolle)

先介绍费马(Fermat)引理.

费马引理　设函数 $f(x)$ 在 x_0 的某领域 $U(x_0)$ 内有定义,并且在 x_0 处可导,如果对任意的 $x \in U(x_0)$ 有 $f(x) \leqslant f(x_0)$(或 $f(x) \geqslant f(x_0)$),那么 $f'(x_0) = 0$.

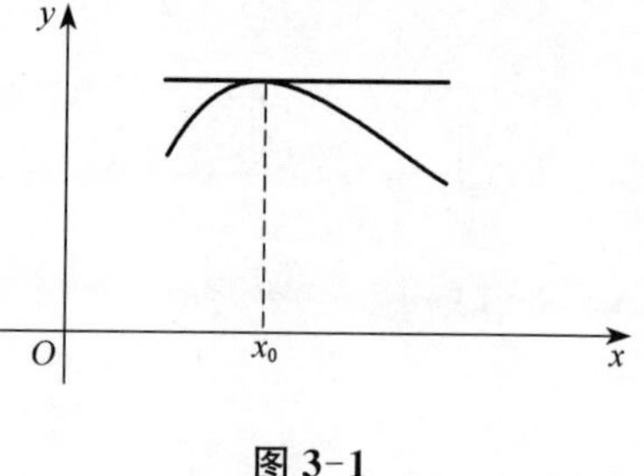

图 3-1

证　不妨设 $x \in U(x_0)$ 时,$f(x) \leqslant f(x_0)$,于是对于 $x_0 + \Delta x \in U(x_0)$ 有

$$f(x_0 + \Delta x) \leqslant f(x_0).$$

由左右导数的定义以及极限的保号性,得到

$$f'_+(x_0) = \lim_{\Delta x \to 0^+} \frac{f(x_0 + \Delta x) - f(x_0)}{\Delta x} \leqslant 0,$$

$$f'_-(x_0) = \lim_{\Delta x \to 0^-} \frac{f(x_0 + \Delta x) - f(x_0)}{\Delta x} \geqslant 0.$$

根据 $f(x)$ 在 x_0 可导的条件得 $f'(x_0) = 0$. 证毕.

通常称导数等于零的点为函数的驻点.

定理 1(罗尔定理)　设函数 $f(x)$满足:

(1) 闭区间 $[a, b]$ 上连续;

(2) 开区间 (a, b) 内可导;

(3) 端点函数值相等,即 $f(a) = f(b)$;

则至少存在一个 $\xi \in (a, b)$，使得 $f'(\xi) = 0$.

证　$f(x)$ 在闭区间 $[a, b]$ 上连续，设 $f(x)$ 在闭区间 $[a, b]$ 上的最大值、最小值分别为 M、m.

① 如果 $M = m$，则 $f(x)$ 在闭区间 $[a, b]$ 上恒为常数，即 $f(x) \equiv c$，从而 $f'(x) = 0$，$\forall x \in (a, b)$；

② 如果 $M \neq m$，则必有 $M > m$，又因为 $f(a) = f(b)$，故 M、m 中至少有一个在开区间 (a, b) 内取得. 不妨设 $f(x)$ 在开区间 (a, b) 内取得最大值 M，即存在 $\xi \in (a, b)$，使得 $f(\xi) = M$.

以下证明 ξ 即为所求，即必有 $f'(\xi) = 0$. 由定义

$$f'(\xi) = \lim_{x \to \xi} \frac{f(x) - f(\xi)}{x - \xi} = \lim_{x \to \xi} \frac{f(x) - M}{x - \xi},$$

由于 $f(x) - M \leqslant 0$，则 $\frac{f(x) - M}{x - \xi} \begin{cases} \leqslant 0, & x > \xi, \\ \geqslant 0, & x < \xi, \end{cases}$ 从而由极限的保号性定理 $\lim\limits_{x \to \xi^{\pm}} \frac{f(x) - M}{x - \xi} \begin{cases} \leqslant 0, \\ \geqslant 0, \end{cases}$ 即 $f'_{+}(\xi) \leqslant 0$，$f'(\xi) \geqslant 0$. 已知 $f'(\xi)$ 存在，应有 $f'_{+}(\xi) = f'(\xi)$，即 $f'(\xi) = 0$.

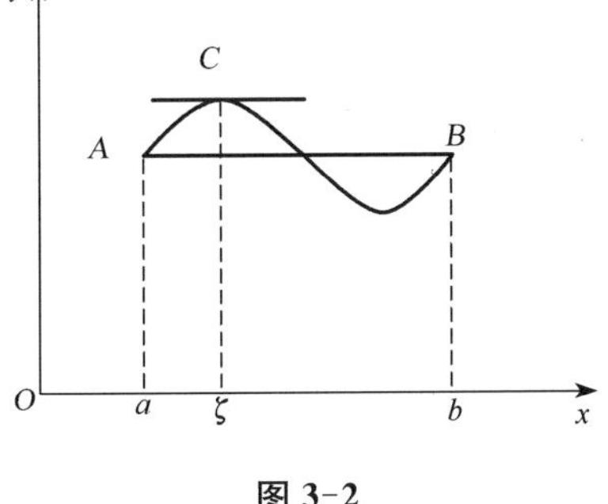

图 3-2

注　① Rolle 中值定理的几何意义如图 3-2 所示：在两端高度相同的一段连续曲线上，若除端点外它在每一点都有不垂直于 x 轴的切线，则在其中必至少有一条切线平行于 x 轴. 物理解释：变速直线运动在折返点处，瞬时速度等于零.

② Rolle 定理的条件是充分的而不是必要的.

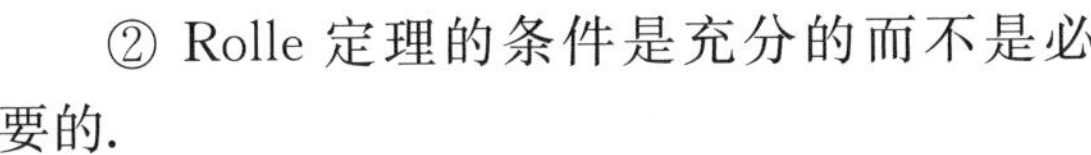

例如，函数 $f(x) = \begin{cases} x, & 0 \leqslant x < 1 \\ 0, & x = 1 \end{cases}$，可以说明不满足条件(1)，结论不一定成立；

函数 $f(x) = \begin{cases} x, & 0 \leqslant x \leqslant \frac{1}{2}, \\ -x + 1, & \frac{1}{2} < x \leqslant 1 \end{cases}$ 可以说明不满足条件(2)，结论不一定成立；

函数 $f(x) = x$，$0 \leqslant x \leqslant 1$ 可以说明不满足条件(3)，结论不一定成立.

③ Rolle 定理研究的是导函数方程 $f'(x) = 0$ 的根的存在性问题.

【例 1】 验证：对于 $f(x)=\ln\sin x$ Rolle 定理在区间 $\left[\frac{\pi}{6},\frac{5\pi}{6}\right]$ 上的正确性.

解 $f(x)=\ln\sin x$ 在区间 $\left[\frac{\pi}{6},\frac{5\pi}{6}\right]$ 上连续，在 $\left(\frac{\pi}{6},\frac{5\pi}{6}\right)$ 内可导，且 $f'(x)=\cot x$，

$$f\left(\frac{\pi}{6}\right)=\ln\sin\frac{\pi}{6}=-\ln2,\qquad f\left(\frac{5\pi}{6}\right)=\ln\sin\frac{5\pi}{6}=-\ln2,$$

即端点函数值相等，满足罗尔定理的条件，故应存在 $\xi\in\left(\frac{\pi}{6},\frac{5\pi}{6}\right)$，使得 $f'(\xi)=0$，即 $\cot\xi=0$. 事实上也可以解得：$\xi=\frac{\pi}{2}\in\left(\frac{\pi}{6},\frac{5\pi}{6}\right)$ 即满足要求.

【例 2】 设函数 $f(x)=(x-1)(x-2)(x-3)(x-4)$，不用计算 $f'(x)$，指出导函数方程 $f'(x)=0$ 有几个实根，各属于什么区间？

解 $f(x)=(x-1)(x-2)(x-3)(x-4)$ 是四次多项式，故是 $f'(x)=0$ 一元三次方程，最多有三个实根. 由 $f(x)$ 在闭区间 $[1,2]$ 上连续，在开区间 $(1,2)$ 上可导，端点函数值相等 $f(1)=f(2)=0$，由罗尔定理，存在 $\xi_1\in(1,2)$，使得 $f'(\xi_1)=0$，即 ξ_1 是导函数方程 $f'(x)=0$ 的一个实根. 同理可知，方程还有两个根 ξ_2，ξ_3 分别属于区间 $(2,3)$ 及 $(3,4)$.

【例 3】 证明方程 $x^5-5x+1=0$ 有且只有一个小于 1 的正实根.

证明 设 $f(x)=x^5-5x+1$，则 $f(x)$ 在 $[0,1]$ 连续，且 $f(0)=1$，$f(1)=-3$. 由介值定理，$\exists x_0\in(0,1)$，使 $f(x_0)=0$，即为方程小于 1 的正实根.

设另有 $x_1\in(0,1)$，且 $x_1\neq x_0$，使 $f(x_1)=0$. 因为 $f(x)$ 在 x_0，x_1 之间满足罗尔定理的条件，所以至少存在一个 ξ（在 x_0，x_1 之间）使得 $f'(\xi)=0$. 但是 $f'(x)=5(x^4-1)<0$，$x\in(0,1)$ 矛盾，因此方程有唯一实根.

【例 4】 若函数 $f(x)$ 在 (a,b) 内具有二阶导数，且 $f(x_1)=f(x_2)=f(x_3)$，其中 $a<x_1<x_2<x_3<b$. 证明至少存在一点 $\xi\in(a,b)$，使得 $f''(\xi)=0$.

证 $f(x)$ 在闭区间 $[x_1,x_2]$、$[x_2,x_3]$ 上连续，在开区间 (x_1,x_2)、(x_2,x_3) 内可导，且端点函数值相等 $f(x_1)=f(x_2)=f(x_3)$.

由罗尔定理，$\exists\xi_1\in(x_1,x_2)$，$\exists\xi_2\in(x_2,x_3)$，使得 $f'(\xi_1)=0$ 且 $f'(\xi_2)=0$，其中 $a<\xi_1<\xi_2<b$.

函数 $f'(x)$ 在闭区间 $[\xi_1,\xi_2]$ 上连续，在开区间 (ξ_1,ξ_2) 内可导，且端点函数值相等 $f'(\xi_1)=f'(\xi_2)=0$，再由罗尔定理，$\exists\xi\in(\xi_1,\xi_2)\subset(a,b)$，使得 $f''(\xi)=0$.

二、拉格朗日(Lagrange)中值定理

把罗尔定理的条件去掉一个就变成了拉格朗日中值定理.

定理 2　设函数 $f(x)$ 满足：(1) 在闭区间 $[a, b]$ 上连续；(2) 在开区间 (a, b) 内可导，则存在 $\xi \in (a, b)$，使得 $f'(\xi) = \dfrac{f(b)-f(a)}{b-a}$.

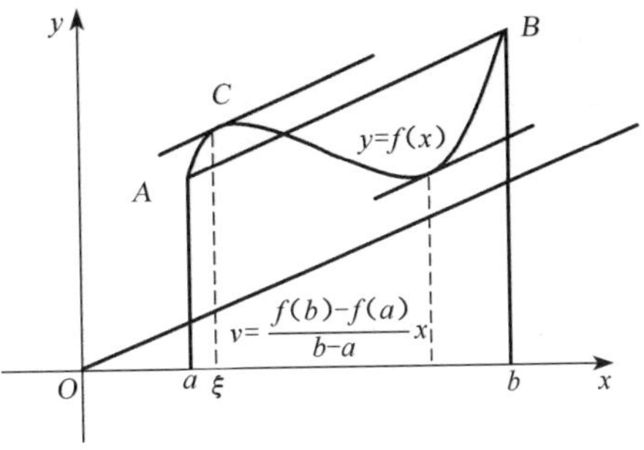

图 3-3

从这个定理的条件与结论可见，若 $f(x)$ 在 $[a, b]$ 上满足拉格朗日中值定理的条件，则当 $f(a)=f(b)$ 时，即得出罗尔中值定理的结论，因此说罗尔中值定理是拉格朗日中值定理的一个特殊情形. 正是基于这个原因，我们想到要利用罗尔中值定理来证明定理 2.

证　构造函数 $F(x)=f(x)-\dfrac{f(b)-f(a)}{b-a}x$，则 $F(x)$ 在闭区间 $[a, b]$ 上连续，在开区间 (a, b) 内可导，且

$$F(a)=f(a)+\frac{f(b)-f(a)}{b-a}a=\frac{bf(a)-af(b)}{b-a},$$

$$F(b)=f(b)+\frac{f(b)-f(a)}{b-a}b=\frac{bf(a)-af(b)}{b-a}.$$

即端点函数值相等 $F(a)=F(b)$，$F(x)$ 在 $[a, b]$ 上满足罗尔定理的条件，故存在 $\xi \in (a, b)$，使得 $F'(\xi)=0$. 又 $F'(x)=f'(x)-\dfrac{f(b)-f(a)}{b-a}$，即有

$$f'(\xi)-\frac{f(b)-f(a)}{b-a}=0,\quad 即\ f'(\xi)=\frac{f(b)-f(a)}{b-a},\ \xi \in (a, b).$$

注　① 通常称 $f'(\xi)=\dfrac{f(b)-f(a)}{b-a}$ 为拉格朗日中值公式，也可以写作

$$f(b)-f(a)=f'(\xi)(b-a),\qquad f(a)-f(b)=f'(\xi)(a-b).$$

② 因为 $a<\xi<b$，$0<\dfrac{\xi-a}{b-a}<1$，记 $\theta=\dfrac{\xi-a}{b-a}$，则 $0<\theta<1$，且 $\xi=a+\theta(b-a)$，故拉格朗日中值公式又可写作：$f(b)-f(a)=f'[a+\theta(b-a)](b-a)$，$0<\theta<1$；

③ 令 $a=x_0$，$b=x_0+\Delta x$，则拉格朗日中值公式还可写

$$f(x_0+\Delta x)-f(x_0)=f'(\xi)\Delta x,\qquad 或\ \Delta y=f'(\xi)\Delta x,$$

$$f(x_0+\Delta x)-f(x_0)=f'(x_0+\theta\Delta x)\Delta x,\qquad 或\ \Delta y=f'(x_0+\theta\Delta x)\Delta x,$$

这是函数增量 Δy 的精确表达式，有较高的理论价值. 在微分学中占有十分重要的

理论地位.拉格朗日公式精确地表达了函数在一个区间上的增量与函数在这区间内某点处的导数之间的关系. 拉格朗日中值公式又称有限增量公式,拉格朗日中值定理又称有限增量定理.

④ 公式中的 ξ 或 θ 一般只知其存在性.

⑤ 几何意义:如果连续曲线 $y=f(x)$ 的弧 AB 除端点外,处处具有不垂直于 x 轴的切线,那么这弧上至少有一点 C,使曲线在 C 点处的切线平行于弦 AB.

推论 若 $f'(x)\equiv 0$, $x\in I$,则 $f(x)$ 在 I 上恒等于常数.

证 $\forall a, b\in I$,不妨设 $a<b$,则 $f(x)$ 在闭区间 $[a, b]$ 上连续,在开区间 (a, b) 内可导,由拉格朗日中值定理,存在 $\xi\in(a, b)$,使得 $f(b)-f(a)=f'(\xi)(b-a)$. 由于 $f'(x)\equiv 0$,则 $f'(\xi)=0$,即 $f(b)-f(a)=0$,或 $f(b)=f(a)$. 由于 $a, b\in I$ 的任意性,$f(x)$ 在 I 上恒等于常数.

【例 5】 证明: $\arctan x+\operatorname{arccot} x=\dfrac{\pi}{2}$, $x\in(-\infty, +\infty)$.

证 设 $f(x)=\arctan x+\operatorname{arccot} x$, $x\in(-\infty, +\infty)$, 因为

$$f'(x)=\frac{1}{1+x^2}+\left(-\frac{1}{1+x^2}\right)\equiv 0 \quad x\in(-\infty, +\infty)$$

由推论可知, $f(x)\equiv c$, $x\in(-\infty, +\infty)$;取 $x=1$,则 $c=f(1)=\dfrac{\pi}{4}+\dfrac{\pi}{4}=\dfrac{\pi}{2}$,从而证得 $\arctan x+\operatorname{arccot} x=\dfrac{\pi}{2}$, $x\in(-\infty, +\infty)$.

【例 6】 证明不等式: $na^{n-1}(b-a)<b^n-a^n<nb^{n-1}(b-a)$, $(b>a, n>1)$.

证 设 $f(x)=x^n$,则在闭区间 $[a, b]$ 上连续,在开区间 (a, b) 内可导,由拉格朗日中值定理,存在 $\xi\in(a, b)$,使得 $f(b)-f(a)=f'(\xi)(b-a)$,即 $b^n-a^n=n\xi^{n-1}(b-a)$. 又 $a<\xi<b$,则 $a^{n-1}<\xi^{n-1}<b^{n-1}$,证得: $na^{n-1}(b-a)<b^n-a^n<nb^{n-1}(b-a)$.

对于由参数方程 $\begin{cases} x=x(t) \\ y=y(t) \end{cases}$, $(\alpha\leqslant t\leqslant\beta)$ 所表示的曲线,它的两端点连线的斜率为

$$\frac{y(\beta)-y(\alpha)}{x(\beta)-x(\alpha)}.$$

若拉格朗日中值定理也适合这种情形,则应有

$$\left.\frac{\mathrm{d}y}{\mathrm{d}x}\right|_{t=\xi}=\frac{y'(\xi)}{x'(\xi)}=\frac{y(\beta)-y(\alpha)}{x(\beta)-x(\alpha)}.$$

与这个几何阐述密切相联的是柯西中值定理,它是拉格朗日定理的推广.

三、柯西中值定理(Cauchy)

定理 3　设函数 $F(x)$、$f(x)$满足：

(1) 在闭区间$[a, b]$上连续；

(2) 在开区间(a, b)内可导,且对于任一 $x\in(a, b)$,$F'(x)\neq 0$;

则至少存在一个 $\xi\in(a, b)$,使得：$\dfrac{f(b)-f(a)}{F(b)-F(a)}=\dfrac{f'(\xi)}{F'(\xi)}$.

证明　作辅助函数 $\varphi(x)=f(x)-f(a)-\dfrac{f(b)-f(a)}{F(b)-F(a)}[F(x)-F(a)]$.

$\varphi(x)$ 满足罗尔定理条件,则在(a, b) 内至少存在一点 ξ 使得 $\varphi'(\xi)=0$.

即 $f'(\xi)-\dfrac{f(b)-f(a)}{F(b)-F(a)}\cdot F'(\xi)=0$, 所以$\dfrac{f(b)-f(a)}{F(b)-F(a)}=\dfrac{f'(\xi)}{F'(\xi)}$.

当 $F(x)=x$, $F(b)-F(a)=b-a$, $F'(x)=1$,

$$\frac{f(b)-f(a)}{F(b)-F(a)}=\frac{f'(\xi)}{F'(\xi)}\Rightarrow\frac{f(b)-f(a)}{b-a}=f'(\xi).$$

注　① 几何解释：在曲线弧 AB 上至少有一点$C(F(\xi), f(\xi))$,在该点处的切线平行于弦 AB.

② Cauchy 定理是 Lagrange 定理的推广,而 Rolle 定理则是 Lagrange 定理的特例. 因此三个中值定理的核心是 Lagrange 定理,要求必须掌握,并能运用定理进行简单的证明.

【例 7】　设函数 $f(x)$ 在$[0, 1]$上连续,在$(0, 1)$ 内可导,证明至少存在一点 $\xi\in(0, 1)$,使 $f'(\xi)=2\xi[f(1)-f(0)]$.

证　设 $g(x)=x^2$,则 $f(x)$、$g(x)$ 在$[0, 1]$上满足柯西定理的条件,在$(0, 1)$内至少存在一点 ξ,有

$$\frac{f(1)-f(0)}{1-0}=\frac{f'(\xi)}{2\xi},$$

即 $f'(\xi)=2\xi[f(1)-f(0)]$.

习题 3-1

1. 验证罗尔定理对函数 $y=x^3+4x^2-7x-10$ 在区间$[-1, 2]$上的正确性.
2. 验证拉格朗日定理对函数 $y=\arctan x$ 在区间$[0, 1]$上的正确性.
3. 对函数 $f(x)=\sin x$ 及 $g(x)=x+\cos x$ 在区间$\left[0, \dfrac{\pi}{2}\right]$上验证柯西中值定理的正确性.
4. 不用求出函数 $f(x)=(x-1)(x-2)(x-3)(x-4)(x-5)$ 的导数,说明方程 $f'(x)=0$ 有几个实根,并指出它们所在的区间.

5. 证明方程 $4ax^3+3bx^2+2cx=a+b+c$ 至少有一个小于 1 的正根.

6. 证明方程 $1+x+\frac{x^2}{2}+\frac{x^3}{6}=0$ 有且仅有一个实根.

7. 设函数 $f(x)$ 在闭区间$[a, b]$上连续，在开区间(a, b)内可导，$f(a)<0$，$f(c)>0$，$f(b)<0(a<c<b)$. 证明存在 $\xi\in(a, b)$ 使得 $f'(\xi)=0$.

8. 设函数 $f(x)$ 在$[1, 2]$上有二阶导数，且 $f(2)=0$，又 $F(x)=(x-1)^2f(x)$，证明：在$(1, 2)$内至少存在一点 ξ，使得 $F''(\xi)=0$.

9. 证明当 $-1<x<1$ 时，$\arctan\sqrt{\frac{1-x}{1+x}}+\frac{1}{2}\arcsin x=\frac{\pi}{4}$.

10. 证明下列不得等式：

(1) 设 $a>b>0$，证明 $\frac{a-b}{a}<\ln\frac{a}{b}<\frac{a-b}{b}$；

(2) $|\sin a-\sin b|\leqslant|a-b|$；

(3) 当 $x>1$ 时，$e^x>e\cdot x$；

(4) 当 $0<x<\frac{\pi}{2}$ 时，$\sin x+\tan x>2x$；

(5) 当 $0<x<\pi$ 时，$\frac{\sin x}{x}>\cos x$.

第二节　洛必达(L. Hospital)法则

柯西中值定理为我们提供了一种求函数极限的方法.

设 $f(x_0)=g(x_0)=0$，$f(x)$ 与 $g(x)$ 在 x_0 的某邻域内满足柯西中值定理的条件，从而有 $\frac{f(x)}{g(x)}=\frac{f'(\xi)}{g'(\xi)}$，其中 ξ 介于 x_0 与 x 之间.

当 $x\to x_0$ 时，$\xi\to x_0$，因此若极限 $\lim\limits_{\xi\to x_0}\frac{f'(\xi)}{g'(\xi)}=A$，则必有 $\lim\limits_{x\to x_0}\frac{f(x)}{g(x)}=A$，这里 $\frac{f(x)}{g(x)}$ 是 $x\to x_0$ 时两个无穷小量之比，通常称之为 $\frac{0}{0}$ 型未定式. 一般说来，这种未定式的确定往往是比较困难的，但如果 $\lim\limits_{x\to x_0}\frac{f'(x)}{g'(x)}$ 存在而且容易求出，困难便迎刃而解. 对于 $\frac{\infty}{\infty}$ 型未定式，即两个无穷大量之比，也可以采用类似的方法确定.

我们把这种确定未定式的方法称为洛必达法则.

本法则是解决 $\frac{0}{0}$、$\frac{\infty}{\infty}$ 型未定式的极限的一种有效的方法. 未定式主要包括：$\frac{0}{0}$、$\frac{\infty}{\infty}$(商的极限)；$0\cdot\infty$(积的极限)；$\infty-\infty$(差的极限)；0^0、∞^0、1^∞(幂指函数

的极限). 但应当注意的是,并非所有$\frac{0}{0}$、$\frac{\infty}{\infty}$型的极限都可以用此法则计算.

一、$\frac{0}{0}$及$\frac{\infty}{\infty}$型的极限

定义　如果 $x\to x_0$ 或 $x\to\infty$ 时,$f(x)$、$g(x)$ 都趋于零或都趋于无穷大,那么极限 $\lim\limits_{\substack{x\to x_0\\(x\to\infty)}}\frac{f(x)}{g(x)}$ 称为$\frac{0}{0}$ 型或$\frac{\infty}{\infty}$ 型未定式.

例如, $\lim\limits_{x\to 0}\frac{\tan x}{x}$, $\lim\limits_{x\to 0}\frac{\ln\sin ax}{\ln\sin bx}$.

我们着重先讨论 $x\to x_0$ 时的未定式$\frac{0}{0}$ 的情形.

定理 1　设函数 $f(x)$、$g(x)$满足:

(1) $\lim\limits_{x\to x_0}f(x)=0$, $\lim\limits_{x\to x_0}g(x)=0$;

(2) $f(x)$ 与 $g(x)$ 在 $\mathring{U}(x_0)$ 内可导,且 $g'(x)\neq 0$;

(3) 极限$\lim\limits_{x\to x_0}\frac{f'(x)}{g'(x)}$ 存在(或者为 ∞);

则 $\lim\limits_{x\to x_0}\frac{f(x)}{g(x)}=\lim\limits_{x\to x_0}\frac{f'(x)}{g'(x)}$.

这种在一定条件下通过分子分母分别求导再求极限来确定未定式的值的方法称为**洛必达法则**.

证　由于 $\lim\limits_{x\to x_0}\frac{f(x)}{g(x)}$ 存在与否与函数 $f(x)$、$g(x)$ 在点 x_0 的状态无关,及 $\lim\limits_{x\to x_0}f(x)=0$, $\lim\limits_{x\to x_0}g(x)=0$,因此不妨设: $f(x_0)=0$, $g(x_0)=0$;

$\forall x\in U(x_0,\delta)$,不妨设 $x_0<x$,则 $f(x)$、$g(x)$ 满足:在闭区间$[x_0, x]$上连续,在开区间(x_0, x) 内可导,且 $g'(x)\neq 0$. 由 Cauchy 定理,存在 $\xi\in(x_0, x)$,使得

$$\frac{f(x)}{g(x)}=\frac{f(x)-f(x_0)}{g(x)-g(x_0)}=\frac{f'(\xi)}{g'(\xi)}.$$

当 $x\to x_0$ 时,有 $\xi\to x_0$,从而 $\lim\limits_{x\to x_0}\frac{f(x)}{g(x)}=\lim\limits_{x\to x_0}\frac{f(x)-f(x_0)}{g(x)-g(x_0)}=\lim\limits_{\xi\to x_0}\frac{f'(\xi)}{g'(\xi)}$ $=\lim\limits_{x\to x_0}\frac{f'(x)}{g'(x)}$.

注　如果极限 $\lim\limits_{x\to x_0}\frac{f'(x)}{g'(x)}$ 仍然是$\frac{0}{0}$ 型的,函数 $f'(x)$、$g'(x)$ 满足定理中对 $f(x)$、$g(x)$ 的要求,则可以继续利用洛必达法则,即有

$$\lim_{x\to x_0}\frac{f(x)}{g(x)}=\lim_{x\to x_0}\frac{f'(x)}{g'(x)}=\lim_{x\to x_0}\frac{f''(x)}{g''(x)}=\cdots,$$

表明在同一题中可以多次的使用洛必达法则.

洛必达法则可以推广到 $x \to x_0$ 时的$\frac{\infty}{\infty}$型不定式.

定理 2 设函数 $f(x)$、$g(x)$ 满足：

(1) $\lim\limits_{x \to x_0} f(x) = \lim\limits_{x \to x_0} g(x) = \infty$；

(2) $f(x)$ 与 $g(x)$ 在 $\mathring{U}(x_0)$ 内可导；

(3) $\lim\limits_{x \to x_0} \frac{f'(x)}{g'(x)}$ 存在或为 ∞，

则 $\lim\limits_{x \to x_0} \frac{f(x)}{g(x)} = \lim\limits_{x \to x_0} \frac{f'(x)}{g'(x)}$.

【例 1】 求极限 $\lim\limits_{x \to 0} \frac{a^x - b^x}{x}$. $\left(\frac{0}{0}\text{型}\right)$

解 $$\lim_{x \to 0} \frac{a^x - b^x}{x} \xlongequal{\frac{0}{0}} \lim_{x \to 0} \frac{(a^x - b^x)'}{(x)'} = \lim_{x \to 0} \frac{a^x \ln a - b^x \ln b}{1} = \ln a - \ln b = \ln \frac{a}{b}.$$

【例 2】 求极限 $\lim\limits_{x \to \frac{\pi}{2}} \frac{\tan x}{\cot 2x}$. $\left(\frac{\infty}{\infty}\text{型}\right)$

解 $$\text{原式} = \lim_{x \to \frac{\pi}{2}} \frac{\sec^2 x}{-2\csc^2 2x} = -\frac{1}{2} \lim_{x \to \frac{\pi}{2}} \frac{\sin^2 2x}{\cos^2 x}$$

$$\xlongequal{\frac{0}{0}} -\frac{1}{2} \lim_{x \to \frac{\pi}{2}} \frac{4\sin 2x \cos 2x}{-2\cos x \sin x} = 2 \lim_{x \to \frac{\pi}{2}} \cos 2x = -2.$$

注 (1) 洛必达法则是求未定式的一种有效方法，但与其它求极限方法结合使用，效果更好；

(2) 计算过程中及时化简是必要的.

【例 3】 求极限 $\lim\limits_{x \to +\infty} \frac{\mathrm{e}^x}{x^n}$ 和 $\lim\limits_{x \to +\infty} \frac{x^n}{(\ln x)^n}$.

解 $$\lim_{x \to +\infty} \frac{\mathrm{e}^x}{x^n} \xlongequal{\frac{\infty}{\infty}} \lim_{x \to +\infty} \frac{\mathrm{e}^x}{nx^{n-1}} \xlongequal{\frac{\infty}{\infty}} \lim_{x \to +\infty} \frac{\mathrm{e}^x}{n(n-1)x^{n-2}} = \cdots$$

$$\xlongequal{\frac{\infty}{\infty}} \lim_{x \to +\infty} \frac{\mathrm{e}^x}{n!} = +\infty;$$

$$\lim_{x \to +\infty} \frac{x^n}{(\ln x)^n} \xlongequal{\frac{\infty}{\infty}} \lim_{x \to +\infty} \frac{nx^{n-1}}{n(\ln x)^{n-1} \cdot \frac{1}{x}} = \lim_{x \to +\infty} \frac{nx^n}{n(\ln x)^{n-1}}$$

$$\xlongequal{\frac{\infty}{\infty}} \lim_{x \to +\infty} \frac{n^2 x^{n-1}}{n(n-1)(\ln x)^{n-2} \cdot \frac{1}{x}} = \lim_{x \to +\infty} \frac{n^2 x^n}{n(n-1)(\ln x)^{n-2}}$$

$$= \cdots \xlongequal{\frac{\infty}{\infty}} \lim_{x \to +\infty} \frac{n^n x^n}{n(n-1)\cdots 2 \cdot 1} = +\infty.$$

当 $x\to+\infty$ 时，e^x、x^n、$(\ln x)^n$ 均趋向于 $+\infty$. 这一结论表明，$e^x\to+\infty$ 的速度最快，$x^n\to+\infty$ 次之，$(\ln x)^n\to+\infty$ 速度最慢.

(3) $\lim\dfrac{f'(x)}{F'(x)}$ 不存在($\neq\infty$)时，法则失效.

比如，$\lim\limits_{x\to+\infty}\dfrac{x+\sin x}{x}=\lim\limits_{x\to+\infty}\dfrac{1+\cos x}{1}$ 极限不存在，但不能断言原极限不存在，换一种方法可得 $\lim\limits_{x\to+\infty}\dfrac{x+\sin x}{x}=\lim\limits_{x\to+\infty}1+\dfrac{\sin x}{x}=2$.

(4) 并非所有的$\dfrac{0}{0}$、$\dfrac{\infty}{\infty}$型一定可以用洛必达法则求解. 如

$$\lim_{x\to+\infty}\frac{e^x-e^{-x}}{e^x+e^{-x}}\xlongequal{\frac{\infty}{\infty}}\lim_{x\to+\infty}\frac{e^x+e^{-x}}{e^x-e^{-x}}\xlongequal{\frac{\infty}{\infty}}\lim_{x\to+\infty}\frac{e^x-e^{-x}}{e^x+e^{-x}}=\cdots$$

出现循环，应该用其它方式计算，如 $\lim\limits_{x\to+\infty}\dfrac{e^x-e^{-x}}{e^x+e^{-x}}=\lim\limits_{x\to+\infty}\dfrac{1-e^{-2x}}{1+e^{-2x}}=1$(转化无穷大的因素).

二、其他类型的不定式的极限 $0\cdot\infty$，$\infty-\infty$，0^0、∞^0 及 1^∞ 型

以上各种类型的不定式，均可以转化为$\dfrac{\infty}{\infty}$或$\dfrac{0}{0}$型，然后用洛必达法则求解.

1. $0\cdot\infty$型(积的不定式)

【例 4】 求极限 $\lim\limits_{x\to0^+}x^\mu\ln x$，$(\mu>0)$. ($0\cdot\infty$ 型)

解 $\lim\limits_{x\to0^+}x^\mu\ln x=\lim\limits_{x\to0^+}\dfrac{\ln x}{x^{-\mu}}\xlongequal{\frac{\infty}{\infty}}\lim\limits_{x\to0^+}\dfrac{\frac{1}{x}}{-\mu x^{-\mu-1}}=-\dfrac{1}{\mu}\lim\limits_{x\to0^+}\dfrac{1}{x^{-\mu}}$

$=-\dfrac{1}{\mu}\lim\limits_{x\to0^+}x^\mu=0$.

注 $\lim\limits_{x\to0^+}xe^{\frac{1}{x}}\xlongequal{0\cdot\infty}\lim\limits_{x\to0^+}\dfrac{e^{\frac{1}{x}}}{\frac{1}{x}}\xlongequal{\frac{1}{x}=t}\lim\limits_{t\to+\infty}\dfrac{e^t}{t}\xlongequal{\frac{\infty}{\infty}}\lim\limits_{t\to+\infty}e^t=+\infty$.

但是如果 $\lim\limits_{x\to0^+}xe^{\frac{1}{x}}\xlongequal{0\cdot\infty}\lim\limits_{x\to0^+}\dfrac{x}{e^{-\frac{1}{x}}}\xlongequal{\frac{0}{0}}\lim\limits_{x\to0^+}\dfrac{1}{e^{-\frac{1}{x}}\cdot\frac{1}{x^2}}=\lim\limits_{x\to0^+}x^2e^{\frac{1}{x}}$，不难看出，上面做法不可取.

2. $\infty-\infty$型(差的不定式)

【例 5】 求极限 $\lim\limits_{x\to0}\left(\dfrac{\sin^2x}{x^4}-\dfrac{\tan x}{x^3}\right)$. ($\infty-\infty$ 型)

解 $\lim\limits_{x\to0}\left(\frac{\sin^2x}{x^4}-\frac{\tan x}{x^3}\right)\xlongequal{\infty-\infty}\lim\limits_{x\to0}\frac{\sin^2x-x\tan x}{x^4}\xlongequal{\frac{0}{0}}\lim\limits_{x\to0}\frac{\tan x}{x}\cdot\frac{\sin x\cos x-x}{x^3}$

$=\lim\limits_{x\to0}\frac{\tan x}{x}\cdot\lim\limits_{x\to0}\frac{\sin x\cos x-x}{x^3}\xlongequal{\frac{0}{0}}\lim\limits_{x\to0}\frac{\sin x\cos x-x}{x^3}$

$\xlongequal{\frac{0}{0}}\lim\limits_{x\to0}\frac{\cos^2x-\sin^2x-1}{3x^2}\xlongequal{\frac{0}{0}}-\lim\limits_{x\to0}\frac{1-\cos 2x}{3x^2}$

$=-\lim\limits_{x\to0}\frac{2\sin^2x}{3x^2}=-\frac{2}{3}.$

3. 0^0、∞^0 及 1^∞ 型(幂指函数的不定式)

【例 6】 求下列极限

(1) $\lim\limits_{x\to0^+}x^{\frac{1}{\ln(e^{2x}-1)}}(0^\infty)$； (2) $\lim\limits_{x\to+\infty}(1+x)^{\frac{1}{x}}(\infty^0)$； (3) $\lim\limits_{x\to0}(\cos x)^{\frac{1}{x^2}}(1^\infty)$.

解 (1) 令 $y=x^{\frac{1}{\ln(e^{2x}-1)}}$,则 $\ln y=\frac{1}{\ln(e^{2x}-1)}\ln x$,

$$\lim_{x\to0^+}\ln y=\lim_{x\to0^+}\frac{\ln x}{\ln(e^{2x}-1)}=\lim_{x\to0^+}\frac{\frac{1}{x}}{\frac{e^{2x}\cdot2}{e^{2x}-1}}=\lim_{x\to0^+}\frac{e^{2x}-1}{2xe^{2x}}=\lim_{x\to0^+}\frac{2x}{2xe^{x}}=1,$$

所以 $\lim\limits_{x\to0^+}x^{\frac{1}{\ln(e^{2x}-1)}}=\lim\limits_{x\to0^+}e^{\ln y}=e.$

(2) 由于 $\lim\limits_{x\to+\infty}\ln(1+x)^{\frac{1}{x}}=\lim\limits_{x\to+\infty}\frac{\ln(x+1)}{x}=\lim\limits_{x\to+\infty}\frac{\frac{1}{1+x}}{1}=0,$

所以 $\lim\limits_{x\to+\infty}(1+x)^{\frac{1}{x}}=\lim\limits_{x\to+\infty}e^{\ln(1+x)^{\frac{1}{x}}}=e^0=1.$

(3) 由于 $\lim\limits_{x\to0}\ln(\cos x)^{\frac{1}{x^2}}=\lim\limits_{x\to0}\frac{\ln(\cos x)}{x^2}=\lim\limits_{x\to0}\frac{-\tan x}{2x}=-\frac{1}{2},$

所以 $\lim\limits_{x\to0}(\cos x)^{\frac{1}{x^2}}=\lim\limits_{x\to0}e^{\ln(\cos x)^{\frac{1}{x^2}}}=e^{-\frac{1}{2}}.$

习题 3-2

1. 求下列极限：

(1) $\lim\limits_{x\to0}\frac{e^x+\sin x-1}{\ln(1+x)}$； (2) $\lim\limits_{x\to0}\frac{e^x+e^{-x}-2}{1-\cos x}$； (3) $\lim\limits_{x\to\frac{\pi}{2}}\frac{\tan 5x}{\tan 3x}$；

(4) $\lim\limits_{x\to1}\frac{\ln x}{x-1}$； (5) $\lim\limits_{\theta\to0}\frac{\cos\left(\frac{\pi}{2}\cos\theta\right)}{\sin\theta}$； (6) $\lim\limits_{x\to0}\frac{e^x-\cos x}{\sin x}$；

(7) $\lim\limits_{x\to0}\frac{x-\tan x}{x^3}$； (8) $\lim\limits_{x\to0}\frac{e^x+e^{-x}+2\cos x-4}{x^4}$.

2. 求下列极限：

(1) $\lim\limits_{x\to 1}\left(\dfrac{2}{x^2-1}-\dfrac{1}{x-1}\right)$；　(2) $\lim\limits_{x\to 1^+}\left(\dfrac{x}{x-1}-\dfrac{1}{\ln x}\right)$；　(3) $\lim\limits_{x\to 0}\left(\dfrac{1}{x}-\dfrac{1}{e^x-1}\right)$；

(4) $\lim\limits_{x\to 1}(1-x)\tan\dfrac{\pi}{2}x$；　(5) $\lim\limits_{x\to 0^+}x^{\sin 2x}$；　(6) $\lim\limits_{x\to 0^+}\left(\dfrac{1}{x}\right)^{\tan 2x}$.

3. 下列极限是否为未定式？极限值等于什么？能否用洛必达法则？为什么？

(1) $\lim\limits_{x\to 0}\dfrac{x^2\sin\dfrac{1}{x}}{\sin x}$；　(2) $\lim\limits_{x\to\infty}\dfrac{x-\sin x}{2x+\cos x}$；　(3) $\lim\limits_{x\to+\infty}\dfrac{x}{\sqrt{1+x^2}}$.

4. 讨论函数 $f(x)=\begin{cases}\left[\dfrac{(1+x)^{1/x}}{e}\right]^{\frac{1}{x}}, & x>0\\ e^{-\frac{1}{2}}, & x\leqslant 0\end{cases}$,在点 $x=0$ 处的连续性.

第三节　函数的单调性与曲线的凹凸性

一、函数单调性的判别法

单调函数是一个重要的函数类. 在中学数学里,我们已经学习过函数单调性的定义. 对于稍微复杂一些的函数,利用定义判断单调性是不现实的. 本节将讨论单调函数与其导函数之间的关系,从而提供一种判别函数单调性的方法.

我们注意到,上升曲线的切线斜率大于零,而下降曲线的切线斜率小于零,可见函数的单调性与导函数的符号有关,事实上,我们可以证明如下的定理：

定理 1　设函数 $y=f(x)$ 在$[a, b]$上连续,在(a, b)内可导,

(1) 如果在(a, b)内 $f'(x)>0$,则函数 $f(x)$ 在$[a, b]$上单调增加；

(2) 如果在(a, b)内 $f'(x)<0$,则函数 $f(x)$ 在$[a, b]$上单调减小.

证　设(a, b)内 $f'(x)>0$. 若任取 $x_1, x_2\in[a, b]$, $x_2>x_1$,则由拉格朗日定理,有 $f(x_2)-f(x_1)=f'(\xi)(x_2-x_1)>0$, $f(x_1)<f(x_2)$,其中 $\xi\in(x_1, x_2)$. 这说明 $f(x)$ 在$[a, b]$上单调递增.

同理可证单调递减的情形.

注　① 如果函数 $y=f(x)$ 在区间 I 上单调,则称区间 I 为单调区间.

② 函数 $y=f(x)$ 在区间 I 上可能不单调,但是在局部子区间上可以具有某种单调性.

③ 一般用↗表示单增,↘表示单减.

【例 1】　讨论函数 $y=e^x-x-1$ 的单调性. .

解　因为 $y'=e^x-1$. 定义域 D 为$(-\infty, +\infty)$.

在$(-\infty, 0)$内, $y'<0$,所以函数单调减少；在$(0, +\infty)$内 $y'>0$,所以函数

单调增加.

注 函数的单调性是一个区间上的性质,要用导数在这一区间上的符号来判定,而不能用一点处的导数符号来判别一个区间上的单调性.

二、单调区间的求法

问题 如上例,函数在定义区间上不是单调的,但在各个部分区间上单调.

定义 1 若函数在其定义域的某个区间内是单调的,则该区间称为函数的单调区间.

导数等于零的点和不可导点,可能是单调区间的分界点.

【例 2】 求函数 $f(x)=2-(x^2-2)^{\frac{2}{3}}$ 的单调区间.

解 $f(x)=2-(x^2-1)^{\frac{2}{3}}$ 的定义域为$(-\infty,+\infty)$.

$$f'(x)=-\frac{2}{3}(x^2-1)^{-\frac{1}{3}}\cdot 2x=-\frac{4}{3}\frac{x}{\sqrt[3]{x^2-1}}.$$

令 $f'(x)=0$,得 $x=0$;注意到 $f'(x)$ 有两个不存在的点:$x=\pm 1$. 列表讨论:

x	$(-\infty,-1)$	-1	$(-1,0)$	0	$(0,1)$	1	$(1,+\infty)$
$f'(x)$	$+$		$-$	0	$+$		$-$
$f(x)$	↗		↘		↗		↘

注 ① 使得 $f'(x)=0$ 的点称为函数 $f(x)$的驻点;

② 单调区间的分界点产生于函数的驻点以及导数不存在的点;

③ 若 $f'(x)$ 在任一有限区间上只有有限个零点,除此之外 $f'(x)$保持相同的符号,则函数 $f(x)$ 仍然是单调的. 如 $f(x)=x-\cos x$,定义域$(-\infty,+\infty)$. $f'(x)=1+\sin x$,驻点 $x=(2k+1)\pi$, $k=0,\pm 1,\pm 2,\cdots$. 但在任意有限区间上,这样的驻点只有有限个,而 $x\neq(2k+1)\pi$ 时,均有 $f'(x)>0$,故函数 $f(x)=x-\cos x$ 在区间$(-\infty,+\infty)$ 内仍然是单调增加的.

④ 利用对单调性的判别,还可以证明某些不等式.

【例 3】 证明当 $0<x<\frac{\pi}{2}$ 时,$\tan x+\sin x>2x$.

证 设 $f(x)=\tan x+\sin x-2x$,则 $f'(x)=\sec^2 x+\cos x-2$.
进一步,令 $g(x)=f'(x)$,则

$$g'(x)=f''(x)=2\sec^2 x\tan x-\sin x=\sin x\left(\frac{2}{\cos^3 x}-1\right)>0,$$

表明 $g(x)$ 单调增加,且 $g(0)=f'(0)=\sec^2 0+\cos 0-2=0$.

故 $0 < x < \frac{\pi}{2}$ 时，$g(x) > g(0) = 0$.

即 $f'(x) > 0$，又表明 $f(x)$ 单调增加，且 $f(0) = 0$，故 $\frac{\pi}{2} > x > 0$ 时，$f(x) > f(0) = 0$. 即证得 $\tan x + \sin x - 2x > 0$，或 $\tan x + \sin x > 2x$.

【例 4】 若 $f(x)$ 在区间 $[a, b]$ 上连续，在 (a, b) 内可导，且满足 $f'(x) > 0$，以及 $f(a) \cdot f(b) < 0$. 证明方程 $f(x) = 0$ 在 (a, b) 内有唯一实根.

证明　根据闭区间上连续函数的介值定理，$\exists \xi \in (a, b)$，使 $f(\xi) = 0$，$x = \xi$ 是方程 $f(x) = 0$ 的根.

假设 $f(x) = 0$ 在 (a, b) 内有两个根 $\xi_1, \xi_2 \in (a, b)$，且 $\xi_1 < \xi_2$，则在区间 $[\xi_1, \xi_2]$ 上 $f(x)$ 满足罗尔定理的条件，故 $\exists \xi \in (\xi_1, \xi_2) \subset (a, b)$，使得 $f'(\xi) = 0$，与 $f'(x) > 0$ 矛盾.

利用这一结论，证明 $\sin x = x$ 有唯一实根：$f(x) = x - \sin x$ 在 $[-1, 1]$ 上可导，且 $f(-1) = -f(1)$，即 $f(-1) \cdot f(1) < 0$，$f'(x) = 1 + \cos x > 0$，即 $f(x)$ 在 $(-1, 1)$ 上单调递增，故 $f(x) = 0$ 即方程 $\sin x = x$ 在 $(-1, 1)$ 内有唯一实根.

注　如果连续函数 $f(x)$ 单调，且 $f(x) = 0$ 有实根，则必是唯一的实根.

三、函数的凹凸性

问题　如何研究曲线的弯曲方向？

定义 2　设函数 $f(x)$ 在区间 (a, b) 内连续，$\forall x_1, x_2 \in (a, b)$，如果

$$f\left(\frac{x_1 + x_2}{2}\right) > \frac{f(x_1) + f(x_2)}{2},$$

称曲线 $y = f(x)$ 为 (a, b) 上的凸曲线（如图 3-4），称 (a, b) 为凸区间；若

$$f\left(\frac{x_1 + x_2}{2}\right) < \frac{f(x_1) + f(x_2)}{2},$$

称曲线 $y = f(x)$ 为 (a, b) 上的凹曲线（如图 3-5），称 (a, b) 为凹区间.

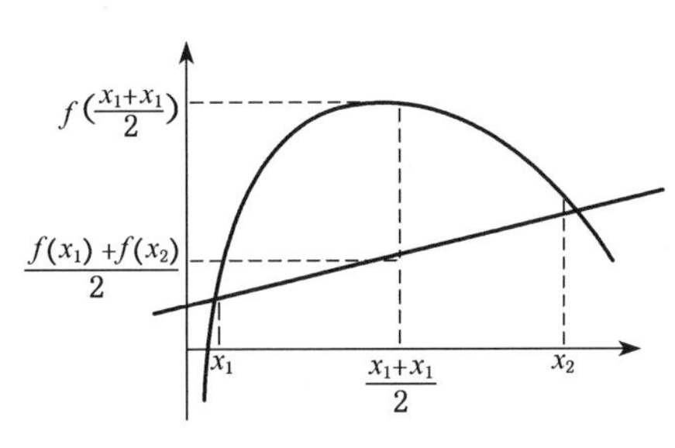

图 3-4

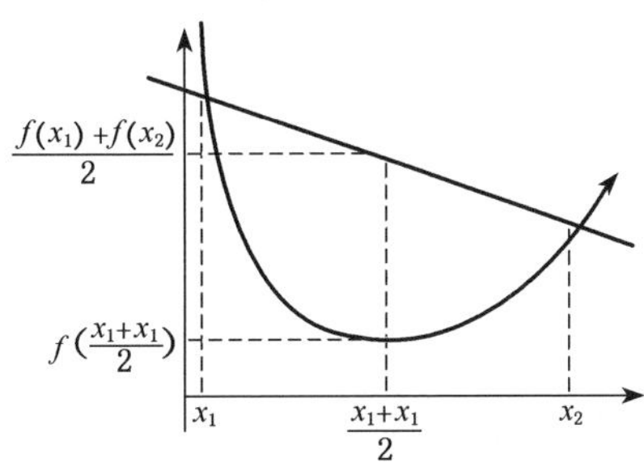

图 3-5

从几何角度观察，在凹曲线上，过任意两点的割线总在该曲线的上方. 在凸曲线上，过任意两点的割线总在该曲线的下方. 并且不难观察到，在凹曲线上，对应点的切线的斜率是增加的，即 $f'(x)$ 为单增函数. 而在凸曲线上，对应点的切线的斜率是减小的，也就是说，$f'(x)$ 为单减函数. $f'(x)$ 的单调性可由二阶导数 $f''(x)$ 来判定，因此有下述定理.

四、曲线凹凸的判定

定理 2 设函数 $f(x)$ 在区间 $[a, b]$ 上连续，在 (a, b) 内二阶可导，$\forall x \in (a, b)$，

(1) 若 $f''(x) > 0$，对应的曲线 $y = f(x)$ 为 (a, b) 上的凹曲线；

(2) 若 $f''(x) < 0$，对应的曲线 $y = f(x)$ 为 (a, b) 上的凸曲线.

证 记 $g(x) = f'(x)$. 由于 $f''(x) > 0$，即 $g'(x) = f''(x) > 0$，表明函数 $g(x)$ 单调增加，即 $f'(x)$ 单调增加.

$\forall x_0, x_1, x_2 \in (a, b)$，不妨设 $x_1 < x_0 < x_2$，由拉格朗日中值定理，有

$$f(x_1) - f(x_0) = f'(\xi_1)(x_1 - x_0), \qquad x_1 < \xi_1 < x_0, \tag{3.1}$$

以及

$$f(x_2) - f(x_0) = f'(\xi_2)(x_2 - x_0), \qquad x_0 < \xi_2 < x_2, \tag{3.2}$$

因为 $f'(x)$ 单调增加，且 $\xi_1 < \xi_2$，有 $f'(\xi_1) < f'(\xi_2)$，即(3.2)可以改写为

$$f(x_2) - f(x_0) > f'(\xi_1)(x_2 - x_0). \tag{3.3}$$

(3.1)+(3.2)： $f(x_2) + f(x_1) - 2f(x_0) > f'(\xi_1)(x_2 + x_1 - 2x_0)$.

由于 $x_0, x_1, x_2 \in (a, b)$ 的任意性，特别取 $x_0 = \dfrac{x_1 + x_2}{2}$，则有 $x_2 + x_1 - 2x_0 = 0$，即 $f(x_2) + f(x_1) - 2f\left(\dfrac{x_1 + x_2}{2}\right) > 0$，证得 $\dfrac{f(x_2) + f(x_1)}{2} > f\left(\dfrac{x_1 + x_2}{2}\right)$.

根据凹凸性的定义，曲线 $y = f(x)$ 是对应区间 (a, b) 上的凹曲线.

【例 5】 判断曲线 $y = x^3$ 的凹凸性.

解 因为 $y' = 3x^2$，$y'' = 6x$.

当 $x < 0$ 时 $y'' < 0$，曲线在 $(-\infty, 0]$ 为凸的；

当 $x > 0$ 时 $y'' > 0$，曲线在 $[0, +\infty)$ 为凹的.

注 点 $(0, 0)$ 是曲线由凹变凸的分界点.

五、曲线的拐点及其求法

定义 3 连续曲线 $y = f(x)$ 上凹弧与凸弧的分界点 $(x_0, f(x_0))$，称为曲线的

拐点.

定理 3(拐点的必要条件)　若 $f(x)$ 在 x_0 某邻域 $U(x_0, \delta)$ 内二阶可导，且 $(x_0, f(x_0))$ 为曲线 $y=f(x)$ 的拐点，则 $f''(x_0)=0$.

证　不妨设曲线 $y=f(x)$ 在 $(x_0-\delta, x_0)$ 下凸，而在 $(x_0, x_0+\delta)$ 上凸. 在 $(x_0-\delta, x_0)$ 内 $f''(x)\geqslant 0$，而在 $(x_0, x_0+\delta)$ 内 $f''(x)\leqslant 0$. 于是对任意 $x\in \mathring{U}(x_0, \delta)$，总有 $f'(x)-f'(x_0)\leqslant 0$，因此

$$f''_-(x_0)=\lim_{x\to x_0^-}\frac{f'(x)-f'(x_0)}{x-x_0}\geqslant 0,$$

$$f''_+(x_0)=\lim_{x\to x_0^+}\frac{f'(x)-f'(x_0)}{x-x_0}\leqslant 0.$$

由于 $f(x)$ 在 x_0 二阶可导，所以 $f''(x_0)=0$.

但条件 $f''(x_0)=0$ 并非是充分的，例如 $y=x^4$，有 $y''=12x^2\geqslant 0$，且等号仅当 $x=0$ 成立，因此曲线 $y=x^4$ 在 $(-\infty, +\infty)$ 内下凸. 即是说，虽然 $y''|_{x=0}=0$，但 $(0, 0)$ 不是该曲线的拐点.

注　拐点处的切线必在拐点处穿过曲线. 拐点是指曲线上的点，故应写为 $(x_0, f(x_0))$，而不能称拐点为 x_0. 由上面的讨论，拐点产生于 $f''(x)=0$ 及 $f''(x)$ 不存在的点.

判断曲线的凹凸性及求拐点的主要步骤：

(1) 明确定义域或指定区间，计算二阶导数 $f''(x)$；

(2) 求出二阶导数 $f''(x)=0$ 及 $f''(x)$ 不存在的点；

(3) 讨论上述各点两侧 $f''(x)$ 的符号，确定函数的凹凸区间(例表讨论).

【例 6】　求函数 $y=(x-1)x^{\frac{2}{3}}$ 的凹凸区间以及曲线的拐点.

解　定义域 $(-\infty, +\infty)$.

$$y=x^{\frac{5}{3}}-x^{\frac{2}{3}},\ y'=\frac{5}{3}x^{\frac{2}{3}}-\frac{2}{3}x^{-\frac{1}{3}},\ y''=\frac{10}{9}x^{-\frac{1}{3}}+\frac{2}{9}x^{-\frac{4}{3}}=\frac{2(5x+1)}{9\sqrt[3]{x^4}},$$

令 $y''=0$，得 $x=-\frac{1}{5}$. y'' 不存在的点为 $x=0$.

列表讨论：

x	$\left(-\infty, -\frac{1}{5}\right)$	$-\frac{1}{5}$	$\left(-\frac{1}{5}, 0\right)$	0	$(0, +\infty)$
y''	−	0	+	$\bar{\exists}$	+
y	⌒		⌣		⌣

拐点为$\left(-\frac{1}{5},-\frac{6}{5}\left(-\frac{1}{5}\right)^{\frac{2}{3}}\right)$.

下面是判别拐点的两个充分条件：

定理 4 设 $f(x)$ 在 x_0 某邻域内二阶可导，$f''(x_0)=0$. 若 $f''(x)$ 在 x_0 的左、右两侧分别有确定的符号，并且符号相反，则$(x_0, f(x_0))$是曲线的拐点；若符号相同，则$(x_0, f(x_0))$不是拐点.

定理 4 的证明由定理 2 及拐点的定义立刻得出.

注 补充定理(判别凹凸的第二充分条件)：

定理 5 设 $f(x)$ 在 x_0 三阶可导，且 $f''(x_0)=0$，$f'''(x_0)\neq 0$，则$(x_0, f(x_0))$是曲线 $y=f(x)$ 的拐点.

习题 3-3

1. 判定函数 $f(x)=\arctan x-x$ 的单调性.

2. 确定下列函数的单调区间：

(1) $y=1-(x-2)^{2/3}$； (2) $y=2x^3-9x^2+12x-3$；

(3) $y=x^{\frac{1}{3}}(1-x)^{\frac{2}{3}}$； (4) $y=\frac{2x}{\ln x}$.

3. 证明下列不等式：

(1) 当 $x>0$ 时，$1+x\ln(x+\sqrt{1+x^2})>\sqrt{1+x^2}$；

(2) 当 $x>1$ 时，$\ln x>\frac{2(x-1)}{x+1}$.

4. 求下列曲线的凹凸区间及拐点：

(1) $y=2x^3+3x^2-12x+14$； (2) $y=\ln(1+x^2)$；

(3) $y=x+\frac{1}{x}$.

5. 证明下列不等式：

(1) $\frac{1}{2}(x^n+y^n)>\left(\frac{x+y}{2}\right)^n$，$(x>0,\ y>0,\ x\neq y,\ n>1)$；

(2) $x\ln x+y\ln y>(x+y)\ln\frac{x+y}{2}$，$(x>0,\ y>0,\ x\neq y)$.

6. 问 a 和 b 为何值时，点$(1,3)$为曲线 $y=ax^3+bx^2$ 的拐点.

7. 试决定曲线 $y=ax^3+bx^2+cx+d$ 中的a,b,c,d，使得点$(-2,44)$为驻点，$(1,-10)$为拐点.

8. 设 $y=f(x)$ 在 $x=x_0$ 的某邻域内具有三阶连续导数，如果 $f''(x_0)=0$，而 $f'''(x_0)$ 试问$(x_0, f(x_0))$是否为拐点？为什么？

第四节　函数的极值与最大最小值

一、极值的定义与判别定理

定义　设函数 $f(x)$ 在 x_0 的某邻域 $U(x_0)$ 有定义，$\forall x \in U(\hat{x}_0)$.

若总有 $f(x) > f(x_0)$，则称 $f(x_0)$ 为函数的极小值，x_0 为极小值点；

若总有 $f(x) < f(x_0)$，则称 $f(x_0)$ 为函数的极大值，x_0 为极大值点.

注　(1) 极大、极小值统称为极值；

(2) 极值是局部的概念，对于同一个函数而言，极大值不一定大于极小值，如图 3-6.

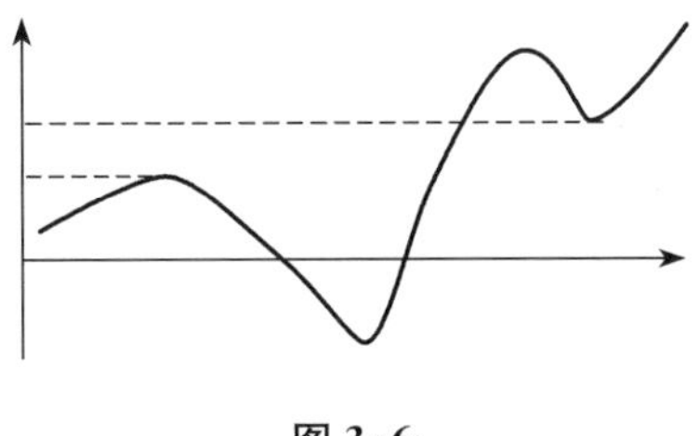

图 3-6

定理 1（极值存在的必要条件）　若函数 $y = f(x)$ 在点 x_0 可导，并且取得极值，则 $f'(x_0) = 0$.

证　不妨设 $y = f(x)$ 在点 x_0 取得极大值，由定义存在 $U(\hat{x}_0)$，在此邻域内，

$$f(x) < f(x_0),$$

即

$$f(x) - f(x_0) < 0,$$

由 $y = f(x)$ 在点 x_0 可导，导数为 $f'(x_0) = \lim\limits_{x \to x_0} \dfrac{f(x) - f(x_0)}{x - x_0}$，

且

$$f'(x_0) = f'_+(x_0) = \lim_{x \to x_0^+} \frac{f(x) - f(x_0)}{x - x_0} \leqslant 0,$$

$$f'(x_0) = f'_-(x_0) = \lim_{x \to x_0^-} \frac{f(x) - f(x_0)}{x - x_0} \geqslant 0,$$

得 $f'(x_0) = f'_+(x_0) = f'_-(x_0)$，所以 $f'(x_0) = 0$.

由费马定理我们知道，可导函数的极值点一定是它的驻点. 但是反过来却不一定. 例如 $x=0$ 是函数 $y=x^3$ 的驻点，可它并不是极值点，因为 $y = x^3$ 是一个严格单增函数. 所以 $f'(x_0) = 0$ 只是可导函数 $f(x)$ 在 x_0 取得极值的必要条件，并非充分条件. 另外，对于导数不存在的点，函数也可能取得极值. 例如 $y = |x|$，它在 $x = 0$ 处导数不存在，但在该点却取得极小值 0.

综上所论，我们只须从函数的驻点或导数不存在的点中去寻求函数的极值点，进而求出函数的极值.

定理 2（判别极值的第一充分条件）　设函数 $f(x)$ 在 x_0 的某邻域 $U(x_0)$ 内可导，且 $f'(x_0) = 0$，$\forall x \in U(x_0)$，

(1) 若 $x < x_0$ 时，$f'(x) > 0$，$x > x_0$ 时，$f'(x) < 0$，则 x_0 是极大值点；

(2) 若 $x < x_0$ 时，$f'(x) < 0$，$x > x_0$ 时，$f'(x) > 0$，则 x_0 是极小值点；

(3) 如果在点 x_0 的两侧，$f'(x)$ 保持同号，则 $f(x)$ 单调，x_0 非极值点.

证 (1)按假设及函数单调性判别法可知，$f(x)$ 在 $[x_0 - \delta, x_0]$ 上严格单增，在 $[x_0, x_0 + \delta]$ 上严格单减，故对任意 $x \in \mathring{U}(x_0, \delta)$，总有 $f(x) < f(x_0)$. 所以 $f(x)$ 在 x_0 取得极大值.

(2)、(3) 两种情况可以类似证明.

利用第一充分条件求极值的步骤如下：

(1) 确定函数 $f(x)$ 的定义域，求出导函数 $f'(x)$；

(2) 找出函数 $f(x)$ 的所有驻点 ($f'(x) = 0$) 及所有 $f'(x)$ 不存在的点；

(3) 利用第一充分条件，检查上述的点两侧邻近 $f'(x)$ 的符号(列表).

【例 1】 求 $y=(2x-5)\sqrt[3]{x^2}$ 的极值点与极值.

解 $y=(2x-5)\sqrt[3]{x^2}=2x^{\frac{5}{3}}-5x^{\frac{2}{3}}$ 在 $(-\infty, +\infty)$ 内连续，当 $x \neq 0$ 时，有

$$y'=\frac{10}{3}x^{\frac{2}{3}}-\frac{10}{3}x^{\frac{1}{3}}=\frac{10}{3}\frac{x-1}{\sqrt[3]{x}}.$$

令 $y'=0$ 得驻点 $x=1$. 当 $x=0$ 时，函数的导数不存在. 列表讨论如下：

x	$(-\infty, 0)$	0	$(0, 1)$	1	$(1, +\infty)$
y'	+	不存在	−	0	+
y	↗	0 极大值	↘	−3 极小值	↗

故得函数 $f(x)$ 的极大值点 $x=0$，极大值 $f(0)=0$；极小值点 $x=1$，极小值 $f(1)=-3$.

在某些情况下，判断 $f'(x)$ 的符号比较困难，则在二阶可导的条件下，可以考虑利用驻点的二阶导数 $f''(x)$ 对驻点进行判别.

定理 3(判别极值的第二充分条件) 设函数 $y=f(x)$ 在 x_0 二阶可导，且 $f'(x_0)=0$，若 $f''(x_0)\neq 0$，则 x_0 是极值点，且

(1) $f''(x_0)>0$ 时，x_0 是极小值点；

(2) $f''(x_0)<0$ 时，x_0 是极大值点.

证明 (1) 因为 $f''(x_0)=\lim\limits_{\Delta x\to 0}\dfrac{f'(x_0+\Delta x)-f'(x_0)}{\Delta x}<0$，故 $f'(x_0+\Delta x)-f'(x_0)$ 与 Δx 异号.

当 $\Delta x<0$ 时，有 $f'(x_0+\Delta x)>f'(x_0)=0$；当 $\Delta x>0$ 时，有 $f'(x_0+\Delta x)<f'(x_0)=0$.

所以函数 $f(x)$ 在点 x_0 处取得极小值.

同理可证(2).

注　① 只有二阶导数 $f''(x)$存在且不为零的驻点才可以用定理 3 判别法；

② 使用定理 3 时，一般要求二阶导数的计算相对较为容易；

③ 对于二阶导数 $f''(x)$不存在的点，不可导的点，只能用第一充分条件进行判别.

【例 2】　求出函数 $f(x)=x^3+3x^2-24x-20$ 的极值.

解　$f'(x)=3x^2+6x-24=3(x+4)(x-2)$.

令 $f'(x)=0$，得驻点 $x_1=-4$，$x_2=2$.

因为 $f''(x)=6x+6$，所以 $f''(-4)=-18<0$，故极大值 $f(-4)=60$；$f''(2)=18>0$，故极小值 $f(2)=-48$.

注　$f''(x_0)=0$ 时，$f(x)$在点 x_0 处不一定取极值，仍用第一充分条件判别.

函数的不可导点，也可能是函数的极值点.

【例 3】　设函数 $f(x)=(x-5)^{\frac{4}{3}}$，求函数的极值.

解　$f'(x)=\frac{4}{3}(x-5)^{\frac{1}{3}}$，驻点为 $x=5$；$f''(x)=\frac{4}{9}(x-5)^{-\frac{2}{3}}$ 在 $x=5$ 不存在，因此必须改用第一充分条件判别：

x	$(-\infty, 5)$	5	$(5, +\infty)$
y'	$-$	0	$+$
y	↘	极小	↗

以 $x=5$ 是极小值点，极小值为 $f(5)=0$.

【例 4】　试问 a 为何值时，函数 $f(x)=a\sin x+\frac{1}{3}\sin 3x$ 在 $x=\frac{\pi}{3}$ 处取得极值？它是极大值还是极小值？求此极值.

解　$f'(x)=a\cos x+\cos 3x$. 由假设知 $f'\left(\frac{\pi}{3}\right)=0$，从而有 $\frac{a}{2}-1=0$，即 $a=2$.

又当 $a=2$ 时，$f''(x)=-2\sin x-3\sin 3x$，且 $f''\left(\frac{\pi}{3}\right)=-\sqrt{3}<0$，所以 $f(x)=2\sin x+\frac{1}{3}\sin 3x$ 在 $x=\frac{\pi}{3}$ 处取得极大值，且极大值 $f\left(\frac{\pi}{3}\right)=\sqrt{3}$.

二、最大值与最小值

函数的极值是函数在局部的最大或最小值. 根据闭区间上连续函数的性质，若函数 $f(x)$在$[a, b]$上连续，则 $f(x)$在$[a, b]$上必取得最大值和最小值. 本段将讨论这样求出函数的最大值和最小值.

对于可导函数来说,若 $f(x)$ 在区间 I 内的一点 x_0 取得最大(小)值,则在 x_0 不仅有 $f'(x_0)=0$. 即 x_0 是 $f(x)$ 的驻点,而且 x_0 为 $f(x)$ 的极值点. 一般而言,最大(小)值还可能在区间端点或不可导点上取得. 因此,若 $f(x)$ 在 I 上至多有有限个驻点及不可导点,为了避免对极值的考察,可直接比较这三种点的函数值即可求得最大值和最小值.

1. 闭区间上连续函数的最大值与最小值

已知闭区间上的连续函数可以在区间上取得最大值以及最小值,即若函数 $f(x)$ 在闭区间 $[a, b]$ 上连续,则一定存在 ξ_1、$\xi_2\in[a, b]$,对于任意 $x\in[a, b]$,均有

$$m=f(\xi_1)\leqslant f(x)\leqslant f(\xi_2)=M.$$

(1) 如果 m、M 在区间的端点取得,则必为 $f(a)$ 或 $f(b)$;

(2) 如果 m、M 在区间的内部取得,即存在 $\xi_1\in(a, b)$ 或 $\xi_2\in(a, b)$,使得:$m=f(\xi_1)$ 或 $M=f(\xi_2)$,则此时的 ξ_1 或 ξ_2 一定 $f(x)$ 是极值点(注意到:当 $f(x)$ 可导时,极值点产生于驻点).

求闭区间上连续函数的最大值、最小值的方法:

(1) 确定函数 $f(x)$ 的定义域;

(2) 求 $f'(x)=0$ 以及 $f'(x)$ 不存在的点(无需用判别法进行判别);

(3) 计算以上的各点中的函数值以及区间端点的函数值,比较大小,可得函数最大值及最小值.

【例 5】 设函数 $f(x)=(x-2)^2(x+1)^{\frac{2}{3}}$ 在闭区间 $[-2,3]$ 上最大值及最小值.

解 指定的区间为 $[-2,3]$,

$$f'(x)=2(x-2)(x+1)^{\frac{2}{3}}+\frac{2}{3}(x-2)^2(x+1)^{-\frac{1}{3}}=\frac{2(x-2)(4x+1)}{3\sqrt[3]{x+1}}.$$

驻点为 $x=2,-\frac{1}{4}$;$f'(x)$ 不存在的点:$x=-1$.

$$f(-1)=0,\quad f\left(-\frac{1}{4}\right)=\left(\frac{9}{4}\right)^2\left(\frac{3}{4}\right)^{\frac{2}{3}},$$

$$f(2)=0,\quad f(-2)=16,\quad f(3)=4^{\frac{2}{3}},$$

比较可得 $M=f(-2)=16$, $m=f(-1)=f(2)=0$.

定理 4 如果连续函数在区间内有唯一的极值,则该极值一定是最值.

证明　设函数 $f(x)$在区间 I 内连续,ξ_0 是唯一的极值点且是极大值点. 假设 $f(\xi_0)$不是最大值,则必然存在 $\xi^* \in I$,不妨设 $\xi_0<\xi^*$,使得 $f(\xi_0)<f(\xi^*)$,则 $f(x)$在闭区间$[\xi_0, \xi^*]$上连续,在$[\xi_0, \xi^*]$上可以取得最大值以及最小值. 因为 $f(\xi_0)$是极大值,以及 $f(\xi_0)<f(\xi^*)$,从而一定存在 $x_0\in(\xi_0, \xi^*)$,$f(x)$在 x_0 取得$[\xi_0, \xi^*]$上最小值;即存在 $U(x_0, \delta)\subset(\xi_0, \xi^*)$,在此邻域内,有 $f(x_0)<f(x)$,表明 $f(x_0)$是函数 $f(x)$的一个极小值,与 $f(x)$在区间 I 内有唯一的极大值矛盾.

如果遇到实际生活中的最大值或最小值问题,则首先应建立起目标函数(即欲求其最值的那个函数),并确定其定义区间,将它转化为函数的最值问题. 特别地,如果所考虑的实际问题存在最大值(或最小值),并且所建立的目标函数 $f(x)$ 有唯一的驻点 x_0,则 $f(x_0)$ 必为所求的最大值(或最小值).

【例 6】　从半径为 R 的圆铁片上截下中心角为 φ 的扇形卷成一圆锥形漏斗,问 φ 取多大时做成的漏斗的容积最大?

解　设所做漏斗的顶半径为 r,高为 h,则

$$2\pi r=R\varphi,\ r=\sqrt{R^2-h^2}.$$

漏斗的容积 V 为

$$V=\frac{1}{3}\pi r^2 h=\frac{1}{3}\pi h(R^2-h^2),\ 0<h<R.$$

由于h由中心角φ唯一确定,故将问题转化为先求函数 $V=V(h)$ 在$(0, R)$ 上最大值.

令 $V'=\frac{1}{3}\pi R^2-\pi h^2=0$,得唯一驻点 $h=\frac{R}{\sqrt{3}}$. 从而

$$\varphi=\frac{2\pi}{R}\sqrt{R^2-h^2}\Big|_{h=\frac{R}{\sqrt{3}}}=\frac{2}{3}\sqrt{6}\pi.$$

因此根据问题的实际意义可知 $\varphi=\frac{2}{3}\sqrt{6}\pi$ 时能使漏斗的容积最大.

注　可以证明,如果函数 $f(x)$ 连续、单调,且方程 $f(x)=0$ 有实根,则方程 $f(x)=0$ 只有唯一的实根.

习题 3-4

1. 求下列函数的极值:

(1) $f(x)=x^4-2x^3$;　　(2) $f(x)=x-\ln(1+x)$;

(3) $y=x^{\frac{1}{x}}$.

2. 试问 a 为何值时,函数 $f(x)=a\sin x+\frac{1}{3}\sin 3x$ 在 $x=\frac{\pi}{3}$ 处取得极值?

3. 求下列函数的最大值、最小值:

(1) $y=x^4-2x^2+5\quad(-2\leqslant x\leqslant 2)$;　　(2) $y=x+\sqrt{1-x}\quad(-5\leqslant x\leqslant 1)$;

(3) $y=x+\frac{1}{x}$, $x\in\left[\frac{1}{2}, 2\right]$.

4. 已知两正数 x 与 y 之和为 4,问何时 xy 为最大?

5. 证明:面积一定的矩形中,正方形周长最小.

6. 要建一个体积为 V 的有盖圆柱形氨水池,已知上、下底的造价是四周造价的 2 倍,问这个氨水池底面半径为多大时总造价最低?

第五节　函数图像的描绘

一、渐近线的概念

当函数 $y=f(x)$ 的定义域或值域含有无穷区间时,要在有限的平面上作出它的图形就必须指出 x 趋于无穷时或 y 趋于无穷时曲线的趋势,因此有必要讨论 $y=f(x)$ 的渐近线.

1. 水平渐近线

如果 $\lim\limits_{x\to\infty}f(x)=A$,则直线 $y=A$ 是曲线 $y=f(x)$ 的一条水平渐近线. 必要时,也可以分别考虑 $x\to+\infty$ 或 $x\to-\infty$ 时函数的单侧渐近线.

2. 竖直渐近线(函数的无穷间断点或出现在有限区间的端点)

如果 $\lim\limits_{x\to x_0}f(x)=\infty$,则直线 $x=x_0$ 是曲线 $y=f(x)$ 的一条竖直渐近线. 必要时,也可以分别考虑 $x\to x_0^+$ 或 $x\to x_0^-$ 时,函数 $f(x)\to\pm\infty$ 的单侧渐近线.

3. 斜渐近线

如果 $\lim\limits_{x\to\infty}\frac{f(x)}{x}=k$, $\lim\limits_{x\to\infty}(f(x)-kx)=b$,则 $y=kx+b$ 是曲线 $y=f(x)$ 的斜渐近线.

【例 1】 求下列曲线的渐近线:

(1) $y=\sqrt{x^2-x+1}$;　　(2) $y=\frac{\ln(1+x)}{x}$.

解 (1) $y=\sqrt{x^2-x+1}$ 的定义域为$(-\infty, +\infty)$,且

$$\lim_{x\to+\infty}\frac{\sqrt{x^2-x+1}}{x}=1,\qquad \lim_{x\to-\infty}\frac{\sqrt{x^2-x+1}}{x}=-1,$$

$$\lim_{x\to+\infty}(\sqrt{x^2-x+1}-x)=-\frac{1}{2},\quad \lim_{x\to-\infty}(\sqrt{x^2-x+1}+x)=\frac{1}{2}.$$

所以 $y=\sqrt{x^2-x+1}$ 在 $x\to+\infty$ 时有斜渐近线 $y=x-\dfrac{1}{2}$，在 $x\to-\infty$ 时有斜渐近线 $y=-x+\dfrac{1}{2}$.

(2) $y=\dfrac{\ln(1+x)}{x}$ 的定义域是 $(-1,0)\cup(0,+\infty)$.

由于

$$\lim_{x\to+\infty}\frac{\ln(1+x)}{x}=0,\qquad \lim_{x\to-1^+}\frac{\ln(1+x)}{x}=+\infty,$$

所以 $y=\dfrac{\ln(1+x)}{x}$ 有水平渐近线 $y=0$ 和垂直渐近线 $x=-1$.

二、几个常用的记号

y'	+	+	−	−
y''	+	−	+	−
y	↗	↗	↘	↘
	凸　增	凹　增	凸　减	凹　减

三、函数作图的主要步骤

1. 确定函数 $y=f(x)$ 的定义域，考察对称性、周期性、奇偶性等特性；

2. 求出下列各点：$f'(x)=0$ 及 $f'(x)$ 不存在的点，$f''(x)=0$ 及 $f''(x)$ 不存在的点；

3. 用以上各点将函数的定义域分割为若干个的子区间，检查各个子区间内 $f'(x)$、$f''(x)$ 的符号，以确定这些子区间上函数的增减性、曲线的凹凸性，进一步可以确定函数的极值点及曲线的拐点(列表完成)；

4. 检查是否有渐近线(主要掌握水平渐近线与竖直渐近线)；

5. 计算出第 2 步所得的各点函数值(以确定极值点、拐点的位置)，找出曲线与坐标轴交点，还可以另计算一些点的函数值；

6. 建立坐标系，首先将第 5 步中的各点在坐标系中标出，然后再根据所列的表格，将上述点光滑连接.

【例 2】 作出曲线 $y=x^3-x^2-x+1$ 的图.

解 ① 定义域：$(-\infty,+\infty)$.

② $y'=3x^2-2x-1=(3x+1)(x-1)$，$y''=6x-2=2(3x-1)$.

令 $y'=0$，$x=-\frac{1}{3}$，$x=1$；$y''=0$，$x=\frac{1}{3}$；没有 y'，y'' 不存在的点；

③ 列表讨论

x	$\left(-\infty,-\frac{1}{3}\right)$	$-\frac{1}{3}$	$\left(-\frac{1}{3},\frac{1}{3}\right)$	$\frac{1}{3}$	$\left(\frac{1}{3},1\right)$	1	$(1,+\infty)$
y'	+	0	−		−	0	+
y''	−		−		+		+
y	↗		↘		↘		↗

④ 因为函数在定义域内处处连续，没有无穷间断点，故无竖直渐近线；$\lim\limits_{x\to+\infty}y=+\infty$，$\lim\limits_{x\to+\infty}y=+\infty$，故也无水平渐近线；

$$\lim_{x\to\infty}\frac{f(x)}{x}=\lim_{x\to\infty}\frac{y}{x}=\lim_{x\to\infty}\frac{x^3-x^2-x+1}{x}=\infty$$ 无斜渐近线；

⑤ $f\left(-\frac{1}{3}\right)=\frac{32}{27}\approx1.2$，$f\left(\frac{1}{3}\right)=\frac{16}{27}\approx0.6$，$f(1)=0$；

交点：$(0,1)$，$(\pm1,0)$；另取点：$(2,3)$；

⑥ 作图如图 3-8.

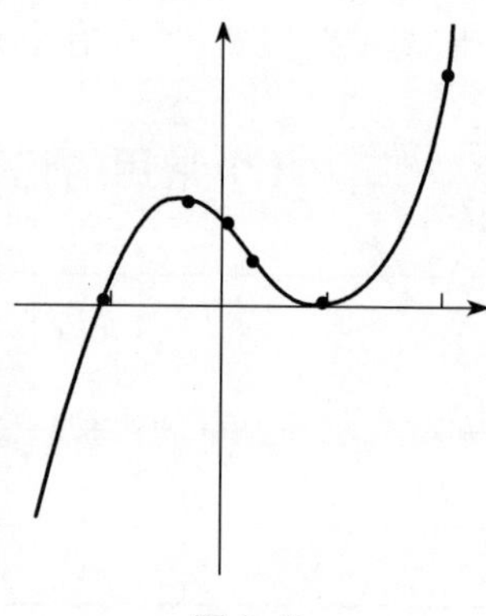

图 3-8

习题 3-5

1. 求下列函数的渐近线：

(1) $y=(x+2)e^{\frac{1}{x}}$；　(2) $y=\frac{\arctan x}{x}$；　(3) $y=\ln\frac{x^2-3x+2}{x^2+1}$.

2. 作下列函数的图形：

(1) $y=2x^3-9x^2+12x-3$；　(2) $y=x+e^{-x}$；　(3) $y=x-\ln x$.

第三章　习题答案

习题 3-1

1. 证略.　2. 证略.　3. 证略.　4. 4 个.　5. 证略.　6. 证略.　7. 证略.　8. 证略.　9. 证略.　10. 证略.

习题 3-2

1. (1) 2； (2) 2； (3) $\frac{3}{5}$； (4) 1； (5) 0； (6) 1； (7) $-\frac{1}{3}$； (8) $\frac{1}{6}$.

2. (1) $-\frac{1}{2}$； (2) $\frac{1}{2}$； (3) $\frac{1}{2}$； (4) $\frac{2}{\pi}$； (5) 0； (6) 1.

3. (1) 0； (2) $\frac{1}{2}$； (3) 1.

4. 不连续.

习题 3-3

1. 在 $(-\infty, +\infty)$ 单调递减.

2. (1) 在 $(-\infty, 2)$ 上单调递增，在 $(2, +\infty)$ 上单调递减；

(2) 在 $(-\infty, 1)$ 和 $(2, +\infty)$ 上单调递增，在 $(1, 2)$ 上单调递减；

(3) 在 $(-\infty, 0)$ 和 $\left(\frac{1}{3}, 1\right)$ 上单调递减，在 $\left(0, \frac{1}{3}\right)$ 和 $(1, +\infty)$ 上单调递增；

(4) 在 $(-\infty, e)$ 上单调递减，在 $(e, +\infty)$ 上单调递增.

3. 证略.

4. (1) $\left(-\infty, -\frac{1}{2}\right)$ 为凸区间，$\left(-\frac{1}{2}, +\infty\right)$ 为凹区间；拐点 $\left(-\frac{1}{2}, \frac{41}{2}\right)$；

(2) $(-\infty, 1)$ 与 $(1, +\infty)$ 为凸区间，$(-1, 1)$ 为凹区间；拐点 $(\pm 1, \ln 2)$；

(3) $(-\infty, 0)$ 为凹区间，$(0, +\infty)$ 为凸区间.

5. 提示：(1) 令 $f(t) = t^n$； (2) 令 $f(t) = t\ln t$.

6. $a = -\frac{3}{2}$, $b = \frac{9}{2}$.

7. $a = 1$, $b = -3$, $c = -24$, $d = 16$.

8. 不是.

习题 3-4

1. (1) 极小值 $f\left(\frac{3}{2}\right) = -\frac{27}{16}$； (2) 极小值 $f(0) = 0$； (3) 极小值 $f(e) = e^{\frac{1}{e}}$.

2. $a = 2$.

3. (1) 最大值 13，最小值 4；　　(2) 最小值 $-5+\sqrt{6}$，最大值 $\frac{5}{4}$；

(3) 最大值 $\frac{5}{2}$，最小值 2.

4. $x = 2$, $y = 2$.

6. $r = \sqrt[3]{\frac{V}{4\pi}}$.

习题 3-5

1. (1) 铅直渐近线：$x = 0$；

(2) 水平渐近线：$y = 0$；

(3) 水平渐近线：$y = 0$；垂直渐近线：$x = 1$ 和 $x = 2$.

2. 略.

第四章　不 定 积 分

在第二章中，我们讨论过已知路程函数 $s(t)$，求速度 $v(t)$；已知曲线 $f(x)$，求曲线上各点的切线斜率 $k(x)$ 等问题. 这些都是已知函数 $F(x)$ 求导数 $f(x)$ 的问题. 但在实际中，我们经常遇到与此相反的问题. 例如，已知速度 $v(t)$，求路程 $s(t)$；已知曲线上各点的切线斜率 $k(x)$，求曲线方程 $f(x)$. 从数学上加以概括，就是已知函数 $F(x)$ 的导数 $f(x)$，反求原来的函数 $F(x)$. 像这类已知导数求函数的问题就是本章所研究的主要内容.

第一节　不定积分的概念与性质

一、原函数的概念

定义 1　如果在区间 I 上，可导函数 $F(x)$ 的导函数为 $f(x)$，即对任一 $x \in I$，都有

$$F'(x) = f(x) \quad 或 \quad \mathrm{d}F(x) = f(x)\mathrm{d}x,$$

那么函数 $F(x)$ 就称为 $f(x)$（或 $f(x)\mathrm{d}x$）在区间 I 上的原函数.

例如，对于函数 $f(x) = 2x$，因为 $(x^2)' = 2x$，$(x^2+2)' = 2x$，所以 x^2，x^2+2 都是 $2x$ 的原函数；再如，对于函数 $f(x) = \cos x$，因为 $(\sin x)' = \cos x$，$(\sin x+3)' = \cos x$，所以 $\sin x$，$\sin x + 3$ 都是 $\cos x$ 的原函数.

由上述例子可以看出，一个函数如果有原函数，则原函数不止一个. 那么，对于区间 I 上的已知函数，在什么情况下存在原函数？如果存在的话，到底有多少个原函数？既然是同一个函数的原函数，它们之间到底有什么关系？通过本章的学习，这些问题将被解决.

定理 1（原函数存在定理）　如果函数 $f(x)$ 在区间 I 上连续，那么在区间 I 上存在可导函数 $F(x)$，使

$$F'(x) = f(x),\ x \in I.$$

因为初等函数在其定义区间内连续，所以初等函数在其定义区间内一定有原

函数.

若 $F(x)$ 为 $f(x)$ 在区间 I 上的原函数，则有

$$F'(x)=f(x),\ [F(x)+C]'=f(x)\quad (C\text{ 为任意常数}).$$

从而，$F(x)+C$ 也是 $f(x)$ 在区间 I 上的原函数. 这说明如果函数 $f(x)$ 存在原函数 $F(x)$，则一定有无穷多个原函数 $F(x)+C$.

另外易证 $f(x)$ 的任意两个原函数只相差一个常数. 因此，若 $F(x)$ 是 $f(x)$ 在区间 I 上的一个原函数，则 $F(x)+C$ 可以表示 $f(x)$ 的任意一个原函数.

二、不定积分的概念

定义 2 在区间 I 上，函数 $f(x)$ 的带有任意常数项的原函数称为 $f(x)$（或 $f(x)\mathrm{d}x$）在区间 I 上的不定积分，记作

$$\int f(x)\mathrm{d}x,$$

其中记号 $\int$ 称为积分号，$f(x)$ 称为被积函数，$f(x)\mathrm{d}x$ 称为被积表达式，x 称为积分变量.

由定义知，如果 $F(x)$ 是 $f(x)$ 在区间 I 上的一个原函数，那么在 I 上有

$$\int f(x)\mathrm{d}x=F(x)+C\quad (C\text{ 称为积分常数}).$$

因此，求一个函数的不定积分实际上只需求出它的一个原函数，再加上任意常数项即可.

在前面的例子中，因为 $(x^2)'=2x$，所以

$$\int 2x\mathrm{d}x=x^2+C,$$

因为 $(\sin x)'=\cos x$，所以

$$\int \cos x\mathrm{d}x=\sin x+C.$$

【例 1】 求 $\int x^2\mathrm{d}x$.

解 因为
$$\left(\frac{x^3}{3}\right)'=x^2,$$

所以
$$\int x^2\mathrm{d}x=\frac{x^3}{3}+C.$$

【例 2】 求$\int \frac{1}{2\sqrt{x}}\mathrm{d}x$.

解 因为 $(\sqrt{x})' = \frac{1}{2\sqrt{x}}$,

所以
$$\int \frac{1}{2\sqrt{x}}\mathrm{d}x = \sqrt{x} + C.$$

【例 3】 求$\int \frac{1}{1+x^2}\mathrm{d}x$.

解 因为 $(\arctan x)' = \frac{1}{1+x^2}$,

所以
$$\int \frac{1}{1+x^2}\mathrm{d}x = \arctan x + C.$$

【例 4】 已知曲线经过点(1, 2),且其上任一点处的切线斜率等于该点横坐标的两倍,求曲线方程.

解 设所求曲线方程为 $y = f(x)$, 由题意,曲线上任一点(x, y)处的切线斜率为

$$\frac{\mathrm{d}y}{\mathrm{d}x} = 2x,$$

即所求 $f(x)$是 $2x$ 的一个原函数.

$2x$ 的任意一个原函数为

$$\int 2x\mathrm{d}x = x^2 + C,$$

故其中存在某个常数 C 使 $f(x) = x^2 + C$,即曲线方程为 $y = x^2 + C$. 由于曲线通过点(1, 2),故

$$2 = 1^2 + C, \quad 即 C = 1.$$

故所求曲线为 $y = x^2 + 1$.

函数 $f(x)$的原函数 $F(x)$的图形称为 $f(x)$的积分曲线. 显然,$f(x)$的积分曲线不唯一. 本例即是求函数 $2x$ 的通过点(1, 2)的那条积分曲线,这条积分曲线可由其中任意一条积分曲线(例如 $y=x^2$)沿 y 轴方向平移得到. 这族积分曲线有一个共同特点:在横坐标为 x 的点处的切线斜率都等于 $2x$,因而这些切线是相互平行的(图 4-1).

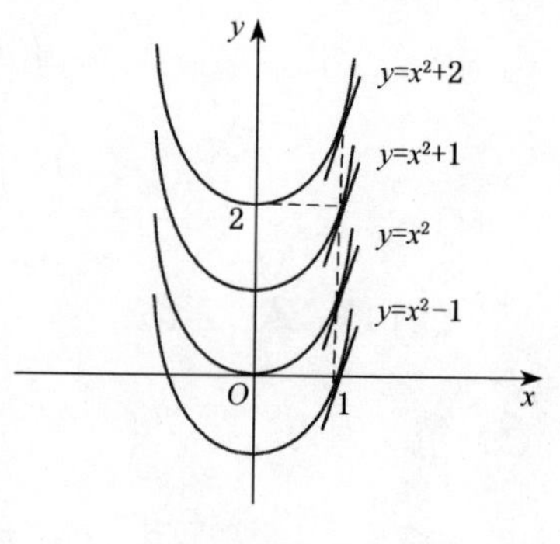

图 4-1

一般地,称 $\int f(x)\mathrm{d}x$ 的图像为 $f(x)$的积分曲线.

三、不定积分的性质

由不定积分的定义,既然 $\int f(x)\mathrm{d}x$ 表示 $f(x)$ 的任一原函数,因此对$\int f(x)\mathrm{d}x$ 求导数与微分,结果分别为 $f(x)$ 与 $f(x)\mathrm{d}x$,故有

性质 1 $\dfrac{\mathrm{d}}{\mathrm{d}x}\left[\int f(x)\mathrm{d}x\right]=f(x)$ 或 $\mathrm{d}\left[\int f(x)\mathrm{d}x\right]=f(x)\mathrm{d}x.$

注意到 $F(x)$是 $F'(x)$的原函数,又有

性质 2 $\int F'(x)\mathrm{d}x=F(x)+C$ 或 $\int \mathrm{d}F(x)=F(x)+C.$

注 由上面性质 1 和性质 2 可见,在可相差常数的前提下,不定积分与微分互为逆运算.

利用不定积分的定义和微分运算法则,可得如下运算性质:

性质 3 $\int[f(x)\pm g(x)]\mathrm{d}x=\int f(x)\mathrm{d}x\pm\int g(x)\mathrm{d}x.$ (*)

性质 4 $\int kf(x)\mathrm{d}x=k\int f(x)\mathrm{d}x\ (k\neq 0).$

四、基本积分表

根据不定积分的定义,由导数或微分基本公式,即可得到相应的积分公式.这里把一些基本的积分公式列成一个表,通常称为基本积分表.这是求不定积分的基础,请读者务必熟记,不定积分最终都归结为这些基本积分公式而得.

(1) $\int 0\mathrm{d}x=C$; (2) $\int k\mathrm{d}x=kx+C$ (k 是常数);

(3) $\int x^{\mu}\mathrm{d}x=\dfrac{1}{\mu+1}x^{\mu+1}+C\ (\mu\neq-1)$; (4) $\int\dfrac{1}{x}\mathrm{d}x=\ln|x|+C$;

(5) $\int\dfrac{1}{1+x^2}\mathrm{d}x=\arctan x+C$; (6) $\int\dfrac{1}{\sqrt{1-x^2}}\mathrm{d}x=\arcsin x+C$;

(7) $\int\cos x\mathrm{d}x=\sin x+C$; (8) $\int\sin x\mathrm{d}x=-\cos x+C$;

(9) $\int\sec^2 x\mathrm{d}x=\tan x+C$; (10) $\int\csc^2 x\mathrm{d}x=-\cot x+C$;

(11) $\int\sec x\tan x\mathrm{d}x=\sec x+C$; (12) $\int\csc x\cot x\mathrm{d}x=-\csc x+C$;

(13) $\int\mathrm{e}^x\mathrm{d}x=\mathrm{e}^x+C$; (14) $\int a^x\mathrm{d}x=\dfrac{a^x}{\ln a}+C\ (a>0,\ a\neq 1).$

五、直接积分法

对一些简单的不定积分，通过对被积函数作适当的恒等变形，能够利用基本积分公式及不定积分的运算性质，直接求出不定积分. 我们把这种方法称为直接积分法.

【例 5】 求 $\int \frac{1}{x\sqrt[3]{x}}\mathrm{d}x$.

解 把被积函数化为 x^{μ} 的形式，应用基本积分表公式(3)，可得

$$\int \frac{1}{x\sqrt[3]{x}}\mathrm{d}x = \int x^{-\frac{4}{3}}\mathrm{d}x = \frac{1}{-\frac{4}{3}+1}x^{-\frac{4}{3}+1} + C = -3x^{-\frac{1}{3}} + C.$$

【例 6】 求 $\int 2^x \mathrm{e}^x \mathrm{d}x$.

解 把被积函数变形为$(2\mathrm{e})^x$，则可看作函数 a^x，应用公式(14)可得

$$\int 2^x \mathrm{e}^x \mathrm{d}x = \int (2\mathrm{e})^x \mathrm{d}x = \frac{(2\mathrm{e})^x}{\ln(2\mathrm{e})} + C.$$

【例 7】 求 $\int \frac{x^4}{1+x^2}\mathrm{d}x$.

分析 本例不能直接应用基本积分公式计算，但由于被积函数的分子可写成 $x^4 = x^4 - 1 + 1$，故该积分可分成三项，分别应用基本积分公式(3)、公式(2)和公式(5)即可求得结果.

解
$$\int \frac{x^4}{1+x^2}\mathrm{d}x = \int \frac{(x^4-1)+1}{1+x^2}\mathrm{d}x = \int \left(x^2 - 1 + \frac{1}{1+x^2}\right)\mathrm{d}x$$
$$= \int x^2\mathrm{d}x - \int 1\mathrm{d}x + \int \frac{1}{1+x^2}\mathrm{d}x = \frac{1}{3}x^3 - x + \arctan x + C.$$

注 ① 分项积分后，据定义每个积分号都含有一个任意常数，但由于任意常数之和仍为任意常数，所以只要总的写出一个任意常数 C 即可.

② 检验积分结果正确与否，只需将结果求导，看它的导数是否等于被积函数.

【例 8】 求 $\int \frac{1}{x^2(1+x^2)}\mathrm{d}x$.

解
$$\int \frac{1}{x^2(1+x^2)}\mathrm{d}x = \int \frac{(1+x^2)-x^2}{x^2(1+x^2)}\mathrm{d}x = \int \frac{1}{x^2}\mathrm{d}x - \int \frac{1}{1+x^2}\mathrm{d}x$$
$$= -\frac{1}{x} - \arctan x + C.$$

【例 9】 求 $\int \tan^2 x\mathrm{d}x$.

解 $\int \tan^2 x\mathrm{d}x = \int(\sec^2 x-1)\mathrm{d}x = \int \sec^2 x\mathrm{d}x - \int 1\mathrm{d}x = \tan x - x + C.$

【例 10】 求 $\int \frac{1}{\sin^2 x\cos^2 x}\mathrm{d}x.$

解 $\int \frac{1}{\sin^2 x\cos^2 x}\mathrm{d}x = \int \frac{\sin^2 x+\cos^2 x}{\sin^2 x\cos^2 x}\mathrm{d}x = \int \frac{1}{\cos^2 x}\mathrm{d}x + \int \frac{1}{\sin^2 x}\mathrm{d}x$

$$= \tan x - \cot x + C.$$

在上面的例题中,有些是利用基本积分公式和性质直接求得,有些则需要经过某些代数变换或者三角变换等变形后再应用积分公式求解,这种直接积分法是求不定积分的基本方法.

习题 4-1

1. 设 $f(x)$的一个原函数是 e^{x^2},求$\int f'(x)\mathrm{d}x$.

2. 已知曲线上任一点处切线的斜率为 $3x^2$,且曲线经过点(2, 3),求此曲线的方程.

3. 求下列不定积分

(1) $\int \frac{1}{x^2\sqrt{x}}\mathrm{d}x$;　　(2) $\int \frac{3x^2}{x^2+1}\mathrm{d}x$;

(3) $\int \frac{\sqrt{x}-x+x^2\mathrm{e}^x}{x^2}\mathrm{d}x$;　　(4) $\int \frac{\mathrm{e}^{2x}-1}{\mathrm{e}^x+1}\mathrm{d}x$;

(5) $\int \frac{\cos 2x}{\cos x-\sin x}\mathrm{d}x$;　　(6) $\int \frac{1}{1+\cos 2x}\mathrm{d}x$;

(7) $\int \frac{1+\cos^2 x}{1+\cos 2x}\mathrm{d}x$;　　(8) $\int (2^x+3^x)^2\mathrm{d}x$;

(9) $\int 2\sin^2\frac{x}{2}\mathrm{d}x$;　　(10) $\int \left(1-\frac{1}{x^2}\right)\sqrt{x\sqrt{x}}\mathrm{d}x$.

4. 求下列不定积分:

(1) $\int x^2\sqrt[3]{x}\mathrm{d}x$;　　(2) $\int \frac{1+2x^2}{x^2(1+x^2)}\mathrm{d}x$;

(3) $\int (2^x+x^2+\sqrt[3]{x})\mathrm{d}x$;　　(4) $\int (\sqrt{x}+1)(\sqrt[3]{x}-1)\mathrm{d}x$;

(5) $\int \frac{2\cdot 3^x-5\cdot 2^x}{3^x}\mathrm{d}x$;　　(6) $\int (\tan x+\cot x)^2\mathrm{d}x$;

(7) $\int \frac{x^2+\sin^2 x}{x^2\sin^2 x}\mathrm{d}x$;　　(8) $\int \frac{1}{x^2(1+x^2)}\mathrm{d}x$;

(9) $\int \left(\frac{3}{1+x^2}-\frac{2}{\sqrt{1-x^2}}\right)\mathrm{d}x$;　　(10) $\int \cot x(\csc x-\cot x)\mathrm{d}x$.

第二节　换元积分法

能用直接积分法计算的不定积分是很有限的. 大量的被积函数相比基本积分

表中的被积函数在形式上经过了复合运算，更加复杂. 因为不定积分与微分互为逆运算，我们将在复合函数求导法则的基础上，通过中间变量代换，将某些不定积分化为可利用基本积分公式的形式，从而求出不定积分，称为换元积分法. 按照中间变量选取的不同方式通常分为两类，下面分别介绍.

一、第一类换元法(凑微分法)

凑微分是微分运算的逆运算，例如，x^2 的微分 $\mathrm{d}x^2 = 2x\mathrm{d}x$，所以 $2x\mathrm{d}x$ 就可以凑成 x^2 的微分，即 $2x\mathrm{d}x = \mathrm{d}(x^2)$，当然我们也可以由此凑微分 $x\mathrm{d}x = \frac{1}{2}\mathrm{d}(x^2)$. 我们通过下面的例子来介绍第一类换元法的思想.

【例 1】 求 $\int\cos 2x\mathrm{d}x$.

解 此问题看似可用直接积分法求解，因为按积分公式

$$\int\cos x\mathrm{d}x = \sin x + C,$$

立即可写出

$$\int\cos 2x\mathrm{d}x = \sin 2x + C.$$

这个结果对不对？只需验证上式右端的导数是否等于左端的被积函数即知. 事实上，

$$(\sin 2x + C)' = 2\cos 2x,$$

并不等于被积函数 $\cos 2x$，因此，以上解法是错误的.

问题在于积分公式中的被积函数是 $\cos x$，而本例的被积函数则是 $\cos 2x$，两者并不完全相同，不能简单套用.

我们知道 $\int\cos u\mathrm{d}u = \sin u + C$ 成立. 要设法将二倍角余弦函数变为普通的余弦函数，所以自然会想到作变换 $u = 2x$，则被积函数变为 $\cos u$，微分 $\mathrm{d}x$ 可以凑成 $\frac{1}{2}\mathrm{d}(2x)$，所以有 $\mathrm{d}x = \frac{1}{2}\mathrm{d}(2x) = \frac{1}{2}\mathrm{d}u$，于是

$$\int\cos 2x\mathrm{d}x = \int\cos 2x\cdot\frac{1}{2}\mathrm{d}(2x) = \frac{1}{2}\int\cos u\mathrm{d}u = \frac{1}{2}\sin u + C = \frac{1}{2}\sin 2x + C.$$

容易验证，这个结果是正确的. 这就是第一类换元法的主要思想，即通过凑微分，引入新的积分变量，将原不定积分化为可以直接利用积分公式或性质计算的不定积分，所以也称这种方法为凑微分法.

定理 1 设 $f(u)$ 具有原函数 $F(u)$，函数 $u=\varphi(x)$ 可导，则有换元公式

$$\int f[\varphi(x)]\varphi'(x)\mathrm{d}x \xlongequal{u=\varphi(x)} \int f(u)\mathrm{d}u = F(u) = F(\varphi(x)) + C. \tag{4.1}$$

证 由复合函数求导的链式法则有

$$[F(\varphi(x))]' = F'(u)\cdot\frac{\mathrm{d}u}{\mathrm{d}x} = f(u)\cdot\frac{\mathrm{d}u}{\mathrm{d}x} = f(\varphi(x))\cdot\varphi'(x),$$

即

$$\int f[\varphi(x)]\varphi'(x)\mathrm{d}x = F(\varphi(x)) + C.$$

注 (1) 利用凑微分法求不定积分 $\int g(x)\mathrm{d}x$，关键的一步是将被积表达式 $g(x)\mathrm{d}x$凑成微分形式

$$g(x)\mathrm{d}x = f[\varphi(x)]\varphi'(x)\mathrm{d}x = f[\varphi(x)]\mathrm{d}\varphi(x) = f(u)\mathrm{d}u$$

即通过凑微分,作变量代换,使新的不定积分 $\int f(u)\mathrm{d}u$ 可以用直接积分法求出.

(2) 利用凑微分法求不定积分时,若引入了新的变量 u,在求出原函数后,要代回到原来的变量 x.

【例 2】 求 $\int \frac{1}{3x-1}\mathrm{d}x$.

解
$$\int\frac{1}{3x-1}\mathrm{d}x = \frac{1}{3}\int\frac{1}{3x-1}(3x-1)'\mathrm{d}x = \frac{1}{3}\int\frac{1}{3x-1}\mathrm{d}(3x-1)$$
$$\xlongequal{u=3x-1}\frac{1}{3}\int\frac{1}{u}\mathrm{d}u = \frac{1}{3}\ln|u| + C = \frac{1}{3}\ln|3x-1| + C.$$

一般地,对于积分 $\int f(ax+b)\mathrm{d}x$，可作考虑变换 $u = ax+b$，把积分化为 $\int f(ax+b)\mathrm{d}x = \int f(ax+b)\cdot\frac{1}{a}\mathrm{d}(ax+b) \xlongequal{u=ax+b} \frac{1}{a}\int f(u)\mathrm{d}u$ 来计算.

【例 3】 求 $\int \mathrm{e}^x(1+\mathrm{e}^x)^4\mathrm{d}x$.

解
$$\int\mathrm{e}^x(1+\mathrm{e}^x)^4\mathrm{d}x = \int(1+\mathrm{e}^x)^4\mathrm{d}(\mathrm{e}^x) = \int(1+\mathrm{e}^x)^4\mathrm{d}(1+\mathrm{e}^x)$$
$$\xlongequal{u=(1+\mathrm{e}^x)}\int u^4\mathrm{d}u = \frac{1}{5}u^5 + C = \frac{1}{5}(1+\mathrm{e}^x)^5 + C.$$

【例 4】 $\int\frac{\sec^2\sqrt{x}}{\sqrt{x}}\mathrm{d}x$.

解
$$\int\frac{\sec^2\sqrt{x}}{\sqrt{x}}\mathrm{d}x = 2\int\sec^2\sqrt{x}(\sqrt{x})'\mathrm{d}x = 2\int\sec^2\sqrt{x}\mathrm{d}(\sqrt{x})$$
$$\xlongequal{u=\sqrt{x}}2\int\sec^2u\mathrm{d}u = 2\tan u + C = 2\tan\sqrt{x} + C.$$

在对不定积分的凑微分法熟练了以后，可以不写出中间变量，省略换元和回代的过程.

【例5】 求$\int \frac{1}{x(1-2\ln x)}\mathrm{d}x$.

解 $$\int \frac{1}{x(1-2\ln x)}\mathrm{d}x=\int \frac{\mathrm{d}(\ln x)}{(1-2\ln x)}=-\frac{1}{2}\int \frac{\mathrm{d}(1-2\ln x)}{(1-2\ln x)}$$
$$=-\frac{1}{2}\ln|1-2\ln x|+C.$$

【例6】 求$\int \frac{1}{a^2+x^2}\mathrm{d}x\ (a>0)$.

解 $$\int \frac{1}{a^2+x^2}\mathrm{d}x=\frac{1}{a^2}\int \frac{1}{1+\left(\frac{x}{a}\right)^2}\mathrm{d}x=\frac{1}{a}\int \frac{1}{1+\left(\frac{x}{a}\right)^2}\mathrm{d}\left(\frac{x}{a}\right)=\frac{1}{a}\arctan\frac{x}{a}+C.$$

【例7】 求$\int \frac{1}{1+\mathrm{e}^x}\mathrm{d}x$.

解 方法一 $$\int \frac{1}{1+\mathrm{e}^x}\mathrm{d}x=\int \frac{1+\mathrm{e}^x-\mathrm{e}^x}{1+\mathrm{e}^x}\mathrm{d}x=\int\left(1-\frac{\mathrm{e}^x}{1+\mathrm{e}^x}\right)\mathrm{d}x$$
$$=\int \mathrm{d}x-\int \frac{\mathrm{e}^x}{1+\mathrm{e}^x}\mathrm{d}x=\int \mathrm{d}x-\int \frac{1}{1+\mathrm{e}^x}\mathrm{d}(1+\mathrm{e}^x)$$
$$=x-\ln(1+\mathrm{e}^x)+C.$$

方法二 $$\int \frac{1}{1+\mathrm{e}^x}\mathrm{d}x=\int \frac{\mathrm{e}^{-x}}{\mathrm{e}^{-x}+1}\mathrm{d}x=-\int \frac{\mathrm{d}(\mathrm{e}^{-x})}{\mathrm{e}^{-x}+1}$$
$$=-\int \frac{\mathrm{d}(\mathrm{e}^{-x}+1)}{\mathrm{e}^{-x}+1}=-\ln(\mathrm{e}^{-x}+1)+C.$$

【例8】 求$\int \sin^2 x\cos^3 x\mathrm{d}x$.

解 $$\int \sin^2 x\cos^3 x\mathrm{d}x=\int \sin^2 x\cos^2 x\mathrm{d}(\sin x)=\int \sin^2 x(1-\sin^2 x)\mathrm{d}(\sin x)$$
$$=\frac{1}{3}\sin^3 x-\frac{1}{5}\sin^5 x+C.$$

【例9】 求$\int \cos^2 x\mathrm{d}x$.

解 $$\int \cos^2 x\mathrm{d}x=\int \frac{1+\cos 2x}{2}\mathrm{d}x=\frac{1}{2}\left(\int \mathrm{d}x+\int \cos 2x\mathrm{d}x\right)$$
$$=\frac{1}{2}\int \mathrm{d}x+\frac{1}{4}\int \cos 2x\mathrm{d}(2x)=\frac{x}{2}+\frac{\sin 2x}{4}+C.$$

注 对形如$\int \sin^m x\cos^n x\mathrm{d}x$的积分($m,\ n\in\mathbf{N}$)，可按如下方法处理：

1. 若m，n至少有一个为奇数时，例如$n=2k+1$，则拆一个该三角函数去凑微分，

例如 $$\int \sin^m x \cos^{2k+1} x \mathrm{d}x = \int \sin^m x\ (1-\sin^2 x)^k \mathrm{d}(\sin x).$$

2. 若 m，n 都为偶数时，则用半角公式

$$\sin^2 x = \frac{1}{2}(1-\cos 2x), \quad \cos^2 x = \frac{1}{2}(1+\cos 2x),$$

降低被积函数幂次.

【例 10】 求 $\int \tan x \mathrm{d}x$.

解 $$\int \tan x \mathrm{d}x = \int \frac{\sin x}{\cos x}\mathrm{d}x = \int \frac{-1}{\cos x}\mathrm{d}(\cos x) = -\ln|\cos x| + C.$$

类似可得 $$\int \cot x \mathrm{d}x = \ln|\sin x| + C.$$

【例 11】 求 $\int \frac{1}{\sqrt{a^2-x^2}}\mathrm{d}x \quad (a>0)$.

解 $$\int \frac{1}{\sqrt{a^2-x^2}}\mathrm{d}x = \int \frac{1}{a\cdot\sqrt{1-\left(\frac{x}{a}\right)^2}}\mathrm{d}x = \int \frac{1}{\sqrt{1-\left(\frac{x}{a}\right)^2}}\mathrm{d}\left(\frac{x}{a}\right) = \arcsin\frac{x}{a} + C.$$

【例 12】 求 $\int \tan^2 x \sec^4 x \mathrm{d}x$.

解 $$\begin{aligned}\int \tan^2 x \sec^4 x \mathrm{d}x &= \int \tan^2 x \sec^2 x \mathrm{d}(\tan x) = \int \tan^2 x(1+\tan^2 x)\mathrm{d}(\tan x)\\ &= \int (\tan^2 x + \tan^4 x)\mathrm{d}(\tan x) = \frac{1}{3}\tan^3 x + \frac{1}{5}\tan^5 x + C.\end{aligned}$$

【例 13】 求 $\int \sec x \mathrm{d}x$.

解 $$\begin{aligned}\int \sec x \mathrm{d}x &= \int \frac{1}{\cos x}\mathrm{d}x = \int \frac{\cos x}{\cos^2 x}\mathrm{d}x = \int \frac{\mathrm{d}(\sin x)}{1-\sin^2 x}\\ &= \frac{1}{2}\int\left(\frac{1}{1+\sin x} + \frac{1}{1-\sin x}\right)\mathrm{d}(\sin x)\\ &= \frac{1}{2}\left[\int \frac{\mathrm{d}(1+\sin x)}{1+\sin x} - \int \frac{\mathrm{d}(1-\sin x)}{1-\sin x}\right]\\ &= \frac{1}{2}(\ln|1+\sin x| - \ln|1-\sin x|) + C\\ &= \frac{1}{2}\ln\left|\frac{1+\sin x}{1-\sin x}\right| + C = \frac{1}{2}\ln\frac{(1+\sin x)^2}{\cos^2 x} + C\\ &= \ln\left|\frac{1+\sin x}{\cos x}\right| + C = \ln|\sec x + \tan x| + C.\end{aligned}$$

类似可得

$$\int \csc x \mathrm{d}x = \ln|\csc x - \cot x| + C.$$

通过上面所举的例子可以看到，在被积表达式中凑出适用的微分是第一类换元法的关键所在.这方面并无一般法则可循,但熟记一些微分运算的逆运算公式,是很有必要的.

(1) $x\mathrm{d}x = \frac{1}{2}\mathrm{d}(x^2)$；

(2) $\frac{1}{x}\mathrm{d}x = \mathrm{d}(\ln x)$；

(3) $\frac{1}{x^2}\mathrm{d}x = -\mathrm{d}\left(\frac{1}{x}\right)$；

(4) $\frac{1}{\sqrt{x}}\mathrm{d}x = 2\mathrm{d}(\sqrt{x})$；

(5) $x^{\mu-1}\mathrm{d}x = \frac{1}{\mu}\mathrm{d}(x^{\mu})\ (\mu \neq 0)$；

(6) $\mathrm{e}^x\mathrm{d}x = \mathrm{d}(\mathrm{e}^x)$；

(7) $\cos x\mathrm{d}x = \mathrm{d}(\sin x)$；

(8) $\sin x\mathrm{d}x = -\mathrm{d}(\cos x)$；

(9) $\sec^2 x\mathrm{d}x = \mathrm{d}(\tan x)$；

(10) $\csc^2 x\mathrm{d}x = -\mathrm{d}(\cot x)$.

二、第二类换元法

我们以下面的例子来说明不定积分第二换元法的思想.

【例 14】 求$\int \frac{1}{x+\sqrt{x}}\mathrm{d}x$.

解 该不定积分显然无法用直接积分法和凑微分法求解.由于被积函数中含有根式,为了使被积函数有理化,令$\sqrt{x} = t$,则$x = t^2$, $\mathrm{d}x = 2t\mathrm{d}t$,代入原不定积分得

$$\int \frac{1}{x+\sqrt{x}}\mathrm{d}x = \int \frac{1}{t^2+t} \cdot 2t\mathrm{d}t = 2\int \frac{1}{t+1}\mathrm{d}t = 2\ln|t+1| + C,$$

将$t = \sqrt{x}$代回,还原为原来的变量x,则

$$\text{原式} = 2\ln(1+\sqrt{x}) + C.$$

在此例中,通过作变量代换$x = \psi(t)$,将积分$\int f(x)\mathrm{d}x$化为$\int f[\psi(t)]\psi'(t)\mathrm{d}t$;去掉被积函数中的根式,从而简化被积函数的形式,使新的不定积分比较容易计算;在求出后一个积分后,再由$x = \psi(t)$的反函数代回到原来的变量x.这就是第二换元法的主要思想.它跟第一换元法相反,第一换元法是通过变量代换$u = \varphi(x)$,将积分$\int f[\varphi(x)]\varphi'(x)\mathrm{d}x$化为$\int f(u)\mathrm{d}u$.

定理 2 设$x = \psi(t)$是单调的、可导的函数,并且$\psi'(t) \neq 0$.又设$f[\psi(t)]\psi'(t)$具有原函数$F(t)$,则有换元公式

$$\int f(x)\mathrm{d}x \xlongequal{x=\psi(t)} \int f[\psi(t)]\psi'(t)\mathrm{d}t = F(t)+C = F[\psi^{-1}(x)]+C, \quad (4.2)$$

其中 $\psi^{-1}(x)$是 $x=\psi(t)$的反函数.

证 由已知条件知反函数 $t=\psi^{-1}(x)$存在且单值可导,且

$$\frac{\mathrm{d}}{\mathrm{d}x}F[\psi^{-1}(x)] = F'(t)\frac{\mathrm{d}t}{\mathrm{d}x} = f[\psi(t)]\psi'(t)\cdot\frac{1}{\psi'(t)} = f[\psi(t)] = f(x),$$

故(4.2)式右端是 $f(x)$的一个原函数,从而结论得证.

【例 15】 求 $\int\frac{1}{\sqrt{x}+\sqrt[3]{x}}\mathrm{d}x$.

解 由于被积函数中同时含 2 次和 3 次根式,为同时去掉这两个根式,令 $x=t^6$,则 $\mathrm{d}x=6t^5\mathrm{d}t$,从而

$$\begin{aligned}\int\frac{1}{\sqrt{x}+\sqrt[3]{x}}\mathrm{d}x &= \int\frac{6t^5}{t^3+t^2}\mathrm{d}t = \int\frac{6t^3}{t+1}\mathrm{d}t = 6\int\frac{t^3+1-1}{t+1}\mathrm{d}t \\ &= 6\int\left(t^2-t+1-\frac{1}{t+1}\right)\mathrm{d}t = 2t^3-3t^2+6t-6\ln|t+1|+C \\ &= 2\sqrt{x}-3\sqrt[3]{x}+6\sqrt[6]{x}-6\ln\left|\sqrt[6]{x}+1\right|+C.\end{aligned}$$

【例 16】 求 $\int\sqrt{a^2-x^2}\mathrm{d}x\ (a>0)$.

解 求这个积分的困难在于根式$\sqrt{a^2-x^2}$,我们利用三角公式$\sin^2t+\cos^2t=1$来消根式.

设 $x=a\sin t$, $t\in\left(-\frac{\pi}{2},\frac{\pi}{2}\right)$,于是有单值可导的反函数 $t=\arcsin\frac{x}{a}$. 而 $\sqrt{a^2-x^2}=\sqrt{a^2-a^2\sin t^2}=|a\cos t|=a\cos t$, $\mathrm{d}x=a\cos t\mathrm{d}t$, 所以

$$\begin{aligned}\int\sqrt{a^2-x^2}\mathrm{d}x &= \int a\cos t\cdot a\cos t\mathrm{d}t = a^2\int\cos^2t\mathrm{d}t = \frac{a^2}{2}\int(1+\cos 2t)\mathrm{d}t \\ &= \frac{a^2}{2}\left(t+\frac{1}{2}\sin 2t\right)+C = \frac{a^2}{2}(t+\sin t\cos t)+C.\end{aligned}$$

为了将变量 t 还原回原来的积分变量 x,由 $x=a\sin t$ 作直角三角形(见图4-2),可知 $\cos t=\frac{\sqrt{a^2-x^2}}{a}$,代入上式得

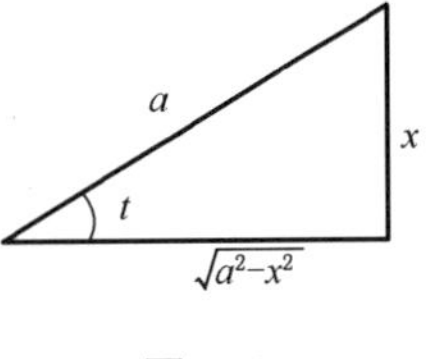

图 4-2

$$\begin{aligned}\int\sqrt{a^2-x^2}\mathrm{d}x &= \frac{a^2}{2}\left(\arcsin\frac{x}{a}+\frac{x}{a}\cdot\frac{\sqrt{a^2-x^2}}{a}\right)+C \\ &= \frac{a^2}{2}\arcsin\frac{x}{a}+\frac{x}{2}\cdot\sqrt{a^2-x^2}+C.\end{aligned}$$

注 对本例，若令 $x = a\cos t$, $t \in (0, \pi)$，同样可计算.

【例 17】 求 $\int \frac{1}{\sqrt{x^2+a^2}}\mathrm{d}x \ (a>0)$.

解 令 $x = a\tan t$，则 $\mathrm{d}x = a\sec^2 t\mathrm{d}t$, $t \in \left(-\frac{\pi}{2}, \frac{\pi}{2}\right)$,

$$\int \frac{1}{\sqrt{x^2+a^2}}\mathrm{d}x = \int \frac{1}{a\sec t}\cdot a\sec^2 t\mathrm{d}t = \int \sec t\mathrm{d}t$$
$$= \ln|\sec t + \tan t| + C_1$$

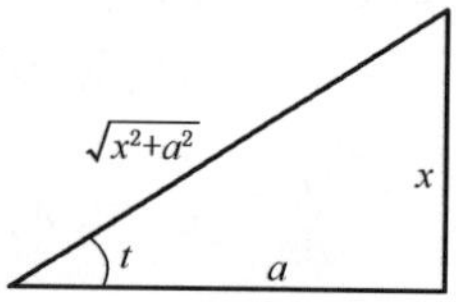

图 4-3

由 $x = a\tan t$ 作直角三角形（见图 4-3），可知 $\sec t = \frac{\sqrt{x^2+a^2}}{a}$，代入上式得

$$\int \frac{1}{\sqrt{x^2+a^2}}\mathrm{d}x = \ln\left|\frac{\sqrt{x^2+a^2}}{a} + \frac{x}{a}\right| + C_1 = \ln(x+\sqrt{x^2+a^2}) + C,$$

其中 $C = C_1 - \ln a$.

【例 18】 求 $\int \frac{1}{\sqrt{x^2-a^2}}\mathrm{d}x \ (a>0)$.

解 这里只讨论当 $x>a$ 时的情况，$x<-a$ 时不做要求.

令 $x = a\sec t$，则 $\mathrm{d}x = a\sec t\cdot\tan t\mathrm{d}t$, $t \in \left(0, \frac{\pi}{2}\right)$,

$$\int \frac{1}{\sqrt{x^2-a^2}}\mathrm{d}x = \int \frac{1}{a\tan t}a\sec t\tan t\mathrm{d}t = \int \sec t\mathrm{d}t$$
$$= \ln|\sec t + \tan t| + C_1$$

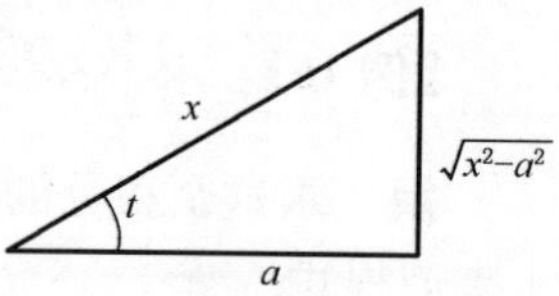

图 4-4

由 $x = a\sec t$ 作直角三角形（见图 4-4），可知 $\tan t = \frac{\sqrt{x^2-a^2}}{a}$，代入上式得

$$\int \frac{1}{\sqrt{x^2-a^2}}\mathrm{d}x = \ln\left|\frac{x}{a} + \frac{\sqrt{x^2-a^2}}{a}\right| + C_1 = \ln\left|x+\sqrt{x^2-a^2}\right| + C,$$

其中 $C = C_1 - \ln a$.

注 以上三例所使用的均为三角代换，其目的是去掉被积函数中的根式，一般所作的变量代换如下：

(1) 被积函数中含有 $\sqrt{a^2-x^2}$，可令 $x = a\sin t$；

(2) 被积函数中含有 $\sqrt{x^2+a^2}$，可令 $x = a\tan t$；

(3) 被积函数中含有 $\sqrt{x^2-a^2}$，可令 $x = a\sec t$.

值得注意的是，二次多项式 ax^2+bx+c 经配方可消去一次项，所以形如

$\sqrt{ax^2+bx+c}$ 的二次根式都能转化为上述三种类型之一. 但在应用时应视具体情况灵活处理,如求$\int \frac{x}{\sqrt{2+x^2}}dx$,$\int \frac{dx}{\sqrt{5-2x^2}}$ 等不定积分时,运用凑微分法显然简单得多.

本节中一些例题的结果以后会经常用到,所以也当作公式使用. 我们把它们续补到第一节的基本积分表中(其中常数 $a>0$).

(15) $\int \tan x dx = -\ln|\cos x| + C$;

(16) $\int \cot x dx = \ln|\sin x| + C$;

(17) $\int \sec x dx = \ln|\sec x + \tan x| + C$;

(18) $\int \csc x dx = \ln|\csc x - \cot x| + C$;

(19) $\int \frac{1}{a^2+x^2}dx = \frac{1}{a}\arctan\frac{x}{a} + C$;

(20) $\int \frac{1}{\sqrt{a^2-x^2}}dx = \arcsin\frac{x}{a} + C$;

(21) $\int \frac{1}{x^2-a^2}dx = \frac{1}{2a}\ln\left|\frac{x-a}{x+a}\right| + C$;

(22) $\int \frac{1}{\sqrt{x^2\pm a^2}}dx = \ln\left|x+\sqrt{x^2\pm a^2}\right| + C$.

习题 4-2

1. 填空使等式成立:

(1) $dx =$ ________ $d(ax+b)$;　　(2) $x dx =$ ________ $d(1-2x^2)$;

(3) $x^4 dx =$ ________ $d(x^5-2)$;　　(4) $x^n dx =$ ________ $d(x^{n+1})$;

(5) $\frac{1}{x^2}dx =$ ________ $d\left(\frac{1}{x}\right)$;　　(6) $e^{ax}dx =$ ________ $d(1+e^{ax})$;

(7) $\frac{1}{\sqrt{x}}dx =$ ________ $d(\sqrt{x})$;　　(8) $\frac{1}{x}dx =$ ________ $d(5\ln x+1)$;

(9) $\sin x dx =$ ________ $d(\cos x)$;　　(10) $\cos\frac{2x}{3}dx =$ ________ $d\left(\sin\frac{2x}{3}\right)$;

(11) $\frac{1}{\sqrt{1-4x^2}}dx =$ ________ $d(\arcsin 2x)$;

(12) $-\frac{x}{\sqrt{1-x^2}}dx =$ ________ $d(\sqrt{1-x^2})$;

(13) $\frac{x}{1+x^2}dx =$ ________ $d(\ln(1+x^2))$;

(14) $xe^{-x^2}dx=$ ________ $d(-x^2)=$ ________ $d(e^{-x^2})$.

2. 求下列不定积分：

(1) $\int e^{a-bx}dx$；

(2) $\int x\sin x^2dx$；

(3) $\int \frac{3}{(1-2x)^2}dx$；

(4) $\int \frac{xdx}{\sqrt{4-x^2}}$；

(5) $\int e^x\sin(e^x)dx$；

(6) $\int x^2\sqrt{1-4x^3}dx$；

(7) $\int \frac{e^x}{\sqrt{1-e^{2x}}}dx$；

(8) $\int \frac{\ln x+2}{x}dx$；

(9) $\int \frac{1}{(\arcsin x)^2\sqrt{1-x^2}}dx$；

(10) $\int 3^{\sin x}\cos xdx$；

(11) $\int \tan^{10}x\cdot\sec^2xdx$；

(12) $\int \tan^3x\sec xdx$；

(13) $\int \sin 2x\cos xdx$；

(14) $\int \sin^2x\cos^2xdx$；

(15) $\int \frac{dx}{\sqrt{4-9x^2}}$；

(16) $\int \frac{x-1}{\sqrt{1-x^2}}dx$；

(17) $\int \frac{1}{x^3}\sec\frac{2}{x^2}dx$；

(18) $\int \frac{x}{x-\sqrt{x^2-1}}dx$；

(19) $\int \frac{1+\ln x}{(x\ln x)^2}dx$；

(20) $\int \frac{1}{x\ln x\ln\ln x}dx$.

3. 求下列不定积分：

(1) $\int \frac{1}{\sqrt{x+1}+2}dx$；

(2) $\int \frac{1}{\sqrt{1+e^x}}dx$；

(3) $\int \frac{x^3}{\sqrt{x^2+1}}dx$；

(4) $\int \frac{1}{x\sqrt{4-x^2}}dx$；

(5) $\int \frac{\sqrt{x^2-a^2}}{x}dx$；

(6) $\int \frac{dx}{(1-x^2)^{\frac{3}{2}}}$.

第三节 分部积分法

前面介绍的换元积分法虽然可以解决许多积分的计算问题，但是有些积分，如 $\int xe^xdx$、$\int e^x\sin xdx$、$\int \ln xdx$ 等，利用换元法无法求解. 本节我们从乘积的求导法则出发，推出另一种积分方法——分部积分法.

定理 1 设函数 $u=u(x)$，$v=v(x)$ 均有连续的导数，则

$$\int udv=uv-\int vdu, \tag{4.3}$$

式(4.3)称为分部积分公式.

证 由两个函数乘积的求导法则得

$$(uv)' = u'v + uv',$$

移项,得

$$uv' = (uv)' - u'v.$$

对上式两边求不定积分,得

$$\int uv'\,\mathrm{d}x = uv - \int u'v\,\mathrm{d}x,$$

即

$$\int u\,\mathrm{d}v = uv - \int v\,\mathrm{d}u.$$

用不定积分的分部积分法求不定积分,就是通过利用分部积分公式(4.3)将一个较难的不定积分 $\int u(x)\mathrm{d}v(x)$ 转化为一个较容易的不定积分 $\int v(x)\mathrm{d}u(x)$. 但对于一个给定的积分 $\int f(x)\mathrm{d}x$,如何先将它变成 $\int u(x)\mathrm{d}v(x)$ 的形式呢? 显然我们可以通过凑微分的方法使被积表达式的形式改变.

【例 1】 求 $\int x\mathrm{e}^x\mathrm{d}x$.

解 我们选取被积函数 $x\mathrm{e}^x$ 的因式项 e^x 和 $\mathrm{d}x$ 凑微分得到 $\int x\mathrm{e}^x\mathrm{d}x = \int x\mathrm{d}(\mathrm{e}^x)$,即 $u = x$, $v = \mathrm{e}^x$, 代入分部积分公式(4.3),得

$$\int x\mathrm{e}^x\mathrm{d}x = \int x\mathrm{d}(\mathrm{e}^x) = x\mathrm{e}^x - \int \mathrm{e}^x\mathrm{d}x,$$

而 $\int \mathrm{e}^x\mathrm{d}x$ 容易积出,于是

$$\int x\mathrm{e}^x\mathrm{d}x = x\mathrm{e}^x - \mathrm{e}^x + C.$$

如果把 $x\mathrm{e}^x$ 的因式项 x 和 $\mathrm{d}x$ 凑微分得到 $\int x\mathrm{e}^x\mathrm{d}x = \int \mathrm{e}^x\mathrm{d}\left(\frac{x^2}{2}\right)$,即 $u = \mathrm{e}^x$, $v = \frac{1}{2}x^2$, 代入公式(4.3)得

$$\int x\mathrm{e}^x\mathrm{d}x = \int \mathrm{e}^x\mathrm{d}\left(\frac{x^2}{2}\right) = \frac{x^2}{2}\mathrm{e}^x - \int \frac{x^2}{2}\mathrm{d}(\mathrm{e}^x) = \frac{x^2}{2}\mathrm{e}^x - \int \frac{x^2}{2}\mathrm{e}^x\mathrm{d}x,$$

上式右端的积分比原积分更不易求出.

由此可见,如果 u、v 选择不当,就求不出结果.因此利用分部积分法计算不定积分时,选择好 u、v 非常关键.首先要考虑比较容易从 $v'\mathrm{d}x$ 凑出 $\mathrm{d}v$;在此基础上,最重要的是要使 $\int v\mathrm{d}u$ 比 $\int u\mathrm{d}v$ 易于积分.

注 当被积函数中出现指数函数(如 e^x)时,一般用指数函数和 $\mathrm{d}x$ 凑微分,使不定积分 $\int f(x)\mathrm{d}x$ 变成 $\int u(x)\mathrm{d}v(x)$ 的形式,然后用分部积分公式求解.

【例 2】 求 $\int x\cos x\mathrm{d}x$.

解 令 $u=x$, $\cos x\mathrm{d}x=\mathrm{d}(\sin x)=\mathrm{d}v$, 则

$$\int x\cos x\mathrm{d}x=\int x\mathrm{d}(\sin x)=x\sin x-\int \sin x\mathrm{d}x=x\sin x+\cos x+C.$$

注:当被积函数中出现三角函数(如 $\sin x$, $\cos x$)时,一般用三角函数和 $\mathrm{d}x$ 凑微分,使不定积分 $\int f(x)\mathrm{d}x$ 变成 $\int u(x)\mathrm{d}v(x)$ 形式,然后用分部积分公式求解.

有时,需要多次分部积分才能解决问题.

【例 3】 求 $\int x^2\mathrm{e}^x\mathrm{d}x$.

解 令 $u=x^2$, $\mathrm{e}^x\mathrm{d}x=\mathrm{d}(\mathrm{e}^x)=\mathrm{d}v$, 则

$$\int x^2\mathrm{e}^x\mathrm{d}x=\int x^2\mathrm{d}(\mathrm{e}^x)=x^2\mathrm{e}^x-2\int x\mathrm{e}^x\mathrm{d}x,$$

结果将积分 $\int x^2\mathrm{e}^x\mathrm{d}x$ 转化为 $\int x\mathrm{e}^x\mathrm{d}x$ 的求解,x 的方次降低了一次,后者比前者容易积分.再次运用分部积分法,得

$$\begin{aligned}\int x^2\mathrm{e}^x\mathrm{d}x&=x^2\mathrm{e}^x-2\int x\mathrm{d}(\mathrm{e}^x)=x^2\mathrm{e}^x-2\left(x\mathrm{e}^x-\int \mathrm{e}^x\mathrm{d}x\right)\\&=x^2\mathrm{e}^x-2(x\mathrm{e}^x-\mathrm{e}^x)+C=(x^2-2x+2)\mathrm{e}^x+C.\end{aligned}$$

【例 4】 求 $\int \mathrm{e}^x\sin x\mathrm{d}x$.

解 令 $u=\sin x$, $\mathrm{e}^x\mathrm{d}x=\mathrm{d}(\mathrm{e}^x)$, 则

$$\int \mathrm{e}^x\sin x\mathrm{d}x=\int \sin x\mathrm{d}(\mathrm{e}^x)=\mathrm{e}^x\sin x-\int \mathrm{e}^x\mathrm{d}(\sin x)=\mathrm{e}^x\sin x-\int \mathrm{e}^x\cos x\mathrm{d}x,$$

结果将积分 $\int \mathrm{e}^x\sin x\mathrm{d}x$ 转化为 $\int \mathrm{e}^x\cos x\mathrm{d}x$ 的求解,两个积分的难度是相同的,因此并没有使问题变得容易些.

试对 $\int e^x \cos x\mathrm{d}x$ 再分部积分一次，

$$\int e^x \cos x\mathrm{d}x = \int \cos x\mathrm{d}e^x = e^x\cos x - \int e^x \mathrm{d}(\cos x) = e^x\cos x + \int e^x \sin x\mathrm{d}x,$$

代入原式，得

$$\int e^x \sin x\mathrm{d}x = e^x\sin x - e^x\cos x - \int e^x \sin x\mathrm{d}x,$$

移项解得

$$\int e^x \sin x\mathrm{d}x = \frac{1}{2}e^x(\sin x - \cos x) + C.$$

注　若被积函数是指数函数与正(余)弦函数的乘积，用哪种函数凑微分均可以，但如果在求不定积分的过程中多次使用分部积分法，则每次用来凑微分的函数必须是同类函数.

【例 5】　求 $\int x^2 \ln x\mathrm{d}x$.

解　如果设 $u = x$, $\mathrm{d}v = \ln x\mathrm{d}x$，则求 v 较困难. 因此，重新设

$$u = \ln x,\ x^2\mathrm{d}x = \mathrm{d}\left(\frac{x^3}{3}\right) = \mathrm{d}v,$$

则

$$\int x^2\ln x\mathrm{d}x = \int \ln x\mathrm{d}\left(\frac{x^3}{3}\right) = \frac{x^3}{3}\ln x - \int \frac{1}{3}x^3\mathrm{d}(\ln x)$$
$$= \frac{1}{3}x^3\ln x - \frac{1}{3}\int x^3 \cdot \frac{1}{x}\mathrm{d}x = \frac{1}{3}x^3\ln x - \frac{1}{9}x^3 + C.$$

【例 6】　求 $\int x\arctan x\mathrm{d}x$.

解

$$\int x\arctan x\mathrm{d}x = \frac{1}{2}\int \arctan x\mathrm{d}(x^2) = \frac{1}{2}\left[x^2\arctan x - \int x^2\mathrm{d}(\arctan x)\right]$$
$$= \frac{1}{2}\left[x^2\arctan x - \int \frac{x^2}{1+x^2}\mathrm{d}x\right]$$
$$= \frac{1}{2}\left[x^2\arctan x - \int \left(1 - \frac{1}{1+x^2}\right)\mathrm{d}x\right]$$
$$= \frac{1}{2}[x^2\arctan x - x + \arctan x] + C.$$

【例 7】　求 $\int \arcsin x\mathrm{d}x$.

解　被积函数中只出现反三角函数 $\arcsin x$，所以可以把 $\mathrm{d}x$ 看作公式中的 $\mathrm{d}v(x)$，直接用分部积分公式得

$$\int \arcsin x\mathrm{d}x = x\arcsin x - \int x\mathrm{d}(\arcsin x) = x\arcsin x - \int x \cdot \frac{1}{\sqrt{1-x^2}}\mathrm{d}x$$

$$= x\arcsin x + \frac{1}{2}\int \frac{1}{\sqrt{1-x^2}}\mathrm{d}(1-x^2)$$

$$= x\arcsin x + \sqrt{1-x^2} + C.$$

注 当被积函数中出现对数函数(如 $\ln x$)或反三角函数(如 $\arctan x$)时,一般用被积函数中的其余部分和 $\mathrm{d}x$ 凑微分,使不定积分 $\int f(x)\mathrm{d}x$ 变成$\int u(x)\mathrm{d}v(x)$形式,然后用分部积分公式.

在求不定积分过程中,有时需要兼用换元法与分部积分法,如下例所示.

【例 8】 求$\int \mathrm{e}^{\sqrt{x+1}}\mathrm{d}x$.

解 直接用分部积分法并不容易解出,于是去根号化简被积函数,

令$\sqrt{x+1}=t$,则 $x=t^2-1$, $\mathrm{d}x=2t\mathrm{d}t$, 于是

$$\int \mathrm{e}^{\sqrt{x+1}}\mathrm{d}x = 2\int \mathrm{e}^t t\,\mathrm{d}t = 2\int t\mathrm{d}(\mathrm{e}^t) = 2t\mathrm{e}^t - 2\int \mathrm{e}^t\mathrm{d}t = 2t\mathrm{e}^t - 2\mathrm{e}^t + C$$

$$= 2(t-1)\mathrm{e}^t + C = 2(\sqrt{x+1}-1)\mathrm{e}^{\sqrt{x+1}} + C.$$

习题 4-3

1. 求下列不定积分:

(1) $\int x\sin 2x\mathrm{d}x$;

(2) $\int x\ln x\mathrm{d}x$;

(3) $\int x\mathrm{e}^{-x}\mathrm{d}x$;

(4) $\int \ln(1-x)\mathrm{d}x$;

(5) $\int x\cos\frac{x}{2}\mathrm{d}x$;

(6) $\int \frac{x}{1+\cos x}\mathrm{d}x$;

(7) $\int x^3\arctan x\mathrm{d}x$;

(8) $\int x\tan^2 x\mathrm{d}x$;

(9) $\int x\cos^2 x\mathrm{d}x$;

(10) $\int \frac{\ln^2 x}{x^2}\mathrm{d}x$;

(11) $\int \mathrm{e}^{5x}\cos 4x\mathrm{d}x$;

(12) $\int \sec^3 x\mathrm{d}x$;

(13) $\int \frac{x\arcsin x}{\sqrt{1-x^2}}\mathrm{d}x$;

(14) $\int \frac{x\cos x}{\sin^3 x}\mathrm{d}x$;

(15) $\int \frac{\ln(\cos x)}{\cos^2 x}\mathrm{d}x$;

(16) $\int \arctan\sqrt{x}\mathrm{d}x$;

(17) $\int \frac{\ln(x+1)}{\sqrt{x+1}}\mathrm{d}x$;

(18) $\int \frac{\arcsin x}{\sqrt{(1-x^2)^3}}\mathrm{d}x$.

2. 设函数 $f(x)$ 的一个原函数是 $\frac{\sin x}{x}$，求积分 $\int xf'(x)\mathrm{d}x$ 和 $\int x^2 f(x)\mathrm{d}x$.

第四章 习题答案

习题 4-1

1. $2xe^{x^2}+C$.

2. $y=x^3-5$.

3. (1) $x^{-\frac{3}{2}}+C$； (2) $3x-3\arctan x+C$； (3) $\frac{-2}{\sqrt{x}}-\ln|x|+e^x+C$；

(4) e^x-x+C； (5) $\sin x-\cos x+C$； (6) $\frac{1}{2}\tan x+C$；

(7) $\frac{1}{2}(\tan x+x)+C$； (8) $\frac{4^x}{\ln 4}+2\cdot\frac{6^x}{\ln 6}+\frac{9^x}{\ln 9}+C$； (9) $x-\sin x+C$；

(10) $\frac{4}{7}x^{\frac{7}{4}}+4x^{-\frac{1}{4}}+C$.

4. (1) $\frac{3}{10}x^{\frac{10}{3}}+C$； (2) $-\frac{1}{x}+\arctan x+C$；

(3) $\frac{2^x}{\ln 2}+\frac{1}{3}x^3+\frac{3}{4}x^{\frac{4}{3}}+C$； (4) $\frac{6}{11}x^{\frac{11}{6}}-\frac{2}{3}x^{\frac{3}{2}}+\frac{3}{4}x^{\frac{4}{3}}-x+C$；

(5) $2x-\frac{5\cdot\left(\frac{2}{3}\right)^x}{\ln\frac{2}{3}}+C$； (6) $\tan x-\cot x+C$；

(7) $-\cot x-\frac{1}{x}+C$； (8) $-\frac{1}{x}-\arctan x+C$；

(9) $3\arctan x-2\arcsin x+C$； (10) $-\csc x+\cot x+x+C$.

习题 4-2

1. (1) $\frac{1}{a}$； (2) $-\frac{1}{4}$； (3) $\frac{1}{5}$； (4) $\frac{1}{n+1}$； (5) -1； (6) $\frac{1}{a}$； (7) 2； (8) $\frac{1}{5}$；

(9) -1； (10) $\frac{3}{2}$； (11) $\frac{1}{2}$； (12) 1； (13) $\frac{1}{2}$； (14) $-\frac{1}{2}e^{-x^2}$，$-\frac{1}{2}$.

2. (1) $-\frac{e^{a-bx}}{b}+C$； (2) $-\frac{1}{2}\cos x^2+C$； (3) $\frac{3}{2(1-2x)}+C$；

(4) $-\sqrt{4-x^2}+C$； (5) $-\cos(e^x)+C$； (6) $-\frac{1}{18}(1-4x^3)^{\frac{3}{2}}+C$；

(7) $\arcsin e^x+C$； (8) $\frac{1}{2}\ln^2 x+2\ln x+C$； (9) $-\frac{1}{\arcsin x}+C$；

(10) $\frac{3^{\sin x}}{\ln 3}+C$； (11) $\frac{1}{11}\tan^{11}x+C$； (12) $\frac{1}{3}\sec^3 x-\sec x+C$；

(13) $-\frac{2}{3}\cos^3 x+C$； (14) $\frac{x}{8}-\frac{\sin 4x}{32}+C$； (15) $\frac{1}{3}\arcsin\frac{3}{2}x+C$；

(16) $-\sqrt{1-x^2}-\arcsin x+C$； (17) $-\frac{1}{4}\ln\left|\sec\frac{2}{x^2}+\tan\frac{2}{x^2}\right|+C$；

(18) $\frac{x^3}{3}+\frac{(x^2-1)^{\frac{3}{2}}}{3}+C$； (19) $-\frac{1}{x\ln x}+C$； (20) $\ln|\ln(\ln x)|+C$.

3. (1) $2\sqrt{x+1}-4\ln(\sqrt{x+1}+2)+C$； (2) $\ln\left|\frac{\sqrt{1+e^x}-1}{\sqrt{1+e^x}+1}\right|+C$；

(3) $\frac{1}{3}(x^2+1)^{\frac{3}{2}}-\sqrt{x^2+1}+C$； (4) $\frac{1}{2}\ln\left|\frac{2-\sqrt{4-x^2}}{x}\right|+C$；

(5) $\sqrt{x^2-a^2}-a\cdot\arccos\frac{a}{x}+C$； (6) $\frac{x}{\sqrt{1-x^2}}+C$.

习题 4-3

1. (1) $-\frac{x\cos 2x}{2}+\frac{\sin 2x}{4}+C$； (2) $\frac{1}{2}x^2\ln x-\frac{1}{4}x^2+C$；

(3) $-(x+1)e^{-x}+C$； (4) $(x-1)\ln(1-x)-x+C$；

(5) $2x\sin\frac{x}{2}+4\cos\frac{x}{2}+C$； (6) $x\tan\frac{x}{2}+2\ln\left|\cos\frac{x}{2}\right|+C$；

(7) $\frac{1}{4}(x^4-1)\arctan x-\frac{x^3}{12}+\frac{x}{4}+C$； (8) $x\tan x+\ln|\cos x|-\frac{x^2}{2}+C$；

(9) $\frac{x^2}{4}+\frac{x\sin 2x}{4}+\frac{\cos 2x}{8}+C$； (10) $-\frac{1}{x}(\ln^2 x+2\ln x+2)+C$；

(11) $\frac{5}{41}(\cos 4x+\frac{4}{5}\sin 4x)e^{5x}+C$； (12) $\frac{1}{2}(\sec x\tan x+\ln|\sec x+\tan x|)+C$；

(13) $-\sqrt{1-x^2}\arcsin x+x+C$； (14) $-\frac{1}{2}[x\cdot\cot^2 x+\cot x+x]+C$；

(15) $\tan x\cdot\ln(\cos x)+\tan x-x+C$； (16) $(x+1)\arctan\sqrt{x}-\sqrt{x}+C$；

(17) $2\sqrt{x+1}(\ln\sqrt{x+1}-2)+C$； (18) $\frac{x}{\sqrt{1-x^2}}\arcsin x+\ln\sqrt{1-x^2}+C$.

2. $\frac{1}{x}(x\cos x-2\sin x)+C$； $x\sin x+2\cos x+C$.

第五章　定　积　分

定积分是积分学的基本内容. 自然科学与生产实践中的许多问题,如求平面图形面积、曲线弧长、液体静压力、变力沿直线所作的功等都可以归结为定积分问题. 本章将从两个实际问题出发,引入定积分概念,然后讨论定积分的性质及计算方法,最后介绍定积分在几何和物理上的一些应用.

第一节　定积分的概念与性质

一、定积分问题举例

1. 曲边梯形的面积

设 $y=f(x)$ 在区间 $[a, b]$ 上非负、连续. 由曲线 $y=f(x)$ 及直线 $x=a$、$x=b$,x 轴所围成的图形称为曲边梯形(如图 5-1),其中曲线弧称为曲边,x 轴上对应区间 $[a, b]$ 的线段称为底边.

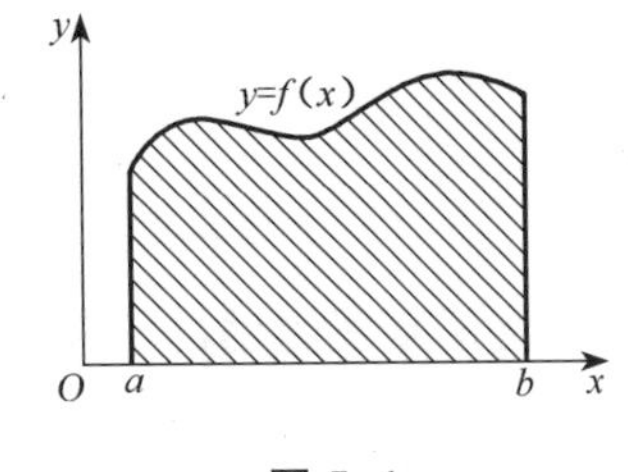

图 5-1

矩形的面积可按公式"矩形面积＝高×底"来计算. 而曲边梯形在底边上各点处的高 $f(x)$ 在区间 $[a, b]$ 上是变动的,故它的面积不能直接按上述公式计算. 然而,如果把区间 $[a, b]$ 划分为许多小区间,相应地,曲边梯形被划分为许多小窄曲边梯形(如图 5-2). 由于曲边梯形的高 $f(x)$ 是连续变化的,故在一个很小的区间上它的变化很小,可近似于不变. 于是,每个小区间上的窄曲边梯形,可近似为以其中某点 $x=\xi$ 处的函数值 $f(\xi)$ 为高、底边小区间为宽的窄矩形,再求和,就得到所求曲边梯形面积的近似值. 区间分割越细,近似程

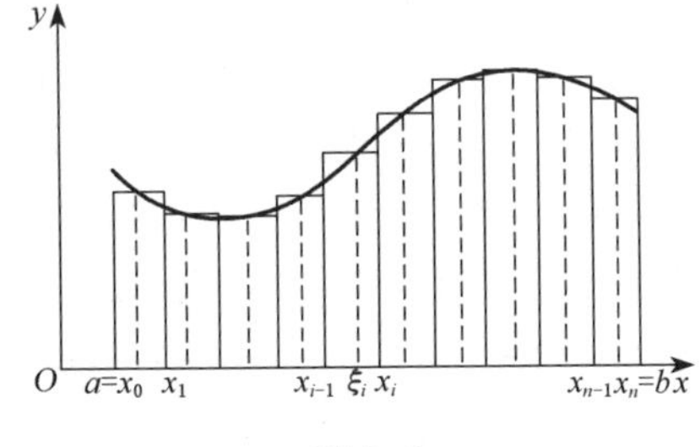

图 5-2

度越高. 对区间$[a, b]$无限细分，使每个小区间的长度都趋于零，这时所有窄矩形面积之和的极限就可定义为曲边梯形的面积. 这个定义同时也给出了计算曲边梯形面积的方法. 现详述于下.

在区间$[a, b]$中任意插入若干个分点

$$a = x_0 < x_1 < \cdots < x_{n-1} < x_n = b,$$

把$[a, b]$分成 n 个小区间

$$[x_0, x_1], [x_1, x_2], \cdots, [x_{n-1}, x_n],$$

它们的长度依次为

$$\Delta x_1 = x_1 - x_0, \Delta x_2 = x_2 - x_1, \cdots, \Delta x_n = x_n - x_{n-1}.$$

经过每一个分点 x_i 作垂直于 x 轴的直线段，把曲边梯形分成 n 个窄曲边梯形. 在每个小区间$[x_{i-1}, x_i]$上任取一点 ξ_i，用以$[x_{i-1}, x_i]$为底、$f(\xi_i)$为高的窄矩形近似替代第 i 个窄曲边梯形($i=1, 2, \cdots, n$)，把这样得到的 n 个窄矩形面积之和作为所求曲边梯形面积 A 的近似值，即

$$A \approx f(\xi_1)\Delta x_1 + f(\xi_2)\Delta x_2 + \cdots + f(\xi_n)\Delta x_n = \sum_{i=1}^{n} f(\xi_i)\Delta x_i.$$

令所有小区间的长度都无限缩小，可要求小区间长度中的最大值趋于零，如记 $\lambda = \max\{\Delta x_1, \Delta x_2, \cdots, \Delta x_n\}$，则上述条件可表示为 $\lambda \to 0$. 当 $\lambda \to 0$ 时(此时，小区间的个数 $n \to \infty$)，取上述和式的极限，便得曲边梯形的面积

$$A = \lim_{\lambda \to 0} \sum_{i=1}^{n} f(\xi_i)\Delta x_i.$$

2. 变速直线运动的路程

设某物体作直线运动，已知速度 $v=v(t)$是时间间隔$[T_1, T_2]$上 t 的连续函数，且 $v(t) \geqslant 0$，计算在这段时间内物体所经过的路程.

对于匀速直线运动，有公式“路程＝速度×时间”. 而上述问题中的速度是随时间变化的变量，不是常量，故所求路程不能直接按匀速直线运动的路程公式计算. 然而，如果把时间间隔分成一个个小的时间区间，相应地，所求路程被分割为一段段小区间上的路程. 因为速度函数 $v=v(t)$是连续变化的，故在一段很小的时间区间内变化很小，可近似于匀速. 于是，每段区间上的路程可近似为以其中某点 $t=\tau$ 处的函数值 $v(\tau)$为速度的匀速运动，再求和，就得到整个路程的近似值. 时间区间分割越小，近似程度越高. 对时间间隔无限细分，这时所有部分路程的近似值之和的极限，就是所求变速直线运动的路程的精确值.

具体计算步骤如下：

在时间间隔$[T_1, T_2]$内任意插入若干个分点

$$T_1 = t_0 < t_1 < t_2 < \cdots < t_{n-1} < t_n = T_2,$$

把$[T_1, T_2]$分成 n 个小段

$$[t_0, t_1], [t_1, t_2], \cdots, [t_{n-1}, t_n],$$

各小段时间的长依次为

$$\Delta t_1 = t_1 - t_0, \Delta t_2 = t_2 - t_1, \cdots, \Delta t_n = t_n - t_{n-1}.$$

相应地，在各段时间内物体经过的路程依次为

$$\Delta s_1, \Delta s_2, \cdots, \Delta s_n.$$

在时间间隔$[t_{i-1}, t_i]$上任取一个时刻$\tau_i(t_{i-1} \leqslant \tau_i \leqslant t_i)$，以 τ_i 时的速度$v(\tau_i)$来代替$[t_{i-1}, t_i]$上各个时刻的速度，得到各小区间上的路程 Δs_i 的近似值，即

$$\Delta s_i \approx v(\tau_i)\Delta t_i \quad (i = 1, 2, \cdots, n).$$

于是这 n 段小区间上的路程的近似值之和就是所求变速直线运动路程 s 的近似值，即

$$s \approx v(\tau_1)\Delta t_1 + v(\tau_2)\Delta t_2 + \cdots + v(\tau_n)\Delta t_n = \sum_{i=1}^{n} v(\tau_i)\Delta t_i.$$

记 $\lambda = \max\{\Delta t_1, \Delta t_2, \cdots, \Delta t_n\}$，当 $\lambda \to 0$ 时(此时，时间区间的个数 $n \to \infty$)，取上式右端和式的极限，即得变速直线运动的路程

$$s = \lim_{\lambda \to 0} \sum_{i=1}^{n} v(\tau_i)\Delta t_i.$$

二、定积分的定义

定义 设函数 $f(x)$在区间$[a, b]$上有界，在$[a, b]$中任意插入 $n-1$ 个分点

$$a = x_0 < x_1 < \cdots < x_{n-1} < x_n = b,$$

把区间$[a, b]$分成 n 个小区间

$$[x_0, x_1], [x_1, x_2], \cdots, [x_{n-1}, x_n],$$

各个小区间的长度依次为

$$\Delta x_1 = x_1 - x_0, \Delta x_2 = x_2 - x_1, \cdots, \Delta x_n = x_n - x_{n-1}.$$

在每个小区间$[x_{i-1}, x_i]$上任取一点$\xi_i(x_{i-1}\leqslant\xi_i\leqslant x_i)$，作函数值$f(\xi_i)$与小区间长度$\Delta x_i$的乘积$f(\xi_i)\Delta x_i(i=1, 2, \cdots, n)$，并作出和

$$S=\sum_{i=1}^{n} f(\xi_i)\Delta x_i \tag{5.1}$$

记$\lambda=\max\{\Delta x_1, \Delta x_2, \cdots, \Delta x_n\}$，如果不论对$[a, b]$怎样分法，也不论在小区间$[x_{i-1}, x_i]$上点$\xi_i$怎样取法，只要$\lambda\to 0$时，和$S$总趋于确定的极限$I$，这时就称这个极限$I$为函数$f(x)$在区间$[a, b]$上的**定积分**(简称**积分**)，记作$\int_a^b f(x)\mathrm{d}x$，即

$$\int_a^b f(x)\mathrm{d}x=\lim_{\lambda\to 0}\sum_{i=1}^{n} f(\xi_i)\Delta x_i=I \tag{5.2}$$

其中$f(x)$叫做**被积函数**，$f(x)\mathrm{d}x$叫做**被积表达式**，x叫做**积分变量**，a叫做**积分下限**，b叫做**积分上限**，$[a, b]$叫做**积分区间**.

和$\sum_{i=1}^{n} f(\xi_i)\Delta x_i$通常称为$f(x)$的**积分和**. 如果$f(x)$在$[a, b]$上的定积分存在，我们就说$f(x)$在$[a, b]$上**可积**.

根据定义可知，函数$f(x)$在$[a, b]$上有界是可积的必要条件. 但到底什么样的函数才可积这一问题在此不作深入讨论，下面仅给出可积的两个充分条件：

定理 1 设$f(x)$在$[a, b]$上连续，则$f(x)$在$[a, b]$上可积.

定理 2 设$f(x)$在$[a, b]$上有界，且只有有限个间断点，则$f(x)$在$[a, b]$上可积.

注意，定积分$\int_a^b f(x)\mathrm{d}x$是个确定的数，它的值仅与被积函数$f(x)$及积分区间$[a, b]$有关，而与积分变量用什么字母无关，即

$$\int_a^b f(x)\mathrm{d}x=\int_a^b f(t)\mathrm{d}t=\int_a^b f(u)\mathrm{d}u.$$

根据定积分的定义，前面所讨论的两个实际问题可以分别表述如下：

曲线$y=f(x)(f(x)\geqslant 0)$，x轴与直线$x=a$, $x=b$所围成的曲边梯形的面积

$$A=\int_a^b f(x)\mathrm{d}x.$$

物体以变速$v=v(t)(v(t)\geqslant 0))$作直线运动，从时刻$t=T_1$到时刻$t=T_2$，该物体所经过的路程s

$$s=\int_{T_1}^{T_2} v(t)\mathrm{d}t.$$

连续函数 $f(x) \geqslant 0$ 时，定积分 $\int_a^b f(x)\mathrm{d}x$ 在几何上表示由曲线 $y=f(x)$，直线 $x=a$、$x=b$ 与 x 轴所围成的曲边梯形的面积.

如果在 $[a, b]$ 上 $f(x)<0$，则 $\int_a^b f(x)\mathrm{d}x$ 表示由曲线 $y=f(x)$，直线 $x=a$、$x=b$ 与 x 轴所围成的曲边梯形的面积的负值.

如果在 $[a, b]$ 上 $f(x)$ 的值有正有负，则由曲线 $y=f(x)$，直线 $x=a$、$x=b$ 与 x 轴所围成的图形的某些部分在 x 轴上方，而其他部分在 x 轴下方(图 5-3)，此时，定积分 $\int_a^b f(x)\mathrm{d}x$ 表示在 x 轴上、下方的图形面积之差.

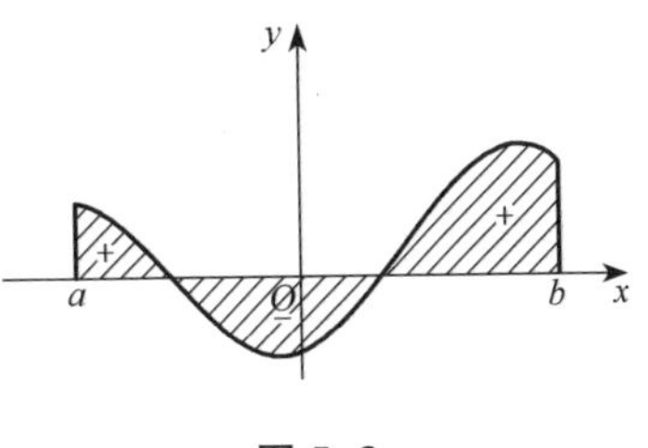

图 5-3

三、定积分的性质

为方便定积分的计算和应用，先对定积分作两点补充规定：

(1) 当 $a=b$ 时，$\int_a^b f(x)\mathrm{d}x=0$；

(2) 当 $a>b$ 时，$\int_a^b f(x)\mathrm{d}x=-\int_b^a f(x)\mathrm{d}x$.

性质 1 函数的和(差)的定积分等于它们的定积分的和(差)，即

$$\int_a^b [f(x) \pm g(x)]\mathrm{d}x=\int_a^b f(x)\mathrm{d}x \pm \int_a^b g(x)\mathrm{d}x.$$

证
$$\begin{aligned}\int_a^b [f(x) \pm g(x)]\mathrm{d}x &= \lim_{\lambda \to 0}\sum_{i=1}^{n}[f(\xi_i) \pm g(\xi_i)]\Delta x_i \\ &= \lim_{\lambda \to 0}\sum_{i=1}^{n} f(\xi_i)\Delta x_i \pm \lim_{\lambda \to 0}\sum_{i=1}^{n} g(\xi_i)\Delta x_i \\ &= \int_a^b f(x)\mathrm{d}x \pm \int_a^b g(x)\mathrm{d}x.\end{aligned}$$

性质 2 被积函数的常数因子可以提到积分号外面，即

$$\int_a^b kf(x)\mathrm{d}x=k\int_a^b f(x)\mathrm{d}x \quad (k\text{ 是常数}).$$

性质 1 和性质 2 称为积分运算的线性性质.

性质 3(积分区间可加性) 如果将积分区间分成两部分，则在整个区间上的定积分等于这两部分区间上定积分之和，即设 $a<c<b$，则

$$\int_a^b f(x)\mathrm{d}x=\int_a^c f(x)\mathrm{d}x+\int_c^b f(x)\mathrm{d}x.$$

证 设 c 是个分点.那么,$[a, b]$上的积分和等于$[a, c]$上的积分和加$[c, b]$上的积分和,记为

$$\sum_{[a,b]} f(\xi_i)\Delta x_i = \sum_{[a,c]} f(\xi_i)\Delta x_i + \sum_{[c,b]} f(\xi_i)\Delta x_i,$$

令 $\lambda \to 0$,上式两端同时取极限,即得

$$\int_a^b f(x)\mathrm{d}x = \int_a^c f(x)\mathrm{d}x + \int_c^b f(x)\mathrm{d}x.$$

性质 4 如果在区间$[a, b]$上 $f(x) \equiv 1$,则

$$\int_a^b 1\mathrm{d}x = \int_a^b \mathrm{d}x = b - a.$$

这个性质请读者自己证明.

性质 5(保号性) 如果在区间$[a, b]$上 $f(x) \geqslant 0$, 则

$$\int_a^b f(x)\mathrm{d}x \geqslant 0 \quad (a < b).$$

证 因为 $f(x) \geqslant 0$,所以 $f(\xi_i) \geqslant 0 (i = 1, 2, \cdots, n)$.又由于 $\Delta x_i > 0$,因此 $\sum_{i=1}^{n} f(\xi_i)\Delta x_i \geqslant 0$,令 $\lambda = \max\{\Delta x_1, \Delta x_2, \cdots, \Delta x_n\} \to 0$,便得要证的不等式.

推论 1 如果在区间$[a, b]$上 $f(x) \leqslant g(x)$,则

$$\int_a^b f(x)\mathrm{d}x \leqslant \int_a^b g(x)\mathrm{d}x \quad (a < b).$$

证 因为 $g(x) - f(x) \geqslant 0$,由性质 5 得

$$\int_a^b [g(x) - f(x)]\mathrm{d}x \geqslant 0.$$

再利用性质 1,便得要证的不等式.

推论 2 $\left|\int_a^b f(x)\mathrm{d}x\right| \leqslant \int_a^b |f(x)|\mathrm{d}x \ (a < b)$.

证 因为

$$-|f(x)| \leqslant f(x) \leqslant |f(x)|,$$

所以由推论 1 及性质 2 可得

$$-\int_a^b |f(x)|\mathrm{d}x \leqslant \int_a^b f(x)\mathrm{d}x \leqslant \int_a^b |f(x)|\mathrm{d}x,$$

即

$$\left|\int_a^b f(x)\mathrm{d}x\right| \leqslant \int_a^b |f(x)|\mathrm{d}x.$$

性质 6 设 M 及 m 分别是函数 $f(x)$ 在区间 $[a, b]$ 上的最大值和最小值，则

$$m(b-a) \leqslant \int_a^b f(x)\mathrm{d}x \leqslant M(b-a).$$

证 因为 $m \leqslant f(x) \leqslant M$，由性质 5，可得

$$\int_a^b m\mathrm{d}x \leqslant \int_a^b f(x)\mathrm{d}x \leqslant \int_a^b M\mathrm{d}x,$$

再由性质 2 及性质 4，即得所要证的不等式.

性质 7(积分中值定理) 如果函数 $f(x)$ 在积分区间 $[a, b]$ 上连续，则在 $[a, b]$ 上至少存在一点 ξ，使下式成立：

$$\int_a^b f(x)\mathrm{d}x = f(\xi)(b-a) \quad (a \leqslant \xi \leqslant b).$$

这个公式叫做积分中值公式.

证 把性质 6 中的不等式各除以 $b-a$，得

$$m \leqslant \frac{1}{(b-a)}\int_a^b f(x)\mathrm{d}x \leqslant M.$$

这表明，$\frac{1}{(b-a)}\int_a^b f(x)\,\mathrm{d}x$ 是介于函数 $f(x)$ 的最小值 m 及最大值 M 之间的数值. 根据介值定理，在 $[a, b]$ 上至少存在着一点 ξ，使得

$$f(\xi) = \frac{1}{(b-a)}\int_a^b f(x)\mathrm{d}x \quad (a \leqslant \xi \leqslant b),$$

两端各乘以 $b-a$，即得

$$\int_a^b f(x)\mathrm{d}x = f(\xi)(b-a).$$

积分中值定理的几何解释是：在区间 $[a, b]$ 上至少存在一点 ξ，使得以区间 $[a, b]$ 为底边、以曲线 $y=f(x)$ 为曲边的曲边梯形的面积等于同一底边而高为 $f(\xi)$ 的矩形的面积(图 5-4).

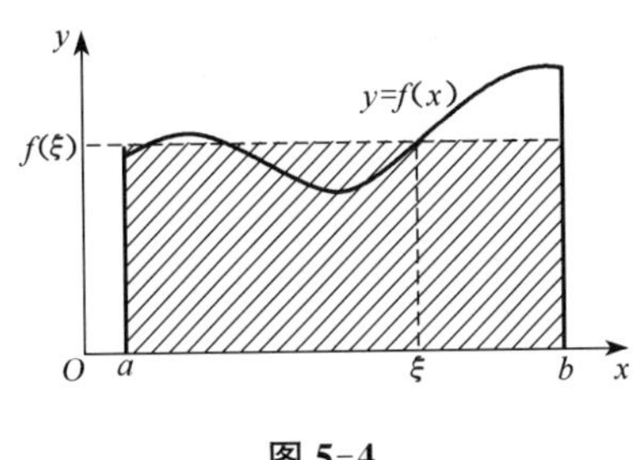

图 5-4

显然，当 $b<a$ 时，积分中值公式

$$\int_a^b f(x)\mathrm{d}x = f(\xi)(b-a) \quad (b \leqslant \xi \leqslant a)$$

也是成立的.

通常称 $\dfrac{1}{b-a}\int_a^b f(x)\mathrm{d}x$ 为函数 $f(x)$ 在区间$[a, b]$上的平均值.

习题 5-1

1. 利用定积分的几何意义，说明下列等式成立：

(1) $\int_0^1 (1-x)\mathrm{d}x=\dfrac{1}{2}$；　　(2) $\int_0^1 \sqrt{1-x^2}\mathrm{d}x=\dfrac{\pi}{4}$；

(3) $\int_{-\pi}^{\pi} \sin x\mathrm{d}x=0$；　　(4) $\int_0^{\frac{\pi}{2}} \sin x\mathrm{d}x=\int_0^{\frac{\pi}{2}} \cos x\mathrm{d}x$.

2. 用定积分定义计算下列积分：

(1) $\int_0^1 x^2\mathrm{d}x$；　　(2) $\int_0^1 \mathrm{e}^x\mathrm{d}x$；　　(3) $\int_0^{\pi} \sin x\mathrm{d}x$.

3. 比较下列积分的大小：

(1) $\int_0^1 \mathrm{e}^x\mathrm{d}x$ 和 $\int_0^1 \mathrm{e}^{x^2}\mathrm{d}x$；　　(2) $\int_1^2 \ln x\mathrm{d}x$ 和 $\int_1^2 \ln^2 x\mathrm{d}x$.

4. 利用估值定理估计下列积分的值：

(1) $\int_0^3 \sqrt{1+x^3}\mathrm{d}x$；　　(2) $\int_{\frac{\pi}{4}}^{\frac{3\pi}{4}} (1+\sin^2 x)\mathrm{d}x$.

5. 设函数 $f(x)$在$[0, 1]$上连续，在$(0, 1)$内可导，且 $2\int_0^{\frac{1}{2}} f(x)\mathrm{d}x=f(1)$，证明：在$(0,1)$内至少存在一点 ξ，使得 $f'(\xi)=0$.

第二节　微积分基本公式

一、积分上限函数

定理 1　如果函数 $f(x)$在区间$[a, b]$上连续，则积分上限的函数

$$\Phi(x)=\int_a^x f(t)\mathrm{d}t$$

在$[a, b]$上具有导数，并且它的导数

$$\Phi'(x)=\frac{\mathrm{d}}{\mathrm{d}x}\int_a^x f(t)\mathrm{d}t=f(x)\quad(a\leqslant x\leqslant b). \tag{5.3}$$

证　当上限由 x 变到 $x+\Delta x$ 时，$\Phi(x)$(图 5-5)在 $x+\Delta x$ 处的函数值为

$$\Phi(x+\Delta x)=\int_a^{x+\Delta x} f(t)\mathrm{d}t,$$

由此得函数的增量(图 5-5 阴影部分所示)

$$\begin{aligned}\Delta\Phi &= \Phi(x+\Delta x)-\Phi(x)\\ &= \int_a^{x+\Delta x} f(t)\mathrm{d}t-\int_a^x f(t)\mathrm{d}t\\ &= \left(\int_a^x f(t)\mathrm{d}t+\int_x^{x+\Delta x} f(t)\mathrm{d}t\right)-\int_a^x f(t)\mathrm{d}t\\ &= \int_x^{x+\Delta x} f(t)\mathrm{d}t.\end{aligned}$$

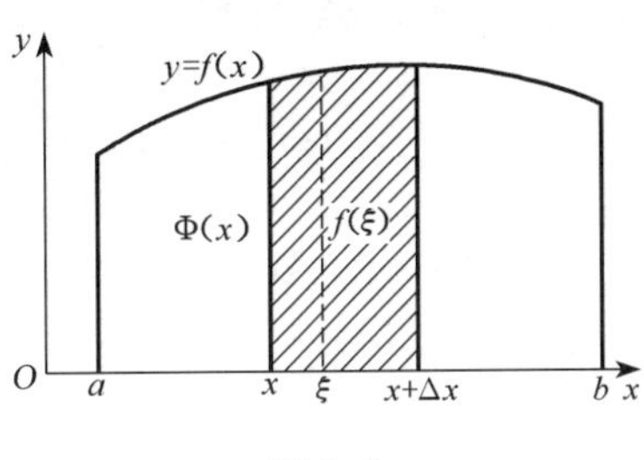

图 5-5

应用积分中值定理，即有等式

$$\Delta\Phi = f(\xi)\Delta x,$$

这里，ξ 介于 x 和 $x+\Delta x$ 之间. 上式两端同时除以 Δx，得

$$\frac{\Delta\Phi}{\Delta x} = f(\xi),$$

令 $\Delta x\to 0$，则 $\xi\to x$. 又因为 $f(x)$ 在 $[a, b]$ 上连续，因此 $f(\xi)\to f(x)$. 于是有

$$\lim_{\Delta x\to 0}\frac{\Delta\Phi}{\Delta x} = \lim_{\Delta x\to 0} f(\xi) = f(x),$$

即

$$\Phi'(x) = f(x).$$

定理得证.

【例 1】 求 $\mathrm{d}\left(\int_0^x \arctan t^2\,\mathrm{d}t\right)$.

解 $\mathrm{d}\left(\int_0^x \arctan t^2\,\mathrm{d}t\right) = \left(\int_0^x \arctan t^2\,\mathrm{d}t\right)'\mathrm{d}x = \arctan x^2\,\mathrm{d}x.$

定理 1 指出了一个重要结论：$\Phi(x)$ 是连续函数 $f(x)$ 的一个原函数. 因此，定理 1 也可叙述成如下的原函数存在定理.

定理 2 如果函数 $f(x)$ 在区间 $[a, b]$ 上连续，则函数

$$\Phi(x) = \int_a^x f(t)\mathrm{d}t \tag{5.4}$$

是 $f(x)$ 在区间 $[a, b]$ 上的一个原函数，即连续函数必有原函数.

从定理 1 还可以得到更一般的变限积分函数的求导公式.

推论 1 设函数 $f(x)$ 在区间 $[a, b]$ 上连续，函数 $v(x)$ 在在区间 $[a, b]$ 上可导，且其值域包含于 $[a, b]$，即 $a\leqslant v(x)\leqslant b(a\leqslant x\leqslant b)$，则复合后的变上限积分函数

$$\Phi(v(x)) = \int_a^{v(x)} f(t)\mathrm{d}t,$$

在$[a, b]$上可导，且其导数

$$(\Phi(v(x)))' = \left(\int_a^{v(x)} f(t)\mathrm{d}t\right)' = f(v(x)) \cdot v'(x).$$

应用复合函数求导法则，可容易得到推论 1，还可得到变下限积分函数以及更一般的变限积分函数的求导公式，如下所示：

$$\left(\int_{u(x)}^{b} f(t)\mathrm{d}t\right)' = -f(u(x)) \cdot u'(x),$$

$$\left(\int_{u(x)}^{v(x)} f(t)\mathrm{d}t\right)' = f(v(x)) \cdot v'(x) - f(u(x)) \cdot u'(x).$$

【例 2】 求变限积分$\int_{\sqrt{x}}^{x^2} \ln(1+t^2)\mathrm{d}t$的导数.

解 由推论 1 及其变式，有

$$\left(\int_{\sqrt{x}}^{x^2} \ln(1+t^2)\mathrm{d}t\right)' = \ln[1+(x^2)^2] \cdot (x^2)' - \ln[1+(\sqrt{x})^2] \cdot (\sqrt{x})'$$

$$= 2x\ln(1+x^4) - \frac{1}{2\sqrt{x}}\ln(1+x).$$

【例 3】 求极限$\lim\limits_{x\to 0} \dfrac{\int_0^{x^2} \cos t^2 \mathrm{d}t}{x\sin x}$.

解 这是$\dfrac{0}{0}$型未定式，由洛必达法则和定理 1，有

$$\lim_{x\to 0} \frac{\int_0^{x^2} \cos t^2 \mathrm{d}t}{x\sin x} = \lim_{x\to 0} \frac{2x\cos x^4}{\sin x + x\cos x} = \lim_{x\to 0}\cos x^4 \cdot \lim_{x\to 0} \frac{2x}{\sin x + x\cos x}$$

$$= \lim_{x\to 0} \frac{2}{\dfrac{\sin x}{x} + \cos x} = \frac{2}{1+1} = 1.$$

本题还可用无穷小量等价替换定理，简化计算.

三、牛顿-莱布尼茨公式

定理 3 如果函数$F(x)$是连续函数$f(x)$在区间$[a, b]$上的一个原函数，则

$$\int_a^b f(x)\mathrm{d}x = F(b) - F(a). \tag{5.5}$$

证 由于函数$F(x)$是连续函数$f(x)$的一个原函数，又根据定理 2 知道，积分上限x的函数

$$\Phi(x)=\int_a^x f(t)\mathrm{d}t$$

也是 $f(x)$的一个原函数. 于是这两个原函数的差 $F(x)-\Phi(x)$在$[a, b]$上必定是一个常数 C,即

$$F(x)-\Phi(x)\equiv C \quad (a\leqslant x\leqslant b). \tag{5.6}$$

当 $x=a$ 时,上式也应该成立,即

$$F(a)-\Phi(a)=C.$$

而 $\Phi(a)=0$,所以

$$C=F(a).$$

代入(5.6),得

$$\Phi(x)=F(x)-F(a),$$

即

$$\int_a^x f(t)\mathrm{d}t=F(x)-F(a).$$

令 $x=b$,再把积分变量 t 改写成 x,就得到所要证明的公式(5.5).

为方便起见,以后把 $F(b)-F(a)$记成$F(x)\Big|_a^b$,于是公式(5.5)又可写成

$$\int_a^b f(x)\mathrm{d}x=F(x)\Big|_a^b.$$

公式(5.5)称为**牛顿(Newton)-莱布尼茨(Leibniz)公式**,也叫做**微积分基本公式**. 这个公式说明一个连续函数在区间$[a, b]$上的定积分等于它的任意一个原函数在区间$[a, b]$上的增量,这就为定积分的计算提供了一个有效而简便的方法.

【例 4】 计算 $\int_1^2 x^2\mathrm{d}x$.

解 由于 x^2 有一个原函数$\frac{x^3}{3}$,所以按牛顿-莱布尼茨公式,有

$$\int_1^2 x^2\mathrm{d}x=\frac{x^3}{3}\Big|_1^2=\frac{2^3}{3}-\frac{1^3}{3}=\frac{7}{3}.$$

【例 5】 计算 $\int_0^1 \mathrm{e}^x\mathrm{d}x$.

解 由于 e^x 的一个原函数就是 e^x,故

$$\int_0^1 \mathrm{e}^x\mathrm{d}x=\mathrm{e}^x\Big|_0^1=\mathrm{e}^1-\mathrm{e}^0=\mathrm{e}-1.$$

习题 5-2

1. 设函数 $y=\int_0^x \sqrt{1+t^2}\mathrm{d}t$，求 $y'(0)$，$y'(4)$.

2. 计算下列导数：

(1) $\dfrac{\mathrm{d}}{\mathrm{d}x}\displaystyle\int_1^{x^3}\dfrac{\mathrm{e}^t}{t}\mathrm{d}t$；　　(2) $\dfrac{\mathrm{d}}{\mathrm{d}x}\displaystyle\int_{x^2}^1 \sin\sqrt{t}\mathrm{d}t$.

3. 设 $f(x)$是连续函数，且 $\int_0^{x^3-1}f(t)\mathrm{d}t=x$，求 $f(7)$.

4. 求由参数表达式 $x=\int_0^t \sin u\mathrm{d}u$，$y=\int_0^t \cos u\mathrm{d}u$ 所给定的函数 y 对 x 的导数$\dfrac{\mathrm{d}y}{\mathrm{d}x}$.

5. 求下列极限：

(1) $\lim\limits_{x\to 0}\dfrac{\int_0^x \cos t^2\mathrm{d}t}{x}$；　　(2) $\lim\limits_{x\to 0}\dfrac{\left(\int_0^x \mathrm{e}^{t^2}\mathrm{d}t\right)^2}{\int_x^0 t\mathrm{e}^{2t^2}\mathrm{d}t}$.

6. 设 $f(x)=x+2\int_0^1 f(t)\mathrm{d}t$，求 $f(x)$.

7. 设 $g(x)$处处连续，$f(x)=\int_0^x (x-t)g(t)\mathrm{d}t$，求 $f'(x)$，$f''(x)$.

8. 设 $f(x)=\begin{cases} x+1, & -1\leqslant x\leqslant 0,\\ x, & 0<x\leqslant 1,\end{cases}$ $F(x)=\int_{-1}^x f(t)\mathrm{d}t$，求 $x\in[-1,1]$的表达式.

9. 计算下列定积分：

(1) $\int_{-1}^1 (x^3+3x^2+1)\mathrm{d}x$；　　(2) $\int_{-2}^{-1}\left(1+\dfrac{1}{x}\right)^2\mathrm{d}x$；　　(3) $\int_0^1 \dfrac{1}{1+x^2}\mathrm{d}x$；

(4) $\int_0^{2\pi}|\sin x|\mathrm{d}x$；　　(5) $\int_0^{\pi}\cos^2\dfrac{x}{2}\mathrm{d}x$；

(6) $\int_{-2}^2 f(x)\mathrm{d}x$，其中 $f(x)=\begin{cases} x+1, & x\leqslant 0,\\ \mathrm{e}^x, & x>0.\end{cases}$

第三节　定积分的换元积分法和分部积分法

一、定积分的换元积分法

定理 1　设函数 $f(x)$在区间$[a,b]$上连续，$x=\varphi(t)$满足：

(1) 在区间$[\alpha,\beta]$上可导，且其导数 $\varphi'(t)$连续；

(2) $\varphi(\alpha)=a$，$\varphi(\beta)=b$，且 $\varphi(t)\in[a,b]$ $(t\in[\alpha,\beta])$，

则

$$\int_a^b f(x)\mathrm{d}x=\int_\alpha^\beta f[\varphi(t)]\varphi'(t)\mathrm{d}t. \tag{5.7}$$

注意，在应用公式(5.7)作换元 $x=\varphi(t)$ 时，不仅要像计算不定积分那样变换被积表达式，还要变换积分上、下限，即把对 x 积分的积分限 a、b，相应地换成对 t 积分的积分限 α、β，也就是**"换元换限"**. 其次，在把对 x 积分换成对 t 积分后，不必像不定积分那样，计算结束时，要将 $x=\varphi(t)$ 的反函数 $t=\varphi^{-1}(x)$ 回代到结果中，而只要直接按对 t 积分的积分限 α、β 计算出定积分结果即可. 这是定积分与不定积分的换元法的不同之处.

公式(5.7)称为定积分的换元公式. 应用公式(5.7)时，可以把等式左边化成等式右边，也可以把等式右边化成等式左边，即"凑微分法".

【例 1】 计算 $\int_0^{\frac{\pi}{2}} 2\sin x\cos x\mathrm{d}x$.

解一 作代换 $t=\sin x$，则 $\mathrm{d}t=\cos x\mathrm{d}x$，

当 $x=0$ 时，$t=0$；当 $x=\frac{\pi}{2}$ 时，$t=1$.

于是

$$\int_0^{\frac{\pi}{2}} 2\sin x\cos x\mathrm{d}x=\int_0^{\frac{\pi}{2}} 2\sin x\mathrm{d}(\sin x)=\int_0^1 2t\mathrm{d}t=t^2\Big|_0^1=1.$$

解二 作代换 $t=\cos x$，则 $\mathrm{d}t=-\sin x\mathrm{d}x$，

当 $x=0$ 时，$t=1$；当 $x=\frac{\pi}{2}$ 时，$t=0$.

于是

$$\int_0^{\frac{\pi}{2}} 2\sin x\cos x\mathrm{d}x=-\int_0^{\frac{\pi}{2}} 2\cos x\mathrm{d}(\cos x)=-\int_1^0 2t\mathrm{d}t=-t^2\Big|_1^0=1.$$

解三
$$\int_0^{\frac{\pi}{2}} 2\sin x\cos x\mathrm{d}x=\int_0^{\frac{\pi}{2}}\sin 2x\mathrm{d}x=\frac{1}{2}\int_0^{\frac{\pi}{2}}\sin 2x\mathrm{d}(2x)$$
$$=-\frac{1}{2}\cos 2x\Big|_0^{\frac{\pi}{2}}=1.$$

在这里，因为没有令 $t=2x$ 进行换元，所以也就无需换限.

【例 2】 计算 $\int_0^2 x\sqrt{4-x^2}\mathrm{d}x$.

解 由于 $x\mathrm{d}x=\frac{1}{2}\mathrm{d}(x^2)=-\frac{1}{2}\mathrm{d}(4-x^2)$，

所以

$$\int_0^2 x\sqrt{4-x^2}\mathrm{d}x=-\frac{1}{2}\int_0^2\sqrt{4-x^2}\mathrm{d}(4-x^2)=-\frac{1}{2}\cdot\frac{2}{3}(4-x^2)^{\frac{3}{2}}\Big|_0^2$$
$$=-\frac{1}{3}(0-8)=\frac{8}{3}.$$

【例 3】 计算定积分$\int_0^4 \frac{\sqrt{x}}{1+\sqrt{x}}\mathrm{d}x$.

解 设$t=\sqrt{x}$,则$x=t^2$, $\mathrm{d}x=2t\mathrm{d}t$,
且当$x=0$时,$t=0$;当$x=4$时,$t=2$.
于是

$$\begin{aligned}\int_0^4 \frac{\sqrt{x}}{1+\sqrt{x}}\mathrm{d}x &= \int_0^2 \frac{t\cdot 2t}{1+t}\mathrm{d}t = 2\int_0^2 \frac{t^2}{1+t}\mathrm{d}t = 2\int_0^2\left(t-1+\frac{1}{1+t}\right)\mathrm{d}t \\ &= 2\left[\frac{t^2}{2}-t+\ln(1+t)\right]\Bigg|_0^2 = 2\left[\frac{4}{2}-2+\ln(1+2)-\ln(1+0)\right] \\ &= 2\ln 3.\end{aligned}$$

【例 4】 证明:$\int_0^{\frac{\pi}{2}} \sin^n x\,\mathrm{d}x = \int_0^{\frac{\pi}{2}} \cos^n x\,\mathrm{d}x$.

证 设$x=\frac{\pi}{2}-t$,则$\mathrm{d}x=-\mathrm{d}t$,

当$x=0$时,$t=\frac{\pi}{2}$;当$x=\frac{\pi}{2}$时,$t=0$.

利用三角函数的诱导公式$\sin\left(\frac{\pi}{2}-t\right)=\cos t$,得

$$\int_0^{\frac{\pi}{2}} \sin^n x\,\mathrm{d}x = -\int_{\frac{\pi}{2}}^0 \sin^n\left(\frac{\pi}{2}-t\right)\mathrm{d}t = \int_0^{\frac{\pi}{2}} \cos^n t\,\mathrm{d}t = \int_0^{\frac{\pi}{2}} \cos^n x\,\mathrm{d}x.$$

【例 5】 设$f(x)$是$[-a, a]$上的连续函数,证明:
(1) 若$f(x)$是偶函数,则

$$\int_{-a}^a f(x)\mathrm{d}x = 2\int_0^a f(x)\mathrm{d}x;$$

(2) 若$f(x)$是奇函数,则

$$\int_{-a}^a f(x)\mathrm{d}x = 0.$$

证 对积分$\int_{-a}^0 f(x)\mathrm{d}x$作变量替换$x=-t$,则$\mathrm{d}x=-\mathrm{d}t$,
当$x=-a$时,$t=a$;当$x=0$时,$t=0$,
于是

$$\int_{-a}^0 f(x)\mathrm{d}x = -\int_a^0 f(-t)\mathrm{d}t = \int_0^a f(-t)\mathrm{d}t = \int_0^a f(-x)\mathrm{d}x.$$

即

$$\int_{-a}^{a} f(x)\mathrm{d}x = \int_{-a}^{0} f(x)\mathrm{d}x + \int_{0}^{a} f(x)\mathrm{d}x = \int_{0}^{a} [f(-x) + f(x)]\mathrm{d}x.$$

(1) 若 $f(x)$是偶函数，则 $f(-x) = f(x)$，于是

$$\int_{-a}^{a} f(x)\mathrm{d}x = 2\int_{0}^{a} f(x)\mathrm{d}x;$$

(2) 若 $f(x)$是奇函数，则 $f(x) + f(-x) = 0$，于是

$$\int_{-a}^{a} f(x)\mathrm{d}x = 0.$$

例 5 的结论也称定积分的“偶倍奇零”性质，常可简化偶函数、奇函数在关于原点对称的区间上的定积分的计算. 例如不用计算即可得出下列结果：

$$\int_{-4}^{4} \frac{x\arctan^2 x}{\ln(2 + x^2)}\mathrm{d}x = 0.$$

二、定积分的分部积分法

设函数 $u(x)$，$v(x)$在区间$[a, b]$上具有连续导数，按不定积分的分部积分法，有

$$\int u(x)v'(x)\mathrm{d}x = u(x)v(x) - \int u'(x)v(x)\mathrm{d}x,$$

于是，定积分可通过下面的式子来计算

$$\int_{a}^{b} u(x)v'(x)\mathrm{d}x = \left[u(x)v(x) - \int u'(x)v(x)\mathrm{d}x\right]\Big|_{a}^{b},$$

亦即

$$\int_{a}^{b} u(x)v'(x)\mathrm{d}x = [u(x)v(x)]\Big|_{a}^{b} - \int_{a}^{b} u'(x)v(x)\mathrm{d}x$$

或记为

$$\int_{a}^{b} u(x)\mathrm{d}[v(x)] = [u(x)v(x)]\Big|_{a}^{b} - \int_{a}^{b} v(x)\mathrm{d}[u(x)].$$

这就是定积分的分部积分公式. 公式中原函数已经求出的部分可以先代入上、下限，而不必等到整个原函数全求出后再统一代入.

【例 6】 计算 $\int_{0}^{1} x\mathrm{e}^{x}\mathrm{d}x$.

解 $\int_{0}^{1} x\mathrm{e}^{x}\mathrm{d}x = \int_{0}^{1} x\mathrm{d}\mathrm{e}^{x} = x\mathrm{e}^{x}\Big|_{0}^{1} - \int_{0}^{1} \mathrm{e}^{x}\mathrm{d}x = (\mathrm{e} - 0) - \mathrm{e}^{x}\Big|_{0}^{1} = \mathrm{e} - (\mathrm{e} - 1) = 1.$

【例 7】 计算 $I_n=\int_0^{\frac{\pi}{2}}\sin^n x\,\mathrm{d}x$，$n$ 为非负数.

解 $I_n=-\int_0^{\frac{\pi}{2}}\sin^{n-1}x\,\mathrm{d}(\cos x)$

$=-(\sin^{n-1}x\cos x)\Big|_0^{\frac{\pi}{2}}+(n-1)\int_0^{\frac{\pi}{2}}\cos x\cdot(\sin^{n-2}x\cos x)\mathrm{d}x$

$=(n-1)\int_0^{\frac{\pi}{2}}\sin^{n-2}x(1-\sin^2 x)\mathrm{d}x=(n-1)\int_0^{\frac{\pi}{2}}(\sin^{n-2}x-\sin^n x)\mathrm{d}x$

$=(n-1)(I_{n-2}-I_n).$

移项整理得

$$I_n=\frac{n-1}{n}I_{n-2}.$$

这是一个计算 I_n 的递推公式. 由此公式，有

$$I_{n-2}=\frac{n-3}{n-1}I_{n-4},\ I_{n-4}=\frac{n-5}{n-3}I_{n-6},\cdots \text{至 } I_1 \text{ 或 } I_0;$$

又因为

$$I_0=\int_0^{\frac{\pi}{2}}\sin^0 x\,\mathrm{d}x=\frac{\pi}{2},$$

$$I_1=\int_0^{\frac{\pi}{2}}\sin x\,\mathrm{d}x=1.$$

所以，当 n 为偶数时，

$$I_n=\frac{n-1}{n}I_{n-2}=\frac{n-1}{n}\cdot\frac{n-3}{n-2}I_{n-4}=\cdots=\frac{n-1}{n}\cdot\frac{n-3}{n-2}\cdot\cdots\cdot\frac{3}{4}\cdot\frac{1}{2}I_0$$

$$=\frac{(n-1)!!}{n!!}\cdot\frac{\pi}{2}.$$

当 n 为奇数时，

$$I_n=\frac{n-1}{n}I_{n-2}=\frac{n-1}{n}\cdot\frac{n-3}{n-2}I_{n-4}=\cdots=\frac{n-1}{n}\cdot\frac{n-3}{n-2}\cdot\cdots\cdot\frac{4}{5}\cdot\frac{2}{3}I_1$$

$$=\frac{(n-1)!!}{n!!}.$$

并且由例 4 知，

$$\int_0^{\frac{\pi}{2}}\sin^n x\,\mathrm{d}x=\int_0^{\frac{\pi}{2}}\cos^n x\,\mathrm{d}x,$$

从而有 $\int_0^{\frac{\pi}{2}} \sin^n x\,\mathrm{d}x = \int_0^{\frac{\pi}{2}} \cos^n x\,\mathrm{d}x = \begin{cases} \dfrac{(2k-1)!!}{(2k)!!} \cdot \dfrac{\pi}{2}, & n = 2k, \\ \dfrac{(2k)!!}{(2k+1)!!}, & n = 2k+1, \end{cases}$ k 为整数,且 $k > 0$.

上式可作为重要结论来使用,如

$$\int_0^{\frac{\pi}{2}} \sin^3 x\mathrm{d}x = \frac{2}{3}, \quad \int_0^{\frac{\pi}{2}} \sin^6 x\mathrm{d}x = \frac{5}{6} \cdot \frac{3}{4} \cdot \frac{1}{2} \cdot \frac{\pi}{2} = \frac{5\pi}{32}.$$

习题 5-3

1. 计算下列定积分:

(1) $\int_0^{\frac{\pi}{2}} \sin x \sqrt{\cos x}\mathrm{d}x$; (2) $\int_1^{\mathrm{e}} \frac{2+3\ln x}{x}\mathrm{d}x$; (3) $\int_0^1 t\mathrm{e}^{-\frac{t^2}{2}}\mathrm{d}t$;

(4) $\int_0^{\frac{\pi}{2}} \frac{\sin x}{\sin x + \cos x}\mathrm{d}x$; (5) $\int_0^{\pi} \sqrt{\sin x - \sin^3 x}\mathrm{d}x$; (6) $\int_{-\frac{\pi}{2}}^{\frac{\pi}{2}} \cos x\cos 2x\mathrm{d}x$;

(7) $\int_{-2}^0 \frac{\mathrm{d}x}{x^2+2x+2}$; (8) $\int_{\frac{\sqrt{2}}{2}}^1 \frac{\sqrt{1-x^2}}{x^2}\mathrm{d}x$; (9) $\int_1^2 \frac{\sqrt{x^2-1}}{x^2}\mathrm{d}x$;

(10) $\int_1^{\sqrt{3}} \frac{\mathrm{d}x}{x^2\sqrt{1+x^2}}$; (11) $\int_0^4 \frac{\mathrm{d}x}{1+\sqrt{x}}$; (12) $\int_0^1 \frac{\mathrm{d}x}{\mathrm{e}^x + \mathrm{e}^{-x}}$.

2. 计算下列定积分:

(1) $\int_{-\frac{\pi}{2}}^{\frac{\pi}{2}} \cos^4\theta\mathrm{d}\theta$; (2) $\int_{-2}^2 (x+\sqrt{1-x^2})^2\mathrm{d}x$; (3) $\int_{-1}^1 \frac{x^2\sin^3 x+1}{1+x^2}\mathrm{d}x$.

3. 计算下列定积分:

(1) $\int_1^{\mathrm{e}} (x-1)\ln x\mathrm{d}x$; (2) $\int_0^{\frac{1}{2}} (\arcsin x)^2\mathrm{d}x$; (3) $\int_0^1 x^2\mathrm{e}^{-x}\mathrm{d}x$;

(4) $\int_0^{\pi} x\sin x\mathrm{d}x$; (5) $\int_0^{\frac{\pi}{2}} \mathrm{e}^{2x}\cos x\mathrm{d}x$; (6) $\int_1^{\mathrm{e}} \sin(\ln x)\mathrm{d}x$;

(7) $\int_{\frac{1}{\mathrm{e}}}^{\mathrm{e}} |\ln x|\mathrm{d}x$; (8) $\int_0^{\frac{\pi}{4}} \cos^8 2x\mathrm{d}x$.

4. 计算定积分 $\int_0^2 f(x-1)\mathrm{d}x$,其中 $f(x) = \begin{cases} \dfrac{1}{1+x}, & x \geqslant 0, \\ \dfrac{1}{1+\mathrm{e}^x}, & x < 0. \end{cases}$

5. 求函数 $y = \int_0^x \frac{3x+1}{x^2-x+1}\mathrm{d}x$ 在[0, 1]上的最大、最小值.

6. 设函数 $f(x)$在区间[0, 1]上连续,求证:

(1) $\int_0^{\frac{\pi}{2}} f(\sin x)\mathrm{d}x = \int_0^{\frac{\pi}{2}} f(\cos x)\mathrm{d}x$;

(2) $\int_0^{\pi} f(\sin x)\mathrm{d}x = \int_0^{\pi} f(\cos x)\mathrm{d}x$;

(3) $\int_0^{\pi} xf(\sin x)\mathrm{d}x = \frac{\pi}{2}\int_0^{\pi} f(\sin x)\mathrm{d}x$.

7. 设 $f(x)$为连续函数，证明：

(1) 当 $f(x)$为偶函数时，$\int_0^x f(t)\mathrm{d}t$ 为奇函数；

(2) 当 $f(x)$为奇函数时，$\int_0^x f(t)\mathrm{d}t$ 为偶函数.

8. 设函数 $f(x)$可导，且满足 $\int_0^1 f(xt)\mathrm{d}t = f(x) + xe^x$，求 $f(x)$.

第四节　广义积分

在一些实际问题中，还常遇到积分区间为无穷区间，或者被积函数在积分区间上具有无穷间断点的积分. 它们已经不属于前面所说的定积分，因此需要对定积分概念加以推广，这种推广后的积分叫做广义积分.

一、无穷限的广义积分

定义 1　设函数 $f(x)$在区间$[a, +\infty)$上连续，取 $b>a$，如果极限

$$\lim_{b\to+\infty}\int_a^b f(x)\mathrm{d}x$$

存在，则称此极限为函数 $f(x)$ 在无穷区间$[a, +\infty)$上的**广义积分**，记作 $\int_a^{+\infty} f(x)\mathrm{d}x$，即

$$\int_a^{+\infty} f(x)\mathrm{d}x = \lim_{b\to+\infty}\int_a^b f(x)\mathrm{d}x, \tag{5.8}$$

这时也称广义积分 $\int_a^{+\infty} f(x)\mathrm{d}x$ **收敛**；如果上述极限不存在，函数 $f(x)$ 在区间$[a, +\infty)$ 上的广义积分$\int_a^{+\infty} f(x)\mathrm{d}x$ 就没有意义，习惯上称为广义积分$\int_a^{+\infty} f(x)\mathrm{d}x$ 发散，这时记号$\int_a^{+\infty} f(x)\mathrm{d}x$ 不再表示数值.

类似地，设函数 $f(x)$在区间$(-\infty, b]$上连续，取 $a<b$，如果极限

$$\lim_{a\to-\infty}\int_a^b f(x)\mathrm{d}x$$

存在，则称此极限为函数 $f(x)$ 在无穷区间$(-\infty, b]$上的广义积分，记作 $\int_{-\infty}^b f(x)\mathrm{d}x$，即

$$\int_{-\infty}^{b} f(x)\mathrm{d}x = \lim_{a\to-\infty}\int_{a}^{b} f(x)\mathrm{d}x \tag{5.9}$$

这时也称广义积分 $\int_{-\infty}^{b} f(x)\mathrm{d}x$ 收敛；如果上述极限不存在，就称广义积分 $\int_{-\infty}^{b} f(x)\mathrm{d}x$ 发散.

设函数 $f(x)$ 在 $(-\infty, +\infty)$ 上连续，如果广义积分 $\int_{-\infty}^{0} f(x)\mathrm{d}x$ 和 $\int_{0}^{+\infty} f(x)\mathrm{d}x$ 都收敛，则称上述两广义积分的和为函数 $f(x)$ 在无穷区间 $(-\infty, +\infty)$ 上的广义积分，记作 $\int_{-\infty}^{+\infty} f(x)\mathrm{d}x$，即

$$\int_{-\infty}^{+\infty} f(x)\mathrm{d}x = \int_{-\infty}^{0} f(x)\mathrm{d}x + \int_{0}^{+\infty} f(x)\mathrm{d}x = \lim_{a\to-\infty}\int_{a}^{b} f(x)\mathrm{d}x + \lim_{b\to+\infty}\int_{a}^{b} f(x)\mathrm{d}x.$$

这时也称广义积分 $\int_{-\infty}^{+\infty} f(x)\mathrm{d}x$ 收敛；否则就称广义积分 $\int_{-\infty}^{+\infty} f(x)\mathrm{d}x$ 发散.

上述广义积分统称为无穷限的广义积分.

【例 1】 计算广义积分 $\int_{-\infty}^{+\infty} \frac{\mathrm{d}x}{1+x^2}$.

解 因为

$$\int_{-\infty}^{0} \frac{\mathrm{d}x}{1+x^2} = \lim_{a\to-\infty}\int_{a}^{0} \frac{\mathrm{d}x}{1+x^2} = \lim_{a\to-\infty} \arctan x\Big|_{a}^{0}$$
$$= 0 - \lim_{a\to-\infty}\arctan a = 0 - \left(-\frac{\pi}{2}\right) = \frac{\pi}{2}.$$

并且

$$\int_{0}^{+\infty} \frac{\mathrm{d}x}{1+x^2} = \lim_{b\to+\infty}\int_{0}^{b} \frac{\mathrm{d}x}{1+x^2} = \lim_{b\to+\infty} \arctan x\Big|_{0}^{b}$$
$$= \lim_{b\to+\infty}\arctan b - 0 = \frac{\pi}{2} - 0 = \frac{\pi}{2}.$$

于是

$$\int_{-\infty}^{+\infty} \frac{\mathrm{d}x}{1+x^2} = \int_{-\infty}^{0} \frac{\mathrm{d}x}{1+x^2} + \int_{0}^{+\infty} \frac{\mathrm{d}x}{1+x^2} = \pi.$$

【例 2】 计算广义积分 $\int_{\mathrm{e}}^{+\infty} \frac{\mathrm{d}x}{x\,(\ln x)^2}$.

解 $$\int_{\mathrm{e}}^{+\infty} \frac{\mathrm{d}x}{x\,(\ln x)^2} = \lim_{b\to+\infty}\int_{\mathrm{e}}^{b} \frac{\mathrm{d}x}{x\,(\ln x)^2} = \lim_{b\to+\infty}\int_{\mathrm{e}}^{b} \frac{\mathrm{d}(\ln x)}{(\ln x)^2} = \lim_{b\to+\infty} -\frac{1}{\ln x}\Big|_{\mathrm{e}}^{b}$$
$$= \lim_{b\to+\infty}\left(-\frac{1}{\ln b}\right) - \left(-\frac{1}{\ln \mathrm{e}}\right) = 0 + 1 = 1.$$

二、无界函数的广义积分

定义 2 设函数 $f(x)$在区间$(a, b]$上连续，而在点 a 的右邻域内无界. 取 $\varepsilon>0$，如果极限$\lim\limits_{\varepsilon\to0^+}\int_{a+\varepsilon}^{b}f(x)\mathrm{d}x$ 存在，则称此极限为函数 $f(x)$ 在区间$(a, b]$上的广义积分，仍然记作$\int_a^b f(x)\mathrm{d}x$，即

$$\int_a^b f(x)\mathrm{d}x=\lim_{\varepsilon\to0^+}\int_{a+\varepsilon}^{b}f(x)\mathrm{d}x.$$

这时也称广义积分$\int_a^b f(x)\mathrm{d}x$ 收敛. 如果上述极限不存在，就称广义积分$\int_a^b f(x)\mathrm{d}x$ 发散.

类似地，设函数 $f(x)$在区间$[a, b)$上连续，而在点 b 的左邻域内无界. 取 $\varepsilon>0$，如果极限$\lim\limits_{\varepsilon\to0^+}\int_{a}^{b-\varepsilon}f(x)\mathrm{d}x$ 存在，则定义

$$\int_a^b f(x)\mathrm{d}x=\lim_{\varepsilon\to0^+}\int_{a}^{b-\varepsilon}f(x)\mathrm{d}x,$$

否则，就称广义积分$\int_a^b f(x)\mathrm{d}x$ 发散.

设函数 $f(x)$在区间$[a, b]$上除点 $c(a<c<b)$外连续，而在点 c 的邻域内无界. 如果两个广义积分$\int_a^c f(x)\mathrm{d}x$ 与$\int_c^b f(x)\mathrm{d}x$ 都收敛，则定义

$$\int_a^b f(x)\mathrm{d}x=\int_a^c f(x)\mathrm{d}x+\int_c^b f(x)\mathrm{d}x=\lim_{\varepsilon\to0^+}\int_{a}^{c-\varepsilon}f(x)\mathrm{d}x+\lim_{\varepsilon'\to0^+}\int_{c+\varepsilon'}^{b}f(x)\mathrm{d}x.$$

则称广义积分$\int_a^b f(x)\mathrm{d}x$ 发散.

【例 3】 计算广义积分$\int_0^a\dfrac{\mathrm{d}x}{\sqrt{a^2-x^2}}(a>0)$.

解 因为$\lim\limits_{x\to a^-}\dfrac{1}{\sqrt{a^2-x^2}}=+\infty$，所以它是无界函数的广义积分，于是有

$$\int_0^a\frac{\mathrm{d}x}{\sqrt{a^2-x^2}}=\lim_{\varepsilon\to0^+}\int_0^{a-\varepsilon}\frac{\mathrm{d}x}{\sqrt{a^2-x^2}}=\lim_{\varepsilon\to0^+}\arcsin\frac{x}{a}\Big|_0^{a-\varepsilon}$$

$$=\lim_{\varepsilon\to0^+}\arcsin\frac{a-\varepsilon}{a}=\arcsin 1=\frac{\pi}{2}.$$

【例 4】 讨论广义积分$\int_{-2}^{2}\dfrac{\mathrm{d}x}{x^2}$ 的敛散性.

解 函数 $f(x)=\dfrac{1}{x^2}$ 在 $[-2,2]$ 内有一个无穷型间断点 $x=0$，于是有

$$\int_{-2}^{2}\frac{\mathrm{d}x}{x^2}=\lim_{\varepsilon\to0^+}\int_{-2}^{0-\varepsilon}\frac{\mathrm{d}x}{x^2}+\lim_{\varepsilon'\to0^+}\int_{0+\varepsilon'}^{2}\frac{\mathrm{d}x}{x^2}.$$

由于

$$\lim_{\varepsilon'\to0^+}\int_{0+\varepsilon'}^{2}\frac{\mathrm{d}x}{x^2}=\lim_{\varepsilon'\to0^+}\left(-\frac{1}{x}\right)\bigg|_{\varepsilon'}^{2}=-\lim_{\varepsilon'\to0^+}\left(\frac{1}{2}-\frac{1}{\varepsilon}\right)=+\infty,$$

所以广义积分 $\displaystyle\int_{-2}^{2}\frac{\mathrm{d}x}{x^2}$ 是发散的.

注 如果疏忽了 $f(x)$ 在 $x=0$ 是无穷型间断点，直接代牛顿-莱布尼茨公式，就导出下列错误的结果：

$$\int_{-2}^{2}\frac{\mathrm{d}x}{x^2}=\left(-\frac{1}{x}\right)\bigg|_{-2}^{2}=-\frac{1}{2}-\frac{1}{2}=-1.$$

习题 5-4

1. 判别下列广义积分的敛散性，如果收敛求其值：

(1) $\displaystyle\int_{1}^{+\infty}\frac{1}{x\sqrt{x}}\mathrm{d}x$； (2) $\displaystyle\int_{1}^{+\infty}\frac{1}{\sqrt{x}}\mathrm{d}x$； (3) $\displaystyle\int_{\frac{4}{\pi}}^{+\infty}\frac{1}{x^2}\sin\frac{1}{x}\mathrm{d}x$；

(4) $\displaystyle\int_{0}^{+\infty}x\mathrm{e}^{-x}\mathrm{d}x$； (5) $\displaystyle\int_{-\infty}^{+\infty}\frac{\mathrm{d}x}{x^2+2x+2}$； (6) $\displaystyle\int_{0}^{1}\ln x\mathrm{d}x$；

(7) $\displaystyle\int_{0}^{2}\frac{\mathrm{d}x}{(1-x)^2}$； (8) $\displaystyle\int_{2}^{4}\frac{1}{x(1-\ln x)}\mathrm{d}x$； (9) $\displaystyle\int_{0}^{1}\frac{\arcsin\sqrt{x}}{\sqrt{x-x^2}}\mathrm{d}x$.

2. 利用递推公式计算广义积分 $I_n=\displaystyle\int_{0}^{+\infty}x^n\mathrm{e}^{-x}\mathrm{d}x$ 的值.

3. $\displaystyle\int_{0}^{+\infty}\frac{\sin x}{x}\mathrm{d}x=\frac{\pi}{2}$，求积分 $\displaystyle\int_{0}^{+\infty}\frac{\sin x\cos x}{x}\mathrm{d}x$ 以及 $\displaystyle\int_{0}^{+\infty}\frac{\sin^2x}{x^2}\mathrm{d}x$.

第五节 定积分的应用

本节中我们将用前面学过的定积分理论来分析和解决一些实际问题. 本章不仅针对一些几何、物理量导出计算公式，更重要的是介绍了运用元素法将所求量归结为计算某个定积分的分析方法.

一、定积分的元素法

一般地，若某个实际问题满足：

(1) 所求量 A 可对应于自变量分割成部分量 ΔA；

(2) 部分量 ΔA 可近似表示为 $f(\xi)\Delta x$；

就可考虑用定积分来解决. 把所求量 A 表示为定积分的步骤是：

(1) 根据实际问题，选取积分变量 x，并确定积分区间 $[a, b]$；

(2) 设想分割区间 $[a, b]$，取任一子区间，记为 $[x, x+\mathrm{d}x]$，若能找到 $[a, b]$ 上的一个连续函数 $f(x)$，且相应于该区间的部分量 ΔA 能够近似表示为 $f(x)$ 与区间长度 $\mathrm{d}x$ 的乘积，就把 $f(x)\mathrm{d}x$ 称为所求量 A 的元素，记作 $\mathrm{d}A$，即

$$\mathrm{d}A = f(x)\mathrm{d}x;$$

(3) 以 $f(x)\mathrm{d}x$ 为被积表达式，在区间 $[a, b]$ 上作定积分，即

$$A = \int_a^b f(x)\mathrm{d}x,$$

这就是所求量 A 的积分表达式.

这个方法通常叫作元素法. 下面，我们将应用元素法解决几何和物理上的一些实际问题.

二、定积分在几何上的应用

1. 平面图形的面积

1.1　直角坐标情形

从第一节中可知，由曲线 $y = f(x)$ $(f(x) \geqslant 0)$、直线 $x = a$、$x = b$ 与 x 轴所围成的曲边梯形面积是定积分 $\int_a^b f(x)\mathrm{d}x$.

对于更复杂一些的图形的面积，我们可以用元素法来分析，给出定积分表达.

设曲边梯形由两条曲线 $y = f_1(x)$、$y = f_2(x)$ 及直线 $x = a$、$x = b$ 围成，其中 $f_1(x)$、$f_2(x)$ 在 $[a, b]$ 上连续，且 $f_2(x) \geqslant f_1(x)$（如图 5-6），求此图形面积.

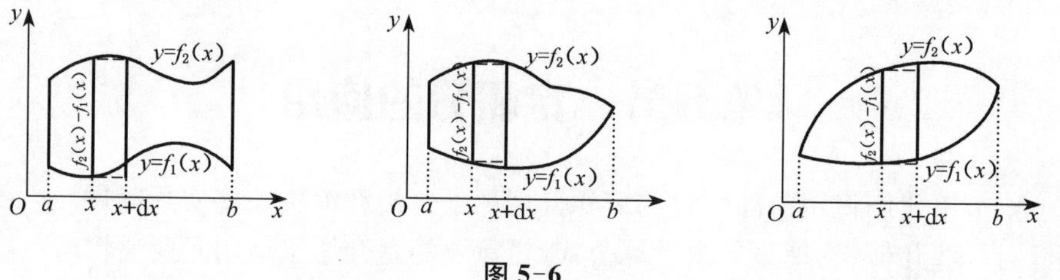

图 5-6

选取积分变量为 x，分割区间 $[a, b]$ 为若干子区间，相应地，图形也分割成若干窄曲边梯形. 设任一子区间为 $[x, x+\mathrm{d}x]$，对应的窄曲边梯形的面积 ΔA 可近似看作以 $[x, x+\mathrm{d}x]$ 为底边，以 $f_2(x) - f_1(x)$ 为高的矩形的面积 $[f_2(x) - f_1(x)]\mathrm{d}x$，因此，我们可设面积元素

$$dA=[f_2(x)-f_1(x)]dx,$$

于是

$$A=\int_a^b[f_2(x)-f_1(x)]dx.$$

【例 1】 求抛物线 $y^2=x$ 和 $y=\frac{1}{8}x^2$ 所围成的图形的面积.

解 如图 5-7,两曲线交于两点.

联立 $\begin{cases}y^2=x\\ y=\frac{1}{8}x^2\end{cases}$,得交点坐标:(0, 0),(4, 2).

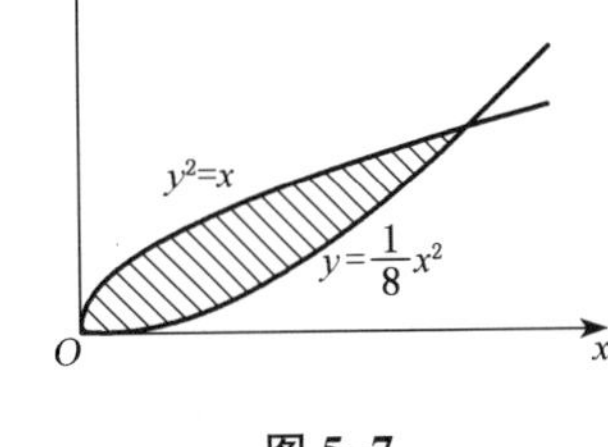

图 5-7

图形可看作曲线 $y^2=x$、$y=\frac{1}{8}x^2$ 以及直线 $x=0$、$x=4$ 围成,因此,面积

$$A=\int_0^4\left(\sqrt{x}-\frac{1}{8}x^2\right)dx=\left(\frac{2}{3}x^{\frac{3}{2}}-\frac{1}{24}x^3\right)\Big|_0^4=\frac{8}{3}.$$

注 本题还可换一种解法.

解 选取 y 为积分变量,则 x 为因变量.

两曲线方程可变为 $x=y^2$ 和 $x=2\sqrt{2y}$.

y 的变化区间为[0, 2]. 相应于[0, 2]上任一子区间$[y, y+dy]$的窄条(如图 5-8)面积近似于以 dy 为高,以 $2\sqrt{2y}-y^2$ 为底边的矩形的面积. 从此得到面积元素为

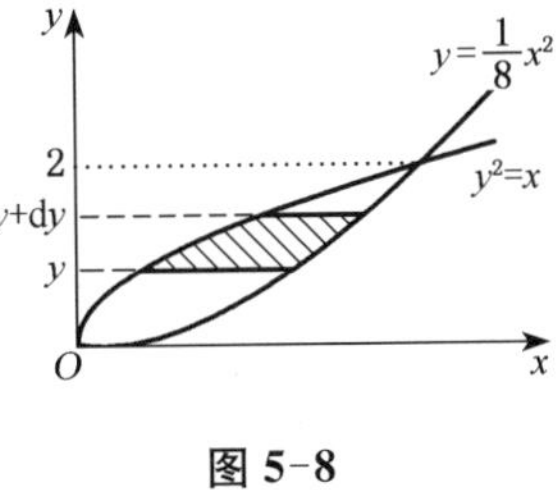

图 5-8

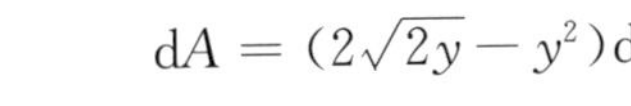
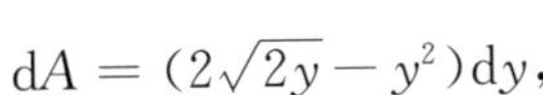

$$dA=(2\sqrt{2y}-y^2)dy,$$

所求面积为

$$A=\int_0^2(2\sqrt{2y}-y^2)dy=\frac{8}{3}.$$

【例 2】 求曲线 $x-y=0$, $y=x^2-2x$ 所围成图形的面积(如图 5-9).

解 (1) 联立:$\begin{cases}x-y=0\\ y=x^2-2x\end{cases}$,解得交点:(0, 0),(3, 3)

$$dA=[x-(x^2-2x)]dx=(x-x^2)dx,$$

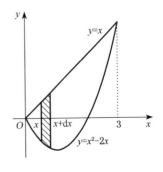

且 $x\in[0, 3]$,

图 5-9

$$A=\int_a^b \mathrm{d}A=\int_0^3 (x-x^2)\mathrm{d}x=\frac{9}{2}.$$

或者直接利用推出的公式，此时 $f_1(x)=x,\ f_2(x)=x^2-2x,\ x\in[0,3]$，则

$$A=\int_a^b \mathrm{d}A=\int_a^b [f_2(x)-f_1(x)]\mathrm{d}x=\int_0^3 (x-x^2)\mathrm{d}x=\frac{9}{2}.$$

注 如果选取 y 为积分变量，则面积为变量 y 的函数，$y\in[-1,3]=[-1,0]\cup[0,3]$.

(2) 分别考虑：$\forall[y,y+\mathrm{d}y]\subset[-1,0]$，$\forall[y,y+\mathrm{d}y]\subset[0,3]$

对应的面积的近似值即面积微元

$$\Delta A_1\approx \mathrm{d}A_1=(1+\sqrt{y+1}-y)\mathrm{d}y,\ y\in[0,3],$$
$$\Delta A_2\approx \mathrm{d}A_2=[(1+\sqrt{y+1})-(1-\sqrt{y+1})]\mathrm{d}y,\ y\in[-1,0].$$

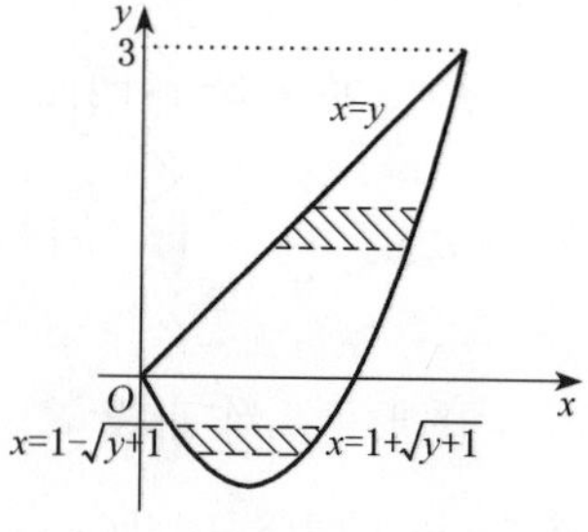

图 5-10

(3) $$A_1=\int_0^3 \mathrm{d}A_1=\int_0^3 (1+\sqrt{y+1}-y)\mathrm{d}y=\frac{19}{6},$$
$$A_2=\int_{-1}^0 \mathrm{d}A_2=\int_{-1}^0 2\sqrt{y+1}\mathrm{d}y=\frac{4}{3},$$

所求图形的面积为：$A=A_1+A_2=\dfrac{9}{2}$.

由例 2，我们可以看到，积分变量的选取，有时会影响到计算的复杂度.

【例 3】 求星形线 $\begin{cases}x=a\cos^3 t,\\ y=a\sin^3 t\end{cases}$ $(a>0,\ 0\leqslant t\leqslant 2\pi)$ 所围成图形的面积 A，如图 5-11.

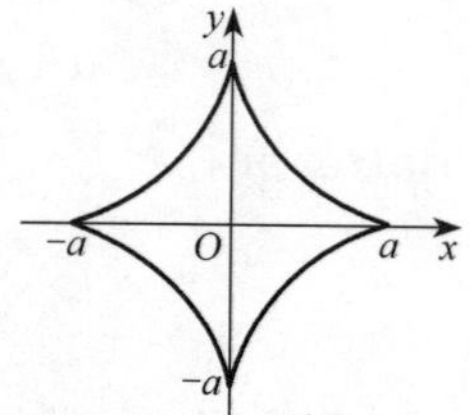

图 5-11

解 由对称性，如图所示，只需求第一象限上面积，再乘以 4，就是所求的面积 A.

第一象限，对 x 的积分限为 $0,\ a$；由变换 $x=a\cos^3 t$，相应 t 的积分限为$\dfrac{\pi}{2}$, 0.

$$\begin{aligned}A&=4\int_0^a y\mathrm{d}x=4\int_{\frac{\pi}{2}}^0 a\sin^3 t\cdot(a\cos^3 t)'\mathrm{d}t\\&=-12a^2\int_{\frac{\pi}{2}}^0 \sin^4 t\cdot\cos^2 t\mathrm{d}t\\&=12a^2\int_0^{\frac{\pi}{2}} \sin^4 t\cdot(1-\sin^2 t)\mathrm{d}t\end{aligned}$$

$$= 12a^2\int_0^{\frac{\pi}{2}}(\sin^4 t - \sin^6 t)\,\mathrm{d}t$$

$$= 12a^2\left(\frac{3}{4}\cdot\frac{1}{2}\cdot\frac{\pi}{2} - \frac{5}{6}\cdot\frac{3}{4}\cdot\frac{1}{2}\cdot\frac{\pi}{2}\right) = \frac{3\pi a^2}{8}.$$

1.2 极坐标情形

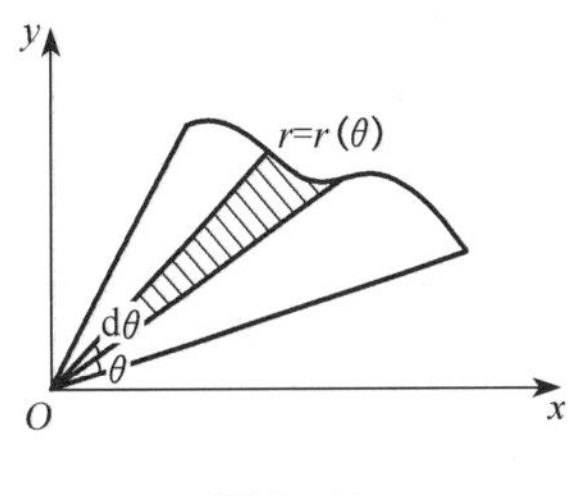

图 5-12

有些平面图形的边界曲线是由极坐标给出的，下面给出极坐标下平面图形的面积的计算方法.

在极坐标系中，由极点出发的两条射线 $\theta=\alpha$，$\theta=\beta$ 及曲线 $r=r(\theta)\geqslant 0$ 所围成的平面图形称为曲边扇形（图 5-12），其中 $r=r(\theta)$ 是 θ 在 $[\alpha, \beta]$ 上的函数.

设 $r(\theta)$ 在 $[\alpha, \beta]$ 上连续，接下来计算该曲边扇形的面积.

由于 $r=r(\theta)$ 随 θ 在 $[\alpha, \beta]$ 上变动，因此，不能直接用圆扇形的面积公式 $A=\frac{1}{2}R^2(\beta-\alpha)$ 来计算.

取极角 θ 为积分变量，它的变化区间为 $[\alpha, \beta]$. 分割该区间，任一小区间 $[\theta, \theta+\mathrm{d}\theta]$ 上的窄曲边扇形的面积可用半径为 $r(\theta)$，中心角为 $\mathrm{d}\theta$ 的圆扇形来近似，即曲边扇形的面积元素

$$\mathrm{d}A = \frac{1}{2}r^2(\theta)\,\mathrm{d}\theta.$$

对上式在闭区间 $[\alpha, \beta]$ 上作定积分，从而得所求曲边扇形的面积为

$$A = \frac{1}{2}\int_\alpha^\beta r^2(\theta)\,\mathrm{d}\theta.$$

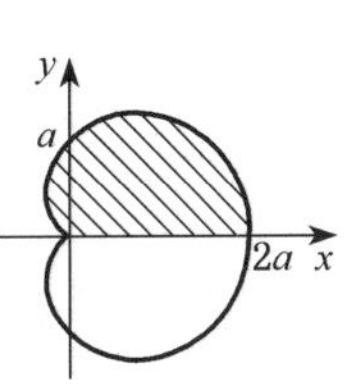

图 5-13

【例 4】 求心脏线 $r=a(1+\cos\theta)(a>0)$ 所围图形的面积（图 5-13）.

解 由对称性，只需求出图中阴影部分的面积即可. 由图可知 $r=2a$ 时，$\theta=0$；$r=0$ 时，$\theta=\pi$，即 $\theta\in[0, \pi]$.

$$A = 2\cdot\frac{1}{2}\int_0^\pi r^2\,\mathrm{d}\theta = \int_0^\pi a^2(1+\cos\theta)^2\,\mathrm{d}\theta$$

$$= 4a^2\int_0^\pi \cos^4\frac{\theta}{2}\,\mathrm{d}\theta$$

$$\xlongequal{\frac{\theta}{2}=t} 8a^2\int_0^{\frac{\pi}{2}}\cos^4\theta\,\mathrm{d}\theta = 8a^2\cdot\frac{3}{4}\cdot\frac{1}{2}\cdot\frac{\pi}{2} = \frac{3}{2}\pi a^2.$$

2. 立体的体积

平面图形绕这平面上的一条直线旋转一周而成的立体叫旋转体，这条直线称为旋转轴.

接下来，我们考虑用定积分来计算 xOy 平面上的连续曲线 $y=f(x)$ 与直线 $x=a$、$x=b$ 及 x 轴围成的曲边梯形绕 x 轴旋转一周所得旋转体的体积 V.

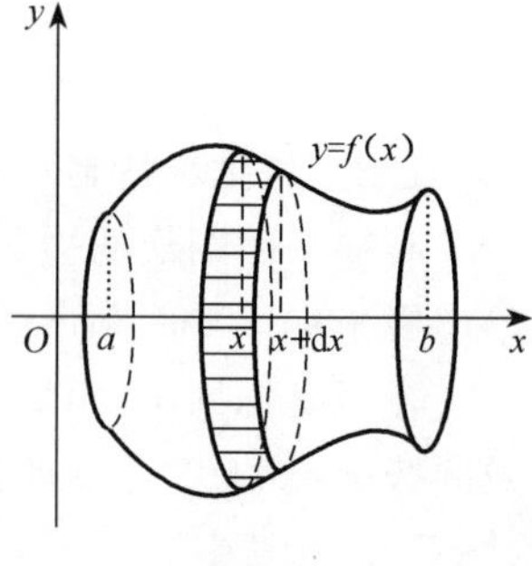

图 5-14

如图 5-14 所示，取横坐标 x 为积分变量，变化区间为$[a, b]$. 在任一小区间$[x, x+\mathrm{d}x]$上，对应的窄曲边梯形绕 x 轴旋转所得薄片体积可近似作以 $f(x)$ 为底圆半径，$\mathrm{d}x$ 为高的扁圆柱体的体积，即体积元素

$$\mathrm{d}V=\pi f^2(x)\mathrm{d}x.$$

对上式在区间$[a, b]$上作定积分，从而得所求旋转体体积为

$$V=\int_a^b \pi f^2(x)\mathrm{d}x.$$

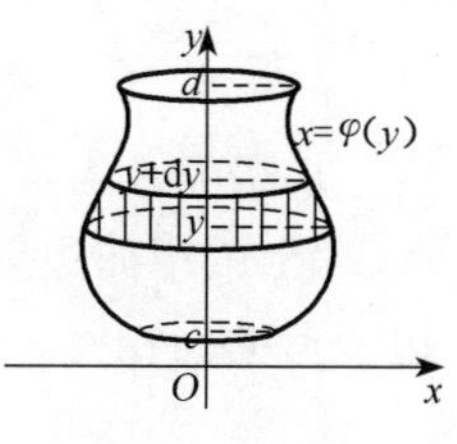

图 5-15

类似地，可以推出：由曲线 $x=\varphi(y)$，直线 $y=c$，$y=d(c<d)$ 与 y 轴所围成的曲边梯形，绕 y 轴旋转一周而成的旋转体(图 5-15)的体积为

$$V=\pi\int_c^d \varphi^2(y)\mathrm{d}y.$$

【例 5】 计算圆 $x^2+(y-5)^2=1$ 绕 x 轴旋转一周所生成旋转体的体积(图 5-16).

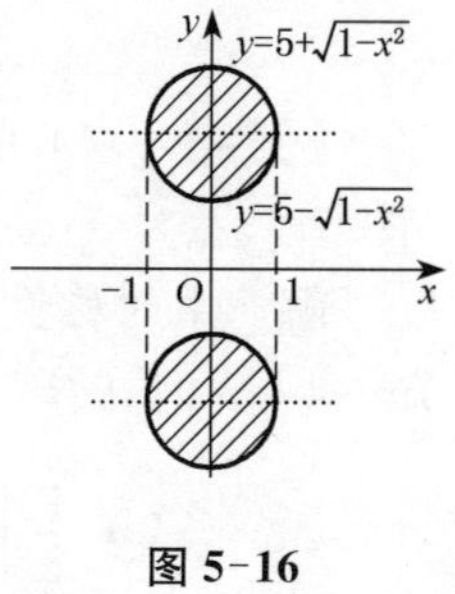

图 5-16

解 此旋转体的体积可以看成是上、下两半圆分别与 $x=-1$, $x=1$ 及 x 轴所围曲边梯形绕 x 轴旋转所得两旋转体的体积之差.

上半圆周的方程为

$$y=5+\sqrt{1-x^2},$$

下半圆周的方程为

$$y=5-\sqrt{1-x^2}.$$

所以，所求旋转体的体积为

$$V=\pi\int_{-1}^1 (5+\sqrt{1-x^2})^2\mathrm{d}x-\pi\int_{-1}^1 (5-\sqrt{1-x^2})^2\mathrm{d}x$$

$$= 20\pi \int_{-1}^{1} \sqrt{1-x^2}\,\mathrm{d}x = 20\pi \cdot \frac{\pi}{2} = 10\pi^2$$

【例 6】 求心形线 $r = 4(1+\cos\theta)$ 与半射线 $\theta = 0$，$\theta = \frac{\pi}{2}$ 所围成的图形绕极轴旋转的旋转体体积.

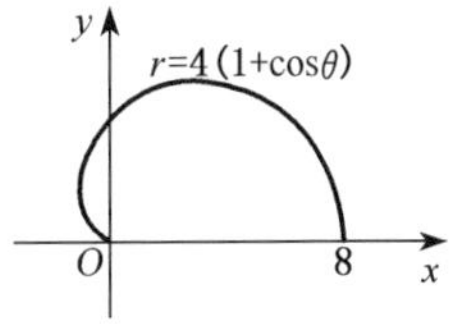

图 5-17

解 如图 5-17 所示，极点为原点，极轴为 x 轴，则心形线的参数式方程为：

$$\begin{cases} x = r(\theta)\cos\theta, \\ y = r(\theta)\sin\theta, \end{cases}$$

由此得出 $\begin{cases} x = 4(1+\cos\theta)\cos\theta, \\ y = 4(1+\cos\theta)\sin\theta, \end{cases} \theta \in \left[0,\ \frac{\pi}{2}\right]$.

$$V = \pi\int_0^8 f^2(x)\,\mathrm{d}x = \pi\int_0^8 y^2\,\mathrm{d}x$$

$$= \pi\int_{\frac{\pi}{2}}^{0} [4(1+\cos\theta)\sin\theta]^2\,\mathrm{d}[4(1+\cos\theta)\cos\theta]$$

$$= 16\pi\int_{\frac{\pi}{2}}^{0} (1+\cos\theta)^2 \sin^2\theta \cdot 4(-\sin\theta - 2\cos\theta\sin\theta)\,\mathrm{d}\theta$$

$$= 64\pi\int_0^{\frac{\pi}{2}} (1+\cos\theta)^2 \sin^3\theta \cdot (1+2\cos\theta)\,\mathrm{d}\theta = 160\pi.$$

注 若有连续曲线 $y = f(x)$，且 $x \in [a,\ b]$；将 $y = f(x)$、$x = a$、$x = b$ 与直线 $y = y_0$ 所围成的曲边梯形绕直线 $y = y_0$ 旋转一周，所得旋转体的体积应为：

$$V = \pi\int_a^b [f(x) - y_0]^2\,\mathrm{d}y.$$

习题 5-5

1. 求抛物线 $y^2 = x+2$ 和直线 $x - y = 0$ 所围图形的面积.

2. 求曲线 $y = \frac{1}{x}$，$y = \frac{1}{x^2}$ 和直线 $x = \frac{1}{2}$，$x = 2$ 所围图形的面积.

3. 求曲线 $y = \mathrm{e}^x$，$y = \mathrm{e}^{-x}$ 与直线 $x = 1$ 所围图形的面积.

4. 求曲线 $y = -x^2 + 4x - 3$ 及其在点 $(0,\ -3)$ 和 $(3,\ 0)$ 处的切线所围图形的面积.

5. 求位于曲线 $y = \mathrm{e}^x$ 下方，该曲线过原点的切线的左方以及 x 轴上方之间的图形的面积.

6. 在曲线 $y = \sin x\ \left(0 \leqslant x \leqslant \frac{\pi}{2}\right)$ 上求一点 P，使得图 5-18 中两个阴影部分的面积 S_1 与 S_2 之和 $S_1 + S_2$ 为最小.

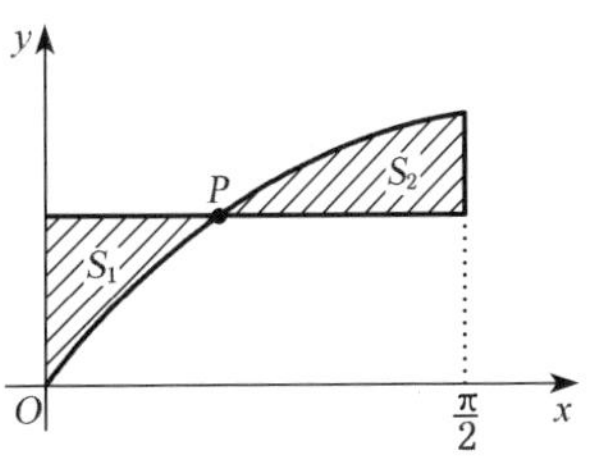

图 5-18

7. 求阿基米德螺线 $r=a\theta\ (a>0)$ 相应于 θ 从 0 到 2π 的一段弧与极轴所围图形的面积.

8. 求由摆线(旋轮线) $x=a(t-\sin t)$，$y=a(1-\cos t)$ 的一拱($0\leqslant t\leqslant 2\pi$)与横轴围成图形的面积.

9. 用极坐标计算两圆 $x^2+y^2=3x$ 与 $x^2+y^2=\sqrt{3}y$ 的公共部分的面积.

10. 求抛物线 $y=1-x^2$ 和 x 轴、y 轴及直线 $x=2$ 所围图形绕 x 轴旋转一周所得旋转体的体积.

11. 求曲线 $xy=4$ 及直线 $y=1$，$y=4$ 和 y 轴所围成的图形分别绕 x 轴和 y 轴旋转一周所得旋转体的体积.

12. 求星形线 $\begin{cases}x=a\cos^3 t,\\ y=a\sin^3 t\end{cases}$ $(a>0,\ 0\leqslant t\leqslant 2\pi)$ 所围成的图形绕 x 轴旋转一周所成的旋转体的体积.

第五章　习题答案

习题 5-1

1. 略.　2. (1) $\frac{1}{3}$；(2) $\mathrm{e}-1$；(3) 2.

3. (1) $\int_0^1 \mathrm{e}^x\mathrm{d}x>\int_0^1 \mathrm{e}^{x^2}\mathrm{d}x$；(2) $\int_1^2 \ln x\mathrm{d}x>\int_1^2 \ln^2 x\mathrm{d}x$.

4. (1) $3<\int_0^3 \sqrt{1+x^3}\mathrm{d}x<6\sqrt{7}$；(2) $\frac{3\pi}{4}<\int_{\frac{\pi}{4}}^{\frac{3\pi}{4}}(1+\sin^2 x)\mathrm{d}x<\pi$.　5. 证略.

习题 5-2

1. 1，$\sqrt{17}$.　2. (1) $\frac{3\mathrm{e}^{x^3}}{x}$；　(2) $-2x\sin|x|$.

3. $\frac{1}{12}$.　4. $\cot t$.　5. (1) 1；(2) -2.　6. $f(x)=x-1$.

7. $f'(x)=\int_0^x g(t)\mathrm{d}t$，$f''(x)=g(x)$.　8. $F(x)=\begin{cases}\frac{1}{2}x^2+x+\frac{1}{2}, & -1\leqslant x\leqslant 0,\\ \frac{1}{2}x^2+\frac{1}{2}, & 0<x\leqslant 1.\end{cases}$

9. (1) 4；(2) $\frac{3}{2}-2\ln 2$；(3) $\frac{\pi}{4}$；(4) 4；(5) $\frac{\pi}{2}$；(6) e^2-1.

习题 5-3

1. (1) $\frac{2}{3}$；(2) $\frac{7}{2}$；(3) $1-\frac{1}{\sqrt{\mathrm{e}}}$；(4) $\frac{\pi}{4}$；(5) $\frac{4}{3}$；(6) $\frac{2}{3}$；(7) $\frac{\pi}{2}$；(8) $1-\frac{\pi}{4}$；(9) $\ln(2+\sqrt{3})-\frac{\sqrt{3}}{2}$；(10) $\sqrt{2}-\frac{2}{3}\sqrt{3}$；(11) $4-2\ln 3$；(12) $\arctan\mathrm{e}-\frac{\pi}{4}$.

2. (1) $\frac{3\pi}{8}$；(2) 4；(3) $\frac{\pi}{2}$.

3. (1) $\frac{\mathrm{e}^2-3}{4}$；(2) $\frac{\pi^2}{72}+\frac{\sqrt{3}\pi}{6}-\frac{1}{2}$；(3) $-\frac{5}{\mathrm{e}}+2$；(4) π；(5) $\frac{\mathrm{e}^\pi-2}{5}$；(6) $\frac{\mathrm{e}}{2}(\sin 1-\cos 1)$

$+\frac{1}{2}$；(7) $2-\frac{2}{e}$；(8) $\frac{35\pi}{512}$.

4. $\ln(e+1)$.　5. 最大值 $y(0)=0$，最小值 $y(1)=\frac{5\sqrt{3}}{9}$.　6. 证略.　7. 证略.

8. $-(x+1)e^{x}+C$.

习题 5-4

1. (1) 2；(2) 发散；(3) $1-\frac{\sqrt{2}}{2}$；(4) 1；(5) π；(6) -1；(7) 发散；(8) 发散；(9) $\frac{\pi^2}{4}$.

2. $n!$.　3. $\frac{\pi}{4}$，$\frac{\pi}{2}$.

习题 5-5

1. $\frac{9}{2}$.　2. $\frac{1}{2}$.　3. $e+\frac{1}{e}-2$.　4. $\frac{9}{4}$.　5. $\frac{e}{2}$.　6. $P\left(\frac{\pi}{4},\frac{\sqrt{2}}{2}\right)$.　7. $\frac{4\pi^3a^2}{3}$.

8. $3\pi a^2$.　9. $\frac{5\pi}{8}-\frac{3\sqrt{3}}{4}$.　10. $\frac{46}{15}\pi$.　11. $V_x=24\pi$，$V_y=12\pi$.　12. $\frac{32}{105}\pi a^3$.

第六章　微 分 方 程

函数反映了客观世界运动过程中各种变量之间的关系，是研究现实世界运动规律的重要工具，但在大量的实际问题中遇到稍为复杂的运动过程时，要直接写出反映运动规律的量与量之间的函数关系往往是不可能的，但常可建立含有要找的函数及其导数的关系式，这种关系式称为微分方程，对微分方程进行分析，找出未知函数，这就是解方程.本章主要介绍微分方程的基本概念，几类一阶微分方程的解法和应用，可降阶的高阶微分方程的解法和应用，二阶线性微分方程解的结构以及二阶常系数线性微分方程的求解.

第一节　微分方程的基本概念

一、引例

下面通过一个实例来引出微分方程的基本概念.

【例 1】 一曲线经过点(0, 1)，且曲线上任意一点(x, y)处的切线的斜率等于该点的横坐标，试确定此曲线的方程.

解　设曲线方程为 $y=y(x)$. 由导数的几何意义可知函数 $y=y(x)$ 满足

$$\frac{\mathrm{d}y}{\mathrm{d}x}=x, \tag{6.1}$$

同时还满足以下条件

$$x=0 \text{ 时}, y=1, \tag{6.2}$$

把(6.1)式两端积分，得

$$y=\int x\mathrm{d}x,$$

即

$$y=\frac{x^2}{2}+C, \tag{6.3}$$

其中 C 是任意常数.

把条件(6.2)代入(6.3)式，得

$$C = 1,$$

代入(6.3)式，得到所求曲线方程为

$$y = \frac{x^2}{2} + 1. \tag{6.4}$$

上述例子中的关系式(6.1)中含有未知函数的导数，它是微分方程.

二、基本概念

根据上述的例子，我们给出微分方程一系列的概念.

定义 1 我们把表示未知函数、未知函数的导数与自变量之间的关系的方程叫**微分方程**.

未知函数是一元函数的微分方程，叫**常微分方程**. 未知函数是多元函数的微分方程，叫**偏微分方程**. 例 1 中的(6.1)是常微分方程，本章只讨论常微分方程，后面我们就直接称为微分方程.

定义 2 微分方程中所出现的未知函数的最高阶导数的阶数，叫**微分方程的阶**.

例如，(6.1) 式是一阶微分方程，再如 $y^{(4)} - 4y''' + 10y'' - 12y' + 5y = \sin 2x$ 是四阶微分方程，$y^{(n)} + 1 = 0$ 是 n 阶微分方程.

一般地，n 阶微分方程的形式是

$$F(x, y, y', \cdots, y^{(n)}) = 0，或者\ y^{(n)} = f(x, y, y', \cdots, y^{(n-1)}), \tag{6.5}$$

式中 F 是关于$(n+2)$个变量 $x, y, y', \cdots, y^{(n)}$ 的函数. 需要指出的是，作为 n 阶微分方程，(6.5)式中 $y^{(n)}$ 是必须出现的，而 $x, y, y', \cdots, y^{(n-1)}$ 等变量则可以不出现.

如果在方程(6.5)中，左端函数 F 对未知函数 y 以及它的各阶导数 $y', \cdots, y^{(n)}$ 分别都是一次的，则称为**线性微分方程**，否则称为**非线性微分方程**.

这样一个以 y 为未知函数，x 为自变量的 n 阶线性微分方程应该有如下形式：

$$y^{(n)} + p_1(x)y^{(n-1)} + \cdots + p_{n-1}(x)y' + p_n(x)y = f(x), \tag{6.6}$$

我们将在后面第六节详细讨论方程(6.6).

定义 3 满足微分方程的函数(把函数代入微分方程能使该方程成为恒等式)叫做该**微分方程的解**.

设 $y=\varphi(x)$在区间 I 上有 n 阶连续导数，如果在区间 I 上，$\varphi(x)$满足微分方程(6.5)，即

$$F(x, \varphi(x), \varphi'(x), \cdots, \varphi^{(n)}(x)) \equiv 0,$$

则函数 $y=\varphi(x)$ 为微分方程 $F(x, y, y', \cdots, y^{(n)})=0$ 在区间 I 上的**解**.

如果微分方程的解中含有任意常数,其中互相独立(即不可合并而使个数减少)的任意常数的个数与微分方程的阶数相同,这样的解叫做微分方程的**通解**. 例 1 中的(6.3)式就是方程(6.1)的通解.

如果确定了通解中的任意常数以后,就得到微分方程的**特解**,即不含任意常数的解. 例 1 中的(6.4)式就是方程(6.1)的特解.

定义 4 用于确定通解中任意常数的条件,称为**初始条件**. 例 1 中的(6.2)式就是方程(6.1)的初始条件.

一般来说,一阶微分方程有一个初始条件

$$y(x_0)=y_0,\text{或 } y\big|_{x=x_0}=y_0;$$

二阶微分方程有两个初始条件

$$y(x_0)=y_0,\ y'(x_0)=y_0',\text{或 } y\big|_{x=x_0}=y_0 \text{ 与 } y'\big|_{x=x_0}=y_0';$$

n 阶微分方程有 n 个初始条件

$$y(x_0)=y_0,\ y'(x_0)=y_0',\ y''(x_0)=y_0'',\ \cdots,\ y^{(n-1)}(x_0)=y_0^{(n-1)},$$

其中 $x_0, y_0, y_0', \cdots, y_0^{(n-1)}$ 都是已知常数.

求微分方程满足初始条件的特解的问题称为**微分方程的初值问题**.

如求微分方程 $y'=f(x, y)$ 满足初始条件 $y\big|_{x=x_0}=y_0$ 的解的问题,记为

$$\begin{cases} y'=f(x, y), \\ y\big|_{x=x_0}=y_0. \end{cases} \tag{6.7}$$

定义 5 微分方程特解的图形是一条曲线,叫做微分方程的**积分曲线**. 微分方程的通解的图像是一族曲线,称为微分方程的**积分曲线族**.

初值问题(6.7)的几何意义是求微分方程的通过点 (x_0, y_0) 的那条积分曲线.

二阶微分方程的初值问题

$$\begin{cases} y''=f(x, y, y'), \\ y\big|_{x=x_0}=y_0,\ y'\big|_{x=x_0}=y_0' \end{cases}$$

的几何意义是求微分方程的通过点 (x_0, y_0) 且在该点处的切线斜率为 y_0' 的那条积分曲线.

【例 2】 验证函数 $y=C_1\cos x+C_2\sin x+\dfrac{1}{2}\mathrm{e}^x$ 是微分方程 $\dfrac{\mathrm{d}^2 y}{\mathrm{d}x^2}+y=\mathrm{e}^x$ 的解,并求满足初始条件 $y\big|_{x=0}=\dfrac{3}{2}$, $y'\big|_{x=0}=-\dfrac{1}{2}$ 的特解.

解 求出所给函数的导数

$$\frac{dy}{dx}=-C_1\sin x+C_2\cos x+\frac{1}{2}e^x,\qquad \frac{d^2y}{dx^2}=-C_1\cos x-C_2\sin x+\frac{1}{2}e^x,$$

将$\frac{d^2y}{dx^2}$和 y 的表达式代入微分方程,得

$$\frac{d^2y}{dx^2}+y=-C_1\cos x-C_2\sin x+\frac{1}{2}e^x+C_1\cos x+C_2\sin x+\frac{1}{2}e^x\equiv e^x,$$

因此所给函数是微分方程的解.

将条件 $y|_{x=0}=\frac{3}{2}$ 代入 $y=C_1\cos x+C_2\sin x+\frac{1}{2}e^x$,得$\frac{3}{2}=C_1+\frac{1}{2}$,解得 $C_1=1$;再将条件 $y'|_{x=0}=-\frac{1}{2}$ 代入$\frac{dy}{dx}=-C_1\sin x+C_2\cos x+\frac{1}{2}e^x$ 中,得$-\frac{1}{2}=C_2+\frac{1}{2}$,解得 $C_2=-1$. 把 C_1、C_2 的值代入 $y=C_1\cos x+C_2\sin x+\frac{1}{2}e^x$, 得方程的特解为 $y=\cos x-\sin x+\frac{1}{2}e^x$.

习题 6-1

1. 写出下列各微分方程的阶数,并说明是否是线性微分方程:

(1) $y''+y'^2+xy=1$;　　(2) $y^{(4)}-4y'''+10y''-12y'+5y=\sin 2x$;

(3) $\frac{d^2Q}{dt^2}-k\frac{dQ}{dt}+Q=0$;　　(4) $(y''')^2-y^4=e^x$.

2. 设 $y=C_1x^5+\frac{C_2}{x}-\frac{x^2}{9}\ln x$ 是某二阶微分方程的通解,求该微分方程满足初始条件 $y|_{x=1}=0$, $y'|_{x=1}=1$ 的特解.

3. 指出下列各题中的函数是不是所给微分方程的解:

(1) $y=\frac{4}{x^2}$, $xdy+2ydx=0$;　　(2) $y=(C_1+C_2x)e^{-2x}$, $y''+4y'+4y=0$;

4. 验证二元方程 $x^2-xy+y^2=C$ 所确定的函数是微分方程 $(x-2y)y'=2x-y$ 的通解.

5. 写出由下列条件确定的曲线所满足的微分方程与初始条件:

(1)曲线在点(x, y)处的切线斜率等于 1 和该点横坐标的平方之差的倒数,且过点$(0, 1)$;

(2)曲线过点$(-1, 1)$且曲线上任一点的切线与 Ox 轴交点的横坐标等于切点横坐标的平方.

第二节　可分离变量的微分方程

本节至第四节,我们将讨论一阶微分方程

$$F(x, y, y')=0 \text{ 或 } y'=f(x, y)$$

的一些解法.

一、可分离变量微分方程的定义及求解

定义 1 一般地,如果一个一阶微分方程 $y'=f(x, y)$能写成

$$g(y)\mathrm{d}y = f(x)\mathrm{d}x \tag{6.8}$$

的形式,就是说,能把微分方程写成一端只含 y 的函数和 $\mathrm{d}y$,另一端只含 x 的函数和 $\mathrm{d}x$,那么原方程就称为**可分离变量的微分方程**.

如果方程(6.8)中的函数 $g(y)$和 $f(x)$是连续的,则可以用积分的方法求解.

将(6.8)两边同时积分,得

$$\int g(y)\mathrm{d}y = \int f(x)\mathrm{d}x.$$

设 $H(y)$, $G(x)$分别为 $g(y)$, $f(x)$的原函数,则积分的结果可表示为

$$H(y) = G(x) + C, \tag{6.9}$$

(6.9)就是微分方程(6.8)的通解.一般地,二元方程(6.9)确定的是隐函数,所以,(6.9)又称为隐式通解,上述方法称为**分离变量法**.

注 求解可分离变量的微分方程,关键在于变量的分离,即方程经恒等变形,使得 $\mathrm{d}x$ 的系数仅为 x 的函数,而 $\mathrm{d}y$ 的系数仅为 y 的函数,然后积分求得通解.

【例 1】 求微分方程 $\dfrac{\mathrm{d}y}{\mathrm{d}x} = 3x^2 y$ 的通解.

解 方程是可分离变量的,分离变量后得

$$\frac{\mathrm{d}y}{y} = 3x^2\mathrm{d}x,$$

两端积分,得

$$\ln|y| = x^3 + C_1,$$

解得

$$y = \pm \mathrm{e}^{x^3+C_1} = \pm \mathrm{e}^{C_1}\mathrm{e}^{x^3}.$$

又因为$\pm \mathrm{e}^{C_1}$仍是不为 0 的任意常数,把它记作 C. 当 $C=0$ 时,我们可以验证 $y=0$ 也是方程的解.所以,方程的通解是

$$y = C\mathrm{e}^{x^3}, C \text{ 为任意常数}.$$

【例 2】 求一阶微分方程 $\cos y\mathrm{d}x + (1+\mathrm{e}^{-x})\sin y\mathrm{d}y = 0$ 满足 $y(0) = 0$ 的解.

解 方程是可分离变量的,分离变量后,得

$$\frac{\sin y}{\cos y}\mathrm{d}y = -\frac{1}{1+\mathrm{e}^{-x}}\mathrm{d}x,$$

两边积分,得
$$\int \frac{\sin y}{\cos y}\mathrm{d}y = -\int \frac{\mathrm{e}^x}{1+\mathrm{e}^x}\mathrm{d}x,$$
即
$$-\ln|\cos y| = -\ln(1+\mathrm{e}^x) - \ln C_1,$$
或
$$|\cos y| = C_1(1+\mathrm{e}^x),$$
所求通解为
$$\cos y = C(1+\mathrm{e}^x),\qquad (C = \pm C_1).$$

将初始条件 $y(0)=0$ 代入通解,解得 $C=\frac{1}{2}$,所以所求特解为
$$\cos y = \frac{1+\mathrm{e}^x}{2}.$$

注　积分后,若通解中各项都是对数,则任意常数可取为 $\ln C$,以便于化简.

二、应用举例

【例 3】　放射性元素铀由于不断地有原子放射出微粒子而变成其它元素,铀的含量就不断减少,这种现象叫做**衰变**. 由原子物理学知道,铀的衰变速度与当时未衰变的原子的含量 M 成正比. 已知 $t=0$ 时铀的含量为 M_0,求在衰变过程中含量 $M(t)$随时间变化的规律.

解　铀的衰变速度就是 $M(t)$对时间 t 的导数$\frac{\mathrm{d}M}{\mathrm{d}t}$. 由于铀的衰变速度与其含量成正比,得到微分方程如下
$$\frac{\mathrm{d}M}{\mathrm{d}t} = -\lambda M, \tag{6.10}$$
其中 $\lambda(\lambda>0)$是常数,叫做**衰变系数**. λ 前的负号是指由于当 t 增加时 M 单调减少,即$\frac{\mathrm{d}M}{\mathrm{d}t}<0$ 的缘故.

由题易知,初始条件为
$$M|_{t=0} = M_0,$$
方程(6.10)是可以分离变量的,分离后得
$$\frac{\mathrm{d}M}{M} = -\lambda \mathrm{d}t,$$
两端积分
$$\int \frac{\mathrm{d}M}{M} = \int(-\lambda)\mathrm{d}t.$$
以 $\ln C$ 表示任意常数,因为 $M>0$,得

$$\ln M = -\lambda t + \ln C,$$

即
$$M = Ce^{-\lambda t}$$

是方程(6.10)的通解.以初始条件代入上式,解得

$$M_0 = Ce^0 = C.$$

故得

$$M = M_0 e^{-\lambda t}.$$

由此可见,铀的含量随时间的增加而按指数规律衰减.

【例 4】 当轮船的前进速度为 v_0 时,推进器停止工作,已知船受水的阻力与船速成正比(比例系数为 mk,其中 $k>0$ 为常数,而 m 为船的质量).问经过多少时间,船的速度为原来速度的一半.

解 由牛顿第二定律 $F=ma$,得

$$-mkv = m\frac{\mathrm{d}v}{\mathrm{d}t},$$

变量分离后,得
$$\frac{1}{v}\mathrm{d}v = -k\mathrm{d}t,$$

积分,得

$$v = Ce^{-kt},$$

代入初始条件 $v(0) = v_0$,求得 $C = v_0$.

所以速度函数为
$$v = v_0 e^{-kt}.$$

要使船的速度为原来速度的一半,即

$$\frac{1}{2}v_0 = v_0 e^{-kt},$$

解得 $t = \dfrac{\ln 2}{k}$.

习题 6-2

1. 求下列微分方程的通解:

(1) $\dfrac{\mathrm{d}y}{\mathrm{d}x} = -3x^2 y$; (2) $(2x + xy^2)\mathrm{d}x + (2y + x^2 y)\mathrm{d}y = 0$;

(3) $\dfrac{\mathrm{d}y}{\mathrm{d}x} = -\dfrac{xy}{1+x^2}$; (4) $2xy(1+x)y' = 1 + y^2$.

2. 求下列微分方程满足所给初始条件的特解:

(1) $(1+x^2)y' = \arctan x,\ y|_{x=1} = 1$; (2) $y'\sin x = y\ln y,\ y\left(\dfrac{\pi}{2}\right) = e$;

(3) $\dfrac{\mathrm{d}y}{\mathrm{d}x} = \dfrac{x(1+y^2)}{y(1+x^2)},\ y(0) = 1$.

3. 一条曲线过点(2, 3)，它在两坐标轴间任一切线线段被切点平分，求这曲线方程.

4. 设单位质点($m=1$)作直线运动，初速度为 v_0，所受阻力与运动速度成正比（其中比例系数为 1).

1) 问经过多长时间，此质点的速度为$\frac{1}{3}v_0$？

2) 求质点的速度为$\frac{1}{3}v_0$ 时，该质点所经过的路程.

第三节　齐 次 方 程

一、齐次方程定义及求解

1. 定义

如果一阶微分方程 $y'=f(x, y)$中的函数 $f(x, y)$可写成$\frac{y}{x}$的函数，

即
$$\frac{\mathrm{d}y}{\mathrm{d}x}=\varphi\left(\frac{y}{x}\right), \tag{6.11}$$

则称方程(6.11)为**齐次方程.**

例如，$(x+y)\mathrm{d}x+(y-x)\mathrm{d}y=0$ 是齐次方程，因为其可化为

$$\frac{\mathrm{d}y}{\mathrm{d}x}=\frac{x+y}{x-y}=\frac{1+\frac{y}{x}}{1-\frac{y}{x}}.$$

2. 求解

对方程(6.11)作代换 $u=\frac{y}{x}$，则 $y=ux$，于是

$$\frac{\mathrm{d}y}{\mathrm{d}x}=x\frac{\mathrm{d}u}{\mathrm{d}x}+u.$$

从而
$$x\frac{\mathrm{d}u}{\mathrm{d}x}+u=\varphi(u),$$

$$\frac{\mathrm{d}u}{\mathrm{d}x}=\frac{\varphi(u)-u}{x},$$

分离变量得
$$\frac{\mathrm{d}u}{\varphi(u)-u}=\frac{\mathrm{d}x}{x},$$

两端积分得
$$\int \frac{\mathrm{d}u}{\varphi(u)-u}=\int \frac{\mathrm{d}x}{x},$$
求出积分后,再用$\frac{y}{x}$代替 u,便得所给齐次方程的通解.

如上例,
$$x\frac{\mathrm{d}u}{\mathrm{d}x}+u=\frac{1+u}{1-u},$$
分离变量,得
$$\frac{(1+u)\mathrm{d}u}{1+u^2}=\frac{\mathrm{d}x}{x},$$
积分后,将 $u=\frac{y}{x}$代回即得所求通解.

【例 1】 求微分方程 $xy'=y(1+\ln y-\ln x)$ 的通解.

解 原方程可化为
$$\frac{\mathrm{d}y}{\mathrm{d}x}=\frac{y}{x}\left(1+\ln\frac{y}{x}\right),$$
因此是齐次方程. 令 $u=\frac{y}{x}$,则
$$y=ux,\ \frac{\mathrm{d}y}{\mathrm{d}x}=x\frac{\mathrm{d}u}{\mathrm{d}x}+u,$$
于是原方程变为
$$x\frac{\mathrm{d}u}{\mathrm{d}x}+u=u(1+\ln u),$$
分离变量,得
$$\frac{\mathrm{d}u}{u\ln u}=\frac{\mathrm{d}x}{x},$$
两端积分,得
$$\ln\ln|u|=\ln|x|+\ln C,$$
或写成 $\ln|u|=Cx$,即 $u=\mathrm{e}^{Cx}$. 将 $u=\frac{y}{x}$ 代回,可得 $y=x\mathrm{e}^{Cx}$.

故方程的通解为
$$y=x\mathrm{e}^{Cx}.$$

【例 2】 求微分方程 $x\frac{\mathrm{d}y}{\mathrm{d}x}+y=2\sqrt{xy}$ 满足 $y(1)=0$ 的特解.

解 方程可化为
$$\frac{\mathrm{d}y}{\mathrm{d}x}+\frac{y}{x}=2\sqrt{\frac{y}{x}},$$
这是一个齐次微分方程,作代换 $u=\frac{y}{x}$,则$\frac{\mathrm{d}y}{\mathrm{d}x}=u+x\frac{\mathrm{d}u}{\mathrm{d}x}$,

代入原方程,得
$$u+x\frac{\mathrm{d}u}{\mathrm{d}x}+u=2\sqrt{u},$$

化简，得
$$x\frac{\mathrm{d}u}{\mathrm{d}x}=2(\sqrt{u}-u),$$

分离变量并积分，得
$$\int\frac{1}{\sqrt{u}-u}\mathrm{d}u=2\int\frac{1}{x}\mathrm{d}x,$$

凑微分
$$2\int\frac{1}{1-\sqrt{u}}\mathrm{d}(1-\sqrt{u})=-2\ln x,$$

得
$$\ln(1-\sqrt{u})=-\ln x+\ln C,$$

将 $u=\frac{y}{x}$ 代入，解得原方程的通解是 $x\left(1-\sqrt{\frac{y}{x}}\right)=C.$

将初始条件 $y(1)=0$ 代入，求得 $C=1$，因此所求特解为 $x\left(1-\sqrt{\frac{y}{x}}\right)=1.$

习题 6-3

1. 求下列微分方程的通解：

(1) $xy\mathrm{d}x-(x^2-y^2)\mathrm{d}y=0$；　　(2) $xy'-y=\sqrt{x^2+y^2}$；

(3) $x\frac{\mathrm{d}y}{\mathrm{d}x}=xe^{\frac{y}{x}}+y$；　　(4) $(y^2-3x^2)\mathrm{d}y+2xy\mathrm{d}x=0.$

2. 求下列微分方程满足初始条件的特解：

(1) $y'=\frac{x}{y}+\frac{y}{x}$，$y|_{x=1}=1$；

(2) $(x^3+y^3)\mathrm{d}x-3xy^2\mathrm{d}y=0, y(1)=1.$

3. 如图 6-1，设有连接点 $O(0,0)$ 和 $A(1,1)$ 的一段向上凸的曲线弧 $\overset{\frown}{OA}$，对于 $\overset{\frown}{OA}$ 上任一点 $P(x,y)$，曲线弧 $\overset{\frown}{OP}$ 与直线段 $\overline{OP}$ 所围图形的面积为 x^2，求曲线弧 $\overset{\frown}{OA}$ 的方程.

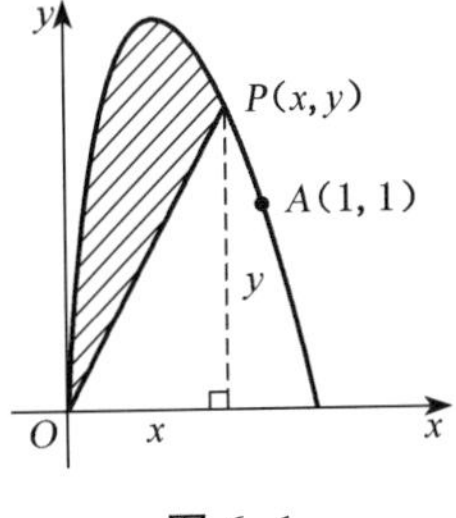

图 6-1

第四节　一阶线性微分方程

一、一阶线性微分方程定义及求解

1. 定义

形如
$$\frac{\mathrm{d}y}{\mathrm{d}x}+P(x)y=Q(x)\tag{6.12}$$

的方程称为**一阶线性微分方程**,其中 $P(x)$, $Q(x)$都是已知函数.

(6.12)式是一阶线性微分方程的**标准形式**.其特点是:关于未知函数 y 和 y' 都是一次的.

如果 $Q(x)\neq 0$,又称方程(6.12)为**一阶非齐次线性微分方程**.

如果 $Q(x)\equiv 0$,则方程(6.12)成为

$$\frac{\mathrm{d}y}{\mathrm{d}x}+P(x)y=0, \tag{6.13}$$

称(6.13)为**一阶齐次线性微分方程**.

2. 一阶齐次线性微分方程的通解

方程(6.13)为可分离变量的微分方程.分离变量,得

$$\frac{\mathrm{d}y}{y}=-P(x)\mathrm{d}x,$$

两端积分,得

$$\ln|y|=-\int P(x)\mathrm{d}x+C_1,$$

由此得到通解

$$y=C\mathrm{e}^{-\int P(x)\mathrm{d}x}, \tag{6.14}$$

其中 $C=\pm\mathrm{e}^{C_1}$ 为任意常数.

3. 一阶非齐次线性微分方程的通解

为求方程(6.12)的解,我们利用**常数变易法**,即把(6.14)式的 C 换成 x 的未知函数 $u(x)$,即作变换

$$y=u(x)\mathrm{e}^{-\int P(x)\mathrm{d}x}, \tag{6.15}$$

于是

$$\frac{\mathrm{d}y}{\mathrm{d}x}=u'\mathrm{e}^{-\int P(x)\mathrm{d}x}+u\mathrm{e}^{-\int P(x)\mathrm{d}x}[-P(x)], \tag{6.16}$$

将(6.15),(6.16)代入(6.12),得

$$u=\int Q(x)\mathrm{e}^{\int P(x)\mathrm{d}x}\mathrm{d}x+C,$$

将上式代入(6.15),便得到一阶非齐次线性微分方程的通解

$$y=\mathrm{e}^{-\int P(x)\mathrm{d}x}\left(\int Q(x)\mathrm{e}^{\int P(x)\mathrm{d}x}\mathrm{d}x+C\right). \tag{6.17}$$

上述方法称为**常数变易法**. 公式(6.17)称为一阶非齐次线性微分方程(6.12)的**通解公式**.

我们来分析一下,通解公式(6.17)的结构. 将公式(6.17)改写成两项之和

$$y = Ce^{-\int P(x)\mathrm{d}x} + e^{-\int P(x)\mathrm{d}x}\int Q(x)e^{\int P(x)\mathrm{d}x}\mathrm{d}x,$$

上式右端的第一项是对应的齐次线性方程(6.13)的通解,第二项是非齐次线性方程(6.12)的一个特解(通解公式(6.17)中 $C=0$ 所对应的特解),由此可知,一阶非齐次线性微分方程的通解是对应的齐次方程的通解与其自身的一个特解之和.

【例 1】 求微分方程 $y'-y\tan x=\dfrac{2x}{\cos x}$的通解.

解 这是一阶非齐次线性方程的标准形式. 由式(6.12),知

$$P(x) = -\tan x, \quad Q(x) = \frac{2x}{\cos x},$$

套用通解公式(6.17),得方程的通解为

$$\begin{aligned} y &= e^{-\int P(x)\mathrm{d}x}\left[\int Q(x)e^{\int P(x)\mathrm{d}x}\mathrm{d}x + C\right] = e^{\int \tan x\mathrm{d}x}\left[\int \frac{2x}{\cos x}e^{-\int \tan x\mathrm{d}x}\mathrm{d}x + C\right] \\ &= e^{-\ln\cos x}\left[\int \frac{2x}{\cos x}e^{\ln\cos x}\mathrm{d}x + C\right] = \frac{1}{\cos x}\left[\int \frac{2x}{\cos x}\cdot\cos x\mathrm{d}x + C\right] \\ &= \frac{1}{\cos x}\left[\int 2x\mathrm{d}x + C\right] = \frac{1}{\cos x}[x^2 + C]. \end{aligned}$$

【例 2】 求微分方程 $x^2y' + xy + 1 = 0$ 满足初始条件 $y|_{x=2} = 1$ 的特解.

解 将原方程化为标准形式

$$y' + \frac{1}{x}y = -\frac{1}{x^2},$$

与(6.12)比较, $P(x) = \dfrac{1}{x}$, $Q(x) = -\dfrac{1}{x^2}$, 套用通解公式(6.17),

$$\begin{aligned} y &= e^{-\int P(x)\mathrm{d}x}\left(\int Q(x)e^{\int P(x)\mathrm{d}x}\mathrm{d}x + C\right) = e^{-\int \frac{1}{x}\mathrm{d}x}\left(\int Q(x)e^{\int P(x)\mathrm{d}x}\mathrm{d}x + C\right) \\ &= e^{-\ln x}\left(\int -\frac{1}{x^2}e^{\ln x}\mathrm{d}x + C\right) = \frac{1}{x}\left(\int -\frac{1}{x^2}x\mathrm{d}x + C\right) = \frac{1}{x}(-\ln x + C), \end{aligned}$$

将初始条件 $y|_{x=2} = 1$ 代入,得 $1 = \dfrac{-\ln 2 + C}{2}$,解得 $C = 2 + \ln 2$, 所以满足初始条件的特解为

$$y = \frac{-\ln x + 2 + \ln 2}{x}.$$

【例 3】 设 $f(x)$满足 $f(x)+2\int_0^x f(t)\mathrm{d}t=x^2$，求函数 $f(x)$.

解 这是积分方程，方程两端求导数，得 $f'(x)+2f(x)=2x$.

一般地，积分方程中隐含初始条件，如果积分下限是常数，只要令上限的变量等于下限即可求出初始条件. 为此，在积分方程中令 $x=0$，得 $f(0)=0$；记 $f(x)=y$，则求函数 $f(x)$的问题转化为初值问题

$$y'+2y=2x,\quad y(0)=0.$$

由通解公式，

$$\begin{aligned}y&=\mathrm{e}^{-\int 2\mathrm{d}x}\left(\int 2x\mathrm{e}^{\int 2\mathrm{d}x}\mathrm{d}x+C\right)=\mathrm{e}^{-2x}\left(\int 2x\mathrm{e}^{2x}\mathrm{d}x+C\right)\\&=\mathrm{e}^{-2x}\left(\int x\mathrm{d}\mathrm{e}^{2x}+C\right)=\mathrm{e}^{-2x}\left(x\mathrm{e}^{2x}-\int \mathrm{e}^{2x}\mathrm{d}x+C\right)\\&=\mathrm{e}^{-2x}\left(x\mathrm{e}^{2x}-\frac{1}{2}\mathrm{e}^{2x}+C\right)=C\mathrm{e}^{-2x}+x-\frac{1}{2},\end{aligned}$$

由 $y(0)=0$，得 $C=\frac{1}{2}$，$y=\frac{1}{2}\mathrm{e}^{-2x}+x-\frac{1}{2}$，因此 $f(x)=\frac{1}{2}\mathrm{e}^{-2x}+x-\frac{1}{2}$.

注 在一阶微分方程中，x 和 y 的地位是对等的，通常视 y 为未知函数，x 为自变量；为求解方便，有时也视 x 为未知函数，而 y 为自变量. 求解某些微分方程时，需要特别注意.

二、伯努利(Bernoulli)方程

1. 定义

形如

$$\frac{\mathrm{d}y}{\mathrm{d}x}+P(x)y=Q(x)y^n(n\neq 0,\ 1)\qquad(6.18)$$

的一阶微分方程，称为**伯努利(Bernoulli)方程**，其中 $P(x)$和 $Q(x)$是已知的连续函数.

当 $n=0$, 1 时，方程(6.18)为一阶线性微分方程；$n\neq 0$, 1 时，方程(6.18)不是线性方程，但是我们可以通过变量代换，将其转化为一阶线性微分方程，下面我们具体讨论伯努利方程的求解.

2. 求解方法

当 $n\neq 0$, 1 时，(6.18)两边同除 y^n，得

$$y^{-n}\frac{\mathrm{d}y}{\mathrm{d}x}+P(x)y^{1-n}=Q(x),\qquad(6.19)$$

令 $z=y^{1-n}$，则

$$\frac{\mathrm{d}z}{\mathrm{d}x}=(1-n)y^{-n}\frac{\mathrm{d}y}{\mathrm{d}x},$$

(6.19)式两端同时乘以 $1-n$ 后，将上式代入，可得

$$\frac{\mathrm{d}z}{\mathrm{d}x}+(1-n)P(x)z=(1-n)Q(x),$$

这是一个关于未知函数 $z=y^{1-n}$ 的一阶非齐次线性微分方程，由通解公式，得

$$z=\mathrm{e}^{-\int(1-n)P(x)\mathrm{d}x}\left(\int(1-n)Q(x)\mathrm{e}^{\int(1-n)P(x)\mathrm{d}x}\mathrm{d}x+C\right).$$

再将 $z=y^{1-n}$ 代回，即得原方程(6.18)的通解.

【例 4】 求微分方程 $\frac{\mathrm{d}y}{\mathrm{d}x}-\frac{1}{x}y=-2y^2$ 的通解.

解 这是一个 $n=2$ 的伯努利方程，显然，$y=0$ 是方程的一个解.
当 $y\neq0$ 时，令 $z=y^{-1}$，则原方程转化为

$$\frac{\mathrm{d}z}{\mathrm{d}x}+\frac{1}{x}z=2,$$

所以

$$\begin{aligned}z&=\mathrm{e}^{-\int\frac{1}{x}\mathrm{d}x}\left(\int 2\,\mathrm{e}^{\int\frac{1}{x}\mathrm{d}x}\mathrm{d}x+C\right)=\mathrm{e}^{-\ln x}\left(2\int\mathrm{e}^{\ln x}\mathrm{d}x+C\right)\\&=\frac{1}{x}\left(2\int x\mathrm{d}x+C\right)=\frac{1}{x}(x^2+C).\end{aligned}$$

将 $z=y^{-1}$ 代入上式，得方程的通解为

$$x=(x^2+C)y,$$

此外还有一个解 $y=0$，此解未包含在通解中.

三、其他可用变量代换求解的微分方程

【例 5】 解方程 $\frac{\mathrm{d}y}{\mathrm{d}x}=\frac{1}{x+y}$.

解一 将原方程变形为 $\frac{\mathrm{d}x}{\mathrm{d}y}=x+y$，这是一阶非齐次线性微分方程. 由通解公式得

$$\begin{aligned}x&=\mathrm{e}^{-\int(-1)\mathrm{d}y}\left[\int y\mathrm{e}^{\int(-1)\mathrm{d}y}\mathrm{d}y+C\right]\\&=\mathrm{e}^{y}\left[\int y\mathrm{e}^{-y}\mathrm{d}y+C\right]=-y-1+C\mathrm{e}^{y},\end{aligned}$$

原方程的通解为 $x+y+1=Ce^{y}$.

解二 利用变量代换.因方程右端分母为 $x+y$,想到设 $x+y=u$,则原方程化为

$$\frac{\mathrm{d}u}{\mathrm{d}x}-1=\frac{1}{u},\quad \text{或}\ \frac{\mathrm{d}u}{\mathrm{d}x}=\frac{u+1}{u}.$$

分离变量,得 $\frac{u}{u+1}\mathrm{d}u=\mathrm{d}x$,积分,得

$$u-\ln|u+1|=x-\ln|C|.$$

将 $u=x+y$ 代入上式,得 $y-\ln|x+y+1|=-\ln|C|$,化简得原方程的通解 $x=Ce^{y}-y-1$.

习题 6-4

1. 求下列微分方程的通解:

(1) $y'+y=\sin x$;

(2) $y'+y=e^{-x}$;

(3) $y\ln y\mathrm{d}x+(x-\ln y)\mathrm{d}y=0$;

(4) $\frac{\mathrm{d}y}{\mathrm{d}x}=\frac{1}{2x-y^{2}}$;

(5) $\frac{\mathrm{d}y}{\mathrm{d}x}-y+2xy^{-1}=0$;

(6) $(2xy^{2}-y)\mathrm{d}x+x\mathrm{d}y=0$.

2. 求下列微分方程满足所给初始条件的特解:

(1) $xy'+(1-x)y=e^{2x},x>0,\ y|_{x=1}=0$;

(2) $\frac{\mathrm{d}y}{\mathrm{d}x}+y\cos x=\sin x\cos x,\ y|_{x=0}=1$;

(3) $y'+\frac{y}{x+1}+y^{2}=0,\ y|_{x=0}=1$;

(4) $xy'=y+\frac{x^{2}}{y},\ y(1)=2$.

3. 设 $y=y(x)$是一个连续函数,且满足 $y(x)=\cos 2x+\int_{0}^{x}y(t)\sin t\mathrm{d}t$,求 $y(x)$.

第五节 可降阶的二阶微分方程

二阶和二阶以上的微分方程,我们称之为高阶微分方程.对于高阶微分方程没有通用的求解方法,本节我们将介绍几类比较特殊的二阶微分方程,它们可以通过积分或变量代换的方法转化为一阶微分方程,所以把它们称为可降阶的二阶微分方程.

一、形如 $y''=f(x)$型的微分方程

这类方程的特点是左端为 y'',右端为 x 的已知函数 $f(x)$,只要将 y'作为新的

未知函数,那么方程就变为

$$(y')' = f(x),$$

两端积分,可得

$$y' = \int f(x)\mathrm{d}x + C_1,$$

再积分一次得通解

$$y = \int\left(\int f(x)\mathrm{d}x\right)\mathrm{d}x + C_1 x + C_2.$$

【例 1】 求三阶微分方程 $y''=x-\cos x$ 满足初始条件 $y(0)=1$, $y'(0)=-1$ 的特解.

解 方程两端积分一次

$$\int y''\mathrm{d}x = \int (x-\cos x)\mathrm{d}x,$$

得
$$y' = \frac{1}{2}x^2 - \sin x + C_1,$$

由初始条件 $y'(0)=-1$,求得 $C_1=-1$, 于是

$$y' = \frac{1}{2}x^2 - \sin x - 1;$$

再积分一次,得

$$y = \frac{1}{6}x^3 + \cos x - x + C_2,$$

由初始条件 $y(0)=1$,求得 $C_2=0$,因此

$$y = \frac{1}{6}x^3 + \cos x - x.$$

二、形如 $y''=f(x, y')$ 型的微分方程

这类方程的特点是方程右端不显含"y". 这类方程可通过变量代换的方法降为一阶微分方程再求解. 令 $y'=p$,则 $y''=p'=\frac{\mathrm{d}p}{\mathrm{d}x}$, 代入原方程,得

$$p' = f(x, p),$$

这是以 $p=p(x)$ 为未知函数的一阶微分方程. 如果它的通解为 $p=\varphi(x, C_1)$,因为 $y'=p$, 即

$$y' = \varphi(x,\ C_1),$$

对上式进行积分可求得原方程的通解为

$$y = \int \varphi(x,\ C_1)\mathrm{d}x + C_2.$$

【例 2】 求微分方程 $x^2y''+xy'=1$ 的通解.

解 该方程中不显含 y,属于 $y''=f(x,\ y')$型.

令 $y'=p$, 则 $y''=p'=\dfrac{\mathrm{d}p}{\mathrm{d}x}$,代入原方程,可得

$$x^2p' + xp = 1,\text{或 } p' + \frac{1}{x}p = \frac{1}{x^2}.$$

这是关于 p, p'的一阶线性非齐次微分方程,由通解公式,得其通解为

$$p = \mathrm{e}^{-\int \frac{1}{x}\mathrm{d}x}\left[\int \frac{1}{x^2}\mathrm{e}^{\int \frac{1}{x}\mathrm{d}x}\mathrm{d}x + C_1\right] = \frac{1}{x}[\ln x + C_1],$$

即

$$y' = \frac{\mathrm{d}y}{\mathrm{d}x} = \frac{1}{x}[\ln x + C_1],$$

从而

$$y = \int \frac{\ln x + C_1}{x}\mathrm{d}x = \frac{1}{2}(\ln x)^2 + C_1\ln x + C_2,$$

原方程的通解为 $y = \dfrac{1}{2}(\ln x)^2 + C_1\ln x + C_2$.

三、 形如 $y''=f(y,\ y')$型的微分方程

这类方程的特点是方程右端不显含自变量 x,这类方程也可通过变量代换的方法降为一阶微分方程再求解. 令 $y'=p$,则由链式法则,

$$y'' = p' = \frac{\mathrm{d}p}{\mathrm{d}x} = \frac{\mathrm{d}p}{\mathrm{d}y}\frac{\mathrm{d}y}{\mathrm{d}x} = p\frac{\mathrm{d}p}{\mathrm{d}y},$$

代入原方程后,得

$$p\frac{\mathrm{d}p}{\mathrm{d}y} = f(y,\ p),$$

这是一个关于未知函数 $p = p(y)$ 的一阶微分方程. 如果它的通解为 $p = \varphi(y,\ C_1)$,则由 $y' = p$, 得

$$y' = \varphi(y, C_1),$$

它是可分离变量的微分方程,变量分离并积分得原方程的通解为

$$\int \frac{\mathrm{d}y}{\varphi(y, C_1)} = x + C_2.$$

【例 3】 求微分方程 $yy'' - (y')^2 = 0$ 的通解.

解 该方程中不显含"x",属于 $y''=f(y, y')$型.

令 $y' = p$, $y'' = p\dfrac{\mathrm{d}p}{\mathrm{d}y}$, 代入原方程,得

$$yp\frac{\mathrm{d}p}{\mathrm{d}y} - p^2 = 0, \text{或} \left(y\frac{\mathrm{d}p}{\mathrm{d}y} - p\right)p = 0;$$

(1) 若 $p = 0$,即 $y' = 0$,方程的解为 $y = C$;

(2) 若 $p \neq 0$, 则

$$y\frac{\mathrm{d}p}{\mathrm{d}y} - p = 0,$$

这是可分离变量的微分方程,变量分离,得

$$\frac{\mathrm{d}p}{p} = \frac{\mathrm{d}y}{y},$$

两边积分,得 $\ln p = \ln |y| + \ln C_1$,即 $p = C_1 y$,从而 $y' = C_1 y$,
变量分离后积分得

$$\ln y = C_1 x + \ln C_2, \quad \ln\frac{y}{C_2} = C_1 x,$$

所以原方程的通解为 $y = C_2 \mathrm{e}^{C_1 x}$(解 $y = C$ 含于其中).

习题 6-5

1. 求下列微分方程的通解:

(1) $y'' = x\mathrm{e}^x$;　(2) $y'' = \dfrac{y'}{x} + x$;　(3) $y'' + y' = x^2$;　(4) $y'' + y'^2 = 2yy''$.

2. 求下列微分方程满足初始条件的特解:

(1) $y'' = \cos 2x$, $y|_{x=0} = 1$, $y'|_{x=0} = 1$;

(2) $y^3 y'' + 1 = 0$, $y|_{x=1} = 1$, $y'|_{x=1} = 0$;

(3) $(1 + x^2)y'' = 2xy'$, $y|_{x=0} = 1$, $y'|_{x=0} = 3$;

(4) $y'' = 3\sqrt{y}$, $y|_{x=0} = 1$, $y'|_{x=0} = 2$.

3. 试求 $y'' = x$ 的经过点 $M(0, 2)$ 且在此点与直线 $y = \dfrac{x}{2} + 2$ 相切的积分曲线.

4. 设子弹以 200 m/s 的速度射入厚度为 0.1 m 的木板,受到的阻力大小与子弹的速度的平方成正比,如果子弹穿出木板时的速度为 80 m/s,求子弹穿过木板的时间.

第六节　二阶线性微分方程解的结构

实际问题中,应用较多的是线性微分方程,本节以二阶线性微分方程为例,讨论线性微分方程的解的结构.

一、n 阶线性微分方程

定义形如

$$y^{(n)}+p_1(x)y^{(n-1)}+p_2(x)y^{(n-2)}+\cdots+p_{n-1}(x)y'+p_n(x)y=f(x) \tag{6.20}$$

的微分方程称为 **n 阶线性微分方程**. 其特点是关于未知函数 y 及其各阶导数都是一次的,其中 $f(x)$称为自由项.

若 $f(x)\equiv 0$,称为 **n 阶线性齐次微分方程**,否则为 **n 阶线性非齐次微分方程**.

特别的,如果 $n=2$,方程

$$y''+p(x)y'+q(x)y=0, \tag{6.21}$$

我们称之为**二阶线性齐次微分方程**.

方程

$$y''+p(x)y'+q(x)y=f(x), \tag{6.22}$$

我们称之为**二阶线性非齐次微分方程**.

二、二阶齐次线性微分方程的解的结构

为了研究线性微分方程的解的结构,我们需要先介绍一下关于函数的线性相关和线性无关的问题.

1. 线性相关与线性无关

若存在一组不全为零的常数 $k_1, k_2, \cdots, k_n$,使得

$$k_1y_1+k_2y_2+\cdots+k_ny_n\equiv 0, \tag{6.23}$$

则称 $y_1, y_2, \cdots, y_n$ 在区间 I 上为**线性相关**的,否则为**线性无关**的.

例如, $\sin x$, $\cos x$, 1,存在 $k_1=1$, $k_2=1$, $k_3=-1$ 使得 $1\cdot\sin x+1\cdot\cos x+(-1)\cdot 1=0$, 所以 $\sin x$, $\cos x$, 1 线性相关.

注 特别地，$n=2$ 时，由定义不难得出，函数 y_1，y_2 线性相关的充要条件是 $\frac{y_1}{y_2}=c$，其中 c 是常数；y_1，y_2 线性无关的充要条件是$\frac{y_1}{y_2}\neq c$，或$\frac{y_1}{y_2}=c(x)$. 例如，$y_1=e^{2x}$，$y_2=e^x$，因为$\frac{y_1}{y_2}=e^x\neq$ 常数，所以 y_1，y_2 线性无关.

2. 二阶齐次线性微分方程的解的叠加原理

定理 1 设 $y_1(x)$，$y_2(x)$是二阶齐次线性微分方程

$$y''+p(x)y'+q(x)y=0 \tag{6.24}$$

的两个解，则对任意常数 C_1，C_2，函数 $y=C_1y_1(x)+C_2y_2(x)$ 也是该方程的解.

证 由题设

$$y_1''+p(x)y_1'+q(x)y_1\equiv 0,\quad y_2''+p(x)y_2'+q(x)y_2\equiv 0,$$

两式的两端分别乘以 C_1，C_2，再相加得

$$(C_1y_1+C_2y_2)''+p(x)(C_1y_1+C_2y_2)'+q(x)(C_1y_1+C_2y_2)\equiv 0$$

因此 $y=C_1y_1(x)+C_2y_2(x)$ 是方程(6.24)的解.

问题： 在定理 1 中，$y=C_1y_1+C_2y_2$ 是方程(6.24)的解，是否一定是其通解？事实上这是不对的！如方程 $y''-y=0$，$y_1=e^x$，$y_2=2e^x$ 均为其解，由定理 1，$y=C_1y_1+C_2y_2=(C_1+2C_2)e^x$ 也是方程的解，但实际上此解为 $y=C_1y_1+C_2y_2=Ce^x$，不可能是方程 $y''-y=0$ 的通解.

定理 2 设 $y_1(x)$，$y_2(x)$是二阶齐次线性微分方程(6.24)的两个线性无关的解，则函数

$$y=C_1y_1(x)+C_2y_2(x)$$

是该方程的通解，其中 C_1，C_2 是两个独立的任意常数.

例如，方程 $y''-y=0$，而 $y_1=e^x$，$y_2=e^{-x}$ 是方程的两个解，且$\frac{y_1}{y_2}=e^{2x}\neq$ 常数，即 y_1，y_2 线性无关，因此 $y=C_1y_1+C_2y_2=C_1e^x+C_2e^{-x}$ 是方程 $y''-y=0$ 的通解.

【例 1】 验证 $y_1=x$ 与 $y_2=e^x$ 是方程$(x-1)y''-xy'+y=0$ 的线性无关解，并写出微分方程的通解.

解 因为
$$(x-1)y_1''-xy_1'+y_1=0-x+x=0,$$
$$(x-1)y_2''-xy_2'+y_2=(x-1)e^x-xe^x+e^x=0,$$

所以 $y_1=x$ 与 $y_2=e^x$ 都是所给二阶非齐次线性微分方程的解；又因为比值 e^x/x

不恒为常数，所以 $y_1 = x$ 与 $y_2 = e^x$ 在$(-\infty, +\infty)$ 内是线性无关的. 因此 $y_1 = x$ 与 $y_2 = e^x$ 是方程$(x-1)y'' - xy' + y = 0$ 的线性无关的特解. 所以方程的通解为

$$y = C_1 x + C_2 e^x.$$

前面我们讲一阶非齐次线性微分方程 $y' + P(x)y = Q(x)$ 的通解时，其通解可分解为两部分 $y = Y + y^*$，其中 Y 是 $y' + P(x)y = 0$ 的通解，而 y^* 为 $y' + P(x)y = Q(x)$ 的一个特解. 对二阶线性非齐次方程我们有相同的结论.

三、二阶非齐次线性微分方程解的结构

1. 二阶非齐次线性微分方程通解的结构

定理 3 设 $y^*(x)$是二阶非齐次线性微分方程

$$y'' + p(x)y' + q(x)y = f(x) \tag{6.25}$$

的一个解，$Y(x)$是与(6.25)对应的二阶齐次线性微分方程(6.24)的通解，则函数 $y = Y + y^*$ 是二阶非齐次线性微分方程(6.25)的通解.

证 因为

$$\begin{aligned}
&(Y + y^*)'' + p(x)(Y + y^*)' + q(x)(Y + y^*) \\
&\quad = (Y'' + y^{*\prime\prime}) + p(x)(Y' + y^{*\prime}) + q(x)(Y + y^*) \\
&\quad = (Y'' + p(x)Y' + q(x)Y) + (y^{*\prime} + p(x)y^{*\prime} + q(x)y^*) \\
&\quad = 0 + f(x) = f(x)
\end{aligned}$$

表明函数 $y=Y+y^*$ 是方程(6.25)的解. 又因为这个解中含有两个独立的任意常数，所以，$y=Y+y^*$ 是此方程的通解.

推论 如果 $y_1(x)$，$y_2(x)$是二阶非齐次线性微分方程(6.25)的两个解，则 $y = y_1(x) - y_2(x)$ 是其对应的二阶齐次线性微分方程的一个解.

定理 4 若 $y_1(x)$，$y_2(x)$分别是

$$y'' + p(x)y' + q(x) = f_1(x)$$

与

$$y'' + p(x)y' + q(x) = f_2(x)$$

的两个解，则 $y_1 + y_2$ 为

$$y'' + p(x)y' + q(x) = f_1(x) + f_2(x)$$

的解.

证明略.

注 定理 3 和定理 4 又称为解的叠加原理,因此可以将其结果推广到 n 阶非齐次线性微分方程.

【例 2】 设 $y_1 = e^x + 3$, $y_2 = x^2 + 3$, $y_3 = 3$ 是某二阶非齐次线性微分方程的三个特解,求该微分方程的通解.

解 因为 y_1, y_2, y_3 是某二阶非齐次线性微分方程的三个特解,所以由定理 3 推论,

$$y_1 - y_3 = e^x,\ y_2 - y_3 = x^2$$

是该非齐次方程所对应的齐次方程的解;又$\frac{e^x}{x^2} \neq$常数,可知 e^x 与 x^2 线性无关,故对应的齐次方程的通解是

$$Y = C_1 e^x + C_2 x^2;$$

又因为 $y_3 = 3$ 是原非齐次方程的一个特解,所以所求通解为 $y = Y + y_3 = C_1 e^x + C_2 x^2 + 3$.

习题 6-6

1. 判断下列函数组是否线性无关?

(1) x, $x+5$; (2) $\sin x$, $\cos x$; (3) e^x, e^{x+2}; (4) x, $\ln x$.

2. 验证下列函数是否是所给微分方程的解,并指出是否是通解?

(1) $y'' - 4xy' + (4x^2 - 2)y = 0$, $y = C_1 e^{x^2} + C_2 x e^{x^2}$;

(2) $y'' + 4y = 0$, $y = C_1 \sin 2x + C_2 \sin x \cos x$.

3. 设 $y_1 = xe^x + e^{2x}$, $y_2 = xe^x + e^{-x}$, $y_3 = xe^x + e^{2x} - e^{-x}$ 是某二阶线性非齐次方程的解,求该方程的通解.

4. 已知二阶非齐次线性微分方程 $y'' + p(x)y' + q(x)y = f(x)$ 的三个解为 y_1, y_2, y_3,且 $y_2 - y_1$ 与 $y_3 - y_1$ 线性无关,证明 $y = (1 - C_1 - C_2)y_1 + C_1 y_2 + C_2 y_3$($C_1$,$C_2$ 为任意常数) 是该微分方程的通解.

5. 验证函数 $y_1^* = \frac{1}{4} - \frac{1}{2}x$ 与 $y_2^* = -\frac{1}{2}e^x$ 分别是方程

$$y'' - y' - 2y = x \text{ 与 } y'' - y' - 2y = e^x$$

的特解,请根据定理 4,写出方程 $y'' - y' - 2y = x + e^x$ 的通解.

第七节 二阶常系数线性微分方程

一、二阶常系数齐次线性微分方程

定义 1 第六节中的方程(6.24)中,如果 $p(x)$, $q(x)$都是常数,即方程(6.24)

变成

$$y''+py'+qy=0,\quad (p,\ q\text{ 为常数}) \tag{6.26}$$

我们将此方程称为**二阶常系数齐次线性微分方程**

接下来,我们的任务是寻求方程(6.26)的通解,由第六节的知识可知,只要能找到其两个线性无关的解 $y_1(x)$, $y_2(x)$,那么 $y=C_1y_1(x)+C_2y_2(x)$ 就是方程(6.26)的通解.那么如何求此方程的两个线性无关的解呢?

考虑到方程(6.26)的特点:y'', y'与 y 之间相差一个常数因子.由于指数函数具备这个特点,因此我们推测 $y=e^{rx}$可能成为方程的特解,看看能否取到合适的常数 r,使 $y=e^{rx}$满足方程(6.26).

对 $y=e^{rx}$求导,得到

$$y'=re^{rx},\quad y''=r^2e^{rx},$$

将 y, y', y''代入到方程(6.26),得到

$$y''+py'+qy=e^{rx}(r^2+pr+q)\equiv 0,$$

因为 $e^{rx}\neq 0$, 所以

$$r^2+pr+q=0. \tag{6.27}$$

这说明,只要 r 满足(6.27),则 $y=e^{rx}$ 就是方程(6.26) 的解;反之,$y=e^{rx}$ 要成为是方程的解,r 必须满足满足(6.27)式.即,

$y=e^{rx}$ 是微分方程(6.26) 的解 $\Leftrightarrow r$ 是代数方程 $r^2+pr+q=0$ 的根.

我们将代数方程(6.27)称为微分方程(6.26)的**特征方程**,方程(6.27)的根称为**特征根**.

由于代数方程(6.27)是一元二次方程,它的两个根可由公式

$$r_{1,2}=\frac{-p\pm\sqrt{\Delta}}{2},\text{其中 }\Delta=p^2-4q$$

求得,根据$\Delta=p^2-4q$的值,它们将有三种不同的情形,相应的微分方程(6.26)的通解有三种不同情形,下面分别讨论:

(i) 当 $\Delta=p^2-4q>0$ 时,特征方程(6.27) 有两个不相等的实根:$r_1\neq r_2$.

这时对应着方程(6.26)有两个特解 $y_1=e^{r_1x}$, $y_2=e^{r_2x}$, 因为

$$\frac{y_1}{y_2}=\frac{e^{r_1x}}{e^{r_2x}}=e^{(r_1-r_2)x}\neq\text{常数},$$

即 $y_1=e^{r_1x}$, $y_2=e^{r_2x}$ 线性无关,从而得到方程(6.26)的通解为

$$y = C_1 e^{r_1 x} + C_2 e^{r_2 x};$$

(ii) 当 $\Delta = p^2 - 4q = 0$ 时，特征方程(6.27)有两个相等的实根：$r = r_1 = r_2 = -\frac{p}{2}$.

此时只能得到方程(6.26)的一个特解

$$y_1 = e^{rx} = e^{-\frac{p}{2}x}.$$

为了得到方程的通解，还需要再求出另一个特解 y_2，并且要求$\frac{y_2}{y_1} \neq$常数. 为此设 $\frac{y_2}{y_1} = u(x)$，即 $y_2 = u(x)y_1$，其中 $u(x)$是待定函数. 将 $y_2(x)$求一阶导，二阶导，得到

$$y_2{}' = [u'(x) + ru(x)]e^{rx}, \quad y_2{}'' = [u''(x) + 2ru'(x) + r^2 u(x)]e^{rx},$$

将 y_2，y_2'，y_2''代入方程(6.26)，整理，得

$$e^{rx}[u''(x) + (2r + p)u'(x) + (r^2 + pr + q)u(x)] = 0.$$

因为 $e^{rx} \neq 0$，且 r 是特征方程的二重根，故 $r^2 + pr + q = 0$，且 $2r + p = 0$，于是得 $u''(x) = 0$.

不妨取 $u(x) = x$. 由此得到微分方程(6.26)的另一个与解 y_1 线性无关的特解

$$y_2 = u(x)y_1 = xe^{rx}.$$

因此，方程(6.26)的通解为

$$y = C_1 e^{rx} + C_2 x e^{rx} = (C_1 + C_2 x)e^{rx}.$$

(iii) 当 $\Delta = p^2 - 4q < 0$ 时，特征方程(6.27)有一对共轭复根：$r_{1,2} = \alpha \pm i\beta$ $(r_1 \neq r_2)$.

此时方程有两个线性无关的解 $y_1 = e^{(\alpha+i\beta)x}$，$y_2 = e^{(\alpha-i\beta)x}$，方程的通解是

$$y = C_1 e^{(\alpha+i\beta)x} + C_2 e^{(\alpha-i\beta)x}.$$

由于这个复数形式的解在应用上很不方便，实际问题中，常常需要实数形式的通解，因此我们可以利用欧拉公式 $e^{ix} = \cos x + i\sin x$ $(i = \sqrt{-1})$ 来得到实数形式的通解. 为此，由 $e^{ix} = \cos x + i\sin x$，得

$$y_1 = e^{(\alpha+i\beta)x} = e^{\alpha x} e^{i\beta x} = e^{\alpha x}(\cos\beta x + i\sin\beta x),$$
$$y_2 = e^{(\alpha-i\beta)x} = e^{\alpha x} e^{i(-\beta x)} = e^{\alpha x}(\cos\beta x - i\sin\beta x).$$

根据齐次线性方程解的叠加性质，我们可以得到

$$\bar{y}_1 = \frac{y_1 + y_2}{2} = e^{\alpha x}\cos\beta x,$$

$$\bar{y}_2 = \frac{y_1 - y_2}{2i} = e^{\alpha x}\sin\beta x$$

仍然是方程(6.26)的解,它们不但是两个实数解,并且$\frac{\bar{y}_2}{\bar{y}_1}=\tan\beta x\neq$常数,从而它们线性无关,由此得到方程(6.26)的通解为

$$\begin{aligned} y &= C_1\bar{y}_1 + C_2\bar{y}_2 = C_1 e^{\alpha x}\cos\beta x + C_2 e^{\alpha x}\sin\beta x \\ &= e^{\alpha x}(C_1\cos\beta x + C_2\sin\beta x). \end{aligned}$$

综上所述,求二阶常系数齐次线性微分方程 $y''+py'+qy=0$ 通解的步骤可归纳如下:

(1) 写出特征方程:$r^2+pr+q=0$;

(2) 求出特征根:r_1, r_2;

(3) 根据两个特征根的不同情形,按照下面的表写出通解:

特征方程 $r^2+pr+q=0$ 的根	微分方程 $y''+py'+qy=0$ 的通解
两个不相等的实根 $r_1\neq r_2$	$y=C_1e^{r_1x}+C_2e^{r_2x}$
两个相等的实根 $r=r_1=r_2$	$y=(C_1+C_2x)e^{rx}$
一对共轭复根 $r_{1,2}=\alpha\pm i\beta$	$y=e^{\alpha x}(C_1\cos\beta x+C_2\sin\beta x)$

【例 1】 求微分方程 $y''-y'-2y=0$ 的通解.

解 微分方程的特征方程为

$$r^2-r-2=0,$$

特征根为 $r_1=-1$, $r_2=2$ 是两个不相等的实数根,所以方程的通解为

$$y=C_1e^{-x}+C_2e^{2x}.$$

【例 2】 求方程 $y''+2y'+y=0$ 满足初始条件 $y|_{x=0}=4$, $y'|_{x=0}=-2$ 的特解.

解 微分方程的特征方程为

$$r^2+2r+1=0,\ 即(r+1)^2=0.$$

特征根 $r_1=r_2=-1$,是两个相等的实根,因此所给微分方程的通解为

$$y=e^{-x}(C_1+C_2x).$$

将条件 $y|_{x=0}=4$ 代入通解,解得 $C_1=4$,从而 $y=e^{-x}(4+C_2x)$. 两端对 x 求导,

得

$$y' = e^{-x}(C_2 - 4 - C_2 x),$$

再把条件 $y'|_{x=0} = -2$ 代入上式，求得 $C_2 = 2$. 于是所求特解为

$$y = e^{-x}(4 + 2x).$$

【例 3】 求微分方程 $y'' - 4y' + 13y = 0$ 的通解.

解　微分方程的特征方程为

$$r^2 - 4r + 13 = 0,$$

特征根为 $r_{1,2} = 2 \pm 3i$ 是一对共轭复根，所以微分方程的通解为

$$y = e^{2x}(C_1 \cos 3x + C_2 \sin 3x).$$

注　二阶常系数齐次线性微分方程的解法可推广到 n 阶常系数齐次线性微分方程. n 阶常系数齐次线性微分方程的一般形式

$y^{(n)} + p_1 y^{(n-1)} + p_2 y^{(n-2)} + \cdots + p_{n-1} y' + p_n y = 0$，（$p_i$（$i = 1, 2, \cdots, n$）为常数），

它的特征方程为

$$r^n + p_1 r^{n-1} + p_2 r^{n-2} + \cdots + p_{n-1} r + p_n = 0,$$

根据特征方程的根，可写出对应的微分方程的解如下：

特征方程的根	微分方程通解中的对应项
单实根 r	对应一项：Ce^{rx}
k 重实根	对应 k 项：$e^{rx}(C_1 + C_2 x + \cdots + C_k x^{k-1})$
一对单复根 $r_{1,2} = \alpha \pm i\beta$	对应两项：$e^{\alpha x}(C_1 \cos \beta x + C_2 \sin \beta x)$
一对 k 重复根 $r_{1,2} = \alpha \pm i\beta$	对应 $2k$ 项：$e^{\alpha x}[(C_1 + C_2 x + \cdots + C_k x^{k-1})\cos \beta x + (D_1 + D_2 x + \cdots D_k x^{k-1})\sin \beta x]$

【例 4】 求微分方程 $y^{(4)} - y''' + 2y'' = 0$ 的通解.

解　特征方程为

$$r^4 - r^3 + 2r^2 = 0,$$

化简，得 $r^2(r^2 - r + 2) = 0$，其特征根为 $r_1 = r_2 = 0$，$r_3 = r_4 = \dfrac{1}{2} \pm \dfrac{\sqrt{7}}{2}i$，这是二重共轭复根，所以方程的通解为

$$y = C_1 + C_2 x + e^{\frac{1}{2}x\left(C_3 \cos \frac{\sqrt{7}}{2}x + C_4 \sin \frac{\sqrt{7}}{2}x\right)}.$$

二、二阶常系数非齐次线性微分方程**（选讲内容）

定义 2 第六节中的方程(6.22)中，如果 $p(x)$，$q(x)$都是常数，即方程(6.22)变成

$$y''+py'+qy=f(x),\ (p,\ q\ 为常数) \tag{6.28}$$

我们将此方程称为**二阶常系数非齐次线性微分方程**

方程(6.28)对应的齐次线性微分方程是

$$y''+py'+qy=0. \tag{6.29}$$

由第六节的定理 3 可知，方程(6.28)的通解可分为两部分，一部分是其对应的齐次方程(6.29)的通解 Y，另一部分是非齐次方程(6.28)的一个特解 y^*，而齐次方程(6.29)的通解问题我们已经在第一部分解决了，所以，现在只需求出非齐次方程(6.28)的一个特解 y^* 即可. 特解 y^* 与方程的自由项 $f(x)$ 密切相关，本书只介绍 $f(x)$ 取如下两种函数形式时，求 y^* 的方法.

(一) $f(x)=e^{\lambda x}P_m(x)$，其中 λ 为已知常数，$P_m(x)$ 为已知 m 次多项式；

(二) $f(x)=e^{\lambda x}[P_l(x)\cos\omega x+P_n(x)\sin\omega x]$，其中 λ, ω 为已知常数，$P_l(x)$，$P_n(x)$ 分别为已知 l 次和 n 次多项式.

我们下面介绍用**待定系数法**求特解 y^*，即先确定方程(6.28)的形式解，再把形式解代入到方程，从而求出形式解中的待定系数.

(一) $f(x)=e^{\lambda x}P_m(x)$，其中 λ 为已知常数，$P_m(x)$为已知 m 次多项式.

因为方程的自由项 $f(x)=e^{\lambda x}P_m(x)$ 是多项式与指数函数的乘积，而多项式与指数函数的乘积的导数仍然是多项式与指数函数的乘积. 因此，我们推测方程(6.35)有形如 $y^*=Q(x)e^{\lambda x}$ 的特解，其中 $Q(x)$ 是一待定多项式. 是否能够确定出 $Q(x)$，使得 $y^*=Q(x)e^{\lambda x}$ 就是方程(6.28)的一个特解呢？对 $y^*=Q(x)e^{\lambda x}$ 求一阶导，二阶导，得到

$$y^{*\prime}=[Q'(x)+\lambda Q(x)]e^{\lambda x},$$
$$y^{*\prime\prime}=[\lambda^2Q(x)+2\lambda Q'(x)+Q''(x)]e^{\lambda x},$$

将 y^*, $y^{*\prime}$, $y^{*\prime\prime}$代入方程(6.28)，并消去等式两端的公因子 $e^{\lambda x}$，整理得

$$Q''(x)+(2\lambda+p)Q'(x)+(\lambda^2+p\lambda+q)Q(x)\equiv P_m(x). \tag{6.30}$$

我们将通过讨论方程(6.30)各项的系数情况，从而确定出 $Q(x)$，下面分三种情形进行讨论：

(1) 如果 λ 不是特征根，即 $\lambda^2+p\lambda+q\neq0$. 由(6.30)式可知，$Q(x)$必须是 m 次多项式，令

$$Q(x)=Q_m(x)=b_0x^m+b_1x^{m-1}+\cdots+b_{m-1}x+b_m$$
$$(b_0\neq 0;\ b_0,\ b_1,\ \cdots,\ b_m\ \text{待定})$$

将 $Q(x)=Q_m(x)$ 代入恒等式

$$Q''(x)+(2\lambda+p)Q'(x)+(\lambda^2+p\lambda+q)Q(x)\equiv P_m(x),$$

比较等式两边 x 的同次幂的系数,求得 $Q_m(x)$ 的 $m+1$ 个系数,可得特解 $y^*=Q(x)e^{\lambda x}$.

(2) 如果 λ 是单特征根,即 $\lambda^2+p\lambda+q=0$,但 $2\lambda+p\neq 0$. 由(6.30)式,$Q'(x)$ 必须是一个 m 次的多项式,$Q(x)$ 应该是 $m+1$ 次多项式, 可设

$$Q(x)=xQ_m(x)=x(b_0x^m+b_1x^{m-1}+\cdots+b_{m-1}x+b_m),$$
$$(b_0\neq 0,\ b_0,\ b_1,\ \cdots,\ b_m\ \text{待定})$$

将 $Q(x)=xQ_m(x)$ 代入恒等式

$$Q''(x)+(2\lambda+p)Q'(x)\equiv P_m(x),$$

比较等式两边 x 的同次幂的系数,求得 $Q_m(x)$的 $m+1$ 个系数,可求得特解

$$y^*=Q(x)e^{\lambda x}=xQ_m(x)e^{\lambda x}.$$

(3) λ 是二重特征根. 即 $\lambda^2+p\lambda+q=0$,且 $2\lambda+p=0$.

由(6.30)式,$Q''(x)$必须是一个 m 次的多项式,$Q(x)$则应该是一个 $m+2$ 次的多项式,可设

$$Q(x)=x^2Q_m(x)=x(b_0x^m+b_1x^{m-1}+\cdots+b_{m-1}x+b_m),$$
$$(b_0\neq 0,\ b_0,\ b_1,\ \cdots,\ b_m\ \text{待定});$$

将 $Q(x)=x^2Q_m(x)$ 代入恒等式

$$Q''(x)\equiv P_m(x),$$

比较等式两边 x 的同次幂的系数,求得 $Q_m(x)$ 的 $m+1$ 个系数,可得特解 $y^*=Q(x)e^{\lambda x}=x^2Q_m(x)e^{\lambda x}$.

综上所述,方程 $y''+py'+qy=p_m(x)e^{\lambda x}$ 的一个特解 y^* 的形式可设为

$$y^*=x^kQ_m(x)e^{\lambda x},\ \text{其中}\ k=\begin{cases}0, & \lambda\ \text{不是特征根},\\ 1, & \lambda\ \text{为单特征根},\\ 2, & \lambda\ \text{为二重特征根}.\end{cases}\tag{6.31}$$

【例 5】 求微分方程 $y''-2y'+y=3x+1$ 的一个特解.

解 该方程所对应的齐次方程的特征方程为

$$r^2-2r+1=0, \text{求得特征根 } r_1=r_2=1,$$

由于 $\lambda=0$ 不是特征方程的根，所以根据(6.31)设特解为 $y^*=Ax+B$,此时 $Q(x)=Ax+B$,将 $Q(x)=Ax+B$ 代入到(6.30)或将 $y^*=Ax+B$ 代入到原方程整理得

$$Ax-2A+B=3x+1,$$

比较等式两端 x 同次幂的系数，得 $\begin{cases}A=3,\\-2A+B=1,\end{cases}$

解得 $A=3$, $B=7$,求得所给方程的一个特解为 $y^*=3x+7$.

【例 6】 求微分方程 $y''-2y'-3y=xe^{-x}$ 的通解.

解 (1) 求 $y''-2y'-3y=0$ 的通解 Y:

因为特征方程为 $r^2-2r-3=0$,解得特征根 $r_1=-1, r_2=3$, 则齐次方程的通解为

$$y=C_1e^{-x}+C_2e^{3x}.$$

(2) 求 $y''-2y'-3y=xe^{-x}$的一个解 y^*.

因为 $\lambda=-1$ 是特征根, $P_m(x)=x$ 是一次多项式，由式(6.31)可设 $y^*=x(ax+b)e^{-x}$,此时 $Q(x)=x(ax+b)=ax^2+bx$, 易得

$$Q'(x)=2ax^2+b, \quad Q''(x)=4ax,$$

将 $Q(x)$, $Q'(x)$, $Q''(x)$代入到(6.30)或将 $y^*=x(ax+b)e^{-x}$ 代入到原方程,可得

$$-8a+x+2a-4b=x,$$

通过比较系数可得

$$-8a=1, \quad 2a-4b=0,$$

即 $a=-\frac{1}{8}$, $b=-\frac{1}{16}$,故 $y^*=\left(-\frac{1}{8}x^2-\frac{1}{16}x\right)e^{-x}=-\frac{1}{16}(2x^2+x)e^{-x}$.

(3) 写出 $y''-2y'-3y=xe^{-x}$的通解为

$$y=Y+y^*=C_1e^{-x}+C_2e^{3x}-\frac{1}{16}(2x^2+x)e^{-x};$$

若给定初始条件 $y(0)=1$, $y'(0)=\frac{15}{16}$, 则由

$$y=C_1e^{-x}+C_2e^{3x}-\frac{1}{16}(2x^2+x)e^{-x},$$

$$y'=-C_1e^{-x}+3C_2e^{3x}-\frac{1}{16}(-2x^2+3x+1)e^{-x},$$

有 $C_1+C_2=1,-C_1+3C_2-\frac{1}{16}=\frac{15}{16}$,解得 $C_1=C_2=\frac{1}{2}$.

从而 $y''-2y'-3y=xe^{-x}$ 满足初始条件的特解为

$$y=\frac{1}{2}e^{-x}+\frac{1}{2}e^{3x}-\frac{1}{16}(2x^2+x)e^{-x}.$$

(二) $f(x)=e^{\lambda x}[P_l(x)\cos\omega x+P_n(x)\sin\omega x]$,其中 λ,ω 为已知常数,$P_l(x)$,$P_n(x)$ 分别为已知 l 次和 n 次多项式.

为了能够应用前面情形的结论求特解,首先我们用欧拉公式,将自由项表示成复指数函数形式由欧拉公式

$$e^{i\omega x}=\cos\omega x+i\sin\omega x,\quad e^{-i\omega x}=\cos\omega x-i\sin\omega x,$$

解得

$$\cos\omega x=\frac{e^{i\omega x}+e^{-i\omega x}}{2},\quad \sin\omega x=\frac{e^{i\omega x}-e^{-i\omega x}}{2i}.$$

所以

$$\begin{aligned}f(x)&=e^{\lambda x}\left[P_l(x)\frac{e^{i\omega x}+e^{-i\omega x}}{2}+P_n(x)\frac{e^{i\omega x}-e^{-i\omega x}}{2i}\right]\\&=\left(\frac{P_l(x)}{2}+\frac{P_n(x)}{2i}\right)e^{(\lambda+i\omega)x}+\left(\frac{P_l(x)}{2}-\frac{P_n(x)}{2i}\right)e^{(\lambda-i\omega)x}\\&=P(x)e^{(\lambda+i\omega)x}+\overline{P}(x)e^{(\lambda-i\omega)x}.\end{aligned}$$

其中 $P(x)$,$\overline{P}(x)$是复系数、互为共轭的 m 次多项式,$m=\max\{l,n\}$.

应用上面(一)中的结果,对于 $f(x)$中的第一项 $P(x)e^{(\lambda+i\omega)x}$,可求出一个 m 次多项式 $Q_m(x)$,使得 $y^*=x^kQ_m(x)e^{(\lambda+i\omega)x}$是方程

$$y''+py'+qy=P(x)e^{(\lambda+i\omega)x}$$

的特解,其中 k 根据$\lambda+i\omega$ 是不是特征根而取 0 或 1.

由于 $f(x)$中的第二项 $\overline{P}(x)e^{(\lambda-i\omega)x}$ 与第一项 $P(x)e^{(\lambda+i\omega)x}$ 是共轭的,所以与 y_1^* 共轭的函数 $y_2^*=\overline{y_1^*}=x^k\overline{Q}_m(x)e^{(\lambda-i\omega)x}$ 就是方程

$$y''+py'+qy=\overline{P}(x)e^{(\lambda-i\omega)x}$$

的特解,由第六节关于非齐次线性微分方程解的叠加性原理知,方程

$$y''+py'+qy=P(x)e^{(\lambda+i\omega)x}+\overline{P}(x)e^{(\lambda-i\omega)x}$$

的一个特解为

$$\begin{aligned} y^* &= y_1^* + y_2^* = x^k Q_m(x) e^{(\lambda+i\omega)x} + x^k \overline{Q}_m(x) e^{(\lambda-i\omega)x} \\ &= x^k e^{\lambda x}[Q_m(x) e^{i\omega x} + \overline{Q}_m(x) e^{-i\omega x}] \\ &= x^k e^{\lambda x}[Q^m(x)(\cos\omega x + i\sin\omega x) + \overline{Q}_m(x)(\cos\omega x - i\sin\omega x)], \end{aligned}$$

由于中括号内的两项互为共轭函数，故相加后虚部为0，所以可设

$$y^* = x^k e^{\lambda x}[R_m^{(1)}(x)\cos\omega x + R_m^{(2)}(x)\sin\omega x].$$

综上所述，$y'' + py' + qy = e^{\lambda x}[P_l(x)\cos\omega x + P_n(x)\sin\omega x]$ 的一个特解可设为

$$y^* = x^k e^{\lambda x}[R_m^{(1)}(x)\cos\omega x + R_m^{(2)}(x)\sin\omega x],$$

其中 $m = \max\{l, n\}$，$R_m^{(1)}(x)$，$R_m^{(2)}(x)$ 是待定 m 次多项式，$k = \begin{cases} 0, & \lambda + i\omega \text{ 不是特征根}, \\ 1, & \lambda + i\omega \text{ 是特征根}. \end{cases}$

【例 7】 求微分方程 $y'' - 3y' + 2y = \cos 3x$ 的通解.

解 (1) 求 $y'' - 3y' + 2y = 0$ 的通解 Y：

对应齐次方程的特征方程为 $r^2 - 3r + 2 = 0$，

解得特征根 $r_1 = 1$，$r_2 = 2$，对应齐次方程的通解为

$$Y = C_1 e^x + C_2 e^{2x}.$$

(2) 求 $y'' - 3y' + 2y = \cos 3x$ 的一个特解 y^*：

对于方程 $y'' - 3y' + 2y = \cos 3x$，对应的 $\lambda = 0$，$\omega = 3$，$P_l(x) = 1$，$P_n(x) = 0$，$\lambda + i\omega = 3i$ 不是特征根，可设 $y^* = A\cos 3x + B\sin 3x$，代入方程，整理得

$$(-7A - 9B)\cos 3x + (-7B + 9A)\sin 3x = \cos 3x,$$

比较等式两端同类项的系数，得

$$\begin{cases} 7A + 9B = -1, \\ 9A - 7B = 0, \end{cases} \text{即} \begin{cases} A = -\dfrac{7}{130}, \\ B = -\dfrac{9}{130}, \end{cases}$$

所以 $y^* = -\dfrac{1}{130}(7\cos 3x + 9\sin 3x)$.

(3) 写出 $y'' - 3y' + 2y = \cos 3x$ 的通解：

$$y = C_1 e^x + C_2 e^{2x} - \frac{1}{130}(7\cos 3x + 9\sin 3x).$$

【例 8】 求方程 $y'' - y = e^x + x\cos x$ 的通解.

解 (1) 求 $y'' - y = 0$ 的通解：

因为特征方程为 $r^2-1=0$，$r_{1,2}=\pm1$，故齐次方程的通解为

$$Y=C_1\mathrm{e}^x+C_2\mathrm{e}^{-x};$$

(2) 求 $y''-y=\mathrm{e}^x$ 的一个特解 y_1^*：通过观察可得 $y_1^*=\frac{1}{2}\mathrm{e}^x$；

(3) 求 $y''-y=x\cos x$ 的一个特解 y_2^*：

对于方程 $y''-y=x\cos x$，对应的 $\lambda=0$，$\omega=1$，$P_l(x)=x$，$P_n(x)=0$，$\lambda+\mathrm{i}\omega=\mathrm{i}$ 不是特征根，可设 $y_2^*=(Ax+B)\cos x+(Cx+D)\sin x$，代入方程，整理得

$$(-2A-2D)\sin x+(2C-2B)\cos x-2Ax\cos x-2Cx\sin x=x\cos x,$$

比较等式两端同类项的系数，得

$$A=-\frac{1}{2},\ B=C=0,\ D=\frac{1}{2}$$

所以

$$y_2^*=-\frac{1}{2}(x\cos x-\sin x).$$

(4) 写出 $y''-y=\mathrm{e}^x+x\cos x$ 的通解为

$$y=Y+y_1^*+y_2^*=C_1\mathrm{e}^x+C_2\mathrm{e}^{-x}+\frac{1}{2}\mathrm{e}^x-\frac{1}{2}(x\cos x-\sin x).$$

习题 6-7

1. 求下列微分方程的通解：

(1) $y''+y'-y=0$；

(2) $y''-4y'+4y=0$；

(3) $\frac{\mathrm{d}^2y}{\mathrm{d}x^2}+6\frac{\mathrm{d}y}{\mathrm{d}x}+25y=0$；

(4) $y^{(4)}+3y''-4y=0$；

(5) $y''+y=(x-2)\mathrm{e}^{3x}$；

(6) $y''-2y'+y=x\mathrm{e}^x$；

(7) $y''-4y'+4y=2\sin 2x$；

(8) $y''+y=2x\mathrm{e}^x+4\sin x$.

2. 求下列初值问题的解：

(1) $y''+y'-2y=0$，$y|_{x=0}=0$，$y'|_{x=0}=3$；

(2) $y''+4y'+4y=0$，$y|_{x=0}=0$，$y'|_{x=0}=2$；

(3) $y''-2y'=\mathrm{e}^x(x^2+x-3)$，$y|_{x=0}=2$，$y'|_{x=0}=2$；

(4) $y''+y=-\sin 2x$，$y|_{x=\pi}=1$，$y'|_{x=\pi}=1$.

3. 设 $y(x)$ 有二阶连续导数，且 $y'(0)=1$，$y(x)=\int_0^x[y''(t)+5y'(t)+4y(t)-\mathrm{e}^{-2t}]\mathrm{d}t$，求 $y(x)$.

4. 已知 $y_1=x\mathrm{e}^x+\mathrm{e}^{2x}$，$y_2=x\mathrm{e}^x+\mathrm{e}^{-x}$，$y_3=x\mathrm{e}^x+\mathrm{e}^{2x}-\mathrm{e}^{-x}$ 是某二阶常系数非齐次线性微分方程的三个解，求此微分方程及其通解.

5. 一链条悬挂在一钉子上，下滑起动时一端离开钉子 8 m，另一端离开钉子 12 m，分别在以下两种情况下求链条滑下来所需要的时间：

(1) 不计钉子对链条所产生的摩擦力；(2) 摩擦力的大小为链条 1 m 长的重量.

第六章　习题答案

习题 6-1

1. (1) 二阶，非线性；(2) 四阶，线性；(3) 二阶，线性；(4) 三阶，非线性.

2. $y=\frac{5}{27}x^5-\frac{5}{27x}-\frac{x^2}{9}\ln x$.

3. (1) 是；(2) 是；　　4. 略.

5. (1) 微分方程为 $y'=\frac{1}{1-x^2}$，初始条件 $y(0)=1$；

(2) 微分方程为 $x-\frac{y}{y'}=x^2$，初始条件 $y(-1)=1$.

习题 6-2

1. (1) $y=Ce^{-x^3}$；(2) $(x^2+2)(y^2+2)=C\ (C=e^{2C_1})$；(3) $y=\frac{C}{\sqrt{1+x^2}}$；(4) $y^2+1=\left|\frac{Cx}{1+x}\right|$.

2. (1) $y=\frac{1}{2}(\arctan x)^2+1$；(2) $\ln y=C(\sec x+\tan x)$；(3) $(1+y^2)=2(1+x^2)$ 或 $2x^2-y^2+1=0$.

3. $xy=6$，$(x>0)$.

4. (1) $\ln 3$ s；(2) $\frac{2}{3}v_0$.

习题 6-3

1. (1) $y=Ce^{-\frac{x^2}{2y^2}}$；(2) $y+\sqrt{y^2-x^2}=Cx^2$；(3) $\ln|x|=C-e^{-\frac{y}{x}}$；(4) $Cy^3=y^2-x^2$.

2. (1) $y^2=x^2(2\ln|x|+1)$；(2) $x^3+x=2y^3$.

3. 提示：依题意得积分方程 $\int_0^x y(t)dt-\frac{1}{2}xy=x^2,\ x>0$；

两边对 x 求导可得微分方程，再找出初始条件 $y(1)=1$，求解该初始问题，可得 $y=x(1-4\ln x)$.

习题 6-4

1. (1) $y=Ce^x+\frac{\sin x-\cos x}{2}$；　　(2) $y=Ce^{-x}+xe^{-x}$；

(3) $x=\frac{1}{\ln y}\left(\frac{\ln^2 y}{2}+C\right)$；　　(4) $x=-\frac{1}{2}\left(y^2+y+\frac{1}{2}\right)-\frac{C}{2}e^{-2y}$；

(5) $y^2=-2x-1+Ce^{2x}$；　　(6) $x=(x^2+C)y$.

2. (1) $y=\frac{1}{x}(e^{2x}-e^{x+1})$；　　(2) $y=\sin x-1+2e^{-\sin x}$；

(3) $\frac{1}{y}=\frac{x+1}{2}+\frac{1}{2(x+1)}$；　　(4) $e^{\frac{y^2}{2x^2}}=e^2x$.

3. $y=e^{-\cos x}(2e^{\cos x}-e)$.

习题 6-5

1. (1) $y=e^x(x-2)+C_1x+C_2$；　　(2) $y=\frac{x^3}{3}+C_1x^2+C_2$；

(3) $y=\frac{1}{3}x^3-x^2+2x+C_1+C_2e^{-x}$；　　(4) $\sqrt{2y-1}=C_1x+C_2$.

2. (1) $y=-\frac{1}{4}\cos 2x+x+\frac{3}{4}$；　　(2) $y=\sqrt{2x-x^2}$；

(3) $y=x^3+3x+1$；　　(4) $y=\left(\frac{x}{2}+1\right)^4$.

3. $y=\frac{x^3}{6}+\frac{1}{2}x+2$.

4. $\frac{3}{4\,000(\ln 5-\ln 2)}\approx 0.000\,818\,5$ s.

习题 6-6

1. (1) 线性无关；(2) 线性无关；(3) 线性相关；(4) 线性无关.

2. (1) 是通解；(2) 不是通解.

3. 通解为 $y=C_1e^{-x}+C_2(e^{2x}-2e^{-x})+xe^x+e^{2x}$.　　4. 略.　　5. 证明.

习题 6-7

1. (1) $y=C_1e^{\frac{1-\sqrt{5}}{2}x}+C_2e^{\frac{1+\sqrt{5}}{2}x}$；　　(2) $y=(C_1+C_2x)e^{2x}$；

(3) $y=e^{-3x}(C_1\cos 4x+C_2\sin 4x)$；　　(4) $y=C_1e^x+C_2e^{-x}+C_3\cos 2x+C_4\sin 2x$；

(5) $y=C_1\cos x+C_2\sin x+\left(\frac{1}{10}x-\frac{13}{50}\right)e^{3x}$；

(6) $y=(C_1+C_2x)e^x+\frac{1}{6}x^3e^x$；

(7) $y=C_1+C_2e^{-4x}-\frac{1}{10}\cos 2x-\frac{1}{20}\sin 2x$；

(8) $y=C_1\cos x+C_2\sin x+(x-1)e^x-2x\cos x$.

2. (1) $y=e^x-e^{-2x}$；　　(2) $y=xe^{-2x}$；

(3) $y=4e^x-3x-4$；　　(4) $y=\frac{1}{3}\sin 2x-\frac{1}{3}\sin x-\cos x$.

3. $y=x\left(1+\frac{x}{2}\right)e^{-2x}$.

4. $y''-y'-2y=(1-2x)e^x$，　$y=C_1e^{2x}+C_2e^{-x}+xe^x$.

5. (1) $t=\sqrt{\frac{10}{g}}\ln(5+2\sqrt{6})$(s)；　　(2) $t=\sqrt{\frac{10}{g}}\ln\left(\frac{19+4\sqrt{22}}{3}\right)$(s).

第七章　向量与空间解析几何

在平面解析几何中，点与一对有序实数具有一一对应关系，使得平面上的图形和方程有了对应关系，从而可以用代数方法研究几何问题. 空间解析几何也是按照类似的方法建立空间中的点与一组有序实数之间的一一对应关系，运用代数方法研究空间几何问题的.

高等数学的主要研究对象是函数，更确切地讲，是因变量与自变量之间的依赖关系. 平面解析几何是学习一元函数微积分的基础，同样空间解析几何是学习多元函数微积分的重要基础. 因此我们需要将平面解析几何延伸到空间，得到空间解析几何的知识. 本章先介绍向量的概念，在此基础上建立空间直角坐标系，然后讨论向量的运算和空间解析几何.

第一节　向量及其加减法　向量与数的乘法

一、向量的概念

客观世界的量一般分为两类：一类只有大小，例如物体的体积、质量和温度等，这种只有大小的量叫做数量(或者标量)；另一类既有大小又有方向，例如力、位移、速度和加速度等，这种既有大小又有方向的量叫做向量(或矢量).

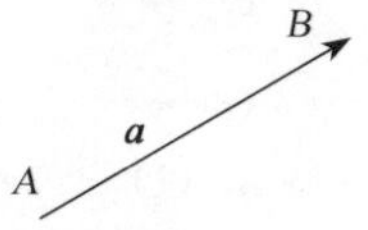

在数学上，往往用有向线段来表示向量，其长度表示向量的大小，其方向表示向量的方向. 以点 A 为起点、以点 B 为终点的有向线段所表示的向量记作$\overrightarrow{AB}$(图 7-1). 本书采用粗体字母或字母上面加箭头来表示，如 $\boldsymbol{a}$、$\boldsymbol{F}$、$\boldsymbol{i}$ 或$\vec{a}$、$\vec{F}$、$\vec{i}$ 等.

图 7-1

向量的大小叫做向量的模. 向量 $\boldsymbol{a}$ 和$\overrightarrow{AB}$的模分别记作$|\boldsymbol{a}|$与$|\overrightarrow{AB}|$. 模为 0 的向量叫做零向量，记为 $\vec{0}$ 或 $\mathbf{0}$. 零向量的起点和终点重合，其方向可认为是任意的. 模为 1 的向量叫做单位向量，与向量 $\boldsymbol{a}$ 同向的单位向量，记作 $\boldsymbol{a}^0$.

如果两个向量的方向相同或相反，则称这两个向量平行. 向量 $\boldsymbol{a}$ 与 $\boldsymbol{b}$ 平行，记

作 $\boldsymbol{a}/\!/\boldsymbol{b}$. 由于零向量的方向可以是任意的,因此可以认为零向量与任何向量都平行.

在实际问题研究中,有些向量与起点有关,有些与起点无关,它们的共性是既有大小也有方向. 这样只考虑大小与方向的向量,称为自由向量(简称向量). 在本章里,除非特别说明,我们讨论的均为自由向量. 因此,我们给出下面向量相等的概念:

定义 1　如果向量 $\boldsymbol{a}$ 与 $\boldsymbol{b}$ 大小相等且方向相同,则称这两个向量相等,记作 $\boldsymbol{a}=\boldsymbol{b}$.

二、向量的加减法

1. 向量的加法

定义 2　设有两个向量 $\boldsymbol{a}$ 与 $\boldsymbol{b}$,将它们的起点放在一起,并以向量 $\boldsymbol{a}$ 和 $\boldsymbol{b}$ 为邻边作平行四边形,则从起点到对角顶点的向量称为向量 $\boldsymbol{a}$ 与 $\boldsymbol{b}$ 的和,记为 $\boldsymbol{a}+\boldsymbol{b}$,如图 7-2(a)所示. 这就是向量加法的平行四边形法则.

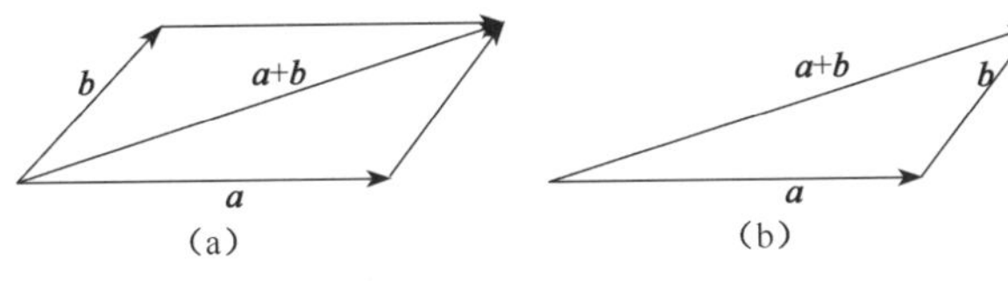

图 7-2

以向量 $\boldsymbol{a}$ 的终点为向量 $\boldsymbol{b}$ 的起点,作向量 $\boldsymbol{b}$,则由向量 $\boldsymbol{a}$ 的起点到向量 $\boldsymbol{b}$ 的终点的向量就是向量 $\boldsymbol{a}$ 与 $\boldsymbol{b}$ 的和,如图 7-2(b)所示. 这是向量加法的三角形法则.

根据向量加法的定义,向量的加法满足:

(1) 交换律　$\boldsymbol{a}+\boldsymbol{b}=\boldsymbol{b}+\boldsymbol{a}$;

(2) 结合律　$(\boldsymbol{a}+\boldsymbol{b})+\boldsymbol{c}=\boldsymbol{a}+(\boldsymbol{b}+\boldsymbol{c})$.

向量加法可以推广到有限个向量的和. 按照三角形法则可得 n 个向量 $\boldsymbol{a}_1, \boldsymbol{a}_2, \cdots, \boldsymbol{a}_n$ 的和,其法则如下:先作向量 $\boldsymbol{a}_1$,然后用前一向量的终点作为后一向量的起点,依次作向量 $\boldsymbol{a}_2, \boldsymbol{a}_3, \cdots, \boldsymbol{a}_n$,则以向量 $\boldsymbol{a}_1$ 的起点为起点,以向量 $\boldsymbol{a}_n$ 的终点为终点的向量就是 $\boldsymbol{a}_1+\boldsymbol{a}_2+\cdots+\boldsymbol{a}_n$. 以三个向量的和为例(图 7-3).

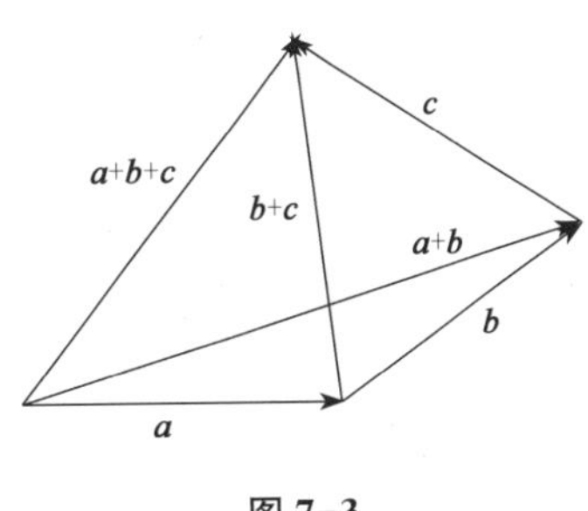

图 7-3

2. 向量的减法

定义 3　设 $\boldsymbol{a}$ 为一向量,与向量 $\boldsymbol{a}$ 的模相等而方向相反的向量称为 $\boldsymbol{a}$ 的负向量,记作 $-\boldsymbol{a}$. 因此我们规定两个向量 $\boldsymbol{b}$ 与 $\boldsymbol{a}$ 的差为

$$\boldsymbol{b}-\boldsymbol{a}=\boldsymbol{b}+(-\boldsymbol{a}).$$

即减去一个向量等于加上这个向量的负向量. 特别地,

$$\boldsymbol{a}-\boldsymbol{a}=\boldsymbol{a}+(-\boldsymbol{a})=\boldsymbol{0}.$$

同样,对于任意向量$\overrightarrow{AB}$和空间中一点 O,都有 $\overrightarrow{AB}=\overrightarrow{OB}-\overrightarrow{OA}$(图 7-4).

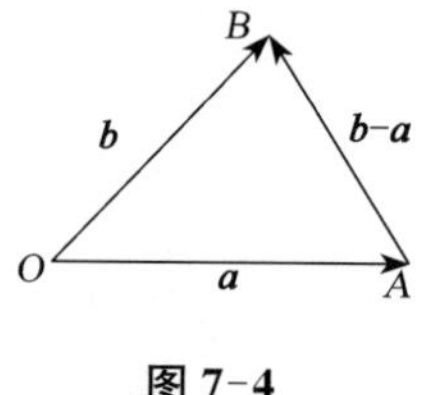

图 7-4

由三角形的两边之和大于第三边的原理得

$$|\boldsymbol{a}\pm\boldsymbol{b}|\leqslant|\boldsymbol{a}|+|\boldsymbol{b}|.$$

3. 向量的数乘(数与向量的乘法)

定义 4 实数 λ 与向量 $\boldsymbol{a}$ 的乘积记作 $\lambda\boldsymbol{a}$,规定 $\lambda\boldsymbol{a}$ 是一个向量,它的模

$$|\lambda\boldsymbol{a}|=|\lambda||\boldsymbol{a}|,$$

它的方向为:当 $\lambda>0$ 时与 $\boldsymbol{a}$ 相同;当 $\lambda<0$ 时与 $\boldsymbol{a}$ 相反(图 7-5);当 $\lambda=0$ 时,$\lambda\boldsymbol{a}$ 为零向量.

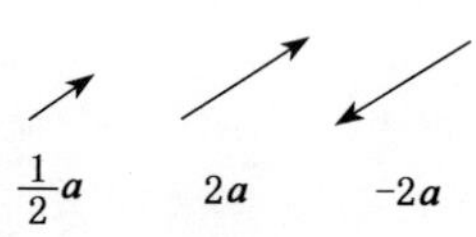

图 7-5

向量的数乘满足下列运算律:

(1) 结合律 $\lambda(\mu\boldsymbol{a})=\mu(\lambda\boldsymbol{a})=(\lambda\mu)\boldsymbol{a}$.

(2) 数乘对实数的分配律 $(\lambda+\mu)\boldsymbol{a}=\lambda\boldsymbol{a}+\mu\boldsymbol{a}$.

(3) 数乘对向量的分配律 $\lambda(\boldsymbol{a}+\boldsymbol{b})=\lambda\boldsymbol{a}+\lambda\boldsymbol{b}$.

设 $\boldsymbol{a}^0$ 表示非零向量 $\boldsymbol{a}$ 的单位向量,那么$|\boldsymbol{a}|\boldsymbol{a}^0$ 与 $\boldsymbol{a}$ 方向相同,且

$$||\boldsymbol{a}|\boldsymbol{a}^0|=|\boldsymbol{a}|1=|\boldsymbol{a}|.$$

则$|\boldsymbol{a}|\boldsymbol{a}^0=\boldsymbol{a}$,即 $\boldsymbol{a}^0=\dfrac{\boldsymbol{a}}{|\boldsymbol{a}|}$. 这表明一个非零向量除以它的模就是该向量的单位向量. 根据向量的数乘的定义得到下面的重要结论:

对于非零向量 $\boldsymbol{a}$,则 $\boldsymbol{a}/\!/\boldsymbol{b}$ 的充要条件是存在唯一实数 λ,使 $\boldsymbol{b}=\lambda\boldsymbol{a}$.

该结论是建立数轴的理论依据. 给定原点和单位向量,就确定一个数轴. 原点 O 及单位向量 $\boldsymbol{i}$ 确定了 x 轴,轴上任一点 P 有对应向量$\overrightarrow{OP}$. 因此点 P、向量$\overrightarrow{OP}$和实数 x 三者形成一一对应关系.

【例 1】 如图,设$\triangle ABC$ 的三条边 BC, CA, AB 的中点分别为 D、E 和 F,证明:

$$\overrightarrow{AD}+\overrightarrow{BE}+\overrightarrow{CF}=\boldsymbol{0}.$$

证 如图 7-6 所示,延长线段 AD 到点 G,使 $DG=AD$,连接 BG、CG,则四边形 $ABGC$ 为平行四边形. 所以

$$\overrightarrow{AD}=\frac{1}{2}(\overrightarrow{AB}+\overrightarrow{AC}).$$

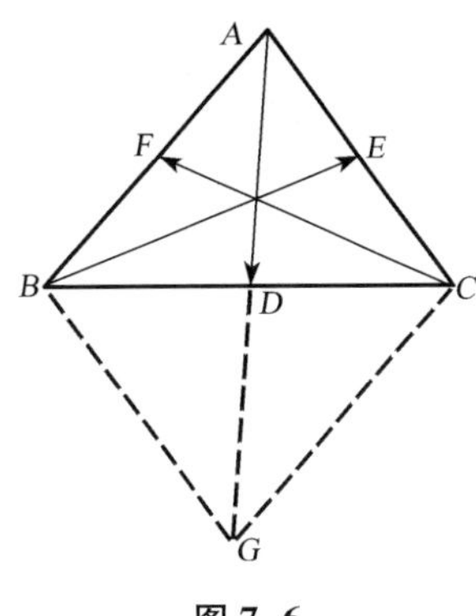

图 7-6

同理

$$\overrightarrow{BE}=\frac{1}{2}(\overrightarrow{BA}+\overrightarrow{BC}),$$

$$\overrightarrow{CF}=\frac{1}{2}(\overrightarrow{CA}+\overrightarrow{CB}).$$

所以 $\overrightarrow{AD}+\overrightarrow{BE}+\overrightarrow{CF}=\frac{1}{2}(\overrightarrow{AB}+\overrightarrow{AC}+\overrightarrow{BA}+\overrightarrow{BC}+\overrightarrow{CA}+\overrightarrow{CB})=\mathbf{0}.$

习题 7-1

1. 设 $\boldsymbol{u}=\boldsymbol{a}+2\boldsymbol{b}\boldsymbol{v}=2\boldsymbol{a}-\boldsymbol{b}$,试用向量 $\boldsymbol{u}$, $\boldsymbol{v}$ 表示 $\boldsymbol{a}$, $\boldsymbol{b}$, $3\boldsymbol{a}+2\boldsymbol{b}$.
2. 用向量方法证明:若一个四边形的对角线互相平分，则该四边形为平行四边形.
3. 设平行四边形 $ABCD$ 的两条对角线的交点为 M,试用$\overrightarrow{AB}$和$\overrightarrow{AD}$表示向量$\overrightarrow{AM}$和$\overrightarrow{MB}$.

第二节　空间直角坐标系　向量的坐标

解析几何是运用代数方法来研究几何图形的,而向量作为研究空间解析几何的工具,它不仅要在几何上表达,也要在代数上给予表达.为此,我们先来建立空间直角坐标系.

一、空间直角坐标系

过空间中一定点 O,作三条相互垂直的数轴,它们都以点 O 为坐标原点,且一般具有相同的长度单位.这三条数轴分别称为 x 轴(横轴),y 轴(纵轴),z 轴(竖轴),统称为坐标轴,点 O 称为坐标原点(或原点).

通常把 x 轴和 y 轴配置在水平面上,而 z 轴则沿铅垂方向.它们的正向构成右手系,即用右手握着 z 轴,当右手四指从 x 轴正向以 $\frac{\pi}{2}$ 的角度转到 y 轴正向时大拇指的指向为 z 轴的正向(图 7-7),这样便建立了一个空间直角坐标系.

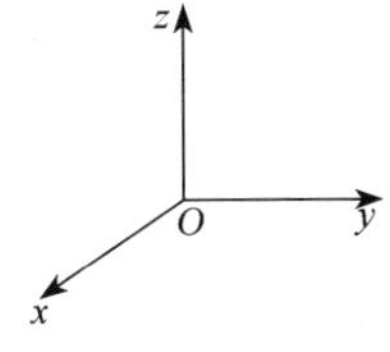

图 7-7

在空间直角坐标系中,任意两条坐标轴都可以确定一个平面,其中 x 轴和 y 轴确定的平面称为 xOy 平面,类似地 y 轴和 z 轴确定的平面称为 yOz 平面,z 轴和 x 轴确定的平面称为 zOx 平面,这三个平面统称为坐标面.

三个坐标面把整个空间分成八个部分，每一部分都称卦限，其中含有 x 轴、y 轴和 z 轴的正半轴的部分称为第Ⅰ卦限，在 xOy 平面上方的其余三个部分，从 z 轴的正向看，按逆时针方向依次叫第Ⅱ、Ⅲ、Ⅳ卦限；同理，对于 xOy 平面下方的四个部分，在第Ⅰ卦限正下方的部分叫第Ⅴ卦限，并按逆时针方向依次叫第Ⅵ、Ⅶ、Ⅷ卦限(图 7-8).

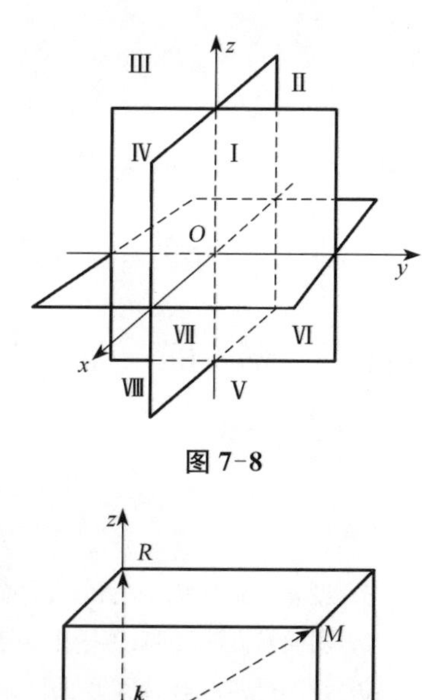

图 7-8

设 M 是空间内一点，过点 M 作平面分别垂直于 x 轴、y 轴和 z 轴(图 7-9)，并与 x 轴、y 轴和 z 轴交于点 P、Q 和 R，设这三个点分别在 x 轴、y 轴和 z 轴上的坐标分别为 x、y 和 z，则点 M 唯一确定了一个有序数组 $x,\ y,\ z$；反之，一个有序数组 $x,\ y,\ z$ 可以在 x 轴、y 轴和 z 轴上确定点 P、点 Q 和点 R，过该三点分别作垂直于 x 轴、y 轴和 z 轴的平面，也唯一确定了空间中的点 M. 总之，空间点 M 与一组有序数 $x,\ y,\ z$ 之间具有一一对应关系，因此我们把这个有序数组称为空间点 M 的坐标，记为 $M(x,\ y,\ z)$.

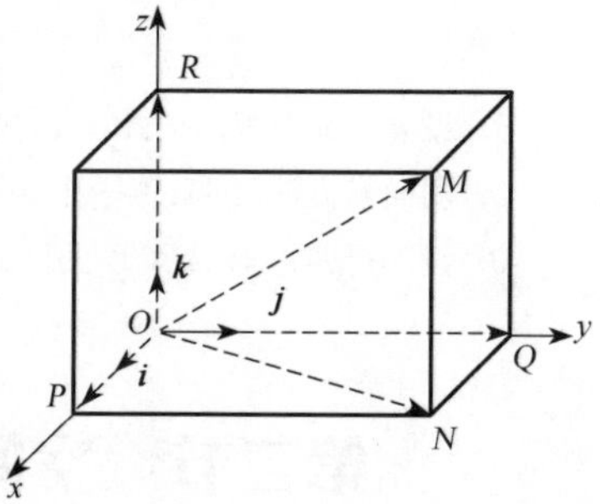

图 7-9

二、向量的坐标

现在，我们把向量放到空间直角坐标系里，并以坐标原点 O 作为向量的起点，终点不妨记为 $M(x,\ y,\ z)$，则向量也可写成 $\overrightarrow{OM}$(图 7-9). 设 $\boldsymbol{i},\ \boldsymbol{j},\ \boldsymbol{k}$ 分别表示 x 轴，y 轴和 z 轴正向的单位向量，由向量的加法和线性运算定律得

$$\overrightarrow{OM}=\overrightarrow{OP}+\overrightarrow{OQ}+\overrightarrow{OR}=x\boldsymbol{i}+y\boldsymbol{j}+z\boldsymbol{k}.$$

由此可见，向量 $\overrightarrow{OM}$ 也与有序数组 $x,\ y,\ z$ 之间具有一一对应关系，我们把这个有序数组称为向量 $\overrightarrow{OM}$ 的坐标，区别于空间点的坐标，记作 $\{x,\ y,\ z\}$. 其中 $x,\ y,\ z$ 称为该向量的分量.

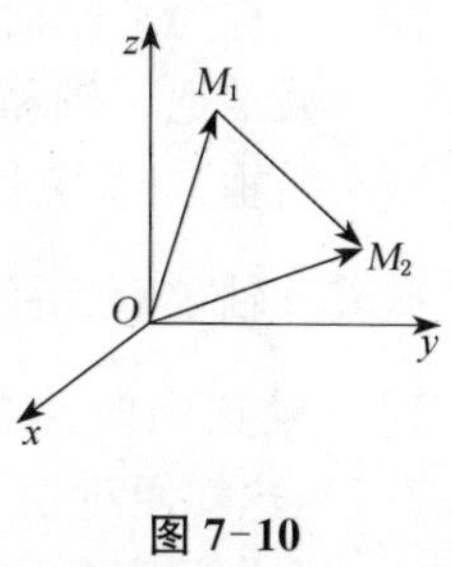

图 7-10

坐标建立了平面或空间的点与有序数组之间的一一对应关系，进一步为代数与图形相结合提供了条件. 同样，向量研究需要给出向量与有序数组之间的对应关系. 如图 7-10 所示，设 $M_1(x_1,\ y_1,\ z_1)$，$M_2(x_2,\ y_2,\ z_2)$，由于

$$\overrightarrow{OM_1}=x_1\boldsymbol{i}+y_1\boldsymbol{j}+z_1\boldsymbol{k},$$
$$\overrightarrow{OM_2}=x_2\boldsymbol{i}+y_2\boldsymbol{j}+z_2\boldsymbol{k},$$

所以 $\overrightarrow{M_1M_2}=(x_2-x_1)\boldsymbol{i}+(y_2-y_1)\boldsymbol{j}+(z_2-z_1)\boldsymbol{k}$.

即以点 $M_1(x_1,\ y_1,\ z_1)$为起点、以点 $M_2(x_2,\ y_2,\ z_2)$为终点的向量的坐标表示式为

$$\overrightarrow{M_1M_2}=\{x_2-x_1,\ y_2-y_1,\ z_2-z_1\}$$

现在讨论空间中两点间的距离. 如图 7-11，设点 $M_1(x_1,\ y_1,\ z_1)$与 $M_2(x_2,\ y_2,\ z_2)$为空间任意两点，过点 M_1 与 M_2 各作三个平面分别垂直于三个坐标轴，形成长方体. 则它们之间的距离满足

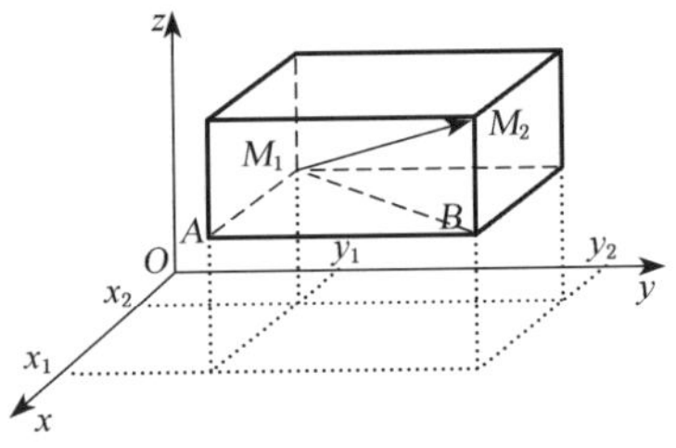

图 7-11

$$\begin{aligned}d^2&=|\overrightarrow{M_1M_2}|^2=|\overrightarrow{M_1B}|^2+|\overrightarrow{BM_2}|^2\\&=|\overrightarrow{M_1A}|^2+|\overrightarrow{AB}|^2+|\overrightarrow{BM_2}|^2\\&=(x_2-x_1)^2+(y_2-y_1)^2+(z_2-z_1)^2.\end{aligned}$$

所以

$$d=\sqrt{(x_2-x_1)^2+(y_2-y_1)^2+(z_2-z_1)^2}.$$

特别地，空间中任一点 $M(x,\ y,\ z)$到原点 O 的距离为

$$d=|\overrightarrow{OM}|=\sqrt{x^2+y^2+z^2}.$$

三、向量的坐标运算

利用向量的坐标，可得向量的加法、减法以及向量的数乘的坐标运算. 设

$$\boldsymbol{a}=\{a_x,\ a_y,\ a_z\},\quad \boldsymbol{b}=\{b_x,\ b_y,\ b_z\},$$

即
$$\boldsymbol{a}=a_x\boldsymbol{i}+a_y\boldsymbol{j}+a_z\boldsymbol{k},\quad \boldsymbol{b}=b_x\boldsymbol{i}+b_y\boldsymbol{j}+b_z\boldsymbol{k}.$$

利用向量加法和数乘的运算律得

$$\boldsymbol{a}\pm\boldsymbol{b}=\{a_x\pm b_x,\ a_y\pm b_y,\ a_z\pm b_z\}$$

$$\lambda\boldsymbol{a}=\{\lambda a_x,\ \lambda a_y,\ \lambda a_z\}$$

【例 1】 已知点 $A(x_1,\ y_1,\ z_1)$和 $B(x_2,\ y_2,\ z_2)$，点 M 把有向线段$\overrightarrow{AB}$分为两个有向线段$\overrightarrow{AM}$和$\overrightarrow{MB}$，使$\overrightarrow{AM}=\lambda\overrightarrow{MB}$，求分点 M 的坐标.

解 设点 M 的坐标为$(x,\ y,\ z)$，因为 $\overrightarrow{AM}=\overrightarrow{OM}-\overrightarrow{OA}$，$\overrightarrow{MB}=\overrightarrow{OB}-\overrightarrow{OM}$ 又 $\overrightarrow{AM}=\lambda\overrightarrow{MB}$，所以

$$\overrightarrow{OM}-\overrightarrow{OA}=\lambda(\overrightarrow{OB}-\overrightarrow{OM}),$$

即

$$\overrightarrow{OM}=\frac{1}{1+\lambda}(\overrightarrow{OA}+\lambda\overrightarrow{OB}).$$

因此

$$\begin{aligned}\{x,\ y,\ z\}&=\frac{1}{1+\lambda}(\{x_1,\ y_1,\ z_1\}+\lambda\{x_2,\ y_2,\ z_2\})\\&=\frac{1}{1+\lambda}\{x_1+\lambda x_2,\ y_1+\lambda y_2,\ z_1+\lambda z_2\}.\end{aligned}$$

所以点 M 的坐标为

$$\left(\frac{x_1+\lambda x_2}{1+\lambda},\ \frac{y_1+\lambda y_2}{1+\lambda},\ \frac{z_1+\lambda z_2}{1+\lambda}\right),$$

我们称点 M 为有向线段$\overrightarrow{AB}$的定比分点.

特殊地,线段 AB 的中点坐标公式为 $\left(\frac{x_1+x_2}{2},\ \frac{y_1+y_2}{2},\ \frac{z_1+z_2}{2}\right)$.

四、向量的模与方向余弦

向量可以由它的模和方向确定,也可以由它的空间坐标来确定,因此我们需要讨论这两种表示方法之间的关系,也就是说建立向量的坐标与向量的模、方向的数量关系.

设两个非零向量 $\boldsymbol{a}$, $\boldsymbol{b}$,任取空间一点 O,作$\overrightarrow{OA}=\boldsymbol{a}$,$\overrightarrow{OB}=\boldsymbol{b}$,规定不超过 π 的非负角$\angle AOB$ 称为向量的夹角,记作$(\boldsymbol{a},\hat{\ }\boldsymbol{b})$或$(\boldsymbol{b},\hat{\ }\boldsymbol{a})$. 如果两个向量中有一个是零向量,则它们的夹角可以取 0 到 π 之间的任意值.

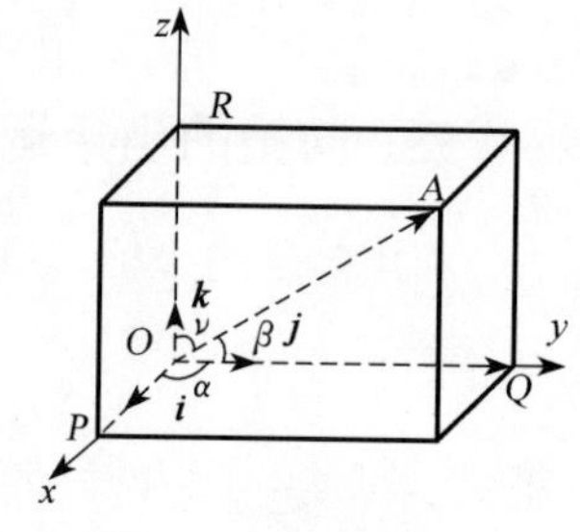

图 7-12

如图 7-12 所示,记$\overrightarrow{OA}=\boldsymbol{a}$,它与 x 轴、y 轴和 z 轴三个坐标轴的夹角分别为 α、β 和 γ $(0\leqslant\alpha,\ \beta,\ \gamma\leqslant\pi)$,它们可以确定一个向量的方向. 因此称它们为向量的方向角,它们的余弦 $\cos\alpha$、$\cos\beta$ 和 $\cos\gamma$ 称为向量的方向余弦.

在几何上,向量用有向线段来表示,向量的大小用有向线段的长度表示,向量的方向用有向线段的方向表示. 在代数上,向量可以用有序数组$\{a_x,\ a_y,\ a_z\}$来表示,向量的大小由$|\boldsymbol{a}|=\sqrt{a_x^2+a_y^2+a_z^2}$表示,向量的方向由向量的方向角 α、β 和 γ 来确定,其中

$$\cos\alpha=\frac{1}{|\boldsymbol{a}|}a_x,\quad \cos\beta=\frac{1}{|\boldsymbol{a}|}a_y,\quad \cos\gamma=\frac{1}{|\boldsymbol{a}|}a_z.$$

上面三个余弦的平方和为

$$\cos^2\alpha+\cos^2\beta+\cos^2\gamma=1.$$

这表明任一非零向量的方向余弦的平方和等于 1. 所以与 $\boldsymbol{a}$ 同向的单位向量为

$$\boldsymbol{a}^0=\frac{\boldsymbol{a}}{|\boldsymbol{a}|}=\frac{1}{|\boldsymbol{a}|}\{a_x,a_y,a_z\}=\{\cos\alpha,\cos\beta,\cos\gamma\}.$$

【例 2】 已知两点 $A(1,2,3)$和 $B(4,-1,6)$,求向量$\overrightarrow{AB}$的模与方向余弦.

解 因为 $\overrightarrow{AB}=(4-1)\boldsymbol{i}+(-1-2)\boldsymbol{j}+(6-3)\boldsymbol{k}=3\boldsymbol{i}-3\boldsymbol{j}+3\boldsymbol{k}$,
所以

$$|\overrightarrow{AB}|=\sqrt{3^2+(-3)^2+3^2}=3\sqrt{3}.$$

从而

$$\cos\alpha=\frac{\sqrt{3}}{3},\quad \cos\beta=-\frac{\sqrt{3}}{3},\quad \cos\gamma=\frac{\sqrt{3}}{3}.$$

【例 3】 已知两点 $M(0,1,2)$和 $N(1,-1,0)$,求方向与$\overrightarrow{MN}$相同的单位向量.

解 因为$\overrightarrow{MN}=\{1,-2,-2\}$,所以

$$|\overrightarrow{MN}|=\sqrt{1^2+(-2)^2+(-2)^2}=3.$$

故所求的单位向量为

$$\overrightarrow{MN}^0=\frac{1}{3}\{1,-2,-2\}=\left\{\frac{1}{3},-\frac{2}{3},-\frac{2}{3}\right\}.$$

习题 7-2

1. 指出下列各点所在的卦限:

(1) $(2,1,3)$; (2) $(-2,-1,3)$; (3) $(2,-1,-3)$; (4) $(-2,1,-3)$.

2. 在空间直角坐标系中,作点 $P(3,2,-4)$并写出它们关于以下三种情况对称的点的坐标:

(1) 原点;(2) 各坐标轴;(3) 各坐标平面.

3. 求下列向量的单位向量:

(1) $\boldsymbol{a}=\boldsymbol{i}+\boldsymbol{j}+\boldsymbol{k}$; (2) $\boldsymbol{b}=-2\boldsymbol{i}+\boldsymbol{j}-3\boldsymbol{k}$.

4. 求平行于 $\boldsymbol{a}=\{1,1,1\}$ 的单位向量.

5. 求起点为 $A(1,2,1)$,终点为 $B(6,5,-1)$的向量$\overrightarrow{AB}$的坐标表示及$|\overrightarrow{AB}|$.

6. 试证以 $A(4,1,9)$, $B(10,-1,6)$, $C(2,4,3)$为顶点的三角形是等腰直角三角形.

7. 在 z 轴上求与点 $A(-4,1,7)$和点 $B(3,5,-2)$等距离的点.

第三节　数量积、向量积与混合积

一、向量的数量积

设物体在常力 $\boldsymbol{F}$ 的作用下(图 7-13)，沿直线产生位移 $\boldsymbol{s}$. 设 $\boldsymbol{F}$ 与 $\boldsymbol{s}$ 的夹角为 θ，则力 $\boldsymbol{F}$ 对此物体所作的功为

$$W=|\boldsymbol{F}||\boldsymbol{s}|\cos\theta.$$

当 $0\leqslant\theta<\frac{\pi}{2}$ 时，$\boldsymbol{F}$ 作正功；当 $\frac{\pi}{2}<\theta\leqslant\pi$ 时，$\boldsymbol{F}$ 作负功；若 $\theta=\frac{\pi}{2}$ 时，$\boldsymbol{F}$ 不作功.

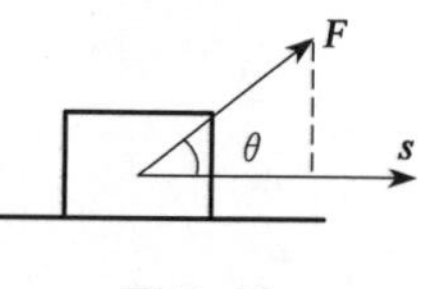

图 7-13

除了做功，还有流量等问题需要对两个向量作这样的运算，因此我们给出以下定义：

定义 1　设有两个向量 $\boldsymbol{a}$, $\boldsymbol{b}$，其夹角为 $\theta=(\boldsymbol{a},\hat{\ }\boldsymbol{b})$，称 $|\boldsymbol{a}||\boldsymbol{b}|\cos\theta$ 为向量 $\boldsymbol{a}$ 与 $\boldsymbol{b}$ 的数量积，也称为 $\boldsymbol{a}$ 与 $\boldsymbol{b}$ 的点积，记作 $\boldsymbol{a}\cdot\boldsymbol{b}$，即

$$\boldsymbol{a}\cdot\boldsymbol{b}=|\boldsymbol{a}||\boldsymbol{b}|\cos\theta.$$

由此定义，引例中的功可以表示为 $W=\boldsymbol{F}\cdot\boldsymbol{s}$.

根据数量积的定义可得：

(1) $\boldsymbol{a}\cdot\boldsymbol{a}=|\boldsymbol{a}|^2$.

(2) 设 $\boldsymbol{a}$, $\boldsymbol{b}$ 为非零向量，则 $\boldsymbol{a}\cdot\boldsymbol{b}=0\Leftrightarrow\boldsymbol{a}\perp\boldsymbol{b}$.

(3) 运算定律

交换律　$\boldsymbol{a}\cdot\boldsymbol{b}=\boldsymbol{b}\cdot\boldsymbol{a}$；

分配律　$(\boldsymbol{a}+\boldsymbol{b})\cdot\boldsymbol{c}=\boldsymbol{a}\cdot\boldsymbol{c}+\boldsymbol{b}\cdot\boldsymbol{c}$；

结合律　$(\lambda\boldsymbol{a})\cdot\boldsymbol{b}=\boldsymbol{a}\cdot(\lambda\boldsymbol{b})=\lambda(\boldsymbol{a}\cdot\boldsymbol{b})$.

(4) 数量积的坐标运算

设 $\boldsymbol{a}=\{a_x, a_y, a_z\}$, $\boldsymbol{b}=\{b_x, b_y, b_z\}$，则 $\boldsymbol{a}\cdot\boldsymbol{b}=a_xb_x+a_yb_y+a_zb_z$.

【例 1】　已知空间中三点 $A(1, -3, 4)$、$B(-2, 1, -1)$ 和 $C(-3, -1, 1)$，求 $\angle ABC$.

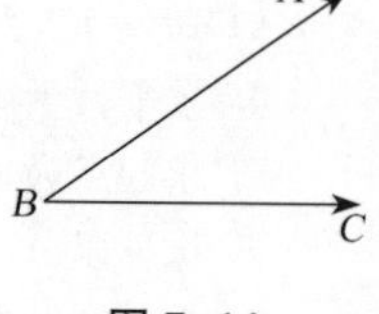

图 7-14

解　如图 7-14，因为 $\overrightarrow{BA}=\{3, -4, 5\}$，$\overrightarrow{BC}=\{2, 4, -4\}$，

所以
$$|\overrightarrow{BA}|=\sqrt{9+16+25}=\sqrt{50},$$
$$|\overrightarrow{BC}|=2\sqrt{1+4+4}=6.$$

又 $\overrightarrow{BA} \cdot \overrightarrow{BC} = 6 - 16 - 20 = -30$，所以

$$\cos \angle ABC = \frac{|-30|}{\sqrt{50} \times 6} = \frac{\sqrt{2}}{2}.$$

故所求夹角为 $\angle ABC = \frac{\pi}{4}$.

二、向量的向量积

设 O 为杠杆的支点，力 $\boldsymbol{F}$ 作用在杠杆上 P 点处(图 7-15)，根据力学知识，力 $\boldsymbol{F}$ 对于支点 O 的力矩为向量 $\boldsymbol{M}$，其方向垂直于力 $\boldsymbol{F}$ 与向量 $\overrightarrow{OP}$ 所确定的平面，且从 $\overrightarrow{OP}$ 到 $\boldsymbol{F}$ 按照右手规则(如图 7-16)确定，其模为 $|\boldsymbol{M}| = |\overrightarrow{OP}| |\boldsymbol{F}| \sin\theta$.

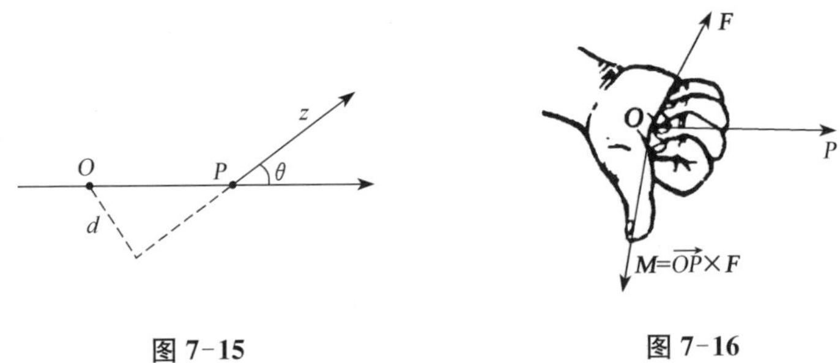

图 7-15　　　　图 7-16

定义 2　设 $\boldsymbol{a}$, $\boldsymbol{b}$ 为非零向量，夹角为 θ $(0 \leqslant \theta \leqslant \pi)$，定义一个新的向量 $\boldsymbol{c}$，使其满足

(1) $|\boldsymbol{c}| = |\boldsymbol{a}| |\boldsymbol{b}| \sin\theta$;

(2) $\boldsymbol{c} \perp \boldsymbol{a}$, $\boldsymbol{c} \perp \boldsymbol{b}$，且 $\boldsymbol{c}$ 的方向按右手法则从 $\boldsymbol{a}$ 转向 $\boldsymbol{b}$ 确定.

则称向量 $\boldsymbol{c}$ 为向量 $\boldsymbol{a}$ 与 $\boldsymbol{b}$ 的向量积，记作 $\boldsymbol{c} = \boldsymbol{a} \times \boldsymbol{b}$.

由向量积的定义得，上面引例中力矩为向量 $\boldsymbol{M} = \overrightarrow{OP} \times \boldsymbol{F}$.

根据向量积的定义可得：

(1) $\boldsymbol{a} \times \boldsymbol{a} = \boldsymbol{0}$.

(2) 反交换律　$\boldsymbol{a} \times \boldsymbol{b} = -\boldsymbol{b} \times \boldsymbol{a}$;

分配律　$\boldsymbol{a} \times (\boldsymbol{b} + \boldsymbol{c}) = \boldsymbol{a} \times \boldsymbol{b} + \boldsymbol{a} \times \boldsymbol{c}$;

结合律　$(\lambda \boldsymbol{a}) \times \boldsymbol{b} = \boldsymbol{a} \times (\lambda \boldsymbol{b}) = \lambda(\boldsymbol{a} \times \boldsymbol{b})$.

(3) $\boldsymbol{a} \times \boldsymbol{b}$ 的坐标计算

设 $\boldsymbol{a} = \{a_x, a_y, a_z\}$, $\boldsymbol{b} = \{b_x, b_y, b_z\}$，则

$$\boldsymbol{a} \times \boldsymbol{b} = \begin{vmatrix} \boldsymbol{i} & \boldsymbol{j} & \boldsymbol{k} \\ a_x & a_y & a_z \\ b_x & b_y & b_z \end{vmatrix}.$$

【例 2】 已知三角形的顶点分别为 $A(1, 0, -1)$，$B(4, 2, 5)$，$C(3, 1, 1)$，求$\triangle ABC$的面积.

解 如图 7-17，根据向量积的定义可得三角形的面积为

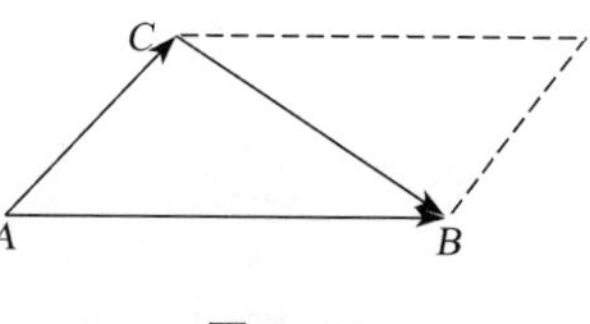

图 7-17

$$S=\frac{1}{2}\mid\overrightarrow{AB}\mid\mid\overrightarrow{AC}\mid\sin A=\frac{1}{2}\mid\overrightarrow{AB}\times\overrightarrow{AC}\mid.$$

因为$\overrightarrow{AB}=\{3, 2, 6\}$，$\overrightarrow{AC}=\{2, 1, 2\}$，所以

$$\overrightarrow{AB}\times\overrightarrow{AC}=\begin{vmatrix} \boldsymbol{i} & \boldsymbol{j} & \boldsymbol{k} \\ 3 & 2 & 6 \\ 2 & 1 & 2 \end{vmatrix}=\{-2, 6, -1\}.$$

故所求三角形的面积为

$$S=\frac{1}{2}|\overrightarrow{AB}\times\overrightarrow{AC}|=\frac{1}{2}\sqrt{41}.$$

【例 3】 已知 $\boldsymbol{a}=\{2, -1, 1\}$，$\boldsymbol{b}=\{1, 2, -1\}$，求一个既垂直于 $\boldsymbol{a}$ 又垂直于 $\boldsymbol{b}$ 的单位向量.

解 根据向量积的定义，$\boldsymbol{c}=\boldsymbol{a}\times\boldsymbol{b}$ 既垂直于 $\boldsymbol{a}$ 又垂直于 $\boldsymbol{b}$. 所以

$$\boldsymbol{c}=\boldsymbol{a}\times\boldsymbol{b}=\begin{vmatrix} \boldsymbol{i} & \boldsymbol{j} & \boldsymbol{k} \\ 2 & -1 & 1 \\ 1 & 2 & -1 \end{vmatrix}=-\boldsymbol{i}+3\boldsymbol{j}+5\boldsymbol{k}=\{-1, 3, 5\},$$

$$|\boldsymbol{c}|=\sqrt{1+9+25}=\sqrt{35}.$$

故所求的单位向量为 $\boldsymbol{c}^0=\pm\frac{1}{|\boldsymbol{c}|}\boldsymbol{c}=\pm\frac{1}{\sqrt{35}}\{-1, 3, 5\}$.

习题 7-3

1. 求与向量 $\boldsymbol{a}=\{2, 1, -1\}$ 和 y 轴都垂直的单位向量.
2. 求与 $\boldsymbol{a}=\boldsymbol{i}+\boldsymbol{j}+\boldsymbol{k}$ 平行且满足 $\boldsymbol{a}\cdot\boldsymbol{b}=1$ 的向量 $\boldsymbol{b}$.
3. 已知 $|\boldsymbol{a}|=1$，$|\boldsymbol{b}|=4$，$|\boldsymbol{c}|=5$，并且 $\boldsymbol{a}+\boldsymbol{b}+\boldsymbol{c}=0$. 计算 $\boldsymbol{a}\cdot\boldsymbol{b}+\boldsymbol{b}\cdot\boldsymbol{c}+\boldsymbol{c}\cdot\boldsymbol{a}$.
4. 已知 $|\boldsymbol{a}\cdot\boldsymbol{b}|=|3\boldsymbol{a}\times\boldsymbol{b}|=4$，求 $|\boldsymbol{a}||\boldsymbol{b}|$.
5. 已知向量 $\boldsymbol{x}$ 与 $\boldsymbol{a}=\{1, 5, -2\}$ 共线，且满足 $\boldsymbol{a}\cdot\boldsymbol{x}=3$，求向量 $\boldsymbol{x}$ 的坐标.

第四节 曲面及其方程

在日常生活中，我们经常会遇到各种曲面，例如橄榄球的表面、汽车反光镜的

镜面、足球的外表面以及圆锥的表面等等.

一、曲面及其方程的概念

1. 球面及其推广

首先我们来介绍以点 $M_0(x_0, y_0, z_0)$ 为球心、以 R 为半径的球面的方程. 在球面上任取一点 $M(x, y, z)$，则 $|M_0M|=R$，根据两点间的距离公式得

$$(x-x_0)^2+(y-y_0)^2+(z-z_0)^2=R^2, \tag{7.1}$$

反之，不是球面上的点的坐标均不满足上述方程，因此方程(7.1)表示以点 $M_0(x_0, y_0, z_0)$ 为球心、以 R 为半径的球面.

2. 空间图形及其方程

正如平面内的曲线可视为动点的轨迹一样，在空间解析几何中，任何曲面也可看作点的轨迹. 在这样的意义下，我们给出曲面方程的概念.

定义 1　若曲面 S 上任意一点的坐标都满足某方程 $F(x, y, z)=0$，而不在曲面 S 上点的坐标都不满足该方程，则称方程 $F(x, y, z)=0$ 为曲面 S 的方程，而曲面 S 称为方程 $F(x, y, z)=0$ 的图形.

图形及其方程的问题分为两类：(1) 由图形建立方程，(2) 由方程讨论图形的性态.

【例 1】　设有两点 $A(2, 3, 1)$ 与 $B(4, 5, 6)$，求线段 AB 的垂直平分面的方程.

解　设 $M(x, y, z)$ 为所求平面上任一点，则

$$|AM|=|BM|,$$

所以 $\sqrt{(x-2)^2+(y-3)^2+(z-1)^2}=\sqrt{(x-4)^2+(y-5)^2+(z-6)^2}$.

即

$$4x+4y+10z-63=0,$$

这就是所求垂直平分面的方程.

【例 2】　方程 $x^2+y^2+z^2-4y+6z-12=0$ 表示怎样的曲面?

解　原方程可表示为

$$x^2+(y-2)^2+(z+3)^2=25.$$

所以原方程表示以点 $(0, 2, -3)$ 为球心，以 5 为半径的球面.

设三元二次方程

$$Ax^2+Ay^2+Az^2+Dx+Ey+Fz+G=0.$$

一般地，缺少 xy，yz，zx，平方项系数为同一非零常数且能够配方成方程(1)的形式，则它表示的图形是一个球面.

二、旋转曲面

所谓旋转曲面是指一条平面曲线绕其平面上的一条直线旋转一周而形成的曲面，旋转曲线和定直线分别叫做旋转曲面的母线和轴. 如圆锥面、圆台面和球面都是旋转曲面.

设 yOz 平面内一条曲线 C 的方程为 $f(y, z)=0$，则该曲线绕 z 轴旋转一周形成一个以 z 轴为轴的旋转曲面，如图 7-18. 在旋转曲面上任取一点 $M(x, y, z)$，不妨设它是由曲线上的点 $M_0(x_0, y_0, z_0)$ 绕 z 轴旋转而得. 则两点的坐标应有下列关系

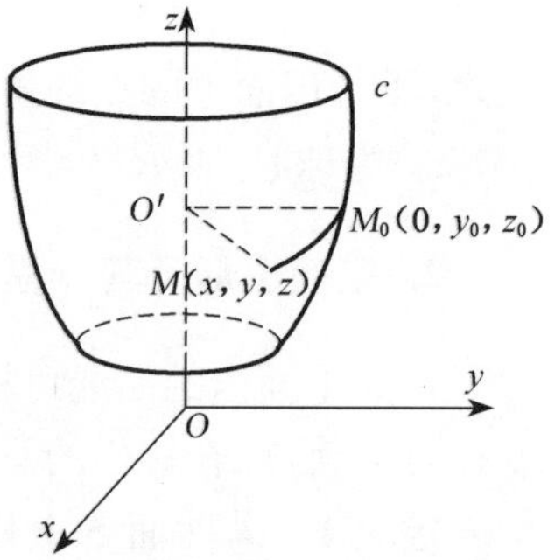

$$z_0 = z,\quad |y_0| = \sqrt{x^2+y^2}.$$

由于 $M_0(x_0, y_0, z_0)$ 是曲线上的点，应满足 $f(y_0, z_0)=0$，将上述关系代入曲线方程得

$$f(\pm\sqrt{x^2+y^2}, z) = 0$$

图 7-18

这就是 yOz 平面内的曲线 $f(y, z)=0$ 绕 z 轴旋转而形成的旋转曲面的方程.

同理，yOz 平面内的曲线 $f(y, z)=0$ 绕 y 轴旋转而形成的旋转曲面的方程为

$$f(y, \pm\sqrt{x^2+z^2}) = 0.$$

可见，令 $f(y, z)=0$ 中的 y 不变，将 z 换成 $\pm\sqrt{x^2+y^2}$，则得到 yOz 平面内的曲线绕 y 轴旋转所成的曲面的方程.

现在介绍几个常见的旋转曲面：

1. 圆锥面

经过坐标原点且与 z 轴的夹角(称为半顶角)为 α 的直线在 yOz 平面内的方程为 $z=\cot\alpha$，它绕 z 轴旋转而形成的旋转曲面称为圆锥面(图 7-19). 其方程为

$$z = \pm\cot\alpha\sqrt{x^2+y^2},$$

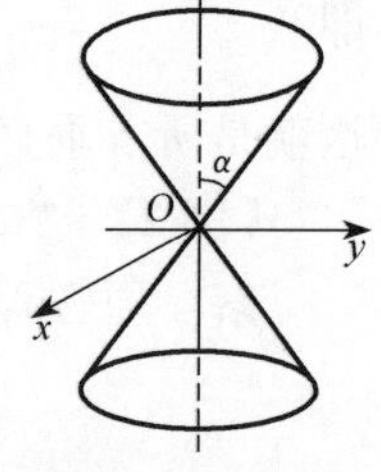

图 7-19

也就是

$$z^2 = a^2(x^2+y^2) \qquad (\text{其中 } a = \cot\alpha).$$

2. 旋转抛物面

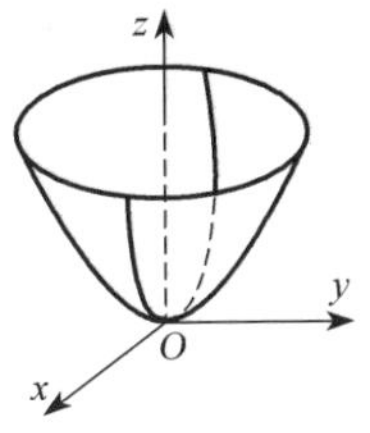

图 7-20

在 yOz 平面内的抛物线 $z=ay^2$ 绕 z 轴旋转而形成的旋转曲面称为旋转抛物面(图 7-20). 其方程为

$$z=a(x^2+y^2).$$

曲面可由 zOx 平面内的抛物线 $z=ax^2$ 绕 z 轴旋转一周而成.

3. 旋转双曲面

在 yOz 平面内的双曲线 $\dfrac{y^2}{b^2}-\dfrac{z^2}{c^2}=1$ 绕 z 轴旋转而形成的旋转曲面称为单叶双曲面(形如一个收紧了腰的圆柱面),其方程为

$$\frac{x^2+y^2}{b^2}-\frac{z^2}{c^2}=1.$$

在 yOz 平面内的双曲线 $\dfrac{y^2}{b^2}-\dfrac{z^2}{c^2}=1$ 绕 y 轴旋转而形成的旋转曲面称为双叶双曲面(形如两个开口向左右的帽子),其方程为

$$\frac{y^2}{b^2}-\frac{x^2+z^2}{c^2}=1.$$

这两种由双曲线旋转而成的旋转曲面合称为旋转双曲面.

三、柱面

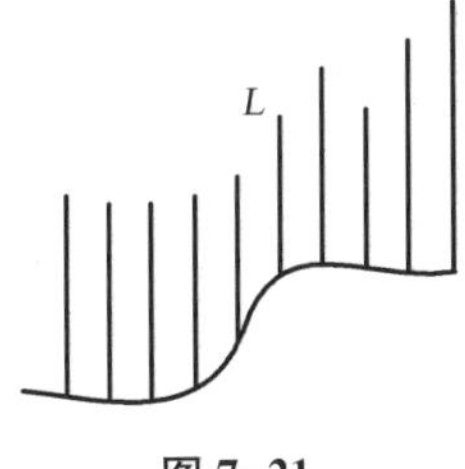

图 7-21

一般地,平行于定直线并沿曲线 C 移动的直线 L 形成的轨迹叫做柱面. 动直线 L 称为柱面的母线,曲线称为柱面的准线(图 7-21).

【例 3】　$x^2+y^2=9$ 表示什么样的一个图形?

解　方程 $x^2+y^2=9$ 在 xOy 面上表示一个圆,但在空间直角坐标系中,它不含竖坐标 z,表示 z 可以任意取值. 因此它表示的曲面是平行于 z 轴的直线(母线)沿 xOy 面上的圆 $x^2+y^2=9$ (准线)移动而形成的,这样的曲面称为圆柱面(图 7-22).

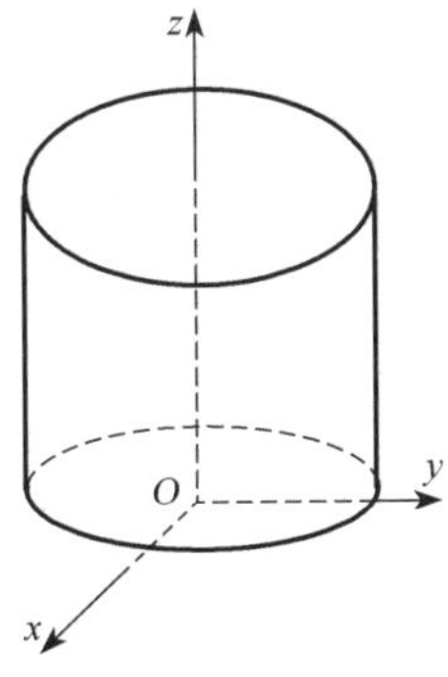

图 7-22

一般地,只含 x, y,而不含 z 的方程 $F(x,\ y)=0$ 表示以 xOy 平面内的曲线 $f(x,\ y)=0$ 为准线、母线平行于 z 轴的柱面;同理,方程 $F(y,\ z)=0$ 表示以 yOz 面上的曲线为准线,母线平行于 x 轴的柱面;方程 $F(x,\ z)=0$ 表示以 xOz 面

上的曲线为准线，母线平行于 y 轴的柱面. 例如，方程 $x^2+\frac{z^2}{4}=1$ 在空间中表示母线平行于 y 轴，且以 xOz 面上的椭圆 $x^2+\frac{z^2}{4}=1$ 为准线的柱面，称为**椭圆柱面**(图 7-23).

方程 $y=x^2$ 在空间中表示以 xOy 面上的抛物线为准线，平行于 z 轴的直线为母线的柱面，称为**抛物柱面**(图 7-24).

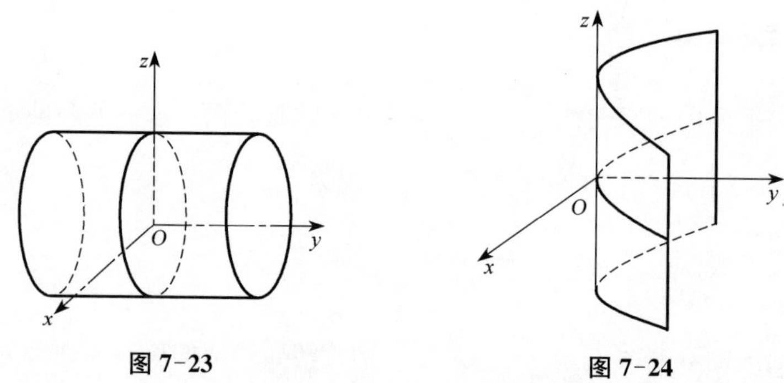

图 7-23　　图 7-24

$\frac{x^2}{4}-\frac{y^2}{9}=1$ 表示以 xOy 平面内双曲线为准线、母线平行于 z 轴的双曲柱面.

习题 7-4

1. 求以点 $A(4,\ 3,\ -5)$ 且过坐标原点的球面方程.
2. 求与两定点 $M_1(4,\ 0,\ 1)$，$M_2(-4,\ 2,\ -3)$ 等距离的点的轨迹方程.
3. 求 yOz 平面内的圆 $y^2+z^2=16$ 绕 z 轴旋转一周所形成曲面的方程.
4. 指出下列方程在平面和空间内分别表示什么图形：

(1) $x^2+y^2=9$；　(2) $y=x^2+1$；

(3) $x^2-y^2=1$.

5. 画出下列方程所表示的曲面：

(1) $(y-2)^2+z^2=4$；　(2) $x^2+y^2+\frac{z^2}{4}=16$；

(3) $z=x^2+y^2$；　(4) $\sqrt{x^2+y^2}-2z=0$.

(5) $x^2+y^2+z^2-4z=0$.

6. 指出下列旋转曲面是如何由曲线旋转形成的：

(1) $x^2-y^2+z^2=1$；　(2) $\frac{x^2}{4}-y^2-z^2=1$；

(3) $z^2=4(x^2+y^2)$.

第五节　二 次 曲 面

与平面解析几何中的二次曲线类似,我们称三元二次方程所表示的曲面为二次曲面.其一般方程为

$$ax^2+by^2+cz^2+lxy+myz+nxz+px+qy+rz+d=0$$

本节讨论几个特殊的二次曲面.

一、椭球面

由方程

$$\frac{x^2}{a^2}+\frac{y^2}{b^2}+\frac{z^2}{c^2}=1 \tag{7.2}$$

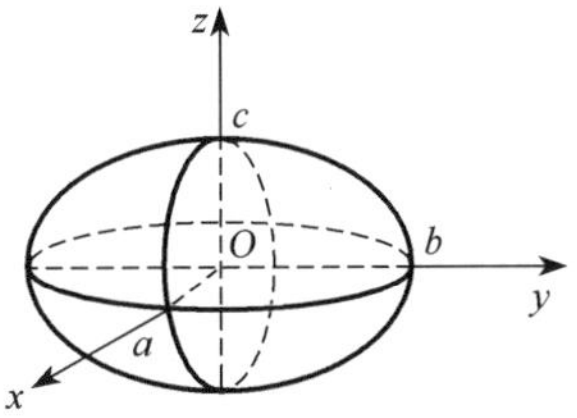

图 7-25

所表示的曲面称为椭球面,如图 7-25.

特殊地,当 $a=b$ 时,$\frac{x^2+y^2}{a^2}+\frac{z^2}{c^2}=1$ 表示的旋转椭球面可由 yOz 面上的椭圆 $\frac{y^2}{a^2}+\frac{z^2}{c^2}=1$ 绕 x 轴旋转一周而成的旋转曲面,称为旋转椭球面.当 $a=b=c$ 时,方程(7.2)表示一个球面.

二、抛物面

1. 椭圆抛物面

由方程

$$\frac{x^2}{a^2}+\frac{y^2}{b^2}=kz \tag{7.3}$$

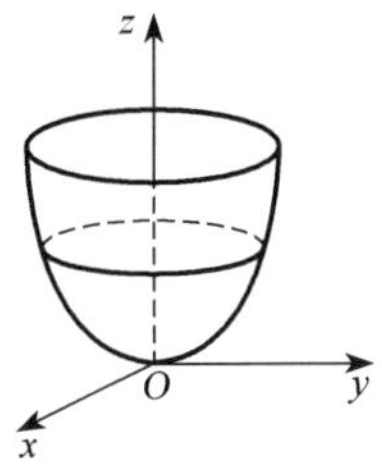

图 7-26

表示的曲面称为椭圆抛物面,如图 7-26.下面讨论它的形态:

当 $k>0$ 时,方程表示顶点在原点,开口向上的椭圆抛物面;当 $k<0$ 时,方程表示顶点在原点,开口向下的椭圆抛物面.

$$kz=\frac{y^2}{b^2}+\frac{x_0^2}{a^2},\quad kz=\frac{x^2}{a^2}+\frac{y_0^2}{b^2}.$$

特殊地,当 $a=b$ 时,$\frac{x^2+y^2}{a^2}=kz$ 表示旋转抛物面.

2. 双曲抛物面

由方程

$$-\frac{x^2}{a^2}+\frac{y^2}{b^2}=z$$

表示的曲面称为双曲抛物面,又称马鞍面,如图 7-27.

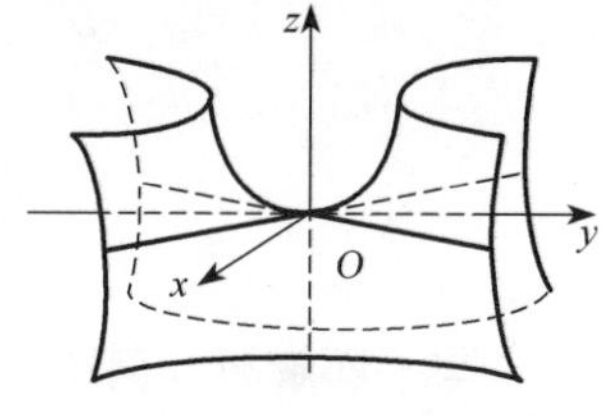

图 7-27

三、双曲面

1. 单叶双曲面

由方程

$$\frac{x^2}{a^2}+\frac{y^2}{b^2}-\frac{z^2}{c^2}=1$$

表示的曲面叫做单叶双曲面,如图 7-28.

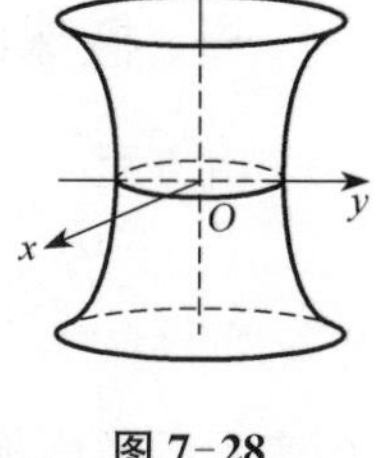

图 7-28

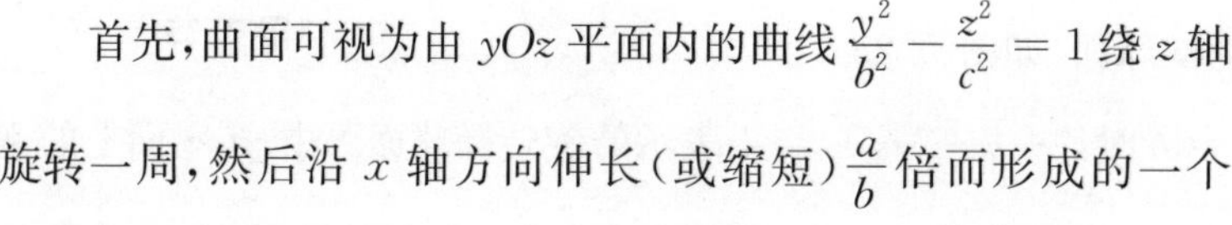

首先,曲面可视为由 yOz 平面内的曲线 $\frac{y^2}{b^2}-\frac{z^2}{c^2}=1$ 绕 z 轴旋转一周,然后沿 x 轴方向伸长(或缩短)$\frac{a}{b}$ 倍而形成的一个曲面.

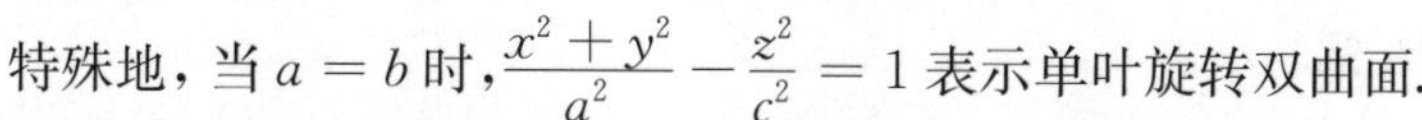

特殊地,当 $a=b$ 时,$\frac{x^2+y^2}{a^2}-\frac{z^2}{c^2}=1$ 表示单叶旋转双曲面.

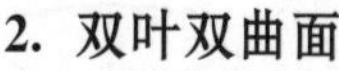

2. 双叶双曲面

由方程

$$\frac{x^2}{a^2}-\frac{y^2}{b^2}+\frac{z^2}{c^2}=-1$$

所表示的曲面叫做双叶双曲面,如图 7-29. 它可视为 yOz 平面内的曲线 $\frac{y^2}{b^2}-\frac{z^2}{c^2}=1$ 绕 y 轴旋转一周,然后沿 x 轴方向伸缩 $\frac{a}{c}$ 倍而形成的曲面.

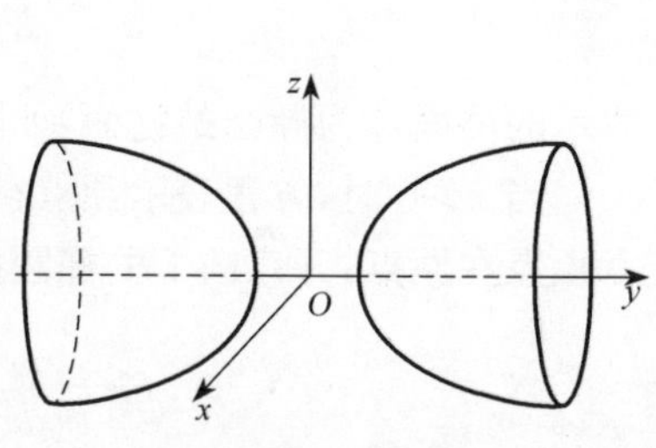

图 7-29

【例 1】 说出下列二次曲面的名称.

(1) $\frac{x^2}{4}+\frac{y^2}{4}-z^2=1$;

(2) $z=\frac{x^2}{4}+\frac{y^2}{9}$.

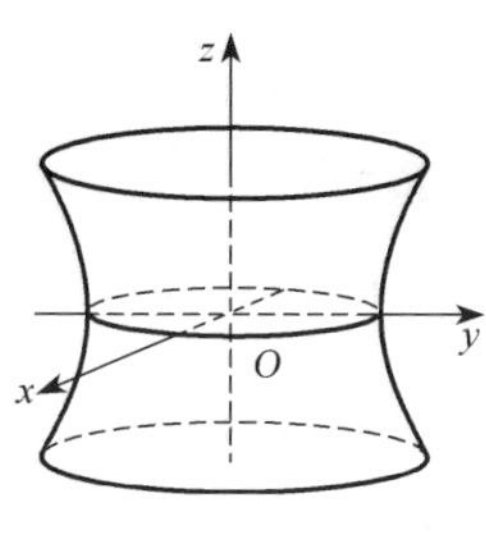

图 7-30

解　(1) 该曲面可认为由双曲线 $\begin{cases} \dfrac{y^2}{4} - z^2 = 1, \\ x = 0 \end{cases}$ 绕 z 轴旋转而得的旋转双曲面；也可看成是双曲线 $\begin{cases} \dfrac{x^2}{4} - z^2 = 1, \\ y = 0 \end{cases}$ 绕 z 轴旋转而得的旋转双曲面(图 7-30).

(2) 该曲面可认为由双曲线 $\begin{cases} z = \dfrac{y^2}{9}, \\ x = 0 \end{cases}$ 绕 z 轴旋转而成的旋转抛物面，再沿 x 轴方向缩小为原来的 $\dfrac{2}{3}$；也可看成是双曲线 $\begin{cases} z = \dfrac{x^2}{4}, \\ y = 0 \end{cases}$ 绕 z 轴旋转而得的旋转抛物面，再沿 y 轴方向伸长 $\dfrac{3}{2}$ 倍(图 7-31).

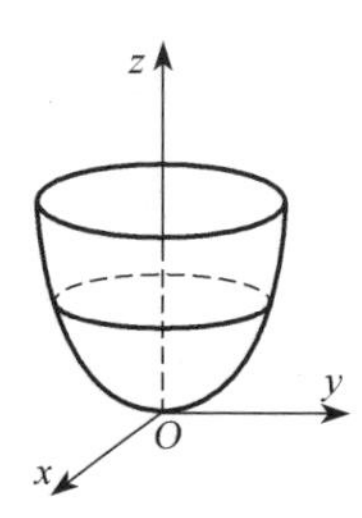

图 7-31

习题 7-5

1. 画出下列方程所表示的曲面：

(1) $z = \dfrac{x^2}{4} + \dfrac{y^2}{9}$；　　(2) $x^2 + y^2 + \dfrac{z^2}{4} = 16$；

(3) $x^2 - y^2 + z^2 = 1$；　　(4) $\sqrt{x^2 + y^2} - 2z = 0$；

(5) $y^2 + z^2 = 4$.

2. 画出下列曲面所围成的图形：

(1) $x^2 + y^2 + z^2 = 4$ 与 $(x-1)^2 + y^2 = 1$；　　(2) $z = x^2 + y^2$ 与 $z = 2 - \sqrt{x^2 + y^2}$.

第七章　习题答案

习题 7-1

1. $\boldsymbol{a} = \dfrac{1}{5}\boldsymbol{u} + \dfrac{2}{5}\boldsymbol{v}$, $\boldsymbol{b} = \dfrac{2}{5}\boldsymbol{u} - \dfrac{1}{5}\boldsymbol{v}$, $3\boldsymbol{a} + 2\boldsymbol{b} = \dfrac{7}{5}\boldsymbol{u} + \dfrac{4}{5}\boldsymbol{v}$.

2. 证明略.　　3. $\overrightarrow{AM} = \dfrac{1}{2}(\overrightarrow{AB} + \overrightarrow{AD})$, $\overrightarrow{MB} = \dfrac{1}{2}(\overrightarrow{AB} - \overrightarrow{AD})$.

习题 7-2

1. (1) Ⅰ；(2) Ⅲ；(3) Ⅷ；(4) Ⅵ.

2. (1) $(-3, -2, 4)$；(2) x 轴：$(3, -2, 4)$，y 轴：$(-3, 2, 4)$，z 轴：$(-3, -2, 4)$；(3) xOy 平面：$(3, 2, 4)$，yOz 平面：$(-3, 2, -4)$，zOx 平面：$(-3, -2, -4)$.

3. (1) $\left\{\dfrac{1}{3}, \dfrac{1}{3}, \dfrac{1}{3}\right\}$；(2) $\left\{-\dfrac{2}{\sqrt{14}}, \dfrac{1}{\sqrt{14}}, -\dfrac{3}{\sqrt{14}}\right\}$.　　4. $\pm\left\{\dfrac{1}{3}, \dfrac{1}{3}, \dfrac{1}{3}\right\}$.

5. $\overrightarrow{AB}=\{5, 3, -2\}$；$|\overrightarrow{AB}|=\sqrt{38}$.　　6. 证明略.　　7. $\left(0, 0, \dfrac{17}{5}\right)$.

习题 7-3

1. $\pm\{1, 0, 2\}$.　　2. $\left\{\dfrac{1}{3},\dfrac{1}{3},\dfrac{1}{3}\right\}$.　　3. -21.　　4. 5.

5. $\left\{\dfrac{1}{10},\dfrac{1}{2},-\dfrac{1}{5}\right\}$.

习题 7-4

1. $(x-4)^2+(y-3)^2+(z+5)^2=50$.　　2. $4x-y+2z+3=0$.

3. $x^2+y^2+z^2=16$.　　4. 见下表

方　程	平面解析几何中表示	空间解析几何中表示
$x^2+y^2=9$	以圆心为原点，以 2 为半径的圆	以 z 轴为中心轴，半径为 2 的圆柱面
$x^2-y^2=1$	实轴在 x 轴上的双曲线	以 xoy 平面内双曲线 $x^2-y^2=1$ 为准线，母线平行于 z 轴的柱面
$y=x^2+1$	开口向上的抛物线	以 xoy 平面内抛物线 $y=x^2+1$ 为准线，母线平行于 z 轴的抛物柱面

5. 画图略.

6. (1) 曲面可由 xOy 平面内的曲线 $x^2-y^2=1$ 绕 x 轴旋转而成或由 yOz 平面内的 $-y^2+z^2=1$ 绕 z 轴旋转而成；(2) 曲面可由 xOy 平面内的曲线 $\dfrac{x^2}{4}-y^2=1$ 绕 y 轴旋转而成或由 zOx 平面内的曲线 $\dfrac{x^2}{4}-z^2=1$ 绕 z 轴旋转而成.

习题 7-5

1. 画图略；　　2. 画图略.

第八章　多元函数微分学

自然科学和工程技术中所遇到的函数，不限于只有一个自变量，往往依赖于两个或更多个自变量，对于自变量多于一个的函数通常称为多元函数. 多元函数的基本概念、理论和方法是在一元函数基础上的推广与发展，它们有联系，但又有差别. 从一元函数推广到二元函数时会产生许多新问题，但由二元函数推广到三元函数或更多元函数时不会发生什么困难. 因此，在讨论时，着重在二元函数，因为它与一元函数的差异已能充分显示出来. 在学习时应注意它们之间的联系与差别.

第一节　多元函数、极限与连续

一、多元函数的概念

现实世界中，一个量的变化往往依赖于多个变量，如下面的例子：

【例 1】 长方体的体积 V 和它的长度 x，宽度 y，高度 z 之间有关系式

$$V = xyz,$$

其中变量 V 随 x，y，z 的变化而变化，当变量 x，y，z 在其变化范围 $\{(x, y, z) \mid x > 0, y > 0, z > 0\}$ 内取定一组数值时，变量 V 都有唯一确定的值与之对应.

从例子上看到，根据某个规则，一个变量随着一组变量的变化而变化. 仿照一元函数(一个自变量的函数)的定义引出多元函数的定义.

定义 1　设 x，y 是两个变量，其取值范围是非空的二元有序数组的集合 D，如果存在一个对应法则 f，使得 D 中的每一组值 (x, y)，变量 z 总有唯一确定的数值与之对应，则称 z 是定义在 D 上的**二元函数**，记作

$$z = f(x, y),\ (x, y) \in D,$$

其中 x，y 称为**自变量**，z 称为**因变量**，D 称为函数的**定义域**，习惯上将 $f(x, y)$ 称为 x，y 的函数.

对每个 $(x_0, y_0) \in D$，由对应法则 f，变量 z 有确定的对应值 z_0，也记作 $f(x_0, y_0)$ 或 $z|_{(x_0, y_0)}$，称 $z_0 = f(x_0, y_0)$ 为函数 $z = f(x, y)$ 在 (x_0, y_0) 点的**函数值**. 数集 D 上函数值的集合

$$W = R_f = \{z \mid z = f(x, y), (x, y) \in D\}$$

称为函数的**值域**.

类似地,可以定义三元函数 $u = f(x, y, z)$ 以及三元以上的函数,多于一个自变量的函数统称为**多元函数**.

【例 2】 求下列函数的定义域 D:

(1) $z = \arcsin \dfrac{x}{2} + \sqrt{1 - y^2}$;

(2) $z = \sqrt{4 - x^2 - y^2} + \dfrac{1}{\sqrt{x^2 + y^2 - 1}}$;

(3) $u = \ln(1 - x^2 - y^2 - z^2)$.

解 (1) 要使得函数表达式有意义, x, y 应满足 $\begin{cases} -1 \leqslant \dfrac{x}{2} \leqslant 1, \\ 1 - y^2 \geqslant 0, \end{cases}$ 所以函数的定义域为 $D = \{(x, y) \mid -2 \leqslant x \leqslant 2, -1 \leqslant y \leqslant 1\}$.

(2) 由 $\begin{cases} 4 - x^2 - y^2 \geqslant 0, \\ x^2 + y^2 - 1 > 0, \end{cases}$ 得定义域 $D = \{(x, y) \mid 1 < x^2 + y^2 \leqslant 4\}$.

(3) 由 $1 - x^2 - y^2 - z^2 > 0$, 得定义域 $D = \{(x, y, z) \mid x^2 + y^2 + z^2 < 1\}$.

从几何上来说, D_1 是一个矩形区域(图 8-1), D_2 是一个圆环(图 8-2), D_3 是空间球面 $x^2 + y^2 + z^2 = 1$ 的内部.

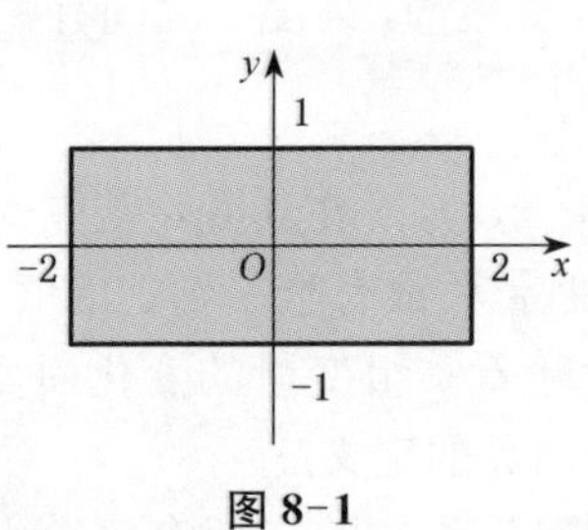

图 8-1

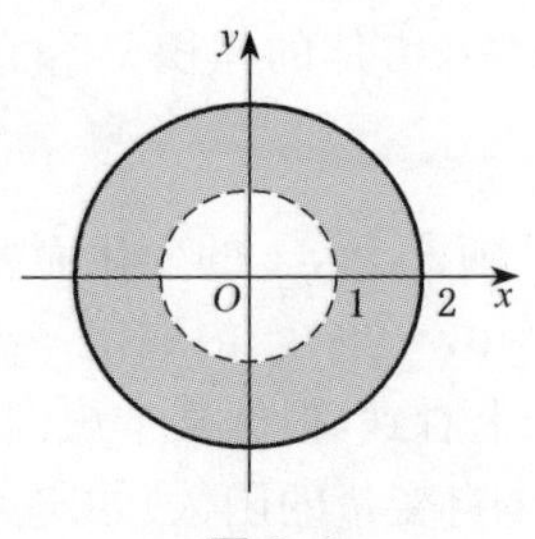

图 8-2

二元函数的几何意义:设二元函数 $z = f(x, y)$ 的定义域是 D, 点 $P(x, y) \in D$ 对应的函数值是 $z = f(x, y)$, 这样就得到空间上一点 $M(x, y, z)$. 当点 P 在 D 内取遍一切点时,对应点 M 的轨迹就是函数 $z = f(x, y)$ 的几何图形. 它通常是一张曲面 Σ (图 8-3),该曲面在 xOy 面上的投影就是函数 $z = f(x, y)$ 的定义域.

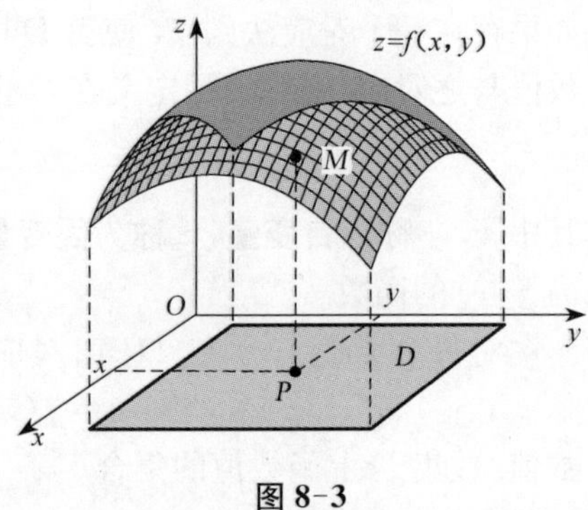

图 8-3

例如，二元函数 $z=x+y$ 的图形是一张平面；二元函数 $z=x^2+y^2$ 的图形是旋转抛物面；二元函数 $z=\sqrt{a^2-x^2-y^2}$ 的图形是上半球面.

为了揭示多元函数与一元函数的内在联系，为此我们介绍 n 维空间和点函数的概念.

二、n 维空间与平面点集

1. n 维空间

所有由一个实数构成的集合 $\{x \mid x \in \mathbf{R}\} \overset{\text{def}}{=} \mathbf{R}^1$，称为一维空间. 在数轴上，点与实数一一对应，因此数轴是一维空间. 两点 $P_1(x_1)$，$P_2(x_2)$ 之间的距离

$$d=|P_1P_2|=|x_2-x_1|.$$

所有由两个实数 x，y 组成有序数组 (x, y) 构成的集合 $\{(x, y) \mid x, y \in \mathbf{R}\} \overset{\text{def}}{=} \mathbf{R}^2$，称为二维空间. 在平面直角坐标系下，有序数组 (x, y) 与平面上的点构成一一对应，因此全平面是一个二维空间. 两点 $P_1(x_1, y_1)$，$P_2(x_2, y_2)$ 之间的距离

$$d=|P_1P_2|=\sqrt{(x_2-x_1)^2+(y_2-y_1)^2}.$$

所有由三个实数 x，y，z 组成有序数组 (x, y, z) 构成的集合 $\{(x, y, z) \mid x, y, z \in \mathbf{R}\} \overset{\text{def}}{=} \mathbf{R}^3$，称为三维空间. 在空间直角坐标系下，有序数组 (x, y, z) 与空间中的点构成一一对应，我们生活的空间是一个三维空间. 两点 $P_1(x_1, y_1, z_1)$，$P_2(x_2, y_2, z_2)$ 之间的距离

$$d=|P_1P_2|=\sqrt{(x_2-x_1)^2+(y_2-y_1)^2+(z_2-z_1)^2}.$$

仿此，我们将空间的概念推广，将所有由 n 个实数所组成的有序数组 $(x_1, x_2, \cdots, x_n)$ 构成的集合 $\{(x_1, x_2, \cdots, x_n) \mid x_1, x_2, \cdots, x_n \in \mathbf{R}\} \overset{\text{def}}{=} \mathbf{R}^n$，称为 **$n$ 维空间**，并称有序数组 $(x_1, x_2, \cdots, x_n)$ 为 n 维空间中的“点”. 定义 $P_1(x_1, x_2, \cdots, x_n)$，$P_2(y_1, y_2, \cdots, y_n)$ **两点间的距离**

$$d=|P_1P_2|=\sqrt{(x_1-y_1)^2+(x_2-y_2)^2+\cdots+(x_n-y_n)^2}.$$

2. 邻域

所有与点 P_0 的距离小于 $\delta\,(\delta>0)$ 的点 P 构成的集合，称为**点 P_0 的 δ 邻域**，记为 $U(P_0, \delta)$，即

$$U(P_0, \delta)=\{P \mid |PP_0|<\delta\},$$

在 $\mathbf{R}^1$ 中,点 $P_0(x_0)$ 的 δ 邻域,就是数轴上的点集 $\{x \mid |x-x_0|<\delta\}$,即开区间 $(x_0-\delta, x_0+\delta)$.

在 $\mathbf{R}^2$ 中,点 $P_0(x_0, y_0)$ 的 δ 邻域,就是平面直角坐标系下的点集

$$\{(x, y) \mid \sqrt{(x-x_0)^2+(y-y_0)^2}<\delta\},$$

即圆的内部.

在 $\mathbf{R}^3$ 中,点 $P_0(x_0, y_0, z_0)$ 的 δ 邻域,就是空间直角坐标系下的点集

$$\{(x, y, z) \mid \sqrt{(x-x_0)^2+(y-y_0)^2+(z-z_0)^2}<\delta\},$$

即球的内部.

同样可以定义**点 $\boldsymbol{P_0}$ 的 $\boldsymbol{\delta}$ 去心邻域** $\mathring{U}(\boldsymbol{P_0}, \boldsymbol{\delta})$,即

$$\mathring{U}(P_0, \delta)=\{P \mid 0<|PP_0|<\delta\}$$

在不需要强调邻域的半径时,用 $U(P_0)$ 表示点 P_0 的某个邻域, $\mathring{U}(P_0)$ 表示点 P_0 的某个去心邻域.

3. 区域

设 D 是 xOy 面上的一个点集, P 是平面上一点,如果存在点 P 的某个邻域 $U(P)$,使得 $U(P)\subset D$,则称 P 为 D 的**内点**;如果点 Q 的任意一个邻域内既有属于 D 的点也有不属于 D 的点,则称 Q 为 D 的**边界点**(图 8-4).

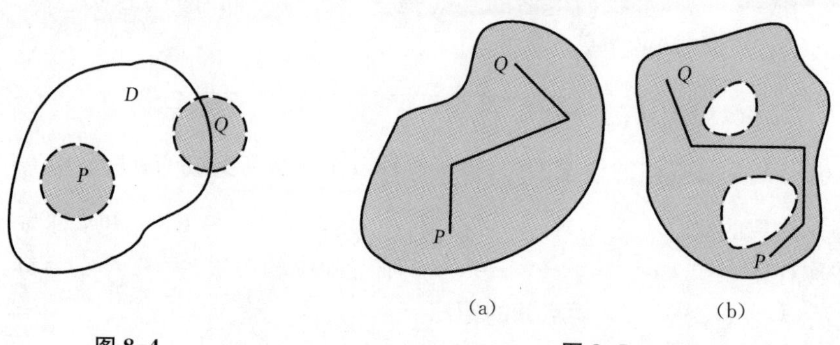

图 8-4　　图 8-5

点集 D 的内点必属于 D, 而 D 的边界点则可能属于 D 也可能不属于 D.

D 的全部边界点的集合称为 D 的**边界**. 如果 D 中的点都是 D 的内点,则称 D 是**开集**.

如果点集 D 内的任何两点,总可以用 D 中的折线连接起来,则称 D 为**连通集**(图 8-5(a)(b));连通的开集称为**开区域**,简称为**区域**;开区域连同它的边界一起,称为**闭区域**.

对于平面点集 D，如果 D 内任意两点之间的距离都不超过某一常数 K，则称 D 是**有界集**，否则称它是**无界集**.

4. 点函数

如果把有序数组 $(x_1, x_2, \cdots, x_n)$ 看作 $\mathbf{R}^n$ 中的一个点 P，那么可以把一元函数和多元函数统一定义为点的函数.

三、二元函数的极限

一元函数的连续、导数、积分的概念都以极限为工具，同样，要研究多元函数的微积分，也离不开极限这个工具. 二元函数 $z = f(x, y)$ 的极限，主要是考察当自变量 x, y 趋于有限值 x_0, y_0 时，对应函数值的变化趋势.

定义 2 设二元函数 $z = f(x, y)$ 在点 $P_0(x_0, y_0)$ 的某个去心邻域内有定义. 如果当点 $P(x, y)$ 无限地逼近于点 $P_0(x_0, y_0)$ 时，函数值 $f(x, y)$ 总无限趋近于一个确定的常数 A，则称 A 为函数 $z = f(x, y)$ 当 (x, y) 趋于 (x_0, y_0) 时的极限，记为

$$\lim_{\substack{x\to x_0\\ y\to y_0}} f(x, y) = A，或 \lim_{(x, y)\to(x_0, y_0)} f(x, y) = A，或 \lim_{P\to P_0} f(P) = A.$$

在一元函数中，当 $x \to x_0$ 时，其趋向的方式只有左右两个方向(图 8-6)，所以极限存在只要左右极限存在且相等即可. 现在，对于二元函数 $z = f(x, y)$，其情况要复杂的多，(x, y) 可以以任意方式趋近 (x_0, y_0) (图 8-7)，有无穷多种可能. 所以要 $(x, y) \to (x_0, y_0)$ 时极限存在，就要求各种趋向方式的极限都存在且相等.

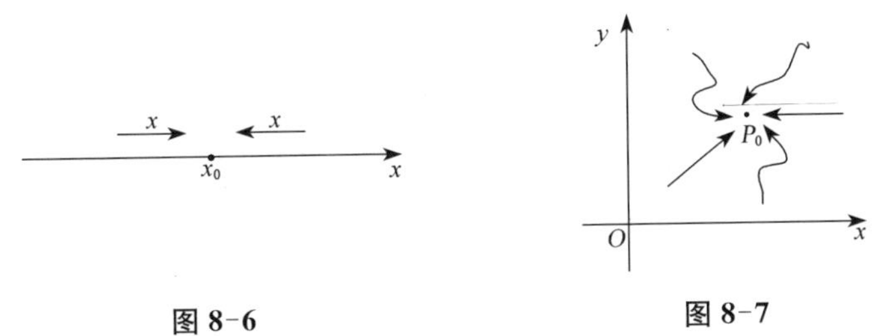

图 8-6　　　　图 8-7

【例 3】 考察函数 $f(x, y) = \begin{cases} \dfrac{xy}{x^2 + y^2}, & x^2 + y^2 \neq 0 \\ 0, & x^2 + y^2 = 0 \end{cases}$ 当 $(x, y) \to (0, 0)$ 时的极限.

解 因为当点 $P(x, y)$ 沿直线 $y = kx$ 时有：

$$\lim_{\substack{(x,\ y)\to(0,\ 0)\\ y=kx}}\frac{xy}{x^2+y^2}=\lim_{x\to 0}\frac{kx^2}{x^2+k^2x^2}=\frac{k}{1+k^2}.$$

对应于不同的 k 值,极限值不一样,即点 $P(x,\ y)$ 沿不同的直线 $y=kx$ 趋于 $(0,\ 0)$ 时,函数 $f(x,\ y)$ 趋于不同的值. 因此,$f(x,\ y)$ 在 $(0,\ 0)$ 处无极限.

一元函数求极限的很多方法可用于二元函数极限的计算,例如在求二元函数极限的过程中,可以运用极限的四则运算法则、夹逼准则、有界函数与无穷小的乘积仍是无穷小等结论. 但是,洛必达法则不可用来求二元函数的极限.

【例 4】 求极限 $\lim\limits_{(x,\ y)\to(0,\ 2)}\dfrac{\sin(xy)}{x}$.

解 $\lim\limits_{(x,\ y)\to(0,\ 2)}\dfrac{\sin(xy)}{x}=\lim\limits_{(x,\ y)\to(0,\ 2)}\dfrac{\sin(xy)}{xy}\cdot y=\lim\limits_{(x,\ y)\to(0,\ 2)}\dfrac{\sin(xy)}{xy}\cdot\lim\limits_{y\to 2}y$
$=1\times 2=2.$

四、二元函数的连续性

1. 多元函数连续的定义

类似于一元函数连续的概念,我们有

定义 3 如果 $\lim\limits_{(x,\ y)\to(x_0,\ y_0)}f(x,\ y)=f(x_0,\ y_0)$,则称函数 $z=f(x,\ y)$ 在点 $P_0(x_0,\ y_0)$ 处连续,否则称为不连续,不连续的点称为间断点.

如果函数 $f(x,\ y)$ 在区域 D 内每一点都连续,则称函数 $f(x,\ y)$ **在 D 上连续**,又称 $f(x,\ y)$ **是 D 上的连续函数**.

由函数连续的定义,函数 $z=f(x,\ y)$ 在 $P_0(x_0,\ y_0)$ 点连续必须同时满足下列三个条件:

(1) $z=f(x,\ y)$ 在点 $P_0(x_0,\ y_0)$ 有定义;

(2) 极限 $\lim\limits_{(x,\ y)\to(x_0,\ y_0)}f(x,\ y)$ 存在;

(3) 极限值等于函数值,即 $\lim\limits_{(x,\ y)\to(x_0,\ y_0)}f(x,\ y)=f(x_0,\ y_0)$.

上述三个条件中只要有一个不满足,就称函数 $f(x,\ y)$ 在点 $P_0(x_0,\ y_0)$ 处间断,$P_0(x_0,\ y_0)$ 称为 $f(x,\ y)$ 的一个间断点.

例如函数

$$f(x,\ y)=\begin{cases}\dfrac{xy}{x^2+y^2}, & x^2+y^2\neq 0,\\ 0, & x^2+y^2=0,\end{cases}$$

由例 3 知,$\lim\limits_{(x,\ y)\to(0,\ 0)}f(x,\ y)$ 不存在,所以点 $O(0,\ 0)$ 是该函数的一个间断点.

又如,

$$z = \frac{1}{x^2 + y^2 - 1}$$

在圆周 $C = \{(x, y) \mid x^2 + y^2 = 1\}$ 上任一点处，函数没有定义，所以圆周 C 上各点都是该函数的间断点.

反映到几何上，间断点对应到曲面上有一个“点洞”；间断线对应到曲面上有一条“裂缝”.

与一元初等函数相类似，由常量和具有不同自变量的一元基本初等函数经过有限次的四则运算或复合运算所得到的，可用一个式子表示的多元函数称为**多元初等函数**. 例如，

$z = \sin\frac{1}{x^2 + y^2 - 1}$，$\cos(x + y)$ 等等都是多元初等函数.

多元连续函数的和、差、积、商(分母不为零)及复合函数仍连续. 所以对于多元初等函数，有如下结论：

定理 1　一切多元初等函数在其定义区域内是连续的.

所谓定义区域是指包含在定义域内的区域.

由上述结论及二元函数连续的定义，又得到求二元函数极限的一个重要方法. 即若函数 $f(x, y)$ 为二元初等函数，且点 $P_0(x_0, y_0)$ 在此函数的定义区域内，则有

$$\lim_{(x, y)\to(x_0, y_0)} f(x, y) = f(x_0, y_0).$$

【例 5】　求极限 $\lim\limits_{(x, y)\to(0, 1)} \frac{\sqrt{xy+4}-2}{\sin xy}$.

解

$$\lim_{(x, y)\to(0, 1)} \frac{\sqrt{xy+4}-2}{\sin xy} = \lim_{(x, y)\to(0, 1)} \frac{(\sqrt{xy+4}-2)(\sqrt{xy+4}+2)}{xy(\sqrt{xy+4}+2)}$$

$$= \lim_{(x, y)\to(0, 1)} \frac{1}{\sqrt{xy+4}+2} = \frac{1}{4}.$$

2. 有界闭区域上多元函数连续的性质

类似于闭区间上一元连续函数的性质，有界闭区域上的多元连续函数有如下性质：

定理 2(有界性与最大值最小值定理)　在有界闭区域 D 上的多元连续函数，必在 D 上有界，且能取到最大值和最小值.

定理 3(介值定理)　在有界闭区域 D 上的多元连续函数必取得介于最大值和最小值之间的任何值.

习题 8-1

1. 已知 $f(x, y)=x^2+xy+y^2$，求 $f(1, 2)$.

2. 求下列函数的表达式：

(1) 已知 $f(x, y)=3x+2y$，求 $f(xy, x+y)$；

(2) 已知 $f\left(x+y, \dfrac{y}{x}\right)=x^2-y^2$，求 $f(x, y)$.

3. 求下列函数的定义域，并作出定义域的图形：

(1) $z=\arcsin\dfrac{x^2+y^2}{2}$；　　(2) $z=\dfrac{1}{\sqrt{x+y}}+\dfrac{1}{\sqrt{x-y}}$；

(3) $z=\ln(y^2-4x+8)$；　　(4) $z=\sqrt{4-x^2-y^2}+\sqrt{x^2+y^2-1}$.

4. 求下列函数的极限：

(1) $\lim\limits_{(x, y)\to(0, 2)} y\ln(y+\mathrm{e}^x)$；　　(2) $\lim\limits_{(x, y)\to(1, 1)} \dfrac{xy-y-2x+2}{x-1}$；

(3) $\lim\limits_{(x, y)\to(0, 0)} \dfrac{\sqrt{2-\mathrm{e}^{xy}}-1}{xy}$；　　(4) $\lim\limits_{(x, y)\to(1, 3)} \dfrac{x+y-4}{\sqrt{x+y}-2}$；

(5) $\lim\limits_{(x, y)\to(0, 0)} (x^2+y^2)\sin\dfrac{1}{xy}$.

5. 证明极限 $\lim\limits_{(x, y)\to(0, 0)} \dfrac{x+y}{x-y}$ 不存在.

6. 讨论下列函数的连续性，若间断指出在何处间断：

(1) $z=\ln(x^2+y^2)$；　　(2) $z=\dfrac{1}{y-x^2}$；　　(3) $z=\dfrac{1}{(x+1)^2+y^2}$.

第二节　偏导数的概念

在研究二元函数时，有时要求当其中一个自变量固定不变时，函数关于另一个自变量的变化率. 此时的二元函数实际上转化为一元函数. 因此可以利用一元函数的导数概念，得到二元函数对某一自变量的变化率.

一、偏导数

1. 偏导数的定义

具有一定质量的理想气体，其体积 V，压强 P，热力学温度 T 之间具有下面依赖关系

$$P=\frac{RT}{V},（R 是常数），$$

其压强 P 是体积 V 和温度 T 的函数. 在考查压强 P 的变化率时，人们分别考查等容（V 是常数）与绝热（T 是常数）两种过程. 即令 V 不变，P 对 T 的变化率，由已知求导方法，它是 $\frac{R}{V}$；又令 T 不变，P 对 V 的变化率，即是 $-\frac{RT}{V^2}$. 这种求变化率问题，就是求偏导数问题.

定义 1　设函数 $z=f(x, y)$ 在点 (x_0, y_0) 的某一邻域内有定义，当 y 固定在 y_0 而 x 在 x_0 处取得增量 Δx 时，相应地，函数取得增量 $\Delta z = f(x_0+\Delta x, y_0) - f(x_0, y_0)$，如果极限

$$\lim_{\Delta x\to 0}\frac{f(x_0+\Delta x, y_0)-f(x_0, y_0)}{\Delta x}$$

存在，则称此极限为函数 $z=f(x, y)$ 在点 (x_0, y_0) 处对 x 的偏导数，记作

$$\left.\frac{\partial z}{\partial x}\right|_{\substack{x=x_0\\ y=y_0}}, \left.\frac{\partial f}{\partial x}\right|_{\substack{x=x_0\\ y=y_0}},\quad \text{或 } z_x(x_0, y_0),\ f_x(x_0, y_0).$$

即
$$f_x(x_0, y_0)=\lim_{\Delta x\to 0}\frac{f(x_0+\Delta x, y_0)-f(x_0, y_0)}{\Delta x}.$$

类似地，$z=f(x, y)$ 在点 (x_0, y_0) 处对 y 的偏导数定义为

$$\lim_{\Delta y\to 0}\frac{f(x_0, y_0+\Delta y)-f(x_0, y_0)}{\Delta y}.$$

记作
$$\left.\frac{\partial z}{\partial y}\right|_{\substack{x=x_0\\ y=y_0}}, \left.\frac{\partial f}{\partial y}\right|_{\substack{x=x_0\\ y=y_0}},\quad \text{或 } z_y(x_0, y_0),\ f_y(x_0, y_0).$$

如果函数 $z=f(x, y)$ 在平面区域 D 内每一点 (x, y) 处对 x 的偏导数都存在，则这个偏导数就是 x、y 的函数，称为函数 $z=f(x, y)$ 对自变量 x 的**偏导函数**，简称为对 x 的偏导数，记作

$$\frac{\partial z}{\partial x}, \frac{\partial f}{\partial x}, \text{或 } z_x,\ f_x(x, y).$$

同理可定义 $z=f(x, y)$ 对 y 的偏导数，记作 $\frac{\partial z}{\partial y}, \frac{\partial f}{\partial y}, z_y, f_y(x, y)$.

根据上述定义，偏导数 $f_x(x, y)$ 就是将 y 视为常数，对一元函数 $\varphi(x)=f(x, y)$ 关于 x 求导数：

$$f_x(x, y)=\varphi'(x).$$

因此一元函数的求导公式和求导法则，都适用于偏导数.

【例 1】　求 $z=x^2\tan 2y$ 的偏导数.

解 把 y 当作常数，对 x 求导，得 $\dfrac{\partial z}{\partial x}=2x\tan 2y$，

把 x 当作常数，对 y 求导，得 $\dfrac{\partial z}{\partial y}=2x^2\sec^2 2y$.

【例 2】 求 $z=\ln\left(x+\dfrac{y}{2x}\right)$ 在点 $(1,0)$ 处的偏导数.

解
$$\frac{\partial z}{\partial x}=\frac{1}{x+\frac{y}{2x}}\cdot\left(x+\frac{y}{2x}\right)'_x=\frac{1}{x+\frac{y}{2x}}\cdot\left(1-\frac{y}{2x^2}\right)=\frac{2x^2-y}{x(2x^2+y)},$$

$$\frac{\partial z}{\partial y}=\frac{1}{x+\frac{y}{2x}}\cdot\left(x+\frac{y}{2x}\right)'_y=\frac{1}{x+\frac{y}{2x}}\cdot\frac{1}{2x}=\frac{1}{2x^2+y},$$

所以

$$\left.\frac{\partial z}{\partial x}\right|_{(1,\,0)}=\left.\frac{2x^2-y}{x(2x^2+y)}\right|_{(1,\,0)}=1,\quad \left.\frac{\partial z}{\partial y}\right|_{(1,\,0)}=\left.\frac{1}{2x^2+y}\right|_{(1,\,0)}=\frac{1}{2}.$$

应当指出，根据偏导数的定义，偏导数 $\left.\dfrac{\partial z}{\partial x}\right|_{(1,\,0)}$ 是将函数 $z=\ln\left(x+\dfrac{y}{2x}\right)$ 中的 y 固定在 $y=0$ 处，而求一元函数 $z=\ln\left(x+\dfrac{0}{2x}\right)$ 的导数 $\dfrac{1}{x}$ 在 $x=1$ 处的值. 因此，一般地，在求函数对某一变量在一点处的偏导数时，可先将函数中的其余变量用此点的相应坐标代入后再求导.

【例 3】 验证函数 $z=f(x^2-y^2)$（其中 $f(u)$ 是可导函数）满足 $y\dfrac{\partial z}{\partial x}+x\dfrac{\partial z}{\partial y}=0$.

证 因为
$$\frac{\partial z}{\partial x}=f'(u)\cdot\frac{\partial u}{\partial x}=f'(x^2-y^2)\cdot 2x,$$
$$\frac{\partial z}{\partial y}=f'(u)\cdot\frac{\partial u}{\partial y}=f'(x^2-y^2)\cdot(-2y).$$

所以

$$y\frac{\partial z}{\partial x}+x\frac{\partial z}{\partial y}=y\cdot 2xf'(x^2-y^2)+x\cdot(-2yf'(x^2-y^2))=0.$$

注意：一元函数的导数 $\dfrac{\mathrm{d}y}{\mathrm{d}x}$ 可看作函数的微分 $\mathrm{d}y$ 与自变量的微分 $\mathrm{d}x$ 的商，但是偏导数的记号 $\dfrac{\partial z}{\partial x}$ 是一个整体、不可分拆的记号.

二元函数偏导数的定义及记号，可以推广到二元以上的函数，例如三元函数

$$u = f(x, y, z)$$

其偏导数为

$$\frac{\partial u}{\partial x} = f_x(x, y, z) = \lim_{\Delta x \to 0} \frac{f(x+\Delta x, y, z) - f(x, y, z)}{\Delta x};$$

$$\frac{\partial u}{\partial y} = f_y(x, y, z) = \lim_{\Delta y \to 0} \frac{f(x, y+\Delta y, z) - f(x, y, z)}{\Delta y};$$

$$\frac{\partial u}{\partial z} = f_z(x, y, z) = \lim_{\Delta z \to 0} \frac{f(x, y, z+\Delta z) - f(x, y, z)}{\Delta z}.$$

【例 4】 求三元函数 $u = \sin(x + y^2 - e^z)$ 的偏导数.

解 先把 y, z 当作常数,对 x 求导,得

$$\frac{\partial u}{\partial x} = \cos(x + y^2 - e^z) \cdot (x + y^2 - e^z)'_x = \cos(x + y^2 - e^z);$$

同理,把 x, z 当作常数,对 y 求导,得

$$\frac{\partial u}{\partial y} = \cos(x + y^2 - e^z) \cdot (x + y^2 - e^z)'_y = 2y\cos(x + y^2 - e^z);$$

把 x, y 当作常数,对 z 求导,得

$$\frac{\partial u}{\partial z} = \cos(x + y^2 - e^z) \cdot (x + y^2 - e^z)'_z = -e^z\cos(x + y^2 - e^z).$$

2. 偏导数存在与函数连续的关系

我们知道,对于一元函数,可导一定连续,反过来,连续不一定可导. 多元函数会怎么样? 请看下面的例 5.

【例 5】 已知函数 $f(x, y) = \begin{cases} \dfrac{xy}{x^2 + y^2}, & x^2 + y^2 \neq 0 \\ 0, & x^2 + y^2 = 0 \end{cases}$,证明 $f_x(0, 0) = 0$, $f_y(0, 0) = 0$,但函数在点 $(0, 0)$ 并不连续.

证

$$f_x(0, 0) = \lim_{\Delta x \to 0} \frac{f(0+\Delta x, 0) - f(0, 0)}{\Delta x} = \lim_{\Delta x \to 0} \frac{0}{\Delta x} = 0,$$

$$f_y(0, 0) = \lim_{\Delta y \to 0} \frac{f(0, 0+\Delta y) - f(0, 0)}{\Delta y} = \lim_{\Delta y \to 0} \frac{0}{\Delta y} = 0.$$

可见这函数 $f(x, y)$ 在原点 $(0, 0)$ 处的两个偏导数都存在,但由第一节例 3 可知极限 $\lim\limits_{(x, y) \to (0, 0)} f(x, y)$ 不存在,故函数 $f(x, y)$ 在点 $(0, 0)$ 处不连续.

这一事实表明,对于多元函数,偏导数存在时函数不一定连续.

3. 偏导数的几何意义

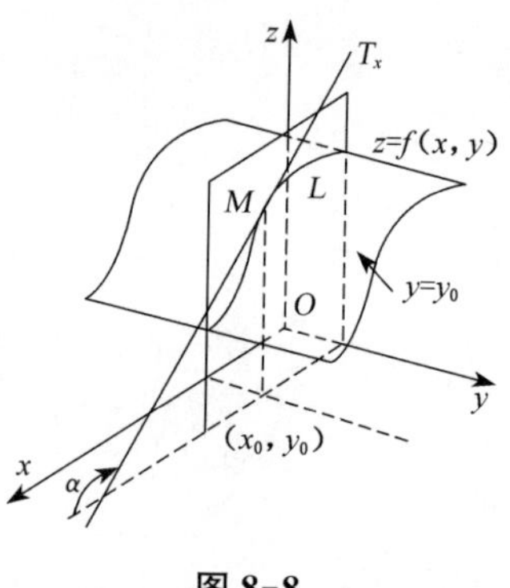

图 8-8

我们知道，$z=f(x, y)$ 表示空间的一张曲面，$M(x_0, y_0, f(x_0, y_0))$ 是该曲面上一点，而 $y=y_0$ 是过点 M 且垂直于 y 轴的一张平面. 如图 8-8 所示，曲面 $z=f(x, y)$ 和平面 $y=y_0$ 的交线是落在平面 $y=y_0$ 上的空间曲线

$$L:\begin{cases} z=f(x, y) \\ y=y_0 \end{cases},$$

由于偏导数 $f_x(x_0, y_0)$ 就是一元函数 $f(x, y_0)$ 在 x_0 点的导数，所以 $f_x(x_0, y_0)$ 是曲线 L 在点 M 处的切线关于 x 轴的斜率.

同理，$f_y(x_0, y_0)$ 是曲线 $\begin{cases} z=f(x, y) \\ x=x_0 \end{cases}$ 在点 M 处的切线关于 y 轴的斜率.

二、高阶偏导数

函数 $z=f(x, y)$ 的偏导函数 $\frac{\partial z}{\partial x}$ 和 $\frac{\partial z}{\partial y}$，一般来说，仍然是原来自变量 x, y 的函数，如果偏导数

$$\frac{\partial}{\partial x}\left(\frac{\partial z}{\partial x}\right), \frac{\partial}{\partial y}\left(\frac{\partial z}{\partial x}\right), \frac{\partial}{\partial x}\left(\frac{\partial z}{\partial y}\right), \frac{\partial}{\partial y}\left(\frac{\partial z}{\partial y}\right).$$

存在，则称它们为函数 $z=f(x, y)$ 的**二阶偏导数**，分别记作

$$\frac{\partial^2 z}{\partial x^2}, \quad \frac{\partial^2 z}{\partial x \partial y}, \quad \frac{\partial^2 z}{\partial y \partial x}, \quad \frac{\partial^2 z}{\partial y^2},$$

或

$$f_{xx}(x, y), f_{xy}(x, y), f_{yx}(x, y), f_{yy}(x, y).$$

类似地，可以定义二阶以上的偏导数，二阶及二阶以上的偏导数统称为**高阶偏导数**. 而前面定义的偏导数也叫做**一阶偏导数**.

【例 6】 设 $z=ye^{2x}+x\sin 3y$，求偏导数 $\frac{\partial^2 z}{\partial x^2}$、$\frac{\partial^3 z}{\partial x^3}$、$\frac{\partial^2 z}{\partial x \partial y}$ 和 $\frac{\partial^2 z}{\partial y \partial x}$.

解 $\quad \frac{\partial z}{\partial x}=2ye^{2x}+\sin 3y, \quad \frac{\partial z}{\partial y}=e^{2x}+3x\cos 3y;$

所以

$$\frac{\partial^2 z}{\partial x^2}=\frac{\partial}{\partial x}\left(\frac{\partial z}{\partial x}\right)=\frac{\partial}{\partial x}(2ye^{2x}+\sin 3y)=4ye^{2x},$$

$$\frac{\partial^3 z}{\partial x^3}=\frac{\partial}{\partial x}\left(\frac{\partial^2 z}{\partial x^2}\right)=\frac{\partial}{\partial x}(4y\mathrm{e}^{2x})=8y\mathrm{e}^{2x};$$

$$\frac{\partial^2 z}{\partial x\partial y}=\frac{\partial}{\partial y}\left(\frac{\partial z}{\partial x}\right)=\frac{\partial}{\partial y}(2y\mathrm{e}^{2x}+\sin 3y)=2\mathrm{e}^{2x}+3\cos 3y;$$

$$\frac{\partial^2 z}{\partial y\partial x}=\frac{\partial}{\partial x}\left(\frac{\partial z}{\partial y}\right)=\frac{\partial}{\partial x}(\mathrm{e}^{2x}+3x\cos 3y)=2\mathrm{e}^{2x}+3\cos 3y.$$

多元函数对于不同自变量所求的高阶导数，称为**混合偏导数**，如 $\frac{\partial^2 z}{\partial x\partial y}$，$\frac{\partial^2 z}{\partial y\partial x}$ 就是二阶混合偏导数.

从例 6 中我们发现 $\frac{\partial^2 z}{\partial x\partial y}=\frac{\partial^2 z}{\partial y\partial x}$，但是这个结论不是任意可求二阶偏导数的二元函数都是成立的.一般有如下定理：

定理　如果函数 $z=f(x, y)$ 的两个二阶混合偏导数 $\frac{\partial^2 z}{\partial y\partial x}$ 与 $\frac{\partial^2 z}{\partial x\partial y}$ 在区域 D 内连续，那么在该区域内这两个二阶混合偏导数必相等.

简单地说，二阶混合偏导数在连续的条件下与求偏导数的先后次序无关.此结论对于三元及三元以上的函数依然成立.

习题 8-2

1. 求下列函数的偏导数：

(1) $z=x^3+3xy+y^2$；　(2) $z=\mathrm{e}^{xy}\ln x$；　(3) $z=\mathrm{e}^{-x}(y^3+\ln x)$；

(4) $z=\frac{y}{x^2+y^2}$；　(5) $z=\sqrt{x^2+y^2}$；　(6) $z=\arctan\frac{x}{y}$；

(7) $u=x-\sin^2(y-3z)$；　(8) $z=(1+x^2y)^y$.

2. 求下列函数在指定点处的偏导数：

(1) 设 $z=2+3x^2y+y^3$，求 $z_x(2, 1)$，$z_y(2, 1)$；

(2) 设 $z=\frac{y}{1+x^2}$，求 $z_x(0, 0)$，$z_y(0, 0)$；

(3) 设 $z=\mathrm{e}^{x^2y}+y-(y-2)\arccos\frac{1}{x+y}$，求 $z_x(x, 2)$.

3. 证明下列函数满足指定的方程：

(1) 设 $z=\ln(\sqrt{x}+\sqrt{y})$，求证：$x\frac{\partial z}{\partial x}+y\frac{\partial z}{\partial y}=\frac{1}{2}$；

(2) 设 $z=y\varphi[\cos(x-y)]$（$\varphi(u)$ 可导），满足 $\frac{\partial z}{\partial x}+\frac{\partial z}{\partial y}=\frac{z}{y}$.

4. 求下列函数的所有二阶偏导数：

(1) $z=x^2+y^2-2x^2y$；　(2) $z=\ln(x+y)$；

(3) $z=(2x+1)^y$；　(4) $z=x\sin(2x+3y)$.

5. 设 $z=x^2y+\sin y+y\cos(xy)$，求偏导数 $\left.\frac{\partial^2 z}{\partial x^2}\right|_{(\frac{\pi}{2}, 1)}$、$\frac{\partial^2 z}{\partial x\partial y}$ 和 $\frac{\partial^3 z}{\partial x^2\partial y}$.

6. 已知理想气体的状态方程为 $PV=RT$(R 为常数),求证:$\frac{\partial P}{\partial V}\cdot\frac{\partial V}{\partial T}\cdot\frac{\partial T}{\partial P}=-1$.

第三节　全微分及其应用

在第二章我们讨论过一元函数 $y=f(x)$ 的微分 $\mathrm{d}y$,可以用它来近似地表示函数的改变量.它与函数改变量具有关系 $\Delta y=\mathrm{d}y+o(\Delta x)$,即 $\mathrm{d}y$ 是 Δy 的线性主部,本节我们讨论多元函数的情形.

一、全微分

二元函数对某个自变量的偏导数表示当另一个自变量固定时,因变量对该自变量的变化率.根据一元函数微分学中增量与微分的关系,有:

$$f(x+\Delta x,\ y)-f(x,\ y)\approx f_x(x,\ y)\Delta x,$$
$$f(x,\ y+\Delta y)-f(x,\ y)\approx f_y(x,\ y)\Delta y,$$

上面两式的左端称为 **$z=f(x,\ y)$ 对 x 和对 y 的偏增量**,而右端称为函数**对 x 和对 y 的偏微分**.

而实际问题中,往往需要考虑各个自变量都有增量时,因变量所获得的增量,即全增量问题.以二元函数为例,如果 x、y 同时取得增量 Δx、Δy,则称

$$\Delta z=f(x+\Delta x,\ y+\Delta y)-f(x,\ y)$$

为函数 $z=f(x,\ y)$ 在 $(x,\ y)$ 处对应于自变量增量 Δx,Δy 的全增量.

一般说来,计算全增量 Δz 比较复杂.与一元函数类似,希望用自变量的增量 Δx、Δy 的线性函数来近似的代替函数的全增量 Δz,有如下定义:

定义 1　如果函数 $z=f(x,\ y)$ 在定义域内点 $(x,\ y)$ 处的全增量

$$\Delta z=f(x+\Delta x,\ y+\Delta y)-f(x,\ y)$$

可表示为

$$\Delta z=A\Delta x+B\Delta y+o(\rho)\ ,\tag{8.1}$$

其中 A、B 不依赖于 Δx、Δy 而仅与 x,y 有关,$\rho=\sqrt{(\Delta x)^2+(\Delta y)^2}$,则称函数 $z=f(x,\ y)$ 在点 $(x,\ y)$ 处**可微**,并称 $A\Delta x+B\Delta y$ 为函数 $z=f(x,\ y)$ 在点 $(x,\ y)$ 处的**全微分**,记作 $\mathrm{d}z$.即

$$\mathrm{d}z=A\Delta x+B\Delta y.$$

通常,将自变量的增量 Δx、Δy 又写成 $\mathrm{d}x$、$\mathrm{d}y$,并分别称它们为自变量 x,y 的微分.所以全微分 $\mathrm{d}z$ 常写成

$$dz = Adx + Bdy.$$

如果函数 $z = f(x, y)$ 在区域 D 内每一点处都可微分,则称该函数在区域 D 内可微分.

我们知道,一元函数可微、可导和连续三者的关系是:可微等价于可导,可微必连续. 那对于多元函数是否有一样的结论呢? 看下面的定理.

定理 1　如果函数 $f(x, y)$ 在点 (x, y) 处可微,则它在该点一定连续.

证　设 $z = f(x, y)$ 在 (x_0, y_0) 点可微,则全增量 Δz 可表示为

$$\Delta z = A\Delta x + B\Delta y + o(\rho), \quad \rho = \sqrt{(\Delta x)^2 + (\Delta y)^2}.$$

显然, $\lim\limits_{\rho \to 0} \Delta z = 0$, 因此函数 $z = f(x, y)$ 在点 (x_0, y_0) 连续.

定理 2　如果 $z = f(x, y)$ 在点 (x, y) 处可微, 则函数在该点的两个偏导数都存在,且 $A = \dfrac{\partial z}{\partial x}$, $B = \dfrac{\partial z}{\partial y}$.

因此,函数 $z = f(x, y)$ 在点 (x, y) 处的全微分为

$$dz = \frac{\partial z}{\partial x}dx + \frac{\partial z}{\partial y}dy. \tag{8.2}$$

证明略.

定理 3　如果函数 $z = f(x, y)$ 的偏导函数 $\dfrac{\partial z}{\partial x}$、$\dfrac{\partial z}{\partial y}$ 都在点 (x_0, y_0) 连续, 则函数在该点可微.

证明略.

以上三个定理的结论可推广到三元及三元以上函数. 例如,函数 $u = f(x, y, z)$ 的全微分为

$$du = \frac{\partial u}{\partial x}dx + \frac{\partial u}{\partial y}dy + \frac{\partial u}{\partial z}dz. \tag{8.3}$$

由第二节例 5 所知,函数 $f(x, y) = \begin{cases} \dfrac{xy}{x^2 + y^2}, & x^2 + y^2 \neq 0, \\ 0, & x^2 + y^2 = 0, \end{cases}$ 在原点 $(0, 0)$ 处的偏导数存在且 $f_x(0, 0) = 0$, $f_y(0, 0) = 0$, 但函数在点 $(0, 0)$ 并不连续. 则由定理 1,函数在原点也不可微. 这说明对于多元函数而言,可微与可偏导(偏导数存在)两者是不等价的,这也是多元函数与一元函数之间的又一个重要差别.

为了更清晰的表达多元函数 $f(x, y)$ 在一点 P 连续、偏导数存在与可微之间的关系,可如图 8-9 所示.

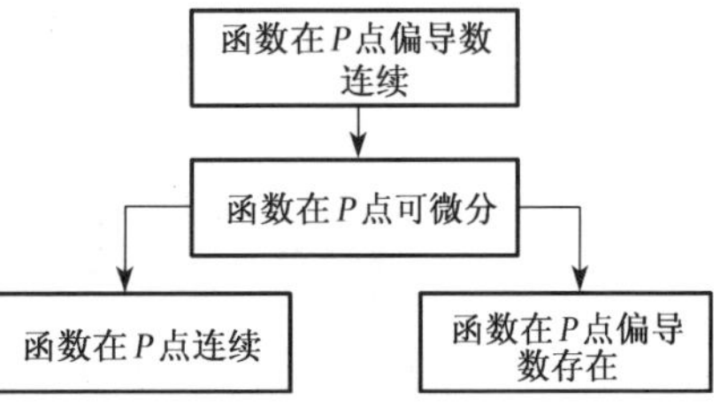

图 8-9

【例 1】 计算函数 $z=\ln(x^2+y^2)$ 的全微分.

解 因为 $\dfrac{\partial z}{\partial x}=\dfrac{2x}{x^2+y^2}$，$\dfrac{\partial z}{\partial y}=\dfrac{2y}{x^2+y^2}$，

所以

$$\mathrm{d}z=\frac{2x}{x^2+y^2}\mathrm{d}x+\frac{2y}{x^2+y^2}\mathrm{d}y.$$

【例 2】 计算函数 $z=\cos(xy)+y^3$ 在点 $\left(\dfrac{\pi}{2},1\right)$ 处的全微分.

解 因为 $\dfrac{\partial z}{\partial x}=-y\sin(xy)$，$\dfrac{\partial z}{\partial y}=-x\sin(xy)+3y^2$，

$$\left.\frac{\partial z}{\partial x}\right|_{\substack{x=\frac{\pi}{2}\\ y=1}}=-1,\ \left.\frac{\partial z}{\partial y}\right|_{\substack{x=\frac{\pi}{2}\\ y=1}}=-\frac{\pi}{2}+3,$$

所以

$$\mathrm{d}z=-\mathrm{d}x+\left(3-\frac{\pi}{2}\right)\mathrm{d}y.$$

【例 3】 计算函数 $u=3x+\mathrm{e}^{yz}$ 的全微分.

解 因为 $\dfrac{\partial u}{\partial x}=3$，$\dfrac{\partial u}{\partial y}=z\mathrm{e}^{yz}$，$\dfrac{\partial u}{\partial z}=y\mathrm{e}^{yz}$，

所以

$$\mathrm{d}u=3\mathrm{d}x+z\mathrm{e}^{yz}\mathrm{d}y+y\mathrm{e}^{yz}\mathrm{d}z.$$

习题 8-3

1. 求下列函数的全微分：

(1) $z=x^2y+xy^2$； (2) $z=\arctan(xy)$； (3) $z=x\sin(x^2+y^2)$；

(4) $z=\dfrac{y}{\sqrt{x^2+y^2}}$； (5) $z=f\left(\dfrac{y}{x}\right)$； (6) $u=\mathrm{e}^{x(x+y^2+z^2)}$.

2. 求下列函数在给定点的全微分：

(1) $z=\ln(y^2+x)$，求 $\mathrm{d}z|_{(0,1)}$； (2) $z=\mathrm{e}^x\cos y$，求 $\mathrm{d}z|_{(0,\frac{\pi}{3})}$.

3. 求函数 $z=\dfrac{y}{x}$ 在点 (2, 1) 处，当 $\Delta x=0.1$，$\Delta y=-0.2$ 时的全增量与全微分.

第四节 多元复合函数的求导法则

在一元函数微分学中，复合函数的求导法则有着十分重要的作用，同样，在多元函数微分学中，多元复合函数的求导法则也起着关键的作用. 现在我们将一元复

合函数的求导法则推广到多元复合函数.

一、多元复合函数的求导法则

设函数 $z=f(u,v)$，而 u，v 都是 x，y 的函数 $u=\varphi(x,y)$，$v=\psi(x,y)$，于是 $z=f[\varphi(x,y),\psi(x,y)]$ 为 $z=f(u,v)$ 与 $u=\varphi(x,y)$，$v=\psi(x,y)$ 的复合函数.

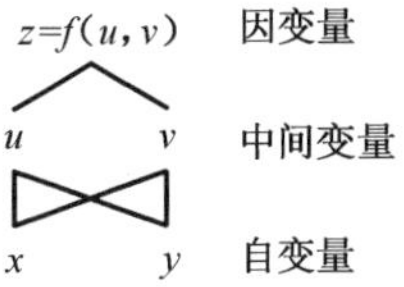

图 8-10

为了更清楚地表示这些变量之间的关系，可以用图来表示，如图 8-10. 其中线段表示所连的两个变量有关系. 图中表示 z 是 u，v 的函数，而 u 和 v 又都是 x，y 的函数，其中 x，y 是自变量，u,v 是中间变量.

对于复合函数 $z=f[\varphi(x,y),\psi(x,y)]$，其偏导数如下计算，证明略.

定理 1　设函数 $u=\varphi(x,y)$，$v=\psi(x,y)$ 在点 (x,y) 的偏导数都存在，而 $z=f(u,v)$ 在相应的点 (u,v) 处有连续的偏导数，则复合函数 $z=f(\varphi(x,y),\psi(x,y))$ 在点 (x,y) 的两个偏导数存在，且

$$\frac{\partial z}{\partial x}=\frac{\partial z}{\partial u}\cdot\frac{\partial u}{\partial x}+\frac{\partial z}{\partial v}\cdot\frac{\partial v}{\partial x},\qquad \frac{\partial z}{\partial y}=\frac{\partial z}{\partial u}\cdot\frac{\partial u}{\partial y}+\frac{\partial z}{\partial v}\cdot\frac{\partial v}{\partial y}. \tag{8.4}$$

以上的求导法则称为**复合函数的链式求导法则.**

从上面定理可以看到，求多元复合函数的偏导数，只要对每一个中间变量施行一元函数的链导法，再相加便得，而且这一法则可以推广到中间变量或自变量的个数多于两个以及其他特殊的情形. 更明确的来说，求多元复合函数的偏导数有如下特点：

(1) 有几个自变量，就会有几个偏导数；

(2) 有几个中间变量，就有几项之和；

(3) 每一项都等于因变量对中间变量的导数与该中间变量对自变量的导数乘积.

多元复合函数的复合关系是多种多样的，我们不可能把所有的公式写出来，也没有这个必要. 求多元复合函数的偏导数，最关键的就是理清其复合关系，然后按照前面所说的链导法则进行计算即可. 下面再列举几种情形的例子：

(1) 若 $z=f(u,v)$，而 $u=\varphi(x,y,t)$，$v=\psi(x,y,t)$. 这是含有 2 个中间变量与 3 个自变量的复合函数，其复合结构如图 8-11，则求导公式为：

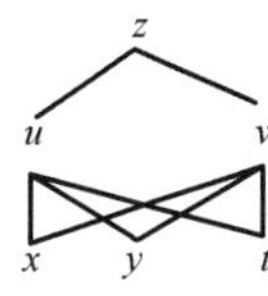

图 8-11

$$\frac{\partial z}{\partial x}=\frac{\partial z}{\partial u}\cdot\frac{\partial u}{\partial x}+\frac{\partial z}{\partial v}\cdot\frac{\partial v}{\partial x}$$

$$\frac{\partial z}{\partial y}=\frac{\partial z}{\partial u}\cdot\frac{\partial u}{\partial y}+\frac{\partial z}{\partial v}\cdot\frac{\partial v}{\partial y}$$

$$\frac{\partial z}{\partial t}=\frac{\partial z}{\partial u}\cdot\frac{\partial u}{\partial t}+\frac{\partial z}{\partial v}\cdot\frac{\partial v}{\partial t}$$

(2) 若 $z=f(u, v)$，而 $u=\varphi(t)$，$v=\psi(t)$，这是含有 2 个中间变量与 1 个自变量的复合函数，其复合结构如图 8-12，则求导公式为：

$$\frac{\mathrm{d}z}{\mathrm{d}t}=\frac{\partial z}{\partial u}\cdot\frac{\mathrm{d}u}{\mathrm{d}t}+\frac{\partial z}{\partial v}\cdot\frac{\mathrm{d}v}{\mathrm{d}t}. \qquad (8.5)$$

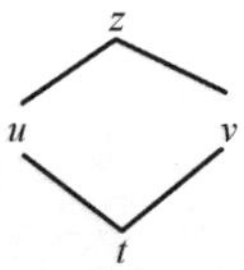

图 8-12

上述公式称为**全导数公式**.

注意：在求导时如果涉及的是一元函数，用一元函数导数符号 $\frac{\mathrm{d}z}{\mathrm{d}t}$，$\frac{\mathrm{d}u}{\mathrm{d}t}$，$\frac{\mathrm{d}v}{\mathrm{d}t}$，如果涉及的是多元函数，用偏导数符号 $\frac{\partial z}{\partial u}$，$\frac{\partial z}{\partial v}$.

(3) 若 $z=f(x, u, v)$，$u=\varphi(x, y)$，$v=\psi(x, y)$，这里要注意 x 既是中间变量又是自变量，其复合结构如图 8-13，则求导公式为：

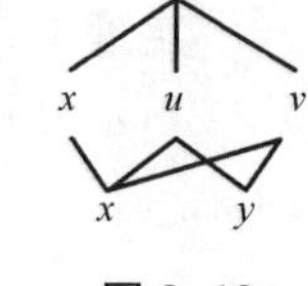

图 8-13

$$\frac{\partial z}{\partial x}=\frac{\partial f}{\partial x}+\frac{\partial f}{\partial u}\cdot\frac{\partial u}{\partial x}+\frac{\partial f}{\partial v}\cdot\frac{\partial v}{\partial x}$$

$$\frac{\partial z}{\partial y}=\frac{\partial f}{\partial u}\cdot\frac{\partial u}{\partial y}+\frac{\partial f}{\partial v}\cdot\frac{\partial v}{\partial y}$$

需要指出的是，此例中的 x 既是中间变量也是自变量，第一个等式左端的 $\frac{\partial z}{\partial x}$ 表示在复合以后的函数 $z=f(x, \varphi(x, y), \psi(x, y))$ 中将 y 看成常数而对 x 求偏导，而右端的 $\frac{\partial f}{\partial x}$ 则表示在复合以前的函数 $z=f(x, u, v)$ 中将 u，v 视作常数，对作为中间变量的 x 求导. 显然，当 x 具有既是中间变量又是自变量的“双重身份”时，$\frac{\partial z}{\partial x}$ 与 $\frac{\partial f}{\partial x}$ 的含义不同. 请读者特别留意，记号不能用错！

【例 1】 设 $z=u^2v$，$u=\frac{x}{y}$，$v=2x-y$，求 $\frac{\partial z}{\partial x}$，$\frac{\partial z}{\partial y}$.

解 这是 2 个中间变量与 2 个自变量的复合函数，先求对中间变量的偏导数.

$$\frac{\partial z}{\partial u}=2uv,\ \frac{\partial z}{\partial v}=u^2;$$

再求中间变量对自变量的偏导数：

$$\frac{\partial u}{\partial x}=\frac{1}{y},\ \frac{\partial u}{\partial y}=-\frac{x}{y^2},\ \frac{\partial v}{\partial x}=2,\ \frac{\partial v}{\partial y}=-1,$$

所以

$$\begin{aligned}\frac{\partial z}{\partial x}&=\frac{\partial z}{\partial u}\cdot\frac{\partial u}{\partial x}+\frac{\partial z}{\partial v}\cdot\frac{\partial v}{\partial x}=2uv\cdot\frac{1}{y}+u^2\cdot 2\\&=2\cdot\frac{x}{y}\cdot(2x-y)\cdot\frac{1}{y}+\left(\frac{x}{y}\right)^2\cdot 2=\frac{6x^2-2xy}{y^2},\end{aligned}$$

$$\frac{\partial z}{\partial y}=\frac{\partial z}{\partial u}\cdot\frac{\partial u}{\partial y}+\frac{\partial z}{\partial v}\cdot\frac{\partial v}{\partial y}=2uv\cdot\left(-\frac{x}{y^2}\right)+u^2\cdot(-1)$$

$$=2\cdot\frac{x}{y}\cdot(2x-y)\cdot\left(-\frac{x}{y^2}\right)+\left(\frac{x}{y}\right)^2\cdot(-1)=\frac{-4x^3+x^2y}{y^3}$$

最后的结果中要求将 $u=\frac{x}{y}$ 和 $v=2x-y$ 都代入,是关于 x, y 的表达式.

【例 2】 设 $z=\arcsin(u-v)$, $u=3x$, $v=4x^2$, 求 $\frac{\mathrm{d}z}{\mathrm{d}x}$.

解 $\frac{\mathrm{d}z}{\mathrm{d}x}=\frac{\partial z}{\partial u}\cdot\frac{\mathrm{d}u}{\mathrm{d}x}+\frac{\partial z}{\partial v}\cdot\frac{\mathrm{d}v}{\mathrm{d}x}$

$$=\frac{1}{\sqrt{1-(u-v)^2}}\cdot 3+\frac{-1}{\sqrt{1-(u-v)^2}}\cdot 8x=\frac{3-8x}{\sqrt{1-(3x-4x^2)^2}}.$$

对于全导数,可将 u, v 直接代入计算,这样计算反而简单.

解 $z=\arcsin(3x-4x^2)$, 则 $\frac{\mathrm{d}z}{\mathrm{d}x}=\frac{3-8x}{\sqrt{1-(3x-4x^2)^2}}$

【例 3】 设 $z=u^2+x\cos v$, $u=xy$, $v=\mathrm{e}^{x+y}$, 求 $\frac{\partial z}{\partial x}$, $\frac{\partial z}{\partial y}$.

解 这里 z 含有 3 个中间变量 x, u, v, 2 个自变量 x, y, 其中 x 既是自变量又是中间变量,具有两重身份.

$$\begin{aligned}\frac{\partial z}{\partial x}&=\frac{\partial f}{\partial u}\cdot\frac{\partial u}{\partial x}+\frac{\partial f}{\partial v}\cdot\frac{\partial v}{\partial x}+\frac{\partial f}{\partial x}\cdot\frac{\mathrm{d}x}{\mathrm{d}x}\\&=2u\cdot y-x\sin v\cdot\mathrm{e}^{x+y}+\cos v\cdot 1\\&=2xy^2-x\mathrm{e}^{x+y}\sin(\mathrm{e}^{x+y})+\cos(\mathrm{e}^{x+y}),\end{aligned}$$

$$\begin{aligned}\frac{\partial z}{\partial y}&=\frac{\partial f}{\partial u}\cdot\frac{\partial u}{\partial y}+\frac{\partial f}{\partial v}\cdot\frac{\partial v}{\partial y}+\frac{\partial f}{\partial x}\cdot 0\\&=2u\cdot x-x\sin v\cdot\mathrm{e}^{x+y}=2x^2y-x\mathrm{e}^{x+y}\sin(\mathrm{e}^{x+y}).\end{aligned}$$

【例 4】 设 $z=f(xy,\ x-y,\ \mathrm{e}^x)$, 其中 f 具有连续的偏导数,求 $\frac{\partial z}{\partial x}$, $\frac{\partial z}{\partial y}$.

解 引进中间变量,设 $u=xy$, $v=x-y$, $w=\mathrm{e}^x$, 则

$$\begin{aligned}\frac{\partial z}{\partial x}&=\frac{\partial z}{\partial u}\cdot\frac{\partial u}{\partial x}+\frac{\partial z}{\partial v}\cdot\frac{\partial v}{\partial x}+\frac{\partial z}{\partial w}\cdot\frac{\partial w}{\partial x}=f'_u\cdot y+f'_v\cdot 1+f'_w\cdot\mathrm{e}^x\\&=yf'_u+f'_v+\mathrm{e}^xf'_w,\end{aligned}$$

$$\begin{aligned}\frac{\partial z}{\partial y}&=\frac{\partial z}{\partial u}\cdot\frac{\partial u}{\partial y}+\frac{\partial z}{\partial v}\cdot\frac{\partial v}{\partial y}+\frac{\partial z}{\partial w}\cdot\frac{\partial w}{\partial y}=f'_u\cdot x+f'_v\cdot(-1)+f'_w\cdot 0\\&=xf'_u-f'_v.\end{aligned}$$

为使表达式简便起见，引用如下记号来表示抽象函数 $z=f(u,v,w)$ 对其第一、第二和第三个变量的偏导数：

$$f'_1=\frac{\partial z}{\partial u},\ f'_2=\frac{\partial z}{\partial v},\ f'_3=\frac{\partial z}{\partial w}.$$

利用这些记号，例 4 的结果可写成

$$\frac{\partial z}{\partial x}=yf'_1+f'_2+\mathrm{e}^x f'_3,\qquad \frac{\partial z}{\partial y}=xf'_1-f'_2.$$

【例 5】 设 $z=\varphi\left(\frac{y}{x}\right)$，其中 φ 可导，求证 $x\frac{\partial z}{\partial x}+y\frac{\partial z}{\partial y}=0$.

证 设 $u=\frac{y}{x}$，则 $z=\varphi(u)$，

$$x\frac{\partial z}{\partial x}+y\frac{\partial z}{\partial y}=x\cdot\varphi'(u)\cdot\left(-\frac{y}{x^2}\right)+y\cdot\varphi'(u)\cdot\frac{1}{x}=0.$$

二、全微分形式不变性

如果函数 $z=f(u,v)$ 有一阶连续的偏导数，则该函数一定可微，且

$$\mathrm{d}z=\frac{\partial z}{\partial u}\mathrm{d}u+\frac{\partial z}{\partial v}\mathrm{d}v.$$

注意这里是将 u,v 看成自变量.

如果函数 $z=f(u,v)$ 中的 u,v 是中间变量，$u=u(x,y)$，$v=v(x,y)$ 的偏导数连续，则复合后的 z 是自变量 x,y 的函数，因此应有

$$\mathrm{d}z=\frac{\partial z}{\partial x}\mathrm{d}x+\frac{\partial z}{\partial y}\mathrm{d}y,$$

注意到 $$\mathrm{d}u=\frac{\partial u}{\partial x}\mathrm{d}x+\frac{\partial u}{\partial y}\mathrm{d}y,\ \mathrm{d}v=\frac{\partial v}{\partial x}\mathrm{d}x+\frac{\partial v}{\partial y}\mathrm{d}y,$$

所以

$$\begin{aligned}\mathrm{d}z=\frac{\partial z}{\partial x}\mathrm{d}x+\frac{\partial z}{\partial y}\mathrm{d}y&=\left(\frac{\partial z}{\partial u}\cdot\frac{\partial u}{\partial x}+\frac{\partial z}{\partial v}\cdot\frac{\partial v}{\partial x}\right)\mathrm{d}x+\left(\frac{\partial z}{\partial u}\cdot\frac{\partial u}{\partial y}+\frac{\partial z}{\partial v}\cdot\frac{\partial v}{\partial y}\right)\mathrm{d}y\\&=\frac{\partial z}{\partial u}\left(\frac{\partial u}{\partial x}\mathrm{d}x+\frac{\partial u}{\partial y}\mathrm{d}y\right)+\frac{\partial z}{\partial v}\left(\frac{\partial v}{\partial x}\mathrm{d}x+\frac{\partial v}{\partial y}\mathrm{d}y\right)=\frac{\partial z}{\partial u}\mathrm{d}u+\frac{\partial z}{\partial v}\mathrm{d}v,\end{aligned}$$

这表明，不论是将 u,v 看成自变量还是中间变量，全微分 $\mathrm{d}z$ 的形式都相同，此性质称为**全微分形式不变性**. 在解题时若能熟练应用这个性质会收到很好的效果.

习题 8-4

1. 求下列复合函数的偏导数(或全导数):

(1) 设 $z=e^u\cos v$, 而 $u=xy$, $v=2x-y$, 求 $\frac{\partial z}{\partial x}$, $\frac{\partial z}{\partial y}$;

(2) 设 $z=\ln(u^2+v)$, 而 $u=ye^x$, $v=x^2+y$, 求 $\frac{\partial z}{\partial x}$, $\frac{\partial z}{\partial y}$;

(3) 设 $z=\arctan(xy)$, 而 $y=e^x$, 求 $\frac{dz}{dx}$;

(4) 设 $z=x^y$, 而 $x=\sin t$, $y=\cos t$, 求 $\frac{dz}{dt}$;

(5) 设 $z=\ln(x^2+y^2+u)$, 而 $u=y\sin x$, 求 $\frac{\partial z}{\partial x}$, $\frac{\partial z}{\partial y}$.

2. 求下列复合函数的一阶偏导数:

(1) $z=f(x^2+y^2, xy)$;
(2) $z=f(x^2y^2, e^{x+y})$;

(3) $u=f(x, xy, xyz)$;
(4) $u=f(x+xy+xyz)$.

3. 设 $z=(x+ye^x)^y$, 试用复合函数求导法则求偏导数 $\frac{\partial z}{\partial x}$, $\frac{\partial z}{\partial y}$.

4. 设 $z=\frac{y}{f(x^2-y^2)}$, 其中 f 为可导函数,验证: $\frac{1}{x}\frac{\partial z}{\partial x}+\frac{1}{y}\frac{\partial z}{\partial y}=\frac{z}{y^2}$.

第五节 隐函数的求导法则

我们在第二章第四节已经提出了隐函数的概念,并提供了不经过显化直接由方程 $F(x, y)=0$ 求它所确定的隐函数的导数的方法. 但是,一个方程 $F(x, y)=0$ 能否确定隐函数? 这个隐函数是否可导? 其导数有无公式表达? 本节将介绍隐函数存在定理来解决这些问题,并进一步把结论推广到多元隐函数.

一、二元方程的隐函数存在定理和隐函数的求导公式

隐函数存在定理 1 设二元函数 $F(x, y)$ 满足:

(1) $F(x, y)$ 在点 (x_0, y_0) 的某一邻域内具有连续偏导数;

(2) $F(x_0, y_0)=0$;

(3) $F_y(x_0, y_0)\neq 0$;

则二元方程 $F(x, y)=0$ 在点 (x_0, y_0) 的某一邻域内唯一确定一个连续且具有连续导数的函数 $y=f(x)$, 它满足条件 $y_0=f(x_0)$, 且有

$$\frac{dy}{dx}=-\frac{F_x}{F_y}. \tag{8.6}$$

这个公式称为**隐函数的求导公式**,式中的 F_x, F_y 是指二元函数 $F(x, y)$ 的偏导数.

我们对这个定理不做证明,仅就公式做如下推导.

将方程 $F(x, y)=0$ 所确定的函数 $y=f(x)$ 代入该方程,得恒等式

$$F(x, f(x)) \equiv 0,$$

利用复合函数求导法则,方程两边求导,得

$$F_x + F_y \cdot \frac{\mathrm{d}y}{\mathrm{d}x} = 0,$$

由于 F_y 连续,且 $F_y(x_0, y_0) \neq 0$,所以存在 (x_0, y_0) 的一个邻域,在这个邻域内 $F_y \neq 0$,于是得

$$\frac{\mathrm{d}y}{\mathrm{d}x} = -\frac{F_x}{F_y}.$$

【例 1】 求方程 $xy+\ln x+\ln y=0$ 所确定的隐函数 $y=f(x)$ 的导数 $\frac{\mathrm{d}y}{\mathrm{d}x}$.

解 设 $F(x, y)=xy+\ln x+\ln y$,则

$$F_x = y+\frac{1}{x}, \quad F_y = x+\frac{1}{y},$$

求得

$$\frac{\mathrm{d}y}{\mathrm{d}x} = -\frac{F_x}{F_y} = -\frac{y+\frac{1}{x}}{x+\frac{1}{y}} = -\frac{y}{x}.$$

二、三元方程的隐函数存在定理和隐函数的求导公式

隐函数存在定理 1 可以进一步推广. 一般地,在一定条件下,一个二元方程 $F(x, y)=0$ 可以确定一个一元隐函数,一个三元方程 $F(x, y, z)=0$ 可以确定一个二元隐函数,…….

隐函数存在定理 2 设三元函数 $F(x, y, z)$ 满足:

(1) $F(x, y, z)$ 在点 (x_0, y_0, z_0) 的某一邻域内具有连续偏导数;

(2) $F(x_0, y_0, z_0)=0$;

(3) $F_z(x_0, y_0, z_0) \neq 0$.

则三元方程 $F(x, y, z)=0$ 在点 (x_0, y_0, z_0) 的某一邻域内恒能确定一个连续且具有连续偏导数的函数 $z=f(x, y)$,它满足条件 $z_0=f(x_0, y_0)$,并有隐函数的求导公式

$$\frac{\partial z}{\partial x}=-\frac{F_x}{F_z},\quad \frac{\partial z}{\partial y}=-\frac{F_y}{F_z}. \tag{8.7}$$

【例 2】 设 $z=f(x, y)$ 是由方程 $e^z-z+xy^3=0$ 所确定的隐函数,求 $\frac{\partial z}{\partial x}, \frac{\partial z}{\partial y}$.

解一(公式法) 设 $F=e^z-z+xy^3$,则

$$F_x=y^3,\ F_y=3xy^2,\ F_z=e^z-1,$$

所以

$$\frac{\partial z}{\partial x}=-\frac{F_x}{F_z}=-\frac{y^3}{e^z-1},$$

$$\frac{\partial z}{\partial y}=-\frac{F_y}{F_z}=-\frac{3xy^2}{e^z-1}.$$

解二(方程两边求导法) 方程两边对 x 求偏导数,有

$$e^z\cdot\frac{\partial z}{\partial x}-\frac{\partial z}{\partial x}+y^3=0,$$

解得

$$\frac{\partial z}{\partial x}=-\frac{y^3}{e^z-1}.$$

方程两边对 y 求偏导数,有

$$e^z\cdot\frac{\partial z}{\partial y}-\frac{\partial z}{\partial y}+3xy^2=0,$$

解得

$$\frac{\partial z}{\partial y}=-\frac{3xy^2}{e^z-1}.$$

需要注意的是,利用公式法计算三个偏导数时,x, y, z 看成相互独立的,而用方程两边求导法时要将 z 看作 x, y 的二元函数,注意两方法的区别,不要混淆.

在实际应用中,选择套用隐函数的求导公式,还是方程两边同时求偏导,可根据读者的喜好或具体问题适当的选择.

【例 3】 设 $z=f(x, y)$ 是由方程 $x^2+y^2+z^2-4z=5$ 所确定,求 $\frac{\partial z}{\partial x}, \frac{\partial z}{\partial y}, \frac{\partial^2 z}{\partial x\partial y}, \frac{\partial^2 z}{\partial x^2}$.

解 设 $F(x, y, z)=x^2+y^2+z^2-4z-5$,

则 $$F_x=2x,\ F_y=2y,\ F_z=2z-4,$$

所以

$$\frac{\partial z}{\partial x}=-\frac{F_x}{F_z}=-\frac{2x}{2z-4}=-\frac{x}{z-2}=\frac{x}{2-z},$$

$$\frac{\partial z}{\partial y}=-\frac{F_y}{F_z}=-\frac{2y}{2z-4}=-\frac{y}{z-2}=\frac{y}{2-z},$$

$$\frac{\partial^2 z}{\partial x\partial y}=\left(\frac{x}{2-z}\right)_y'=-\frac{x}{(2-z)^2}\cdot(2-z)_y'=\frac{x\cdot z_y}{(2-z)^2}=\frac{xy}{(2-z)^3},$$

$$\frac{\partial^2 z}{\partial x^2}=\left(\frac{x}{2-z}\right)_x'=\frac{(2-z)-x(2-z)_x'}{(2-z)^2}$$

$$=\frac{(2-z)+x\cdot z_x'}{(2-z)^2}=\frac{(2-z)^2+x^2}{(2-z)^3}.$$

【例 4】 设二元函数 $\Phi(u, v)$ 具有连续的偏导数，证明由三元方程 $\Phi(cx-az, cy-bz)=0$ 所确定的函数 $z=f(x, y)$ 满足：$a\frac{\partial z}{\partial x}+b\frac{\partial z}{\partial y}=c$.

证 设 $F(x, y, z)=\Phi(cx-az, cy-bz)$，则 $F_x=c\Phi'_1$，$F_y=c\Phi'_2$，$F_z=-a\Phi'_1-b\Phi'_2$，

$$\frac{\partial z}{\partial x}=-\frac{F_x}{F_z}=\frac{c\Phi'_1}{a\Phi'_1+b\Phi'_2}\qquad \frac{\partial z}{\partial y}=-\frac{F_y}{F_z}=\frac{c\Phi'_2}{a\Phi'_1+b\Phi'_2}$$

从而
$$a\frac{\partial z}{\partial x}+b\frac{\partial z}{\partial y}=\frac{ac\Phi'_1}{a\Phi'_1+b\Phi'_2}+\frac{bc\Phi'_2}{a\Phi'_1+b\Phi'_2}=c.$$

习题 8-5

1. 求下列隐函数的导数：

(1) $y^3-xy=e^x$；　　(2) $\ln\sqrt{x^2+y^2}=\arctan\frac{y}{x}$.

2. 求下列方程所确定隐函数的一阶偏导数：

(1) $z^3-xyz=a^3$；　　(2) $x+2y-\ln z+2\sqrt{xyz}=0$；

(3) $e^{-xy}-2z+e^z=0$；　　(4) $z=f(x+y-z)$.

3. 设函数 $z=z(x, y)$ 由方程 $x+y+z=e^z$ 确定，求 $\left.\frac{\partial z}{\partial x}\right|_{(-1, e, 1)}$，$\frac{\partial^2 z}{\partial x\partial y}$.

4. 设函数 $z=z(x, y)$ 由方程 $z^3-2xz+y=0$ 确定，求 $\frac{\partial^2 z}{\partial x^2}$，$\frac{\partial^2 z}{\partial y^2}$.

5. 设函数 $z=z(x, y)$ 由方程 $f\left(\frac{y}{z}, \frac{z}{x}\right)=0$ 所确定，且 f 具有一阶偏导数连续，求证：$x\frac{\partial z}{\partial x}+y\frac{\partial z}{\partial y}=z$.

第六节　多元函数微分学的几何应用

作为多元函数微分学的几何应用,本节将介绍空间曲线的切线与法平面,空间曲面的切平面与法线.

一、空间曲线的切线与法平面

第二章第一节已经给出了曲线切线的定义,它既适用于平面曲线,也适用于空间曲线,也即"曲线的切线是割线的极限位置".在此基础上,我们来确定空间曲线的切线.

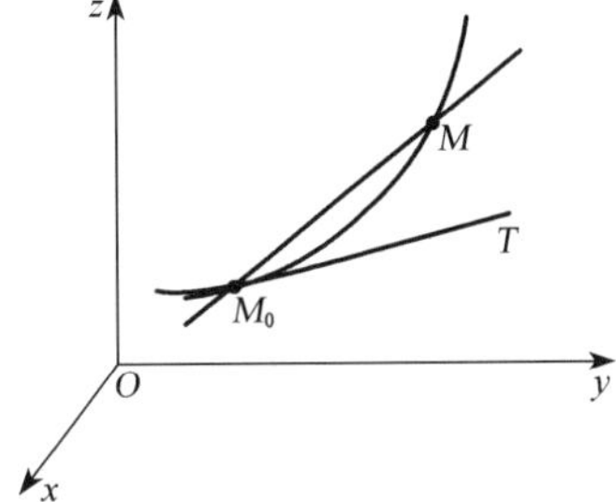

图 8-14

设空间曲线(图 8-14)的参数方程为:

$$\Gamma:\begin{cases}x=x(t),\\ y=y(t),\ \alpha\leqslant t\leqslant\beta,\\ z=z(t),\end{cases}\tag{8.8}$$

现在来讨论 Γ 上,对应于 $t=t_0$ 的点 $M_0(x(t_0),y(t_0),z(t_0))$,即点 $M_0(x_0,y_0,z_0)$ 处的切线方程.为了求切线方程,假设函数 $x(t)$、$y(t)$、$z(t)$ 均可导,且它们的导数不全为零.

在曲线 Γ 上,点 M_0 的附近任取一点

$M(t_0+\Delta t)=M(x_0+\Delta x,y_0+\Delta y,z_0+\Delta z)$,则过 M_0 与 M 的割线方程是

$$\frac{x-x_0}{\Delta x}=\frac{y-y_0}{\Delta y}=\frac{z-z_0}{\Delta z},$$

以 $\Delta t(\neq 0)$ 除各分母,得

$$\frac{x-x_0}{\frac{\Delta x}{\Delta t}}=\frac{y-y_0}{\frac{\Delta y}{\Delta t}}=\frac{z-z_0}{\frac{\Delta z}{\Delta t}}.$$

令 $\Delta t\to 0$,即 $M\xrightarrow{\text{沿}\Gamma}M_0$,则割线 M_0M 的极限位置 M_0T 就是曲线在 M_0 点的切线.同时注意到

$$\lim_{\Delta t\to 0}\frac{\Delta x}{\Delta t}=x'(t_0),\ \lim_{\Delta t\to 0}\frac{\Delta y}{\Delta t}=y'(t_0),\ \lim_{\Delta t\to 0}\frac{\Delta z}{\Delta t}=z'(t_0).$$

所以曲线 Γ 在点 M_0 处的切线方程为

$$\frac{x-x_0}{x'(t_0)}=\frac{y-y_0}{y'(t_0)}=\frac{z-z_0}{z'(t_0)}, \tag{8.9}$$

其中

$$\vec{T}=\{x'(t_0),\ y'(t_0),\ z'(t_0)\} \tag{8.10}$$

是切线的方向向量，称为曲线 Γ 在点 M_0 的切向量.

过 M_0 点且与切线垂直的平面称为曲线 Γ 在 M_0 点的法平面. 显然，曲线在 M_0 点的切向量 $\vec{T}$ 就是法平面的法向量，因此根据平面的点法式方程，法平面的方程为：

$$x'(t_0)(x-x_0)+y'(t_0)(y-y_0)+z'(t_0)(z-z_0)=0. \tag{8.11}$$

【例 1】 求曲线 $\begin{cases}x=t^2-2,\\ y=t-1,\\ z=-t^3+2\end{cases}$ 在点 $(2,1,-6)$ 处的切线方程和法平面方程.

解 因为 $x'=2t$, $y'=1$, $z'=-3t^2$，而点 $(2,1,-6)$ 所对应的参数 $t=2$，故点 $(2,1,-6)$ 处曲线的切向量为

$$\vec{T}=(2t,\ 1,\ -3t^2)\big|_{t=2}=(4,\ 1,\ -12).$$

所以，切线方程为

$$\frac{x-2}{4}=\frac{y-1}{1}=\frac{z+6}{-12}.$$

法平面方程为

$$4(x-2)+(y-1)-12(z+6)=0,$$

即

$$4x+y-12z-81=0.$$

如果空间曲线的方程以

$$\begin{cases}y=y(x),\\ z=z(x)\end{cases}$$

的形式给出，则取 x 为参数，它就可表示为

$$\begin{cases}x=x,\\ y=y(x),\\ z=z(x).\end{cases}$$

这时的切向量为 $\vec{T}=\{1, y'(x_0), z'(x_0)\}$，因此切线方程为

$$\frac{x-x_0}{1}=\frac{y-y_0}{y'(x_0)}=\frac{z-z_0}{z'(x_0)},$$

法平面方程为 $(x-x_0)+y'(x_0)(y-y_0)+z'(x_0)(z-z_0)=0$.

【例 2】 求抛物面 $z=x^2+y^2$ 与抛物柱面 $y=x^2$ 的交线上的点 $P(1, 1, 2)$ 处的切线方程和法平面方程.

解　交线方程 $\begin{cases} y=x^2, \\ z=x^2+y^2, \end{cases}$ 取 x 作参数,改写成参数方程

$$\begin{cases} x=x, \\ y=x^2, \\ z=x^2+x^4, \end{cases}$$

则有 $x'=1$, $y'=2x$, $z'=2x+4x^3$，于是交线在点 $P(1, 1, 2)$ 处的切向量为

$$\vec{T}=\{1, 2, 6\},$$

故切线方程为

$$\frac{x-1}{1}=\frac{y-1}{2}=\frac{z-2}{6}.$$

法平面方程为

$$(x-1)+2(y-1)+6(z-2)=0,$$

即

$$x+2y+6z-15=0.$$

二、空间曲面的切平面与法线

什么是曲面的切平面？这里我们借助曲线的切线来定义它. 在曲面 Σ 上，过点 P、落在 Σ 上的空间曲线有无数多条，每一条曲线在点 P 都有一条切线，可以证明所有这样的切线都位于同一张平面，这张平面就称为**曲面 Σ 在点 P 处的切平面**.

设空间曲面 Σ 的方程为

$$F(x, y, z)=0, \tag{8.12}$$

$P_0(x_0, y_0, z_0)$ 为曲面 Σ 上一点，函数 $F(x, y, z)$ 的一阶偏导数在 P_0 点连续且不

同时为零.

如图 8-15 所示,在曲面 Σ 上,通过点 P_0 任意引一条曲线 Γ,假定曲线 Γ 的参数方程式为

$$x = x(t),\ y = y(t),\ z = z(t),$$

由于曲线 Γ 在曲面 Σ 上,故

$$F(x(t),\ y(t),\ z(t)) \equiv 0.$$

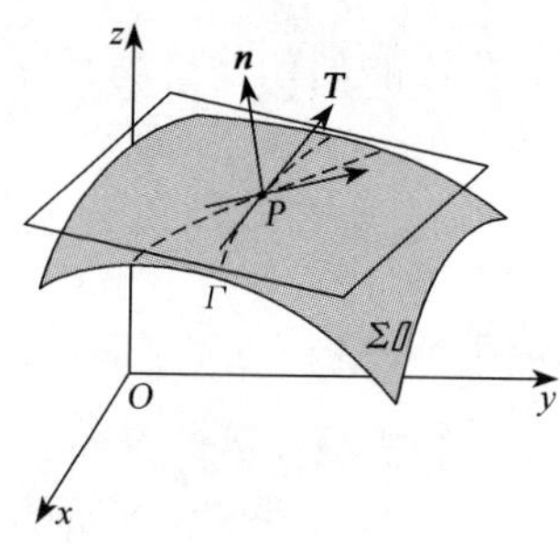

图 8-15

在点 P_0 处,将等式两端对 t 求导,得

$$\left.\frac{\mathrm{d}F}{\mathrm{d}t}\right|_{t=t_0} = \left[\frac{\partial F}{\partial x}\cdot\frac{\mathrm{d}x}{\mathrm{d}t} + \frac{\partial F}{\partial y}\cdot\frac{\mathrm{d}y}{\mathrm{d}t} + \frac{\partial F}{\partial z}\cdot\frac{\mathrm{d}z}{\mathrm{d}t}\right]_{t=t_0} = 0,$$

即

$$F_x(x_0,\ y_0,\ z_0)\cdot x'(t_0) + F_y(x_0,\ y_0,\ z_0)\cdot y'(t_0) + F_z(x_0,\ y_0,\ z_0)\cdot z'(t_0) = 0.$$

注意到曲线 Γ 在点 P_0 的切向量为 $\vec{T} = \{x'(t_0),\ y'(t_0),\ z'(t_0)\}$,

所以 $\vec{T}$ 与向量

$$\vec{n} = \{F_x(x_0,\ y_0,\ z_0),\ F_y(x_0,\ y_0,\ z_0),\ F_z(x_0,\ y_0,\ z_0)\} \tag{8.13}$$

垂直.因为曲线 Γ 的任意性,因此曲面 Σ 上过点 P_0 的任意一条曲线的切线都与 $\vec{n}$ 垂直,从而这些切线都落在一个平面上,这平面就是曲面(8.12)上点 P_0 处的切平面,其方程为

$$\begin{aligned}&F_x(x_0,\ y_0,\ z_0)(x - x_0) + F_y(x_0,\ y_0,\ z_0)(y - y_0)\\ &+ F_z(x_0,\ y_0,\ z_0)(z - z_0) = 0.\end{aligned} \tag{8.14}$$

由(8.13)式确定的向量 $\vec{n}$ 称为曲面(8.12)在点 P_0 处的**法向量**.

过点 P 且与切平面垂直的直线称为曲面在该点的**法线**.法线方程为

$$\frac{x - x_0}{F_x(x_0,\ y_0,\ z_0)} = \frac{y - y_0}{F_y(x_0,\ y_0,\ z_0)} = \frac{z - z_0}{F_z(x_0,\ y_0,\ z_0)}. \tag{8.15}$$

【例 3】 求椭球面 $x^2 + 2y^2 + 3z^2 = 6$ 在点 $(1,\ -1,\ 1)$ 处的切平面及法线方程.

解 令 $F(x,\ y,\ z) = x^2 + 2y^2 + 3z^2 - 6$,则

$$F_x = 2x,\ F_y = 4y,\ F_z = 6z,$$

故点 $(1,\ -1,\ 1)$ 处的法向量为

$$\vec{n}=\{2,\ -4,\ 6\},$$

所求切平面方程为

$$2(x-1)-4(y+1)+6(z-1)=0,$$

即

$$x-2y+3z-6=0.$$

法线方程为

$$\frac{x-1}{1}=\frac{y+1}{-2}=\frac{z-1}{3}.$$

特别地,如果曲面方程为 $z=f(x,\ y)$,其中 f 具有一阶连续的偏导数,则可令

$$F(x,\ y,\ z)=f(x,\ y)-z,$$

得 $F_x=f_x$, $F_y=f_y$, $F_z=-1$,曲面在 $(x_0,\ y_0,\ z_0)$ 处的法向量为

$$\vec{n}=\{f_x(x_0,\ y_0),\ f_y(x_0,\ y_0),\ -1\}, \tag{8.16}$$

故切平面方程为

$$f_x(x_0,\ y_0)\cdot(x-x_0)+f_y(x_0,\ y_0)(y-y_0)-(z-z_0)=0.$$

法线方程为

$$\frac{x-x_0}{f_x(x_0,\ y_0)}=\frac{y-y_0}{f_y(x_0,\ y_0)}=\frac{z-z_0}{-1}.$$

【例 4】 求旋转抛物面 $z=x^2+y^2-1$ 的切平面,使它与平面 $2x+4y-z=3$ 平行.

解 设切点为 $(x_0,\ y_0,\ z_0)$,则切点处的法向量为

$$\vec{n}=\{2x_0,\ 2y_0,\ -1\}.$$

由题意得

$$\begin{cases}\dfrac{2x_0}{2}=\dfrac{2y_0}{4}=\dfrac{-1}{-1},\\ z_0=x_0^2+y_0^2-1,\end{cases}$$

解方程组得 $x_0=1$, $y_0=2$, $z_0=4$,因此 $\vec{n}=\{2,\ 4,\ -1\}$.

所求切平面方程为

$$2(x-1)+4(y-2)-(z-4)=0,$$

即

$$2x+4y-z-6=0.$$

习题 8-6

1. 求下列曲线在给定点的切线和法平面方程：

(1) 曲线 $x=t^2$，$y=1-t$，$z=t^3$，点 $(1, 2, -1)$；

(2) 曲线 $x=t\ln t$，$y=t^2$，$z=\mathrm{e}^t$，对应于 $t=1$ 的点；

(3) 曲线 $x=\cos t$，$y=\sin t$，$z=t$，点 $(1, 0, 0)$；

(4) 曲线 $y=x^2$，$z=x^3$，点 $(1, 1, 1)$.

2. 在曲线 $x=-3t$，$y=\dfrac{1}{2}t^2$，$z=t^3$ 上求一点，使在该点的切线平行于平面 $2x-3y+z=1$，并求过该点的切线方程.

3. 求下列曲面在指定点处的切平面与法线方程：

(1) 曲面 $x^2+y^2+z^2=14$，点 $(1, 2, 3)$；

(2) 曲面 $\mathrm{e}^z-z+xy=3$，点 $(2, 1, 0)$；

(3) 曲面 $z=x^2+y^2-1$，点 $(2, 1, 4)$.

4. 求曲面 $x^2+2y^2+3z^2=21$ 平行于平面 $x+4y+6z=0$ 的切平面方程.

5. 在曲面 $z=xy$ 上求一点，使该点处的法线垂直于已知平面 $x+2y+z+9=0$，并写出法线的方程.

6. 证明曲面 $xyz=a^3(a>0)$ 的切平面与坐标平面围成的四面体的体积是一常数.

第七节　多元函数的极值及其求法

在一元函数中，我们已经看到，利用函数的导数可以求得函数的极值，从而进一步解决有关最大、最小的应用问题. 在多元函数中也有类似问题，我们着重讨论二元函数的情形.

一、多元函数的极值

定义 1　设函数 $z=f(x, y)$ 在点 $P_0(x_0, y_0)$ 的某邻域内有定义，对于该邻域内异于点 (x_0, y_0) 的任意一点 $P(x, y)$，如果总有

$$f(x_0, y_0)<f(x, y),$$

则称函数 $f(x, y)$ 在 $P_0(x_0, y_0)$ 点有**极小值** $f(x_0, y_0)$，称 (x_0, y_0) 为函数 $f(x, y)$ 的**极小值点**；如果总有

$$f(x_0, y_0)>f(x, y),$$

则称函数 $f(x, y)$ 在 $P_0(x_0, y_0)$ 点有**极大值**，称 (x_0, y_0) 为函数的**极大值点**. 极大值、极小值统称为**极值**. 极大值点和极小值点统称为函数的**极值点**.

【例 1】　函数 $z=2x^2+3y^2$ 在 $(0, 0)$ 点处有极小值 0，因为对于点 $(0, 0)$ 的

任一邻域内异于 $(0, 0)$ 的点，函数值都为正. 从几何上看这也是显然的，$(0, 0, 0)$ 是开口向上的椭圆抛物面 $z = 2x^2 + 3y^2$ 的顶点.

【例 2】 函数 $z = xy$ 在 $(0, 0)$ 点不取得极值. 因为在点 $(0, 0)$ 处的函数值为 0，而在 $(0, 0)$ 点的任一邻域内，总有使函数值为正的点，也有使函数值为负的点.

对于二元函数 $z = f(x, y)$，假定在点 $P_0(x_0, y_0)$ 处的两个一阶偏导数 $f_x(x_0, y_0)$ 和 $f_y(x_0, y_0)$ 都存在，如果函数在点 $P_0(x_0, y_0)$ 取到极值，那么一元函数 $f(x, y_0)$ 在 $x = x_0$ 处也取得极值，由一元函数极值的必要条件有

$$\frac{\mathrm{d}}{\mathrm{d}x}f(x, y_0)\Big|_{x=x_0} = f_x(x_0, y_0) = 0$$

同理有

$$\frac{\mathrm{d}}{\mathrm{d}y}f(x_0, y)\Big|_{y=y_0} = f_y(x_0, y_0) = 0$$

于是就得到二元函数极值的必要条件：

定理 1(极值的必要条件) 设函数 $z = f(x, y)$ 在点 (x_0, y_0) 的偏导数都存在，如果函数在 (x_0, y_0) 取得极值，则

$$f_x(x_0, y_0) = 0,\ f_y(x_0, y_0) = 0. \tag{8.17}$$

满足(8.17)式的点 (x_0, y_0) 称为函数 $f(x, y)$ 的**驻点**.

关于极值与驻点的定义以及极值的必要条件可以推广到二元以上的函数. 例如，如果三元函数 $u = f(x, y, z)$ 在 (x_0, y_0, z_0) 的偏导数都存在，且在 (x_0, y_0, z_0) 取得极值，则 (x_0, y_0, z_0) 是这函数的驻点，即

$$f_x(x_0, y_0, z_0) = 0,\ f_y(x_0, y_0, z_0) = 0,\ f_z(x_0, y_0, z_0) = 0.$$

此外，偏导数不存在的点也有可能是函数的极值点. 例如，$(0, 0)$ 点是二元函数 $z = \sqrt{x^2 + y^2}$ 的极小值点，但是 $z_x(0, 0)$、$z_y(0, 0)$ 都不存在.

由定理 1，具有偏导数的函数的极值点一定是驻点. 但值得注意的是，驻点不一定是极值点. 例如，$(0, 0)$ 点是曲面 $z = xy$ 的驻点，但不是极值点.

如何判定二元函数的驻点究竟是不是极值点，是极大值点还是极小值点？有如下充分条件可供检验.

定理 2(极值的充分条件) 设 $z = f(x, y)$ 在 (x_0, y_0) 点的某邻域内有二阶连续的偏导数，且满足 $f_x(x_0, y_0) = 0$，$f_y(x_0, y_0) = 0$ (即 (x_0, y_0) 是驻点). 记

$$A = f_{xx}(x_0, y_0),\ B = f_{xy}(x_0, y_0),\ C = f_{yy}(x_0, y_0).$$

(1) 如果 $AC - B^2 > 0$，则函数在 (x_0, y_0) 取得极值，且当 $A > 0$ 时，取得极小值；当 $A < 0$ 时，取得极大值；

(2) 如果 $AC-B^2<0$，则函数在 (x_0, y_0) 取不到极值；

(3) 如果 $AC-B^2=0$，则函数在 (x_0, y_0) 可能有极值，也可能无极值. 函数在 (x_0, y_0) 是否有极值，需要另作讨论.

定理证明从略.

【例 3】 求函数 $f(x, y)=x^3+y^3-3xy$ 的极值.

解 解方程组

$$\begin{cases} f_x = 3x^2-3y=0, \\ f_y = 3y^2-3x=0 \end{cases}$$

得两个驻点 $(0, 0)$，$(1, 1)$.

求 $f(x, y)$ 的二阶偏导数

$$f_{xx}(x, y)=6x,\ f_{xy}(x, y)=-3,\ f_{yy}(x, y)=6y.$$

在 $(0, 0)$ 处，$A=0$，$B=-3$，$C=0$，$AC-B^2=-9<0$，因此，$(0, 0)$ 不是极值点；

在 $(1, 1)$ 处，$A=6$，$B=-3$，$C=6$，$AC-B^2=27>0$，且 $A>0$，所以在 $(1, 1)$ 处取极小值 $f(1, 1)=-1$.

二、多元函数的最大值和最小值

由本章第一节，如果二元函数 $f(x, y)$ 在有界闭区域 D 上连续，则 $f(x, y)$ 在 D 上必取得最大值和最小值. 怎样求出最大最小值？

如果函数 $f(x, y)$ 的最值在 D 的内部取到，则这个最值就是极值，但函数的最值也可能在边界上取到. 因此，求函数最大(小)值的基本方法是：求出函数在所讨论的区域内的所有驻点和偏导数不存在的点处的函数值，再与区域边界上的最大(小)值比较，其中最大(小)者就是最大(小)值.

如果在应用问题中遇到在 D 的内部只有一个可能取到极值的点 P_0，且根据题意最大(小)值一定在 D 的内部取到，此时即可断定 $f(P_0)$ 就是最大(小)值.

【例 4】 某厂要用铁板做成一个体积为 $32\ m^3$ 的无盖长方体水箱. 问当长、宽、高各取多少时，才能使得用料最省.

解 当该水箱的五个表面的面积和最小时，所用材料最省. 设水箱的长为 x m，宽为 y m，则其高应为 $\frac{32}{xy}$ m. 水箱所用材料的面积为

$$S=xy+2y\cdot\frac{32}{xy}+2x\cdot\frac{32}{xy}=xy+\frac{64}{x}+\frac{64}{y},\ (x>0,\ y>0).$$

令
$$S_x=y-\frac{64}{x^2}=0,\quad S_y=x-\frac{64}{y^2}=0.$$

解方程组得唯一驻点 $x=y=4$. 根据题意得最小值肯定存在,因此当水箱的长、宽、高分别取 4 m, 4 m, 2 m 时, 水箱所用的材料最省.

三、条件极值　拉格朗日乘数法

前面讨论的极值问题除了对函数的定义域限制外,并无其他约束条件,这类极值问题称之为**无条件极值**问题. 但在实际问题中,遇到的更多的是对函数的自变量还有附加条件的极值问题,这类对自变量有附加约束条件的极值称为**条件极值**. 例 4 就是一个条件极值问题,即求在约束条件为 $xyz=32$ 下函数 $S=xy+2yz+2xz$ 的极值. 由于约束条件比较简单,可化为无条件极值来解决. 但是,很多问题由于约束条件复杂,不易化为无条件极值. 下面介绍一种直接求条件极值的方法——拉格朗日乘数法.

拉格朗日乘数法　设函数 $z=f(x, y)$ 和 $\varphi(x, y)$ 均有连续的一阶偏导数, 求函数 $z=f(x, y)$ 在条件 $\varphi(x, y)=0$ 下的极值步骤如下:

(1) 构造辅助函数(称为拉格朗日函数)

$$L(x, y, \lambda)=f(x, y)+\lambda\varphi(x, y), \tag{8.18}$$

其中 λ 为待定常数,称为拉格朗日乘数,将原条件极值问题转化为三元函数 $L(x, y, \lambda)$ 的无条件极值问题.

(2) 由无条件极值问题的极值必要条件有

$$\begin{cases} L_x(x, y)=f_x(x, y)+\lambda\varphi_x(x, y)=0, \\ L_y(x, y)=f_y(x, y)+\lambda\varphi_y(x, y)=0, \\ L_\lambda(x, y)=\varphi(x, y)=0, \end{cases} \tag{8.19}$$

求解这方程组,解出可能的极值点 (x, y).

(3) 判别求出的 (x, y) 是否为极值点,通常由实际问题的实际意义判定.

上述方法可以推广到自变量多于两个和条件多于一个的情形.

例如,在双约束条件 $\varphi(x, y, z)=0$ 与 $\psi(x, y, z)=0$ 下,求 $u=f(x, y, z)$ 的极值,可构造函数

$$L(x, y, z, \lambda_1, \lambda_2)=f(x, y, z)+\lambda_1\varphi(x, y, z)+\lambda_2\psi(x, y, z),$$

列方程组

$$\begin{cases} L_x=f_x+\lambda_1\varphi_x+\lambda_2\psi_x=0, \\ L_y=f_y+\lambda_1\varphi_y+\lambda_2\psi_y=0, \\ L_z=f_z+\lambda_1\varphi_z+\lambda_2\psi_z=0, \\ L_{\lambda_1}=\varphi(x, y, z)=0, \\ L_{\lambda_2}=\psi(x, y, z)=0, \end{cases}$$

求出该方程组的解,可得可能的极值点.

【例 5】 求原点 $O(0, 0)$ 到椭圆 $5x^2+6xy+5y^2-8=0$ 的最短与最长的距离.

解 以 d 记原点到点 (x, y) 的距离,则 $d^2=x^2+y^2$,于是问题相当于求 $f(x, y)=x^2+y^2$ 在约束条件 $5x^2+6xy+5y^2-8=0$ 下的极值.

设拉格朗日函数为

$$L(x, y, \lambda)=x^2+y^2+\lambda(5x^2+6xy+5y^2-8),$$

解方程组

$$\begin{cases} L_x=2x+\lambda(10x+6y)=0, \\ L_y=2y+\lambda(6x+10y)=0, \\ L_\lambda=5x^2+6xy+5y^2-8=0, \end{cases}$$

由前两式消去 λ,得 $y=\pm x$,代入第三式得

$$\begin{cases} x^2=0.5, \\ y^2=0.5 \end{cases} \text{或} \begin{cases} x^2=2, \\ y^2=2. \end{cases}$$

分别代入 $f(x, y)=x^2+y^2$,得 $d^2=1$, $d^2=4$. 因此,1 和 2 分别是原点到椭圆的最短和最长距离.

习题 8-7

1. 求下列函数的极值:

(1) $f(x, y)=2xy-3x^2-2y^2$;　　(2) $f(x, y)=x^3+y^3-3(x^2+y^2)$;

(3) $f(x, y)=e^{2x}(x+2y+y^2)$.

2. 求原点到曲面 $x^2+y+z=1$ 之间的最短距离.

3. 求表面积为 a^2 而体积为最大的长方体的体积.

4. 某工厂要建造一座长方形形状的厂房,其体积为 150 万 m^3,已知前墙和屋顶的每单位的造价分别是其他墙身造价的 3 倍和 1.5 倍,问厂房如何设计,使厂房的造价最小.

5. 设生产某种产品 P 公斤与所用两种原料 A, B 的数量 x, y (公斤)之关系为 $P=0.005x^2y$,今用 150 元购料,已知 A, B 原料的单价分别为 1 元,2 元,问两种原料各购进多少时,可使生产的产品数量最多?

6. 用条件极值方法,证明点 (x_0, y_0, z_0) 到平面 $Ax+By+Cz+D=0$ 的距离公式是

$$d=\frac{|Ax_0+By_0+Cz_0+D|}{\sqrt{A^2+B^2+C^2}}.$$

第八章　习题答案

习题 8-1

1. 7.

2. (1) $f(xy, x+y)=3xy+2(x+y)$；　(2) $f(x, y)=\dfrac{x^2(1-y)}{1+y}$.

3. (1) $\{(x, y) \mid x^2+y^2 \leqslant 2\}$；　(2) $\{(x, y) \mid x > |y|\}$；

(3) $\{(x, y) \mid y^2-4x+8>0\}$；　(4) $\{(x, y) \mid 1 \leqslant x^2+y^2 \leqslant 4\}$.

4. (1) $2\ln 3$；　(2) -1；　(3) $-\dfrac{1}{2}$；　(4) 4；　(5) 0.

5. 略.

6. (1) 在 $(0, 0)$ 点不连续，其它点均连续；

(2) 在抛物线 $y=x^2$ 上任意一点不连续，其它点均连续；(3)在整个坐标面连续.

习题 8-2

1. (1) $\dfrac{\partial z}{\partial x}=3x^2+3y$, $\dfrac{\partial z}{\partial y}=3x+2y$；　(2) $\dfrac{\partial z}{\partial x}=ye^{xy}\ln x+\dfrac{1}{x}e^{xy}$, $\dfrac{\partial z}{\partial y}=xe^{xy}\ln x$；

(3) $\dfrac{\partial z}{\partial x}=-e^{-x}(y^3+\ln x)+\dfrac{1}{x}e^{-x}$, $\dfrac{\partial z}{\partial y}=3y^2e^{-x}$；

(4) $\dfrac{\partial z}{\partial x}=\dfrac{-2xy}{(x^2+y^2)^2}$, $\dfrac{\partial z}{\partial y}=\dfrac{x^2-y^2}{(x^2+y^2)^2}$；　(5) $\dfrac{\partial z}{\partial x}=\dfrac{x}{\sqrt{x^2+y^2}}$, $\dfrac{\partial z}{\partial y}=\dfrac{y}{\sqrt{x^2+y^2}}$；

(6) $\dfrac{\partial z}{\partial x}=\dfrac{y}{x^2+y^2}$, $\dfrac{\partial z}{\partial y}=\dfrac{-x}{x^2+y^2}$；

(7) $\dfrac{\partial u}{\partial x}=1$, $\dfrac{\partial u}{\partial y}=-\sin(2y-6z)$, $\dfrac{\partial u}{\partial z}=3\sin(2y-6z)$；

(8) $\dfrac{\partial z}{\partial x}=2xy^2(1+x^2y)^{y-1}$, $\dfrac{\partial z}{\partial y}=(1+x^2y)^y\left[\ln(1+x^2y)+\dfrac{x^2y}{1+x^2y}\right]$.

2. (1) $z_x(2, 1)=12$, $z_y(2, 1)=15$；　(2) $z_x(0, 0)=0$, $z_y(0, 0)=1$；　(3) $z_x(x, 1)=4xe^{2x^2}$.

3. 证略.

4. (1) $\dfrac{\partial^2 z}{\partial x^2}=2-4y$, $\dfrac{\partial^2 z}{\partial x\partial y}=\dfrac{\partial^2 z}{\partial y\partial x}=-4x$, $\dfrac{\partial^2 z}{\partial y^2}=2$；

(2) $\dfrac{\partial^2 z}{\partial x^2}=\dfrac{\partial^2 z}{\partial x\partial y}=\dfrac{\partial^2 z}{\partial y\partial x}=\dfrac{\partial^2 z}{\partial y^2}=-\dfrac{1}{(x+y)^2}$；

(3) $\dfrac{\partial^2 z}{\partial x^2}=y(y-1)(2x+1)^{y-2}$, $\dfrac{\partial^2 z}{\partial x\partial y}=\dfrac{\partial^2 z}{\partial y\partial x}=(2x+1)^{y-1}+y(2x+1)^{y-1}\ln(2x+1)$,

$\dfrac{\partial^2 z}{\partial y^2}=(2x+1)^y\ln^2(2x+1)$；

(4) $\dfrac{\partial^2 z}{\partial x^2}=4\cos(2x+3y)-4x\sin(2x+3y)$,

$\dfrac{\partial^2 z}{\partial x\partial y}=\dfrac{\partial^2 z}{\partial y\partial x}=3\cos(2x+3y)-6x\sin(2x+3y)$, $\dfrac{\partial^2 z}{\partial y^2}=-9x\sin(2x+3y)$.

5. $\left.\dfrac{\partial^2 z}{\partial x^2}\right|_{(\frac{\pi}{2}, 1)}=2$, $\dfrac{\partial^2 z}{\partial x\partial y}=2x+2y\sin(xy)+xy^2\cos(xy)$,

$\dfrac{\partial^3 z}{\partial x^2\partial y}=2+3y^2\cos(xy)-xy^3\sin(xy)$.

6. 证略.

习题 8-3

1. (1) $dz=(2xy+y^2)dx+(x^2+2xy)dy$;　(2) $dz=\dfrac{y}{1+x^2y^2}dx+\dfrac{x}{1+x^2y^2}dy$;

(3) $dz=[\sin(x^2+y^2)+2x^2\cos(x^2+y^2)]dx+2xy\cos(x^2+y^2)dy$;

(4) $dz=\dfrac{-xy}{\sqrt{(x^2+y^2)^3}}dx+\dfrac{x^2}{\sqrt{(x^2+y^2)^3}}dy$;

(5) $dz=-\dfrac{y}{x^2}f'\left(\dfrac{y}{x}\right)dx+\dfrac{1}{x}f'\left(\dfrac{y}{x}\right)dy$;

(6) $dz=(2x+y^2+z^2)e^{x(x+y^2+z^2)}dx+2xye^{x(x+y^2+z^2)}dy+2xze^{x(x+y^2+z^2)}dz$.

2. (1) $dz\Big|_{(0,1)}=dx+2dy$; (2) $dz\Big|_{\left(0,\frac{\pi}{3}\right)}=\dfrac{\sqrt{3}}{3}dx-\sqrt{3}dy$.

3. $\Delta z=-0.1190$, $dz=-0.125$.

习题 8-4

1. (1) $\dfrac{\partial z}{\partial x}=e^{xy}[y\cos(2x-y)-2\sin(2x-y)]$, $\dfrac{\partial z}{\partial y}=e^{xy}[x\cos(2x-y)+\sin(2x-y)]$;

(2) $\dfrac{\partial z}{\partial x}=\dfrac{2(y^2e^{2x}+x)}{y^2e^{2x}+x^2+y}$, $\dfrac{\partial z}{\partial y}=\dfrac{2ye^{2x}+1}{y^2e^{2x}+x^2+y}$;　(3) $\dfrac{dz}{dx}=\dfrac{(1+x)e^x}{1+x^2e^{2x}}$;

(4) $\dfrac{dz}{dt}=\sin t^{\cos t-1}\cos^2 t-\sin t^{\cos t+1}\ln\sin t$;

(5) $\dfrac{\partial z}{\partial x}=\dfrac{2x+y\cos x}{x^2+y^2+y\sin x}$, $\dfrac{\partial z}{\partial y}=\dfrac{2y+\sin x}{x^2+y^2+y\sin x}$.

2. (1) $\dfrac{\partial z}{\partial x}=2xf'_1+yf'_2$, $\dfrac{\partial z}{\partial y}=2yf'_1+xf'_2$;

(2) $\dfrac{\partial z}{\partial x}=2xy^2f'_1+e^{x+y}f'_2$, $\dfrac{\partial z}{\partial y}=2x^2yf'_1+e^{x+y}f'_2$;

(3) $\dfrac{\partial u}{\partial x}=f'_1+yf'_2+yzf'_3$, $\dfrac{\partial u}{\partial y}=xf'_2+xzf'_3$, $\dfrac{\partial u}{\partial z}=xyf'_3$;

(4) $\dfrac{\partial u}{\partial x}=(1+y+yz)f'$, $\dfrac{\partial u}{\partial y}=(x+xz)f'$, $\dfrac{\partial u}{\partial z}=xyf'$.

3. $\dfrac{\partial z}{\partial x}=y(1+ye^x)(x+ye^x)^{y-1}$, $\dfrac{\partial z}{\partial y}=ye^x(x+ye^x)^{y-1}+(x+ye^x)^y\ln(x+ye^x)$.

4. 证略.

习题 8-5

1. (1) $\dfrac{dy}{dx}=\dfrac{y+e^x}{3y^2-x}$;　(2) $\dfrac{dy}{dx}=-\dfrac{x+y}{y-x}$.

2. (1) $\dfrac{\partial z}{\partial x}=\dfrac{yz}{3z^2-xy}$, $\dfrac{\partial z}{\partial y}=\dfrac{xz}{3z^2-xy}$;

(2) $\dfrac{\partial z}{\partial x}=\dfrac{(\sqrt{xyz}+yz)z}{\sqrt{xyz}-xyz}$, $\dfrac{\partial z}{\partial y}=\dfrac{(2\sqrt{xyz}+xz)z}{\sqrt{xyz}-xyz}$;

(3) $\dfrac{\partial z}{\partial x}=\dfrac{ye^{-xy}}{e^z-2}$, $\dfrac{\partial z}{\partial y}=\dfrac{xe^{-xy}}{e^z-2}$;　(4) $\dfrac{\partial z}{\partial x}=\dfrac{f'}{1+f'}$, $\dfrac{\partial z}{\partial y}=\dfrac{f'}{1+f'}$.

3. $\dfrac{\partial z}{\partial x}\Big|_{(-1,e,1)}=\dfrac{1}{e-1}$, $\dfrac{\partial^2 z}{\partial x\partial y}=\dfrac{-e^z}{(e^z-1)^3}$.

4. $\frac{\partial^2 z}{\partial x^2}=\frac{-16xz}{(3z^2-2x)^2}$，$\frac{\partial^2 z}{\partial y^2}=\frac{-6z}{(3z^2-2x)^3}$.

5. 证略.

习题 8-6

1. (1) 切线方程为 $\frac{x-1}{2}=\frac{y-2}{1}=\frac{z+1}{-3}$，法平面方程为 $2x+y-3z-7=0$.

(2) 切线方程为 $\frac{x}{1}=\frac{y-1}{2}=\frac{z-\mathrm{e}}{\mathrm{e}}$，法平面方程为 $x+2y+\mathrm{e}z-2-\mathrm{e}^2=0$.

(3) 切线方程为 $\begin{cases}y=z,\\x=1,\end{cases}$ 法平面方程为 $y+z=0$.

(4) 切线方程为 $\frac{x-1}{1}=\frac{y-1}{2}=\frac{z-1}{3}$，法平面方程为 $x+2y+3z-6=0$.

2. $\frac{x-3}{3}=\frac{y-\frac{1}{2}}{1}=\frac{z+1}{-3}$ 或 $\frac{x+6}{3}=\frac{y-2}{-2}=\frac{z-8}{-12}$.

3. (1) 切平面方程为 $x+2y+3z-14=0$，法线方程为 $\frac{x-1}{1}=\frac{y-2}{2}=\frac{z-3}{3}$.

(2) 切平面方程为 $x+2y-4=0$，法线方程为 $\begin{cases}\frac{x-2}{1}=\frac{y-1}{2},\\z=0.\end{cases}$

(3) 切平面方程为 $4x+2y-z-6=0$，法线方程为 $\frac{x-2}{4}=\frac{y-1}{2}=\frac{z-4}{-1}$.

4. $x+4y+6z\pm 21=0$.

5. 法线方程为 $\frac{x+2}{1}=\frac{y+1}{2}=\frac{z-2}{1}$.

6. 证略.

习题 8-7

1. (1) 极大值 $f(0,0)=0$.　(2) 极小值 $f(2,2)=-8$，极大值 $f(0,0)=0$.

(3) 极小值 $f\left(\frac{1}{2},-1\right)=-\frac{1}{2}\mathrm{e}$.

2. $\frac{1}{2}$.　　3. $\frac{\sqrt{6}}{36}a^3$.　　4. 当前墙长 100 m，厂房深 200 m，高 75 m 时，造价最小.

5. 100，25.　　6. 证略.

第九章　重　积　分

本章将介绍的是二重积分与三重积分.这两种积分的基本思想跟前面所学习的定积分是一致的.但是定积分计算的对象是一元函数,而实际生活中我们还会经常碰到多元函数,用“分割、求近似和、取极限”的思想分别应用于二元函数及三元函数便得到二重积分及三重积分.

第一节　二重积分的概念与性质

通过前面的学习,我们知道,定积分主要思想是“大化小、常代变、近似和、取极限”.同样地,二重积分也是一种极限;不同之处在于,定积分的处理对象是一元函数,积分范围是区间,而二重积分的处理对象是二元函数,积分范围是平面有界闭区域.

一、二重积分的概念

为便于理解二重积分的定义,我们先看两个引例.

1. 引例

【例 1】 曲顶柱体的体积的计算.

如图 9-1 所示,D 是 xOy 坐标面上的有界闭区域,以 D 的边界曲线为准线,以平行于 z 轴的直线为母线做柱面,该柱面与二元非负连续函数 $z=f(x, y)$ 所表示的曲面及 D 所围成的立体称为曲顶柱体.其中 D 称为曲顶柱体的底,接下来我们考虑如何求出它的体积 V?

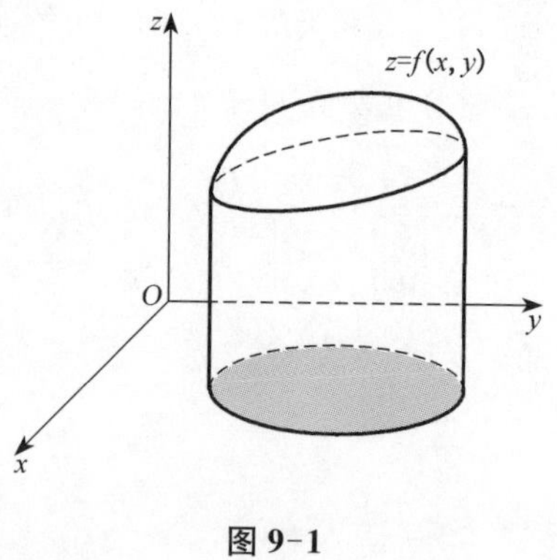

图 9-1

如果该柱体的顶是平顶的,那么它的体积就是

$$体积 = 高\times底面积.$$

如果柱体的顶是曲面,这时,柱体的体积不能再套用上面的公式来计算.

借鉴定积分中处理曲边梯形面积时的做法,将曲顶柱体作如下处理.

(1) 分割:如图 9-2,将有界闭区域 D 任意分割成 n 个小闭区域

$$\Delta\sigma_1,\ \Delta\sigma_2,\ \cdots,\ \Delta\sigma_i,\ \cdots,\ \Delta\sigma_n,$$

分别以这些小闭区域的边界曲线为准线,以平行于 z 轴的直线为母线做柱面,这些柱面把原来的曲顶柱体分成 n 个细小的曲顶柱体. 将这些小曲顶柱体的体积记为 $\Delta V_i(i=1,2,\cdots,n)$,则

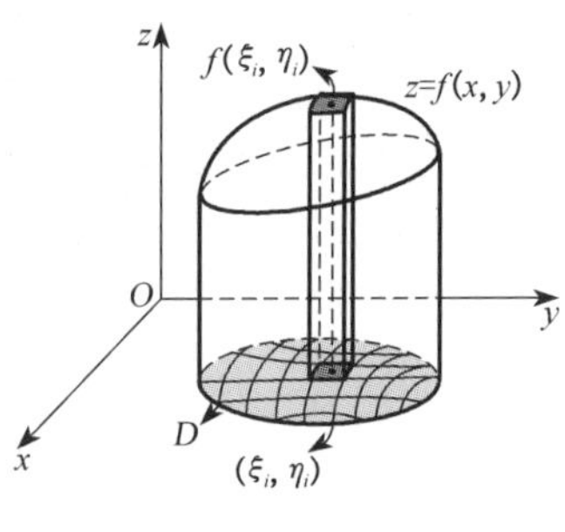

图 9-2

$$V=\sum_{i=1}^{n}\Delta V_i.$$

(2) 近似求和:闭区域上任意两点间距离的最大值称为该**区域的直径**. 设分割闭区域 D 后所得各个小区域 $\Delta\sigma_i(i=1,2,\cdots,n)$ 的直径都很小,则由于函数 $f(x,y)$ 具有连续性,在 $\Delta\sigma_i$ 上 $f(x,y)$ 的函数值变动不大. 如图 9-2 所示,在 $\Delta\sigma_i$ 上任取一点 (ξ_i,η_i),则在这个小区域上,$f(x,y)\approx f(\xi_i,\eta_i)$,将这个细小曲顶柱体近似看作高为 $f(\xi_i,\eta_i)$ 的平顶柱体,由此得该小曲顶柱体的近似体积

$$\Delta V_i\approx f(\xi_i,\eta_i)\Delta\sigma_i,\ (i=1,2,\cdots,n).$$

将这些小柱体的体积加起来,得曲顶柱体体积的近似值

$$V=\sum_{i=1}^{n}\Delta V_i\approx\sum_{i=1}^{n}f(\xi_i,\eta_i)\Delta\sigma_i.$$

(3) 取极限:设 λ 是上述 n 个小闭区域 $\Delta\sigma_1,\Delta\sigma_2,\cdots,\Delta\sigma_n$ 直径的最大值,令 $\lambda\to 0$ 对上述和式取极限,得所求曲顶柱体的精确值

$$V=\lim_{\lambda\to 0}\sum_{i=1}^{n}f(\xi_i,\eta_i)\Delta\sigma_i.$$

【例 2】 平面薄板的质量.

薄板是指板的厚度与板的面积相比较,几乎可以忽略不计. 面密度是指单位面积上的质量,通常用 $\rho(x,y)$ 表示平面薄板上点 (x,y) 处的面密度.

设一平面薄板占有 xOy 平面上的有界闭区域 D,其上任一点处的面密度为 $\rho(x,y)$,下面求解该平面薄板的质量 M.

如果薄板的面密度均匀,即 $\rho(x,y)=$常数,则薄板质量的计算公式为

$$质量=面密度\times面积.$$

而在实际应用中，为了达到一些特殊的工程需求，一般情形下，薄板是由一些复合材料制成，从而面密度是非均匀的.

如果平面薄板的面密度是非均匀的，即 ρ 不再是常数. 设此时的面密度是 D 上的连续函数 $\rho=\rho(x, y)$，$(x, y)\in D$. 此时，薄板的质量不能再用 $M=\rho A$ 来计算. 可以采用与例 1 相类似的办法来解决这个问题，简述如下：

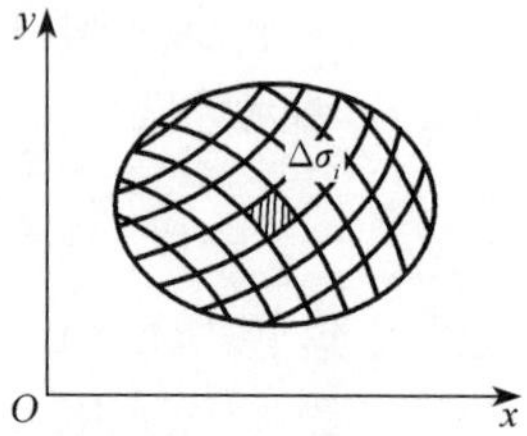

图 9-3

如图 9-3 所示，将区域 D 任意分割成 n 个小闭区域 $\Delta\sigma_1$，$\Delta\sigma_2$，…，$\Delta\sigma_n$，并设各个小区域 $\Delta\sigma_i(i=1, 2, \cdots, n)$ 的直径都很小.

在第 i 个小区域 $\Delta\sigma_i$ 上任选一点 (ξ_i, η_i)，以该点的面密度 $\rho(\xi_i, \eta_i)$ 近似地代替 $\Delta\sigma_i$ 上其它各点的面密度，得 $\Delta\sigma_i$ 的质量的近似值 $\Delta M_i\approx\rho(\xi_i, \eta_i)\Delta\sigma_i$. 作和

$$M=\sum_{i=1}^{n}\Delta M_i\approx\sum_{i=1}^{n}\rho(\xi_i, \eta_i)\Delta\sigma_i.$$

设 λ 是上述 n 个小区域直径的最大值，令 $\lambda\to 0$ 对上述和式取极限，便得质量的精确值

$$M=\lim_{\lambda\to 0}\sum_{i=1}^{n}\rho(\xi_i, \eta_i)\Delta\sigma_i.$$

尽管以上两个例子背景不同，但处理问题的数学思想是一样的，抛却这类问题的实际背景，抽取它们的共性，仅保留其中的数学表述，得到二重积分的定义.

2. 二重积分的定义

定义 设函数 $f(x, y)$ 在有界闭区域 D 上有界，

将 D 任意划分成 n 个小闭区域 $\Delta\sigma_1$，$\Delta\sigma_2$，…，$\Delta\sigma_n$，$\Delta\sigma_i$ 既表示第 i 个小区域，又表示该小区域的面积；

$$\forall(\xi_i, \eta_i)\in\Delta\sigma_i,$$

记 λ 为 $\Delta\sigma_i(i=1, 2, \cdots, n)$ 中直径的最大值，

若极限 $\lim\limits_{\lambda\to 0}\sum\limits_{i=1}^{n}f(\xi_i, \eta_i)\Delta\sigma_i$ 总存在，则称该极限是函数 $f(x, y)$ 在 D 上的二重积分，记为 $\iint\limits_D f(x, y)\mathrm{d}\sigma$.

此时，称函数 $f(x, y)$ 在区域 D 上**可积**. 其中 $f(x, y)$ 称为**被积函数**，$f(x, y)\mathrm{d}\sigma$ 称为**被积表达式**，$\mathrm{d}\sigma$ 称为**面积元素**，x 与 y 称为**积分变量**，D 称为**积分区域**.

与一元函数类似，如果函数 $f(x, y)$ 在区域 D 上连续，则 $f(x, y)$ 在区域 D

上可积.

二重积分记号$\iint\limits_D f(x,\ y)\mathrm{d}\sigma$中的面积元素对应于积分和中的$\Delta\sigma_i$. 由于定义中对积分区域$D$的划分是任意的,在直角坐标系中,如图 9-4,如果用平行于坐标轴的直线去分割积分区域D,那么除了包含D的边界点的一些小区域外,其余的小区域$\Delta\sigma_i$都是矩形,边长分别为Δx_i和Δy_j,所以$\Delta\sigma_i$的面积就是$\Delta x_i\Delta y_j$. 因此在直角坐标系中,二重积分的面积元素$\mathrm{d}\sigma$也可以写成$\mathrm{d}x\mathrm{d}y$,二重积分更经常的被记为$\iint\limits_D f(x,\ y)\mathrm{d}x\mathrm{d}y$.

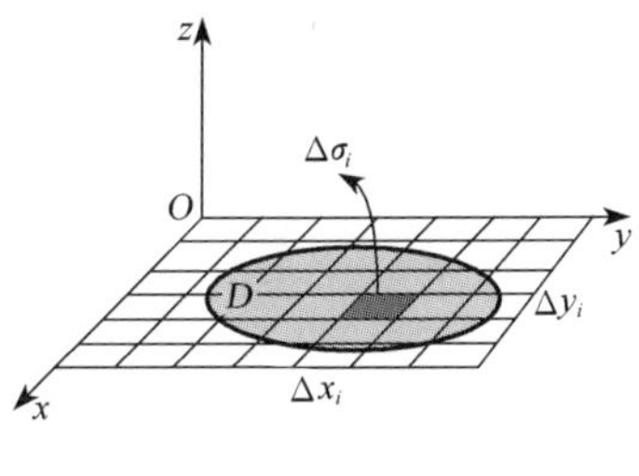

图 9-4

由二重积分的定义不难发现,设在区域D上,$f(x,\ y)\geqslant 0$,则$\iint\limits_D f(x,\ y)\mathrm{d}x\mathrm{d}y$在几何上表示以$z=f(x,\ y)$为顶曲面,$D$为底区域的曲顶柱体的体积;在物理上表示在点$(x,\ y)$处面密度为$\rho=f(x,\ y)$的平面薄板的质量.

【例 3】 问下列二重积分在几何上表示什么?其值是多少?

(1) $\iint\limits_D \sqrt{1-x^2-y^2}\,\mathrm{d}x\mathrm{d}y$, D : $x^2+y^2\leqslant 1$;

(2) $\iint\limits_D (1-x-y)\mathrm{d}x\mathrm{d}y$,$D$是由$x$轴,$y$轴及直线$x+y=1$所围成的闭区域.

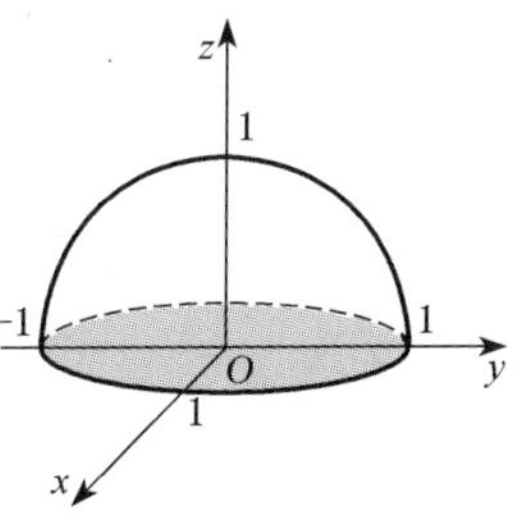

图 9-5

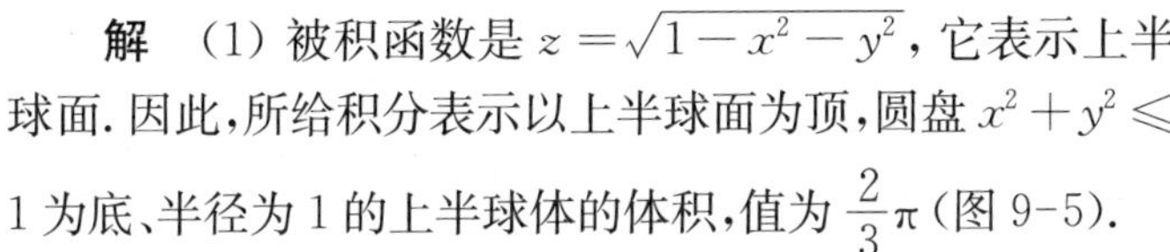

解 (1) 被积函数是$z=\sqrt{1-x^2-y^2}$,它表示上半球面. 因此,所给积分表示以上半球面为顶,圆盘$x^2+y^2\leqslant 1$为底、半径为 1 的上半球体的体积,值为$\frac{2}{3}\pi$(图 9-5).

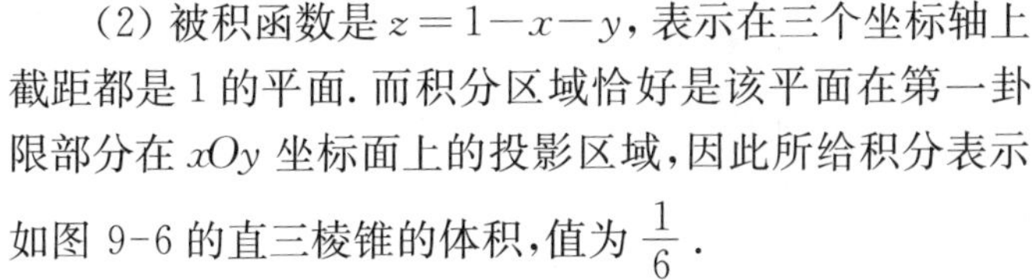

(2) 被积函数是$z=1-x-y$,表示在三个坐标轴上截距都是 1 的平面. 而积分区域恰好是该平面在第一卦限部分在xOy坐标面上的投影区域,因此所给积分表示如图 9-6 的直三棱锥的体积,值为$\frac{1}{6}$.

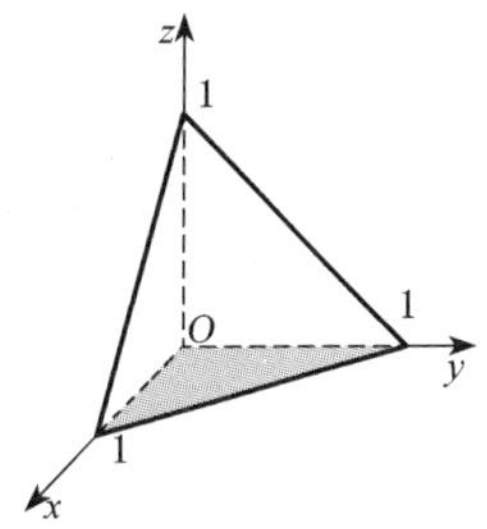

图 9-6

二重积分具有和定积分相类似的一些性质. 假设以下所涉及到的二重积分都存在. 这些性质在二重积分的计算和理论分析中经常被用到.

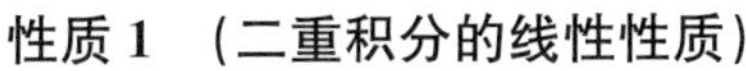

性质 1 (二重积分的线性性质)

$$\iint\limits_D kf(x,\ y)\mathrm{d}\sigma=k\iint\limits_D f(x,\ y)\mathrm{d}\sigma\ (k\text{ 是常数}).$$

$$\iint\limits_D [f(x, y) \pm g(x, y)]\mathrm{d}\sigma = \iint\limits_D f(x, y)\mathrm{d}\sigma \pm \iint\limits_D g(x, y)\mathrm{d}\sigma.$$

性质 2 $\iint\limits_D \mathrm{d}\sigma = A$，其中 A 是积分区域 D 的面积.

性质 3(区域可加性) 如果将 D 分割成两个闭区域 D_1 和 D_2，记作 $D = D_1 + D_2$，则

$$\iint\limits_D f(x, y)\mathrm{d}\sigma = \iint\limits_{D_1} f(x, y)\mathrm{d}\sigma + \iint\limits_{D_2} f(x, y)\mathrm{d}\sigma.$$

性质 4(比较定理) 如果在区域 D 上，$f(x, y) \leqslant g(x, y)$，则

$$\iint\limits_D f(x, y)\mathrm{d}\sigma \leqslant \iint\limits_D g(x, y)\mathrm{d}\sigma.$$

推论 1(保号性) 如果在区域 D 上，$f(x, y) \geqslant 0$，则 $\iint\limits_D f(x, y)\mathrm{d}\sigma \geqslant 0$.

推论 2 $\left|\iint\limits_D f(x, y)\mathrm{d}\sigma\right| \leqslant \iint\limits_D |f(x, y)|\mathrm{d}\sigma$.

性质 5(估值定理) 如果 $f(x, y)$ 在有界闭区域 D 上的最大值和最小值分别是 M 和 m，σ 是积分区域 D 的面积,则

$$m\sigma \leqslant \iint\limits_D f(x, y)\mathrm{d}\sigma \leqslant M\sigma.$$

性质 6(二重积分的积分中值定理) 如果 $f(x, y)$ 在有界闭区域 D 上连续，σ 是积分区域 D 的面积,则在 D 上至少存在一点 (ξ, η)，使得

$$\iint\limits_D f(x, y)\mathrm{d}\sigma = f(\xi, \eta)\sigma.$$

下面给出几个利用二重积分的定义或性质讨论二重积分值的例子.

【例 4】 比较二重积分 $\iint\limits_D (x+y)^2\mathrm{d}\sigma$ 和 $\iint\limits_D (x+y)^3\mathrm{d}\sigma$ 的大小,其中积分区域 D 为由直线 $x=1, x=2, y=1$ 及 $y=2$ 所围成的闭区域.

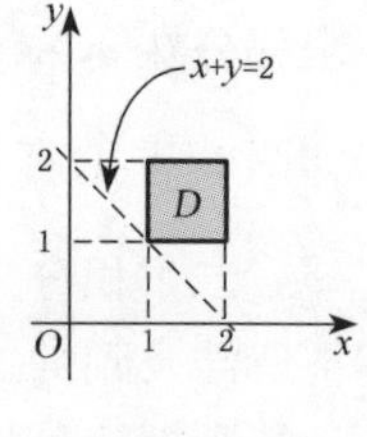

图 9-7

解 如图 9-7,在积分区域 D 上，$x+y \geqslant 2$，所以

$$(x+y)^2 \leqslant (x+y)^3,$$

于是 $\iint\limits_D (x+y)^2\mathrm{d}\sigma \leqslant \iint\limits_D (x+y)^3\mathrm{d}\sigma$.

【例 5】 估计二重积分$\iint\limits_D (160-2x^2-y^2)\mathrm{d}\sigma$的值，其中$D$是$xOy$坐标面上的正方形区域$0\leqslant x\leqslant 2,\ 0\leqslant y\leqslant 2$.

根据估值定理，需要求出被积函数在积分区域D上的最大值和最小值. 如图 9-8 所示，这两个值其实就是顶曲面$z=160-2x^2-y^2$上的点到xOy坐标面的最大距离和最小距离. 容易看出，最大距离在曲面的顶点处取得，即$M=z(0,\ 0)=160$，最小距离是$m=z(2,\ 2)=148$.

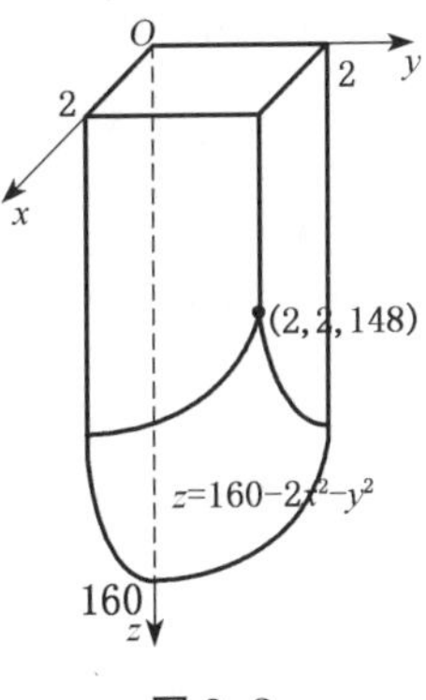

图 9-8

区域D的面积$\sigma=4$. 由估值定理得

$$592=148\times 4=m\sigma\leqslant\iint\limits_D f(x,\ y)\mathrm{d}\sigma\leqslant M\sigma$$

$$=160\times 4=640.$$

习题 9-1

1. 设曲顶柱体的顶为曲面$z=z-x^2-y^2$，底是xoy坐标面上的闭区域$D:\{(x,\ y)\mid x^2+y^2\leqslant 1\}$，试用二重积分表示这个立体的体积.

2. 根据二重积分的几何意义及性质计算$I=\iint\limits_D (3-\sqrt{4-x^2-y^2})\mathrm{d}\sigma$，其中$D: x^2+y^2\leqslant 4$.

3. 比较下列各组积分值的大小：

1) $I_1=\iint\limits_D (x+y)\mathrm{d}\sigma$与$I_2=\iint\limits_D (x+y)^2\mathrm{d}\sigma$，其中$D: 1\leqslant x\leqslant 2,\ 1\leqslant y\leqslant 2$.

2) $I_1=\iint\limits_D \dfrac{1}{\sqrt{1+x^2+y^2}}\mathrm{d}\sigma$与$I_2=\iint\limits_D \dfrac{1}{(1+x^2+y^2)}\mathrm{d}\sigma$，其中$D: x^2+y^2\leqslant 1$.

4. 估计下列各积分的值：

1) $I=\iint\limits_D (2x+4y)\mathrm{d}\sigma$，其中$D: 1\leqslant x\leqslant 2,\ 0\leqslant y\leqslant 2$；

2) $I=\iint\limits_D (2x^2+3y^2+1)\mathrm{d}\sigma$，其中$D: x^2+y^2\leqslant 2$.

第二节　二重积分的计算

计算二重积分的主要方法是，将给定的二重积分转化为按照一定顺序的两个定积分计算，转化后的两个定积分通常称为**二次积分(累次积分)**.

一、利用直角坐标计算二重积分

将二重积分$\iint\limits_D f(x,\ y)\mathrm{d}\sigma$转化为二次积分的关键是确定两个定积分的上下限. 这需要预先将积分区域 D 中点的坐标 x，y 的变化范围分别用不等式表示出来.

1. 积分区域 D 的两种表示法

(1) X 型区域

如图 9-9(1)所示,用平行于 y 轴的直线 l_x 穿过区域 D 时, l_x 与 D 的边界曲线的交点不多于两个,称这样的区域为 X **型区域**.

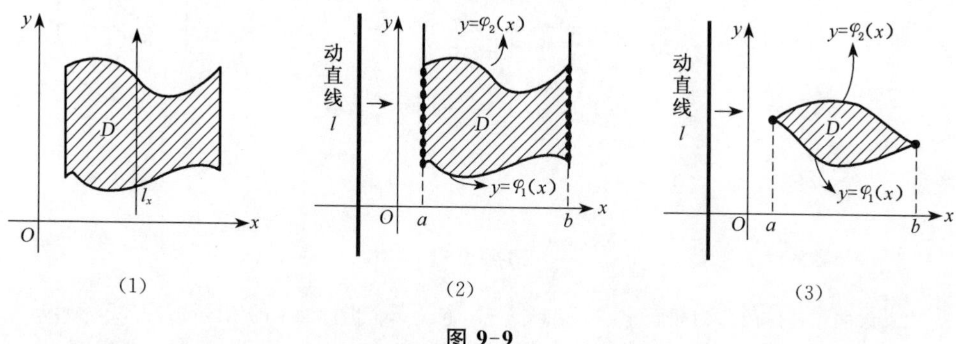

图 9-9

这种区域化成不等式组时,如图 9-9(2, 3)所示,用一条平行于 y 轴的动直线 l 从左向右扫过积分区域 D. 与 D 初始相交时 l 与 x 轴的交点 a 是 x 的下限,离开 D 时 l 与 x 轴的交点 b 是 x 的上限; l 与 D 初始相交及离开 D 时占去 D 的一部分边界(图 9-9(2)中的粗虚线,图 9-9(3)中的黑点),如图 9-9(2, 3), D 的剩余边界被分成上下两部分,方程分别是 $y=\varphi_1(x)$ 与 $y=\varphi_2(x)$, 这就是 y 的上下限. 通过以上过程, X 型区域 D 可表示成不等式组

$$\begin{cases}a\leqslant x\leqslant b,\\ \varphi_1(x)\leqslant y\leqslant \varphi_2(x).\end{cases}\tag{9.1}$$

(2) Y 型区域

如图 9-10(1)所示,用平行于 x 轴的直线 l_y 穿过区域 D 时, l_y 与 D 的边界曲线的交点不多于两个,称这样的区域为 Y **型区域**.

类似于 X 型区域, Y 型区域化成不等式组时,如图 9-10(2, 3)所示,用一条平行于 x 轴的动直线 l 从下向上扫过积分区域 D . 与 D 初始相交时 l 与 y 轴的交点 c 是 y 的下限,离开 D 时 l 与 y 轴的交点 d 是 y 的上限; l 与 D 初始相交及离开 D 时占去 D 的一部分边界(图 9-10(2)中的粗虚线,图 9-10(3)中的黑点),如图 9-10(2, 3), D 的剩余边界被分成左右两部分,方程分别是 $x=\psi_1(y)$ 和 $x=\psi_2(y)$, 这就是 x 的上下限. 通过以上过程, Y 型区域 D 可表示成不等式组

$$\begin{cases} c \leqslant y \leqslant d, \\ \psi_1(y) \leqslant x \leqslant \psi_2(y). \end{cases} \tag{9.2}$$

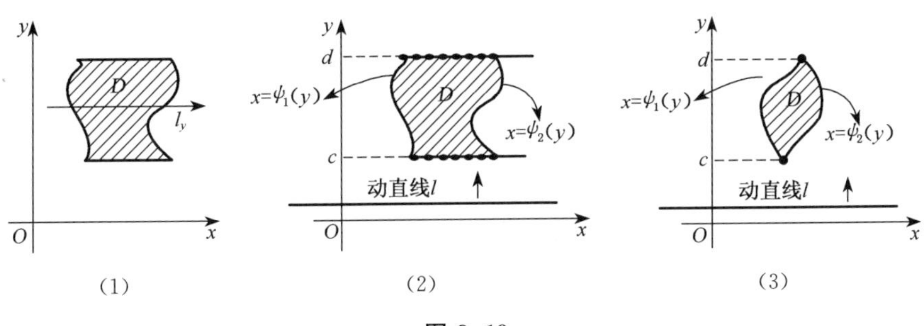

图 9-10

【例 1】 将下列平面区域化成不等式组:

(1) D 是由直线 $y=x$, $y=1$ 及 y 轴所围成闭区域;

(2) D 是由直线 $y=x+2$ 与曲线 $y=x^2$ 所围成闭区域.

解 (1)按照定义, D 既是 X 型区域,又是 Y 型区域. 如图 9-11 所示,按照上面阐述的两种方法,

D 化成 X 型区域的不等式组为 $\begin{cases} 0 \leqslant x \leqslant 1, \\ x \leqslant y \leqslant 1, \end{cases}$ 化成 Y 型区域的不等式组为 $\begin{cases} 0 \leqslant y \leqslant 1, \\ 0 \leqslant x \leqslant y. \end{cases}$

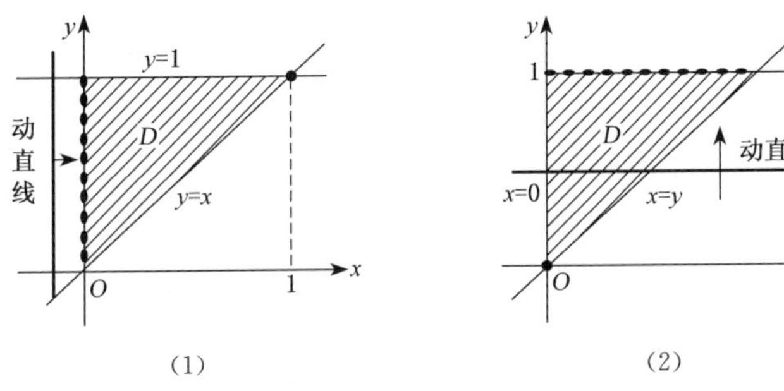

图 9-11

(2) D 既是 X 型区域,又是 Y 型区域. 如图 9-12 所示,按照上面阐述的两种方法, D 化成 X 型区域的不等式组为 $\begin{cases} -1 \leqslant x \leqslant 2, \\ x^2 \leqslant y \leqslant x+2. \end{cases}$

化成 Y 型区域时,积分区域 D 被动直线扫过后剩下的边界曲线左半部分(图 9-12(2)边界加粗部分)是折线,用一个方程表示不出. 此时,需要过折点做平行于

x 轴的直线，将积分区域划分为上下两部分 D_1 及 D_2，按照前述方法将 D_1 及 D_2 分别表示成不等式组即可.

$$D_1 \text{ 化为} \begin{cases} 0 \leqslant y \leqslant 1, \\ -\sqrt{y} \leqslant x \leqslant \sqrt{y}, \end{cases} D_2 \text{ 化为} \begin{cases} 1 \leqslant y \leqslant 4, \\ y-2 \leqslant x \leqslant \sqrt{y}. \end{cases}$$

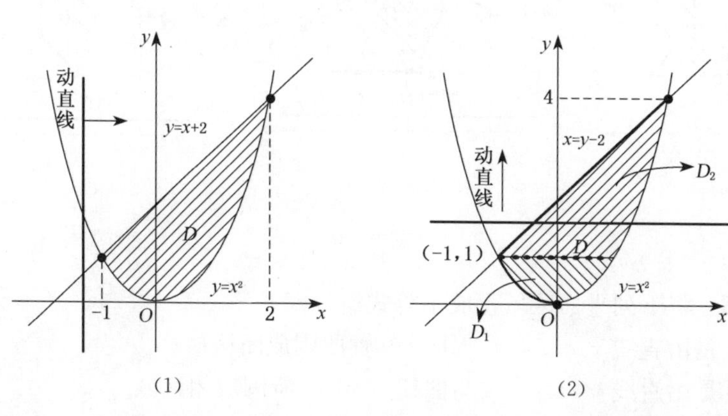

图 9-12

在实际计算中，大部分积分区域既是 X 型区域又是 Y 型区域，恰当选取区域类型对重积分的计算十分重要. 像本例 1(2)，化不等式组时将 D 看作 X 型区域比看作 Y 型区域要简单. 对于有些二重积分，选取积分区域类型不当甚至会导致无法计算.

下面从推导曲顶柱体体积的计算式入手，来看看怎样将二重积分转化为二次积分.

2. 将曲顶柱体的体积 $\iint\limits_D f(x, y)\mathrm{d}\sigma\,(f(x, y) \geqslant 0)$ 转化为二次积分

设曲顶柱体的底 D 看作 X 型区域，它由式(9.1)所确定. 因此，区域 D 中所有点的坐标 x 的变化范围是区间 $[a, b]$. 将该曲顶柱体看作平行截面面积为已知函数的立体，用切片法来推导这个曲顶柱体的体积.

如图 9-13 所示，在 x 轴的区间 $[a, b]$ 上任取一点 x，并将这个 x 暂时看作常数，过点 x 作垂直于 x 轴的切片，该切片是一个曲边梯形；该曲边梯形的底是区间 $[\varphi_1(x), \varphi_2(x)]$，曲边在曲面 $z = f(x, y)$ 上，设切片的面积为 $A(x)$，则

图 9-13

$$A(x) = \int_{\varphi_1(x)}^{\varphi_2(x)} f(x, y)\mathrm{d}y.$$

可见,该曲顶柱体其实就是“平行截面面积为已知的立体”. 因此,曲顶柱体的体积是

$$V=\int_a^b A(x)\mathrm{d}x,$$

即
$$\iint_D f(x,y)\mathrm{d}\sigma=\int_a^b\left[\int_{\varphi_1(x)}^{\varphi_2(x)} f(x,y)\mathrm{d}y\right]\mathrm{d}x.$$

此式的意思是,先把 x 当作常数,将 $f(x,y)$ 看成 y 的函数,对 y 计算从 $y=\varphi_1(x)$ 到 $y=\varphi_2(x)$ 的定积分,再把所得结果在区间 $[a,b]$ 上对 x 作定积分.

类似可得:如果曲顶柱体的底区域 D 是 Y 型区域,由(9.2)式所确定,则曲顶柱体的体积是

$$\iint_D f(x,y)\mathrm{d}\sigma=\int_c^d\left[\int_{\psi_1(y)}^{\psi_2(y)} f(x,y)\mathrm{d}x\right]\mathrm{d}y.$$

3. 将二重积分化为二次积分

设 $f(x,y)$ 是区域 D 上任意可积函数,如果区域 D 是 X 型区域,可表示为

$$D:\begin{cases}a\leqslant x\leqslant b,\\ \varphi_1(x)\leqslant y\leqslant\varphi_2(x),\end{cases}$$

则二重积分 $\iint_D f(x,y)\mathrm{d}\sigma$ 可化为二次积分

$$\iint_D f(x,y)\mathrm{d}\sigma=\int_a^b\left[\int_{\varphi_1(x)}^{\varphi_2(x)} f(x,y)\mathrm{d}y\right]\mathrm{d}x,$$

习惯上,将等式右端写成 $\int_a^b\mathrm{d}x\int_{\varphi_1(x)}^{\varphi_2(x)} f(x,y)\mathrm{d}y$, 因此上式又写成

$$\iint_D f(x,y)\mathrm{d}\sigma=\int_a^b\mathrm{d}x\int_{\varphi_1(x)}^{\varphi_2(x)} f(x,y)\mathrm{d}y.$$

通常称上式右端为先对 y 后对 x 的累次积分或二次积分.

同样地,如果区域 D 是 Y 型区域,可表示为

$$D:\begin{cases}c\leqslant y\leqslant d,\\ \psi_1(y)\leqslant x\leqslant\psi_2(y),\end{cases}$$

则
$$\iint_D f(x,y)\mathrm{d}\sigma=\int_c^d\left[\int_{\psi_1(y)}^{\psi_2(y)} f(x,y)\mathrm{d}x\right]\mathrm{d}y=\int_c^d\mathrm{d}y\int_{\psi_1(y)}^{\psi_2(y)} f(x,y)\mathrm{d}x.$$

称上式右端是先对 x 后对 y 的累次积分(二次积分).

通过以上推导过程不难发现，累次积分的上下限，完全是由积分区域确定的不等式组决定的. 因此，这样的不等式组称为二重积分的定限不等式组.

【例 2】 计算 $\iint\limits_D x\,\mathrm{d}\sigma$，其中 D 是由直线 $y=1$，$y=x^2$，$x=2$ 所围成的闭区域.

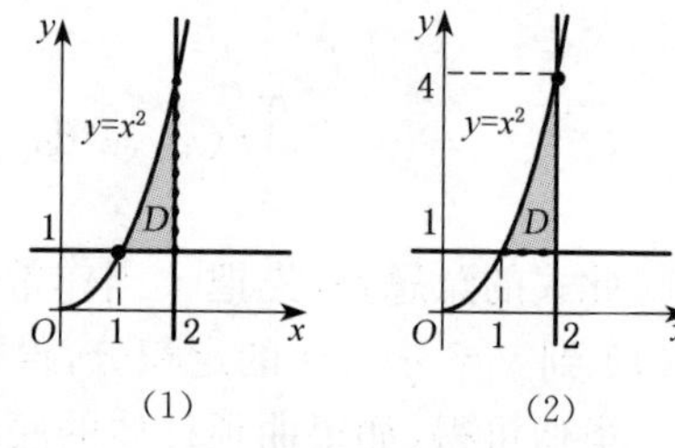

图 9-14

解一 如图 9-14(1)，将积分区域看成 X 型区域.

利用动直线扫描法，积分区域 D 可表示为

$$D: 1\leqslant x\leqslant 2,\ 1\leqslant y\leqslant x^2.$$

由定限不等式组，所给二重积分计算如下：

$$\iint\limits_D x\,\mathrm{d}\sigma=\int_1^2\mathrm{d}x\int_1^{x^2}x\,\mathrm{d}y=\int_1^2(x^3-x)\,\mathrm{d}x=\frac{9}{4}.$$

解二 把积分区域 D 看成 Y 型区域. 如图 9-14(2)所示，利用动直线扫描法，积分区域 D 可表示为 $D: 1\leqslant y\leqslant 4,\ \sqrt{y}\leqslant x\leqslant 2$，

$$\iint\limits_D x\,\mathrm{d}\sigma=\int_1^4\mathrm{d}y\int_{\sqrt{y}}^2 x\,\mathrm{d}x=\int_1^4\frac{x^2}{2}\Big|_{\sqrt{y}}^2\mathrm{d}y=\frac{1}{2}\int_1^4(4-y)\,\mathrm{d}y=\frac{9}{4}.$$

【例 3】 计算积分 $\iint\limits_D\cos(x+y)\,\mathrm{d}x\mathrm{d}y$，$D$ 是矩形区域 $0\leqslant x\leqslant\frac{\pi}{6}$，$0\leqslant y\leqslant\frac{\pi}{3}$.

解 如图 9-15，利用动直线扫描法，积分区域 D 的定限不等式组是

$$0\leqslant x\leqslant\frac{\pi}{6},\ 0\leqslant y\leqslant\frac{\pi}{3}.$$

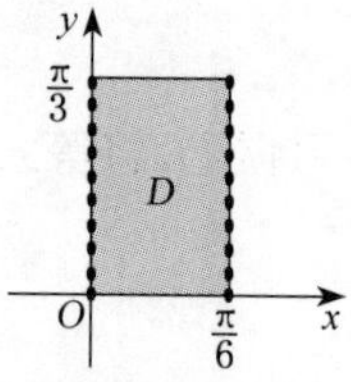

图 9-15

$$\begin{aligned}\iint\limits_D\cos(x+y)\,\mathrm{d}x\mathrm{d}y&=\int_0^{\frac{\pi}{6}}\mathrm{d}x\int_0^{\frac{\pi}{3}}\cos(x+y)\,\mathrm{d}y\\&=\int_0^{\frac{\pi}{6}}\sin(x+y)\Big|_0^{\frac{\pi}{3}}\mathrm{d}x\\&=\int_0^{\frac{\pi}{6}}\left[\sin\left(x+\frac{\pi}{3}\right)-\sin x\right]\mathrm{d}x=\frac{\sqrt{3}-1}{2}.\end{aligned}$$

在求解二重积分时，有时按照“先 y 后 x ”的顺序积分不能计算，此时要交换积分次序，如下面的例子.

【例 4】 计算 $\iint\limits_D x^2\mathrm{e}^{y^4}\,\mathrm{d}\sigma$，其中 D 是由直线 $y=1$，$y=x$，$x=0$ 所围成的闭区域.

解 如图 9-16 所示,将积分区域看成 X 型区域,定限不等式组

$$D:\begin{cases}0\leqslant x\leqslant 1,\\ x\leqslant y\leqslant 1,\end{cases}$$

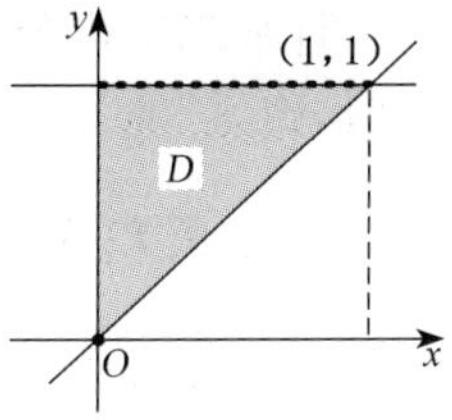

图 9-16

于是

$$\iint\limits_D x^2\mathrm{e}^{y^4}\,\mathrm{d}\sigma=\int_0^{\prime}\mathrm{d}x\int_x^{\prime}x^2\mathrm{e}^{y^4}\,\mathrm{d}y=\int_0^1 x^2\,\mathrm{d}x\int_x^1\mathrm{e}^{y^4}\,\mathrm{d}y.$$

通过不定积分的学习知道,$\int\mathrm{e}^{y^4}\,\mathrm{d}y$ 无法积分.

此时,通常将该二重积分换一种积分顺序来计算. 将积分区域看成 Y 型区域. 定限不等式组为

$$D:\begin{cases}0\leqslant y\leqslant 1,\\ 0\leqslant x\leqslant y,\end{cases}$$

$$\iint\limits_D x^2\mathrm{e}^{y^4}\,\mathrm{d}\sigma=\int_0^1\mathrm{d}y\int_0^y x^2\mathrm{e}^{y^4}\,\mathrm{d}x=\int_0^1\mathrm{e}^{y^4}\left(\frac{x^3}{3}\bigg|_0^y\right)\mathrm{d}y=\int_0^1\frac{y^3}{3}\mathrm{e}^{y^4}\,\mathrm{d}y$$

$$=\frac{1}{12}\left(\int_0^1\mathrm{e}^{y^4}\,\mathrm{d}y^4\right)=\frac{\mathrm{e}-1}{12}.$$

由上例可见,交换积分次序,在重积分的计算中是一种重要的方法. 常见的单独直接无法积分的函数有 e^{x^2}, $\sin x^2$, $\cos x^2$, $\dfrac{\sin x}{x}$, $\dfrac{\cos x}{x}$ 等.

【例 5】 交换积分次序并计算 $I=\int_0^{\frac{\pi}{2}}\mathrm{d}x\int_{x^2}^{\frac{\pi}{2}}\dfrac{2x\sin y}{y}\mathrm{d}y$.

解 由题目得定限不等式组 $D:\begin{cases}0\leqslant x\leqslant\dfrac{\pi}{2},\\ x^2\leqslant y\leqslant\dfrac{\pi}{2},\end{cases}$ 如图 9-17 所示,将 D 看作 Y-型区域,定限不等式为 $\begin{cases}0\leqslant y\leqslant\dfrac{\pi}{2},\\ 0\leqslant x\leqslant\sqrt{y},\end{cases}$

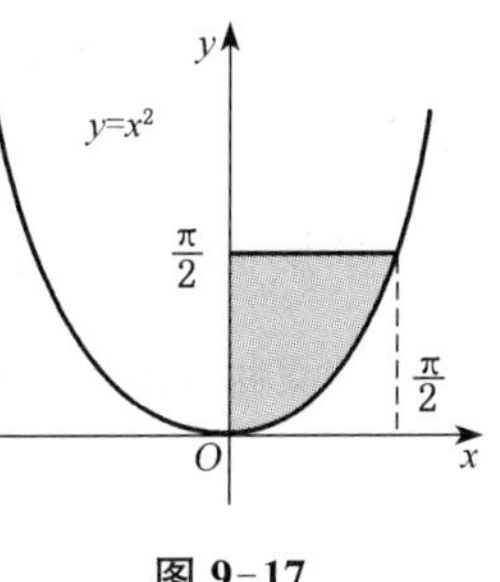

图 9-17

于是

$$I=\int_0^{\frac{\pi}{2}}\mathrm{d}y\int_0^{\sqrt{y}}\frac{2x\sin y}{y}\mathrm{d}x=\int_0^{\frac{\pi}{2}}\frac{\sin y}{y}\cdot x^2\bigg|_0^{\sqrt{y}}\mathrm{d}y,$$

$$=\int_0^{\frac{\pi}{2}}\sin y\mathrm{d}y=-\cos y\bigg|_0^{\frac{\pi}{2}}=1.$$

计算二重积分时,若积分区域关于坐标轴具有对称性,常采用类似于定积分“偶倍奇零”的方法来简化.

4. 二重积分的“偶倍奇零”性质

(1) 设积分区域 D 关于 y 轴对称(图 9-18),D_1 是 D 位于 y 轴右侧部分的子区域.

如果 $f(x, y)$ 是 x 的奇函数:$f(-x, y)=-f(x, y)$,则

$$\iint_D f(x, y)\mathrm{d}\sigma = 0;$$

如果被积函数 $f(x, y)$ 是 x 的偶函数,即 $f(-x, y) = f(x, y)$,则

$$\iint_D f(x, y)\mathrm{d}\sigma = 2\iint_{D_1} f(x, y)\mathrm{d}\sigma.$$

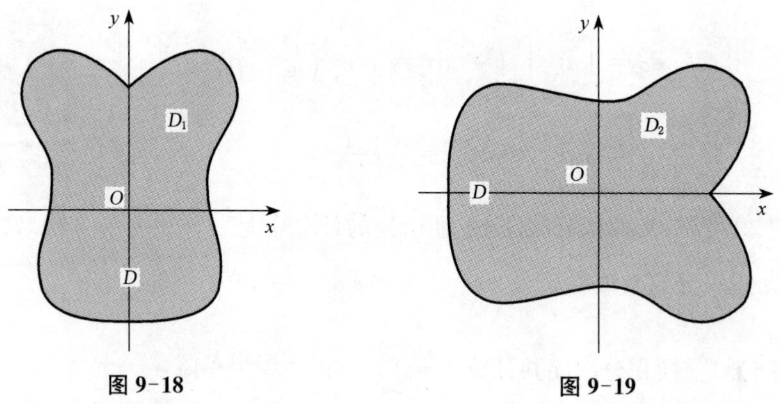

图 9-18　　图 9-19

(2) 设积分区域 D 关于 x 轴对称(图 9-19),D_2 是 D 位于 x 轴上方部分的子区域.

如果 $f(x, y)$ 是 y 的奇函数:$f(x, -y)=-f(x, y)$,则 $\iint\limits_D f(x, y)\mathrm{d}\sigma = 0$.

如果被积函数 $f(x, y)$ 是 y 的偶函数,即 $f(x, -y) = f(x, y)$,则

$$\iint_D f(x, y)\mathrm{d}\sigma = 2\iint_{D_2} f(x, y)\mathrm{d}\sigma.$$

【例 6】 求 $\iint\limits_D (y - x\sqrt{x^2+y^2})\mathrm{d}\sigma$,$D$ 是曲线 $y = x^2$ 和 $y = 1$ 所围的区域.

解 如图 9-20 所示,积分区域 D 关于 y 轴对称,被积函数 $x\sqrt{x^2+y^2}$ 是 x 的奇函数,故

$$\iint_D x\sqrt{x^2+y^2}\,\mathrm{d}\sigma = 0.$$

又因为被积函数 y 是 x 的偶函数，设 D_1 是 D 的右半部分，则

$$\iint_D y\,\mathrm{d}\sigma = 2\iint_{D_1} y\,\mathrm{d}\sigma = 2\int_0^1 \mathrm{d}x\int_{x^2}^1 y\,\mathrm{d}y = \int_0^1 (1-x^4)\,\mathrm{d}x = \frac{4}{5}.$$

所以 $$\iint_D (y - x\sqrt{x^2+y^2})\,\mathrm{d}\sigma = \iint_D y\,\mathrm{d}\sigma = \frac{4}{5}.$$

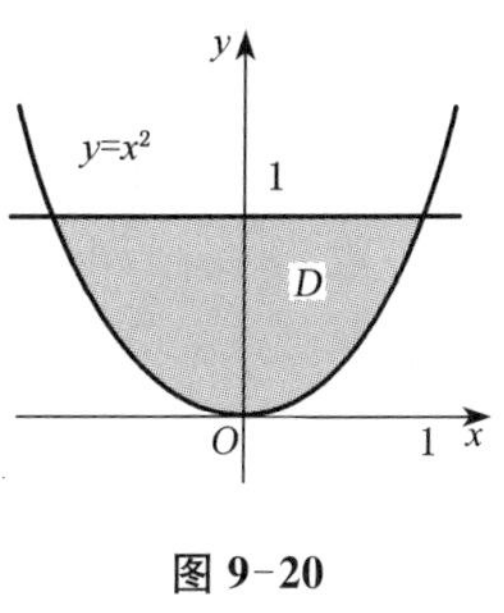

图 9-20

二、利用极坐标计算二重积分

有些二重积分的积分区域 D 是圆盘或扇形，这时 D 的边界曲线用极坐标方程来表示就比较简单. 此外，被积函数是 x^2+y^2 的函数，将它化为极坐标后的形式更简单. 因此，我们还要掌握根据积分区域的形状和被积函数的形式，选择极坐标计算二重积分的方法.

直角坐标与极坐标的转换关系是 $x = r\cos\theta$, $y = r\sin\theta$. 这样，区域 D 的边界曲线和被积函数 $f(x, y)$ 的极坐标表示式，都可以通过将该关系代入原来的直角坐标表达式来得到.

直角坐标系下计算二重积分时，首先应该得到定限不等式组. 在极坐标系下，这同样是计算二重积分所必需先解决的问题. 下面介绍极坐标下定限的**动射线法**.

首先，如图 9-21，从极点出发作动射线 l，让它绕极点 O 逆时针方向旋转，设当 $\theta=\alpha$ 时射线 l 旋转进入区域 D，当 $\theta=\beta$ 时射线 l 从区域中转出来，这表明区域中点的极坐标 θ 的变化范围是 $[\alpha, \beta]$；去除图中虑线（或黑点）D 的剩余边界极坐标方程分别为 $r = r_1(\theta)$，$r = r_2(\theta)$，极坐标 r 的变化范围就是 $r_1(\theta) \leqslant r \leqslant r_2(\theta)$. 从而，区域 D 定限不等式为

$$\begin{cases}\alpha \leqslant \theta \leqslant \beta, \\ r_1(\theta) \leqslant r \leqslant r_2(\theta).\end{cases} \tag{9.3}$$

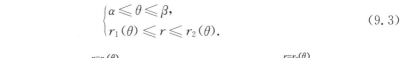

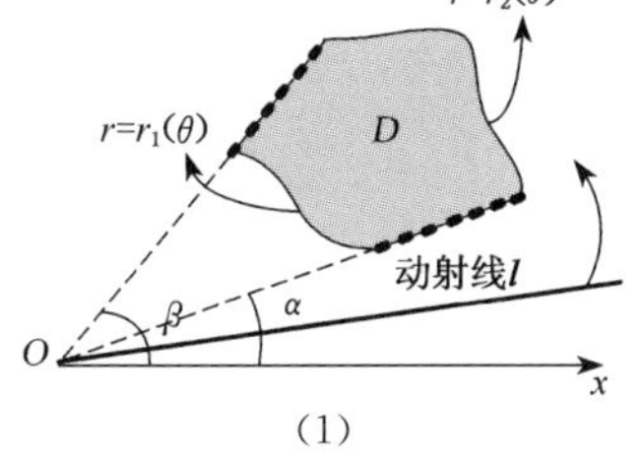

(1)

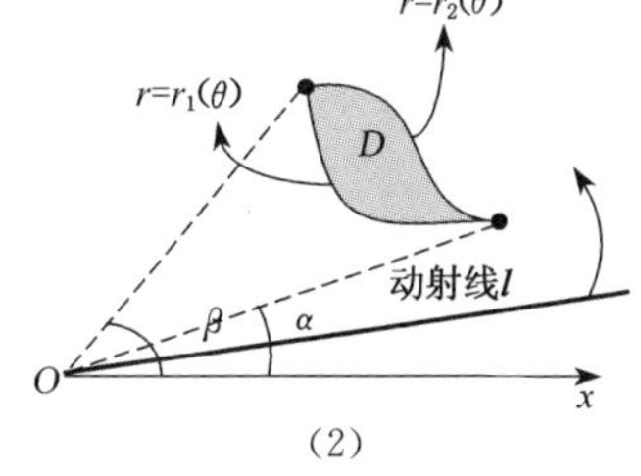

(2)

图 9-21

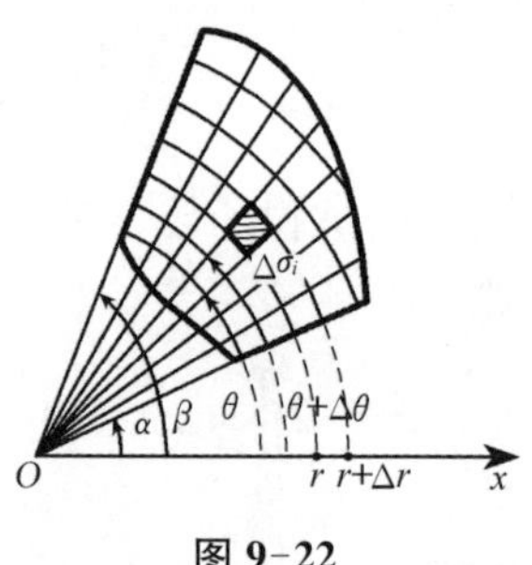

图 9-22

接下来，我们来看如何将直角坐标系下的面积元素 $d\sigma = dxdy$ 转化到极坐标.

由于二重积分存在，根据二重积分的定义，不论对积分区域 D 采用何种分割，积分的值都保持不变. 因此采用如下特殊的分割：

如图 9-22 所示，用一族同心圆：$r=$ 常数，以及从极点发出的一族射线：$\theta=$ 常数把 D 分割成若干个小区域，用 $\Delta\sigma$ 表示图示阴影小区域的面积，则 $\Delta\sigma$ 可以近似地表示为

$$\Delta\sigma = \frac{1}{2}(r+\Delta r)^2\Delta\theta - \frac{1}{2}r^2\Delta\theta = r\Delta r\Delta\theta + \frac{1}{2}\Delta r^2\Delta\theta \approx r\Delta r\Delta\theta.$$

因此由微元法，**极坐标系下的面积元素**

$$d\sigma = r dr d\theta.$$

从而得到直角坐标系与极坐标系下二重积分的转换公式为

$$\iint_D f(x, y)d\sigma = \iint_D f(r\cos\theta, r\sin\theta) r dr d\theta.$$

结合由(9.3)式确定的定限不等式得极坐标下的累次积分

$$\iint_D f(x, y)d\sigma = \int_\alpha^\beta \left[\int_{r_1(\theta)}^{r_2(\theta)} f(r\cos\theta, r\sin\theta) r dr\right] d\theta,$$

也记作

$$\iint_D f(x, y)d\sigma = \int_\alpha^\beta d\theta \int_{r_1(\theta)}^{r_2(\theta)} f(r\cos\theta, r\sin\theta) r dr.$$

【例 7】 计算积分 $\iint_D e^{x^2+y^2} d\sigma$，其中 D 是圆域 $x^2+y^2 \leqslant 1$.

解 积分区域 D 如图 9-23，极坐标系下定限不等式组为 $\begin{cases} 0 \leqslant r \leqslant 1 \\ 0 \leqslant \theta \leqslant 2\pi \end{cases}$,

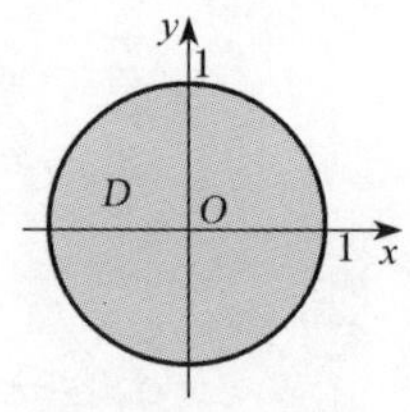

图 9-23

因此，

$$\iint_D e^{x^2+y^2} d\sigma = \int_0^{2\pi} d\theta \int_0^1 e^{r^2} r dr = 2\pi\left(\frac{1}{2}e^{r^2}\right)\Big|_0^1$$
$$= \pi(e-1).$$

三、二重积分的简单应用

由上节知道，$\iint\limits_D \mathrm{d}x\mathrm{d}y$ 表示积分区域的面积. 若 $f(x, y)$ 在区域 D 上非负，则 $\iint\limits_D f(x, y)\mathrm{d}x\mathrm{d}y$ 在几何上表示以 $z=f(x, y)$ 为顶曲面，D 为底的曲顶柱体的体积；在物理上表示在点 (x, y) 处面密度为 $\rho=f(x, y)$ 的平面薄板的质量.

【例 8】 计算如下平面图形的面积：位于 x 轴上方，直线 $y=x$ 下方，圆 $x^2+y^2=4$ 的外部，圆 $(x-2)^2+y^2=4$ 的内部.

解 显然采用极坐标比较方便. 除 x 轴外，其它边界曲线的极坐标方程是 $\theta=\dfrac{\pi}{4}$，$r=2$，$r=4\cos\theta$.

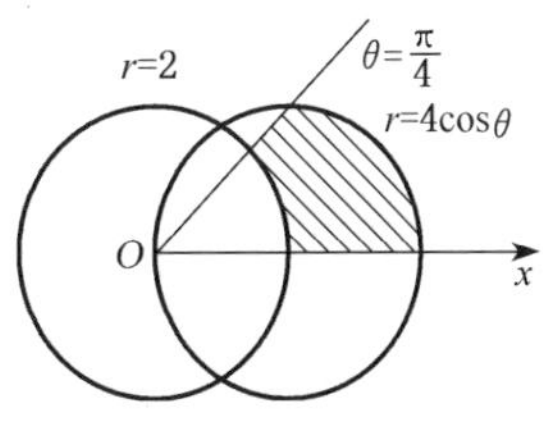

图 9-24

该平面图形如图 9-24 所示，它的面积 $A=\iint\limits_D \mathrm{d}\sigma=\iint\limits_D r\,\mathrm{d}r\mathrm{d}\theta$，

定限不等式组为 $\quad 0\leqslant\theta\leqslant\dfrac{\pi}{4}$，$\quad D:2\leqslant r\leqslant 4\cos\theta$，

$$A=\int_0^{\frac{\pi}{4}}\mathrm{d}\theta\int_2^{4\cos\theta} r\mathrm{d}r=\int_0^{\frac{\pi}{4}}\frac{1}{2}(16\cos^2\theta-4)\mathrm{d}\theta=\frac{\pi+4}{2}.$$

【例 9】 一平面薄板形状如图 9-25 中阴影所示的闭区域 D，它是由圆周 $x^2+y^2=4$，$x^2+y^2=1$ 以及直线 $y=0$，$y=x$ 所围成的在第一象限内的部分. 若在点 (x, y) 处面密度为 $\rho=\left(\dfrac{y}{x}\right)^2$，求该平面薄板的质量 M.

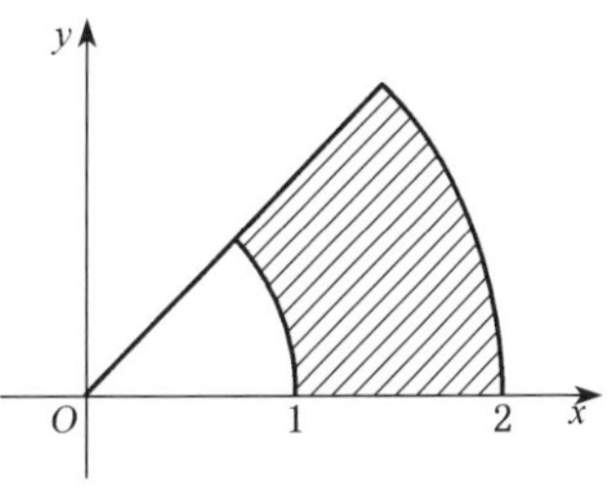

图 9-25

解 由二重积分的的物理意义，平面薄板质量

$$M=\iint\limits_D\left(\frac{y}{x}\right)^2\mathrm{d}\sigma=\int_0^{\frac{\pi}{4}}\mathrm{d}\theta\int_1^2(\tan^2\theta)r\mathrm{d}r=\int_0^{\frac{\pi}{4}}(\sec^2\theta-1)\mathrm{d}\theta\int_1^2 r\mathrm{d}r$$
$$=\frac{3}{2}\left(1-\frac{\pi}{4}\right).$$

【例 10】 计算由柱面 $x^2+y^2=1$，旋转抛物面 $z=2-(x^2+y^2)$ 及 xOy 面所围成曲顶柱体的体积.

解 由二重积分的几何意义知，曲顶柱体体积

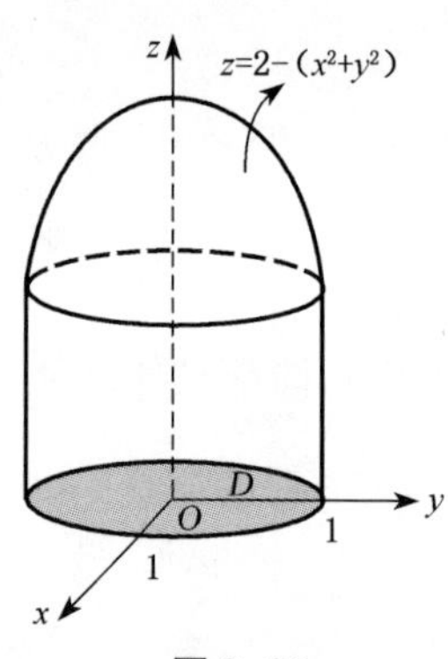

图 9-26

$$V=\iint_D [2-(x^2+y^2)]\mathrm{d}\sigma,$$

其中 D 是如图 9-26 所示的圆形区域，因此宜采用极坐标计算二重积分. D 的定限不等式组是

$$D: 0\leqslant\theta\leqslant 2\pi,\ 0\leqslant r\leqslant 1,$$

故所求体积 $V=\int_0^{2\pi}\mathrm{d}\theta\int_0^1(2-r^2)r\mathrm{d}r=\frac{3}{2}\pi.$

习题 9-2

1. 将二重积分 $I=\iint_D f(x,\ y)\mathrm{d}\sigma$ 化为二次积分，其中 D 为：

(1) $x+y=1,\ x=0,\ y=0$ 围成；　(2) $y=1+x,\ y=1-x,\ y=0$ 围成.

2. 计算下列二重积分：

(1) $\iint_D 2xy\mathrm{d}x\mathrm{d}y$, D 由 $y=1-x^2$ 与 $y=0$ 所围；

(2) $\iint_D \cos(x+y)\mathrm{d}\sigma$, D 是顶点为 $O(0,\ 0)$, $A(0,\ \frac{\pi}{2})$ 和 $B(\frac{\pi}{2},\ \frac{\pi}{2})$ 的三角形；

(3) 计算二重积分 $\iint_D (3x^2+y)\mathrm{d}x\mathrm{d}y$, D 是由抛物线 $y=x$ 和 $y^2=x$ 所围成的区域.

(4) $\iint_D \mathrm{e}^{2(x^2+y^2)}\mathrm{d}\sigma$, 其中 D 是圆域 $x^2+y^2\leqslant 1$；

(5) $\iint_D \arctan\frac{y}{x}\mathrm{d}x\mathrm{d}y$, 其中 D 是圆环域 $1\leqslant x^2+y^2\leqslant 4$ 在第一象限部分；

(6) $\iint_D \sqrt{x^2+y^2}\mathrm{d}\sigma$, D 由 $x^2+y^2=2x$ 与 $x^2+y^2=2y$ 所围成.

3. 交换积分次序并计算 $\int_0^1\mathrm{d}x\int_{\sqrt{x}}^1\mathrm{e}^{\frac{x}{y}}\mathrm{d}y$.

4. 计算由曲面 $z=2-\sqrt{x^2+y^2}$ 与半球面 $z=x^2+y^2$ 与所围成的立体 Ω 的体积.

5. 设有一平面薄板 D, 其中 $D=\{(x,\ y)\mid\leqslant x^2+y^2\leqslant 2y,\ x\geqslant 0\}$, 其上任一点 $(x,\ y)$ 的面密度为 $\rho(x,\ y)=xy$, 求该平面薄板的质量.

第九章　习题答案

习题 9-1

1. $\iint_D (2-x^2-y^2)\mathrm{d}\sigma$

2. $\frac{20}{3}\pi$；　3. (1) $I_1\leqslant I_2$；(2) $I_1\geqslant I_2$；

4. (1) $4\leqslant I\leqslant 24$；(2) $2\pi\leqslant I\leqslant 14\pi$.

习题 9-2

1. (1) $\int_0^1 dx\int_0^{1-x} f(x, y)dy$

(2) $\int_0^1 dy\int_{y-1}^{1-y} f(x, y)dx$.

2. (1) 0；(2) 0；(3) $\frac{4}{21}$；(4) $\frac{\pi}{2}(e^2-1)$；(5) $\frac{3}{16}\pi^2$；(6) $\frac{32-20\sqrt{2}}{9}$.

3. $\frac{1}{2}$.　　4. $\frac{5}{6}\pi$；　　5. $\frac{39}{32}$.

第十章　无 穷 级 数

无穷级数简称级数，它与数列极限有着紧密的联系，是表示函数、研究函数的性质以及进行数值计算的一种有效工具. 本章先讨论常数项级数，介绍级数的一些基本性质，然后讨论函数项级数，重点讨论幂级数以及如何将函数展开成幂级数的问题.

第一节　常数项级数的定义与性质

一、定义

定义 1　设有数列 $\{u_n\}$，把它的各项依次相加，所得的式子

$$u_1 + u_2 + \cdots + u_n + \cdots$$

称为**常数项无穷级数**，或称为**数项级数**，u_n 是级数的第 n 项也称为**一般项**或**通项**. 上式通常记作 $\sum\limits_{n=1}^{\infty} u_n$. 利用已有的级数，构造一个新的数列：部分和数列$\{S_n\}$，其中

$$S_1 = u_1,\ S_2 = u_1 + u_2,\ S_3 = u_1 + u_2 + u_3,\ \cdots,\ S_n = u_1 + u_2 + \cdots + u_n;$$

S_n 也称为级数 $\sum\limits_{n=1}^{\infty} u_n$ 的前 n 项和，且有 $S_n - S_{n-1} = u_n$.

定义 2　设$\{S_n\}$是级数 $\sum\limits_{n=1}^{\infty} u_n$ 的部分和数列，若极限 $\lim\limits_{n\to\infty} S_n$ 存在，设其为 S，即

$$\lim_{n\to\infty} S_n = \lim_{n\to\infty}(u_1 + u_2 + \cdots + u_n) = S$$

称级数 $\sum\limits_{n=1}^{\infty} u_n$ 收敛，称极限值 S 为级数 $\sum\limits_{n=1}^{\infty} u_n$ 的和，也称级数 $\sum\limits_{n=1}^{\infty} u_n$ 收敛于 S；记作 $\sum\limits_{n=1}^{\infty} u_n = S$ ；如果 $\lim\limits_{n\to\infty} S_n$ 不存在，称级数 $\sum\limits_{n=1}^{\infty} u_n$ 发散.

注　① 记 $r_n = \sum\limits_{i=n+1}^{\infty} u_i$，称 r_n 为级数的余项；

② 当级数收敛时，因为 $\sum_{n=1}^{\infty} u_n = S$，记 $r_n = \sum_{i=n+1}^{\infty} u_i = \sum_{n=1}^{\infty} u_n - \sum_{i=1}^{n} u_i = S - S_n$，由此不难得出：级数 $\sum_{n=1}^{\infty} u_n$ 收敛 $\Leftrightarrow \lim\limits_{n\to\infty} r_n = 0$；

③ 级数收敛时，若用部分和作近似计算级数的和，即 $S \approx S_n$，则可用余项 $|r_n|$ 估计计算的误差；

④ 由极限存在的唯一性，收敛级数的和 S 是唯一的.

【例 1】 用定义讨论级数 $\frac{1}{1\cdot 2} + \frac{1}{2\cdot 3} + \cdots + \frac{1}{n\cdot(n+1)} + \cdots$ 的敛散性.

解

$$\begin{aligned} S_n &= \frac{1}{1\cdot 2} + \frac{1}{2\cdot 3} + \cdots + \frac{1}{n\cdot(n+1)} \\ &= \left(1 - \frac{1}{2}\right) + \left(\frac{1}{2} - \frac{1}{3}\right) + \cdots + \left(\frac{1}{n} - \frac{1}{n+1}\right) \\ &= 1 - \frac{1}{n+1} \text{（拆项相消）} \end{aligned}$$

因为 $\lim\limits_{n\to\infty} S_n = \lim\limits_{n\to\infty}\left(1 - \frac{1}{n+1}\right) = 1$，所以级数收敛且和为 1，

即级数收敛于 1，或 $\sum_{n=1}^{\infty} \frac{1}{n\cdot(n+1)} = 1$.

【例 2】 用定义讨论级数 $\sum_{n=1}^{\infty} q^{n-1}$ 的敛散性.

解 $S_n = 1 + q + q^2 + \cdots + q^{n-1} = \frac{1-q^n}{1-q}, \qquad (q \neq 1)$，

则 $\lim\limits_{n\to\infty} S_n = \lim\limits_{n\to\infty} \frac{1-q^n}{1-q} = \begin{cases} \frac{1}{1-q}, & |q| < 1, \\ \infty, & |q| > 1, \end{cases} \qquad (|q| \neq 1).$

$q = 1$ 时级数为：$1+1+1+\cdots+1+\cdots$，$\lim\limits_{n\to\infty} S_n = \lim\limits_{n\to\infty} n = \infty$，此时级数发散；

$q = -1$ 时级数为：$1-1+1-\cdots+(-1)^{n-1}+\cdots$，则当 $n\to\infty$ 时，$S_{2n} = 0 \to 0$，$S_{2n-1} = 1 \to 1$，故 $\lim\limits_{n\to\infty} S_n$ 不存在，此时级数也发散.

综上讨论，有 $\sum_{n=1}^{\infty} q^{n-1} = \begin{cases} \frac{1}{1-q}, & |q| < 1, \\ \text{发散}, & |q| \geqslant 1. \end{cases}$

一般地，无穷级数

$$\sum_{n=0}^{\infty} aq^n = a + aq + \cdots + aq^n + \cdots$$

称为**等比级数**（又叫做**几何级数**），其中 $a \neq 0$，q 叫做**级数的公比**，与例 2 的讨论类

似,我们有结论

$$\lim_{n\to\infty}S_n=\begin{cases}\dfrac{a}{1-q}, & |q|<1,\\ \text{发散}, & |q|\geqslant 1.\end{cases}$$

【例 3】 证明调和级数 $\sum\limits_{n=1}^{\infty}\dfrac{1}{n}$ 是发散级数.

证 (反证法)假设级数 $\sum\limits_{n=1}^{\infty}\dfrac{1}{n}$ 是收敛的,部分和为 S_n,则 $\lim\limits_{n\to\infty}S_n=S$;
从而 $\lim\limits_{n\to\infty}S_{2n}=S$,即应有:$\lim\limits_{n\to\infty}(S_{2n}-S_n)=S-S=0$;
但 $S_{2n}-S_n=\dfrac{1}{n+1}+\dfrac{1}{n+2}+\cdots+\dfrac{1}{n+n}>\dfrac{1}{2n}+\dfrac{1}{2n}+\cdots+\dfrac{1}{2n}=\dfrac{1}{2}\not\to 0$
与假设级数收敛矛盾,证得调和级数 $\sum\limits_{n=1}^{\infty}\dfrac{1}{n}$ 发散.

二、性质

级数收敛或发散是由其部分和数列的极限确定的,因此利用极限运算的有关性质,可以推出级数的运算性质.

性质 1 设 k 为非零常数,则 $\sum\limits_{n=1}^{\infty}u_n$ 与 $\sum\limits_{n=1}^{\infty}(ku_n)$ 同时收敛,或同时发散;
特别在级数收敛时,如果 $\sum\limits_{n=1}^{\infty}u_n=S$,则 $\sum\limits_{n=1}^{\infty}(ku_n)=kS$.

证 略.

因此我们得到如下结论:**级数的每一项同乘一个不为零的常数后,它的收敛性不会改变.**

如已知级数 $\sum\limits_{n=1}^{\infty}\dfrac{1}{3^{n-1}}$ 收敛且收敛于 $\dfrac{1}{1-\dfrac{1}{3}}=\dfrac{3}{2}$,则 $\sum\limits_{n=1}^{\infty}\dfrac{4}{3^n}=\dfrac{4}{3}\sum\limits_{n=1}^{\infty}\dfrac{1}{3^{n-1}}=\dfrac{4}{3}\cdot\dfrac{3}{2}=2$.

性质 2 若 $\sum\limits_{n=1}^{\infty}u_n=S,\sum\limits_{n=1}^{\infty}v_n=T$,则 $\sum\limits_{n=1}^{\infty}(u_n\pm v_n)=\sum\limits_{n=1}^{\infty}u_n\pm\sum\limits_{n=1}^{\infty}v_n=S\pm T$ 收敛.

性质 2 也可以说成**收敛级数的逐项和与差构成的新级数仍然收敛.**

【例 4】 判别级数 $\sum\limits_{n=1}^{\infty}\dfrac{2^n+(-1)^n}{3^n}$ 的敛散性.

解 因为级数 $\sum\limits_{n=1}^{\infty}\dfrac{2^n}{3^n}$,$|q|=\dfrac{2}{3}<1$;$\sum\limits_{n=1}^{\infty}\dfrac{(-1)^n}{3^n}$,$|q|=\dfrac{1}{3}<1$;故均为收

敛的级数.

根据性质 2,可知级数 $\sum_{n=1}^{\infty}\frac{2^n+(-1)^n}{3^n}$ 收敛,

且因为 $\sum_{n=1}^{\infty}\frac{2^n}{3^n}=\frac{2}{3}\cdot\frac{1}{1-\frac{2}{3}}=2$, 及 $\sum_{n=1}^{\infty}\frac{(-1)^n}{3^n}=-\frac{1}{3}\cdot\frac{1}{1+\frac{1}{3}}=-\frac{1}{4}$,

所以 $\sum_{n=1}^{\infty}\frac{2^n+(-1)^n}{3^n}=2-\frac{1}{4}=\frac{7}{4}$.

注 ① 逆否命题:如果逐项和的新级数发散,原级数中至少有一个发散;

② 问题:如果两级数逐项和的新级数收敛,是否两个级数一定都收敛?发散级数的逐项和构成的新级数是否一定发散?

反例:级数 $\sum_{n=1}^{\infty}\frac{1}{n}$、$\sum_{n=1}^{\infty}\frac{-1}{n}$ 均发散,但逐项和级数为收敛且收敛到 0.

【例 5】 已知级数 $\sum_{n=0}^{\infty}u_n$ 收敛,$\sum_{n=0}^{\infty}v_n$ 发散,证明级数 $\sum_{n=0}^{\infty}(u_n+v_n)$ 发散.

证 (反证法)记 $w_n=u_n+v_n$,假设级数 $\sum_{n=0}^{\infty}w_n=\sum_{n=0}^{\infty}(u_n+v_n)$ 收敛,

由于级数 $\sum_{n=0}^{\infty}u_n$ 收敛,由性质,级数 $\sum_{n=0}^{\infty}(w_n-u_n)$ 收敛,即 $\sum_{n=0}^{\infty}v_n$ 收敛,矛盾;从而结论得证.

性质 3 在级数中增加或减少有限项不改变级数的敛散性;但在收敛时,级数的和是不同的;

如级数 $\sum_{n=1}^{\infty}\frac{1}{n}$ 是发散,则级数 $\sum_{n=1}^{\infty}\frac{1}{n+10}$ 也发散的;

级数 $\sum_{n=1}^{\infty}\left(\frac{1}{2}\right)^n$ 收敛,则级数 $\sum_{n=-4}^{\infty}\left(\frac{1}{2}\right)^n$ 也收敛.

性质 4 在收敛级数上任意加括号构成的级数仍然收敛,且和不变;

注① 逆否命题:若加括号构成的级数发散,则原级数一定发散;

② 加括号构成的级数收敛,原级数不一定收敛.

如级数

$$\sum_{n=0}^{\infty}(-1)^n=1-1+1-1+\cdots$$

是发散的,但级数

$$(1-1)+(1-1)+\cdots=0,$$
$$1-(1-1)-(1-1)-\cdots=1$$

均是收敛. 这表明级数收敛,但去掉括号后的新级数不一定收敛.

三、级数收敛的必要条件

如果 $\sum\limits_{n=0}^{\infty} u_n$ 收敛，且和为 S，即 $\lim\limits_{n\to\infty} S_n = S$；又 $u_n = S_n - S_{n-1}$，不难得出 $\lim\limits_{n\to\infty} u_n = 0$.

定理 级数 $\sum\limits_{n=0}^{\infty} u_n$ 收敛的必要条件是 $\lim\limits_{n\to\infty} u_n = 0$.

注 ① $\lim\limits_{n\to\infty} u_n = 0$ 是级数收敛的必要条件，不是充分条件；

如级数 $\sum\limits_{n=1}^{\infty} \dfrac{1}{n}$ 是调和级数，虽然有 $\lim\limits_{n\to\infty} u_n = \lim\limits_{n\to\infty} \dfrac{1}{n} = 0$，但 $\sum\limits_{n=1}^{\infty} \dfrac{1}{n}$ 却是一个发散的级数；

② 逆否命题：如果有 $\lim\limits_{n\to\infty} u_n \neq 0$，则 $\sum\limits_{n=0}^{\infty} u_n$ 必发散. 利用 $\lim\limits_{n\to\infty} u_n \neq 0$，可以判断一些发散的级数.

【例 6】 判断级数 $\sum\limits_{n=1}^{\infty} \left(1+\dfrac{\pi}{n}\right)^n$，$\sum\limits_{n=1}^{\infty} n\sin\dfrac{\pi}{n}$ 的敛散性.

解 $\lim\limits_{n\to\infty} u_n = \lim\limits_{n\to\infty} \left(1+\dfrac{\pi}{n}\right)^n = e^{\pi} \neq 0$，

故级数 $\sum\limits_{n=1}^{\infty} \left(1+\dfrac{\pi}{n}\right)^n$ 发散；

$$\lim_{n\to\infty} u_n = \lim_{n\to\infty} n\sin\frac{\pi}{n} = \lim_{n\to\infty} \frac{\sin\dfrac{\pi}{n}}{\dfrac{1}{n}} = \lim_{n\to\infty} \frac{\sin\dfrac{\pi}{n}}{\dfrac{\pi}{n}} \cdot \pi = \pi \neq 0,$$

故级数 $\sum\limits_{n=1}^{\infty} n\sin\dfrac{\pi}{n}$ 发散.

【例 7】 讨论 $-\dfrac{8}{9}+\dfrac{8^2}{9^2}-\dfrac{8^3}{9^3}+\cdots+(-1)^n\dfrac{8^n}{9^n}+\cdots$ 的敛散性.

解 $-\dfrac{8}{9}+\dfrac{8^2}{9^2}-\dfrac{8^3}{9^3}+\cdots+(-1)^n\dfrac{8^n}{9^n}+\cdots$

$= \sum\limits_{n=1}^{\infty} \left(-\dfrac{8}{9}\right)^n = -\dfrac{8}{9} \cdot \dfrac{1}{1+\dfrac{8}{9}} = -\dfrac{8}{17}$ 收敛，且其和为 $-\dfrac{8}{17}$.

习题 10-1

1. 写出下列级数的前五项：

(1) $\sum\limits_{n=1}^{\infty} \dfrac{1+n}{1+n^2}$；　　(2) $\sum\limits_{n=1}^{\infty} \dfrac{(-1)^{n-1}}{5^n}$；　　(3) $\sum\limits_{n=1}^{\infty} \dfrac{1}{(2n)2^{2n-1}}$.

2. 写出下列级数的一般项：

(1) $1+\frac{1}{3}+\frac{1}{5}+\frac{1}{7}+\cdots$；　　(2) $\frac{2}{1}-\frac{3}{2}+\frac{4}{3}-\frac{5}{4}+\frac{6}{5}-\cdots$.

3. 根据级数收敛与发散的定义，判别下列级数的敛散性：

(1) $\sum_{n=1}^{\infty}\frac{1}{n(n+2)}$；　　(2) $\sum_{n=1}^{\infty}(\sqrt{n+1}-\sqrt{n})$.

4. 利用级数的性质，判别下列级数的敛散性：

(1) $\sum_{n=1}^{\infty}\frac{3^n+2^n}{6^n}$；　　(2) $\sum_{n=1}^{\infty}\frac{n}{2n+1}$.

第二节　常数项级数的审敛法

一、正项级数审敛法

一般的常数项级数，它的各项可以是正数、负数、或者为零. 级数 $\sum_{n=1}^{\infty}u_n$（$u_n\geqslant 0$）称为**正项级数**，而 $\sum_{n=1}^{\infty}v_n$（$v_n\leqslant 0$）则为负项级数；由于 $\sum_{n=1}^{\infty}(-v_n)$ 与 $\sum_{n=1}^{\infty}v_n$ 有相同的敛散性，因此我们只讨论正项级数的敛散性，以及它们的审敛法. 这种级数非常重要，以后将看到许多级数的收敛性问题都可以归结为正项级数的收敛性问题.

定理 1　正项级数 $\sum_{n=1}^{\infty}u_n$ 收敛的充要条件是级数的部分和数列 $\{S_n\}$ 有界.

证　$\Rightarrow$ 由于级数 $\sum_{n=1}^{\infty}u_n$ 收敛，由定义即极限 $\lim_{n\to\infty}S_n$ 存在；根据数列极限的性质，数列 $\{S_n\}$ 有界，即 $|S_n|\leqslant M$ 对所有的 n 成立.

$\Leftarrow$ 已知数列 $\{S_n\}$ 有界，因为 $\sum_{n=1}^{\infty}u_n$ 是正项级数，故 $S_n\leqslant S_{n+1}$，即数列 $\{S_n\}$ 是单调的，从而由极限存在准则，$\lim_{n\to\infty}S_n$ 存在，即级数 $\sum_{n=1}^{\infty}u_n$ 收敛.

【例 1】　证明 p-级数 $\sum_{n=1}^{\infty}\frac{1}{n^p}$ 在 $p>1$ 时收敛.

解　$\sum_{n=1}^{\infty}\frac{1}{n^p}$ 是正项级数，只需要证明 $p>1$ 时，部分和数列 $\{S_n\}$ 有界：

$$S_n<S_{2n+1}=1+\frac{1}{2^p}+\frac{1}{3^p}+\cdots+\frac{1}{(2n)^p}+\frac{1}{(2n+1)^p}$$

$$=1+\left(\frac{1}{2^p}+\frac{1}{4^p}+\cdots+\frac{1}{(2n)^p}\right)+\left(\frac{1}{3^p}+\frac{1}{5^p}+\cdots+\frac{1}{(2n-1)^p}+\frac{1}{(2n+1)^p}\right)$$

$$< 1 + \left(\frac{1}{2^p} + \frac{1}{4^p} + \cdots + \frac{1}{(2n)^p}\right) + \left(\frac{1}{2^p} + \frac{1}{4^p} + \cdots + \frac{1}{(2n-2)^p} + \frac{1}{(2n)^p}\right)$$

$$< 1 + 2\left(\frac{1}{2^p} + \frac{1}{4^p} + \cdots + \frac{1}{(2n)^p}\right) = 1 + \frac{1}{2^{p-1}}\left(1 + \frac{1}{2^p} + \cdots + \frac{1}{n^p}\right)$$

$$= 1 + \frac{1}{2^{p-1}}S_n,$$

即 $S_n < 1 + \frac{1}{2^{p-1}}S_n$，可得 $S_n < \frac{2^{p-1}}{2^{p-1}-1}$，这是个常数.

我们记 $M = \frac{2^{p-1}}{2^{p-1}-1}$，

则有 $0 < S_n < M$ 对所有的 n 成立，表明数列 $\{S_n\}$ 有界，从而级数 $\sum_{n=1}^{\infty}\frac{1}{n^p}$ 在 $p > 1$ 时收敛.

定理 2(比较审敛法)　设 $\sum_{n=1}^{\infty}u_n$、$\sum_{n=1}^{\infty}v_n$ 都是正项级数，则

(1) 若 $u_n \leqslant v_n$ ($n = 1, 2, 3, \cdots$)，且 $\sum_{n=1}^{\infty}v_n$ 收敛，则 $\sum_{n=1}^{\infty}u_n$ 也收敛；

(2) 若 $u_n \geqslant v_n$ ($n = 1, 2, 3, \cdots$)，且 $\sum_{n=1}^{\infty}v_n$ 发散，则 $\sum_{n=1}^{\infty}u_n$ 也发散.

证　(1) 因为 $\sum_{n=1}^{\infty}v_n$ 收敛，由定理 1，部分和序列 $\{T_n\}$ 有界，即 $T_n \leqslant M$ ($n = 1, 2, 3, \cdots$)；

又因为 $u_n \leqslant v_n$ 对所有的 n 都成立，且 $\sum_{n=1}^{\infty}u_n$ 的部分和为 $\{S_n\}$，

则

$$S_n = u_1 + u_2 + \cdots + u_n \leqslant v_1 + v_2 + \cdots + v_n = T_n \leqslant M,$$

表明部分和序列 $\{S_n\}$ 有界，从而由定理 1，级数 $\sum_{n=1}^{\infty}u_n$ 收敛.

注　实际上定理 2 中的不等式只要从某个 N 开始满足即可.

【例 2】　讨论 p-级数 $\sum_{n=1}^{\infty}\frac{1}{n^p}$ 的敛散性.

解　已知调和级数 $\sum_{n=1}^{\infty}\frac{1}{n}$ 是发散的；由例 1 可知，当 $p > 1$ 时，级数 $\sum_{n=1}^{\infty}\frac{1}{n^p}$ 收敛；

故只需考虑 $p < 1$ 的情形.

当 $p < 1$ 时，$n^p < n$，$\frac{1}{n^p} > \frac{1}{n}$，

根据定理 2，当 $p<1$ 时，级数 $\sum_{n=1}^{\infty}\frac{1}{n^p}$ 发散，

由此得到重要的结论：p-级数 $\sum_{n=1}^{\infty}\frac{1}{n^p}=\begin{cases}\text{收敛}, & p>1,\\ \text{发散}, & p\leqslant 1.\end{cases}$

【例 3】 利用 p-级数的敛散性以及比较审敛法，判别下列级数的敛散性.

(1) $\sum_{n=1}^{\infty}\frac{1}{n^2}$；　(2) $\sum_{n=1}^{\infty}\frac{1}{\sqrt{n}}$；　(3) $\sum_{n=1}^{\infty}\frac{1}{\sqrt{n}(n+1)}$；　(4) $\sum_{n=1}^{\infty}\frac{n+2}{n(n+1)}$.

解 (1) $p=2>1$，所以级数 $\sum_{n=1}^{\infty}\frac{1}{n^2}$ 收敛；

(2) $p=\frac{1}{2}<1$，所以级数 $\sum_{n=1}^{\infty}\frac{1}{\sqrt{n}}$ 发散；

(3) 由于 $\frac{1}{\sqrt{n}(n+1)}\leqslant\frac{1}{\sqrt{n}\cdot n}=\frac{1}{n^{\frac{3}{2}}}$，$p=\frac{3}{2}>1$，故级数 $\sum_{n=1}^{\infty}\frac{1}{n^{\frac{3}{2}}}$ 收敛；

根据比较审敛法，级数 $\sum_{n=1}^{\infty}\frac{1}{\sqrt{n}(n+1)}$ 也收敛；

(4) $\frac{n+2}{n(n+1)}>\frac{n+1}{n(n+1)}=\frac{1}{n}$，$p=1$，级数 $\sum_{n=1}^{\infty}\frac{1}{n}$ 发散，

根据比较审敛法，级数 $\sum_{n=1}^{\infty}\frac{n+2}{n(n+1)}$ 也发散.

推论 （比较审敛法的极限形式）设 $\sum_{n=1}^{\infty}u_n$、$\sum_{n=1}^{\infty}v_n$ 都是正项级数，且 $\lim_{n\to\infty}\frac{u_n}{v_n}=l$，则

(1) 当 $0<l<+\infty$ 时，$\sum_{n=1}^{\infty}u_n$、$\sum_{n=1}^{\infty}v_n$ 具有相同的敛散性；

(2) 当 $l=0$ 时，由 $\sum_{n=1}^{\infty}v_n$ 收敛可以得到 $\sum_{n=1}^{\infty}u_n$ 也收敛；

(3) 当 $l=+\infty$ 时，由 $\sum_{n=1}^{\infty}v_n$ 发散可以得到 $\sum_{n=1}^{\infty}u_n$ 也发散.

证 略.

用比较审敛法审敛时，需要适当地选取一个已知其收敛性的级数 $\sum_{n=1}^{\infty}v_n$ 作为比较的基准，最常选用作基准级数的是等比级数和 p 级数.

【例 4】 讨论级数 $\sum_{n=1}^{\infty}\sin\frac{1}{n}$ 与 $\sum_{n=1}^{\infty}\ln\left(1+\frac{1}{n^2}\right)$ 敛散性.

解 注意到 $\sin x\sim x$，$\ln(1+x)\sim x\ (x\to 0)$，

则由于 $\lim\limits_{n\to\infty}\dfrac{\sin\dfrac{1}{n}}{\dfrac{1}{n}}=1$，$\lim\limits_{n\to\infty}\dfrac{\ln\left(1+\dfrac{1}{n^2}\right)}{\dfrac{1}{n^2}}=1$

$\sum\limits_{n=1}^{\infty}\sin\dfrac{1}{n}$ 与 $\sum\limits_{n=1}^{\infty}\dfrac{1}{n}$ 同敛散，因为 $\sum\limits_{n=1}^{\infty}\dfrac{1}{n}$ 发散，故 $\sum\limits_{n=1}^{\infty}\sin\dfrac{1}{n}$ 也发散；

$\sum\limits_{n=1}^{\infty}\ln\left(1+\dfrac{1}{n^2}\right)$ 与 $\sum\limits_{n=1}^{\infty}\dfrac{1}{n^2}$ 同敛散，因为 $\sum\limits_{n=1}^{\infty}\dfrac{1}{n^2}$ 收敛. 故 $\sum\limits_{n=1}^{\infty}\ln\left(1+\dfrac{1}{n^2}\right)$ 也收敛.

定理 3 （比值审敛法，达朗贝尔判别法）设 $\sum\limits_{n=1}^{\infty}u_n$ 是正项级数，$\lim\limits_{x\to+\infty}\dfrac{u_{n+1}}{u_n}=\rho$，则

(1) $\rho<1$ 时，级数 $\sum\limits_{n=1}^{\infty}u_n$ 收敛；

(2) $\rho>1$（或 $\lim\limits_{x\to+\infty}\dfrac{u_{n+1}}{u_n}=\infty$）时，级数 $\sum\limits_{n=1}^{\infty}u_n$ 发散.

证 略.

注 ① 如果 $\rho=1$，则比值审敛法失效，可改用定理 1 或 2 进行判别；

② 用比值审敛法时，必须求出比值的极限 ρ，再根据 ρ 进行判别.

【例 5】 讨论级数 $\sum\limits_{n=1}^{\infty}\dfrac{2^n n!}{n^n}$，$\sum\limits_{n=1}^{\infty}\dfrac{n-1}{n(n+1)}$ 的敛散性.

解 $\sum\limits_{n=1}^{\infty}\dfrac{2^n n!}{n^n}$：

$u_n=\dfrac{2^n n!}{n^n}$，$u_{n+1}=\dfrac{2^{n+1}(n+1)!}{(n+1)^{n+1}}$，

$$\lim_{n\to\infty}\frac{u_{n+1}}{u_n}=\lim_{n\to\infty}\frac{2^{n+1}(n+1)!}{(n+1)^{n+1}}\cdot\frac{n^n}{2^n n!}=\lim_{n\to\infty}\frac{2n^n}{(n+1)^n}=2\lim_{n\to\infty}\frac{1}{\left(1+\dfrac{1}{n}\right)^n}$$

$$=\frac{2}{\mathrm{e}}<1,$$

所以级数 $\sum\limits_{n=1}^{\infty}\dfrac{2^n n!}{n^n}$ 收敛；

$\sum\limits_{n=1}^{\infty}\dfrac{n-1}{n(n+1)}$：$u_n=\dfrac{n-1}{n(n+1)}$，$u_{n+1}=\dfrac{n}{(n+1)(n+2)}$，

$$\lim_{n\to\infty}\frac{u_{n+1}}{u_n}=\lim_{n\to\infty}\frac{n}{(n+1)(n+2)}\cdot\frac{n(n+1)}{n-1}=\lim_{n\to\infty}\frac{n^2}{(n-1)(n+2)}$$

$$=\lim_{n\to\infty}\frac{1}{\left(1-\dfrac{1}{n}\right)\left(1+\dfrac{2}{n}\right)}=1.$$

比值法失效，改用比较法判别：

$$u_n=\frac{n-1}{n(n+1)}>\frac{n-1}{n^2+2n-3}=\frac{n-1}{(n-1)(n+3)}=\frac{1}{n+3}\ (n>3),$$

而 $\sum\limits_{n=3}^{\infty}\frac{1}{n+3}$ 发散，则 $\sum\limits_{n=1}^{\infty}\frac{1}{n+3}$ 发散，故原级数 $\sum\limits_{n=1}^{\infty}\frac{n-1}{n(n+1)}$ 发散.

二、绝对收敛与条件收敛

定义 1 设 $\sum\limits_{n=1}^{\infty}u_n$ 为任意项级数，如果正项级数 $\sum\limits_{n=1}^{\infty}|u_n|$ 收敛，则称级数 $\sum\limits_{n=1}^{\infty}u_n$ 为**绝对收敛**；如果正项级数 $\sum\limits_{n=1}^{\infty}|u_n|$ 发散，但级数 $\sum\limits_{n=1}^{\infty}u_n$ 本身收敛则称级数 $\sum\limits_{n=1}^{\infty}u_n$ 为**条件收敛**.

【例 6】 讨论 $\sum\limits_{n=1}^{\infty}\frac{\sin n\alpha}{2^n}$ 是否绝对收敛.

解 级数 $\sum\limits_{n=1}^{\infty}\frac{\sin n\alpha}{2^n}$ 是一个任意项级数.

对于正项级数 $\sum\limits_{n=1}^{\infty}\left|\frac{\sin n\alpha}{2^n}\right|$，因为有 $\left|\frac{\sin n\alpha}{2^n}\right|\leqslant\frac{1}{2^n}$，而 $\sum\limits_{n=1}^{\infty}\frac{1}{2^n}$ 收敛，根据正项级数的比较审敛法，$\sum\limits_{n=1}^{\infty}\left|\frac{\sin n\alpha}{2^n}\right|$ 收敛，由定义，级数 $\sum\limits_{n=1}^{\infty}\frac{\sin n\alpha}{2^n}$ 为绝对收敛.

定理 4 绝对收敛的级数自身一定收敛，即如果级数 $\sum\limits_{n=1}^{\infty}|u_n|$ 收敛，则级数 $\sum\limits_{n=1}^{\infty}u_n$ 一定收敛.

证 构造级数 $\sum\limits_{n=1}^{\infty}v_n$，其中 $v_n=\frac{1}{2}(|u_n|+u_n)=\begin{cases}u_n, & u_n>0,\\ 0, & u_n\leqslant 0,\end{cases}$

则 $v_n\leqslant|u_n|$，且 $\sum\limits_{n=1}^{\infty}v_n$ 是正项级数；

因为级数 $\sum\limits_{n=1}^{\infty}|u_n|$ 收敛，故由正项级数的比较审敛法，级数 $\sum\limits_{n=1}^{\infty}v_n$ 收敛，且 $\sum\limits_{n=1}^{\infty}2v_n$ 收敛；

根据性质“收敛级数的逐项和构成的级数仍然收敛”，可知级数 $\sum\limits_{n=1}^{\infty}(2v_n-|u_n|)$ 收敛，即 $\sum\limits_{n=1}^{\infty}u_n$ 收敛.

注 ① 根据定理 5,对于绝对收敛的级数,只需要使用正项级数的审敛法即可,从而相当的一类级数的敛散性的讨论转为正项级数敛散性的讨论.

② 一般如果 $\sum_{n=1}^{\infty}|u_n|$ 发散,推不出级数 $\sum_{n=1}^{\infty}u_n$ 一定发散.

③ 绝对收敛的级数的许多性质是条件收敛的级数所不具备的,如任意调整原级数中项的位置后的新级数仍然收敛,且和不变.

三、交错级数审敛法

所谓交错级数是级数的各项是正负交替的,从而可以写成这样的形式:

$$u_1-u_2+u_3-u_4+\cdots$$

或

$$-u_1+u_2-u_3+u_4+\cdots$$

其中 $u_1, u_2, \cdots$ 都是正数,我们来证明关于交错级数的一个审敛法.

定理 6 (莱布尼兹审敛法)设交错级数为 $\sum_{n=1}^{\infty}(-1)^{n-1}u_n\ (u_n>0)$满足条件:

(1) $u_n>u_{n+1}, n=1, 2, 3, \cdots$;

(2) $\lim\limits_{n\to\infty}u_n=0$;

则 $\sum_{n=1}^{\infty}(-1)^{n-1}u_n$ 收敛,若其和为 S, 则 $S\leqslant u_1$, 余项 $|r_n|\leqslant u_{n+1}$.

证 由定义欲证明级数 $\sum_{n=1}^{\infty}(-1)^{n-1}u_n$ 收敛,只要证明极限 $\lim\limits_{n\to\infty}S_n$ 存在.

由于 $u_n>u_{n+1}$, 则 $u_{2n}-u_{2n+2}>0$, 从而

$$S_{2n+2}=S_{2n}+(u_{2n+1}-u_{2n+2})>S_{2n},$$

表明数列 $\{S_{2n}\}$ 单调递增,且

$$S_{2n}=u_1-(u_2-u_3)-(u_4-u_5)-\cdots-(u_{2n-2}-u_{2n-1})-u_{2n}<u_1,$$

数列 $\{S_{2n}\}$ 有界,从而 $\lim\limits_{n\to\infty}S_{2n}=S\leqslant u_1$;

由条件(2) $\lim\limits_{n\to\infty}u_n=0$, 则有

$$\lim_{n\to\infty}S_{2n+1}=\lim_{n\to\infty}(S_{2n}+u_{2n+1})=S\leqslant u_1,$$

可得 $\lim\limits_{n\to\infty}S_n=S\leqslant u_1$

$$|r_n|=|u_{n+1}-u_{n+2}+u_{n+3}-\cdots|=|u_{n+1}-(u_{n+2}-u_{n+3})-\cdots|\leqslant u_{n+1}$$

注 交错级数属于非正项级数. 讨论非正项级数的收敛性时应指出是绝对收敛还是条件收敛. 首先讨论是否绝对收敛? 当非绝对收敛时,再讨论是否条件收

敛,或发散.

【例 7】 讨论交错级数 $\sum_{n=1}^{\infty}(-1)^{n-1}\frac{1}{n^p}$ 的敛散性.

解 $\sum_{n=1}^{\infty}\frac{1}{n^p}$：$p>1$ 时收敛，$p\leqslant 1$ 时发散;故原级数 $\sum_{n=1}^{\infty}(-1)^{n-1}\frac{1}{n^p}$ 在 $p>1$ 时绝对收敛;

$p\leqslant 1$ 时,讨论交错级数 $\sum_{n=1}^{\infty}(-1)^{n-1}\frac{1}{n^p}$ 的敛散性：$u_n=\frac{1}{n^p}$

(1) $0<p\leqslant 1$ 时，$n^p<(n+1)^p$，$\frac{1}{n^p}>\frac{1}{(n+1)^p}$，

且 $\lim\limits_{n\to\infty}u_n=\lim\limits_{n\to\infty}\frac{1}{n^p}=0$，故 $\sum_{n=1}^{\infty}(-1)^{n-1}\frac{1}{n^p}$ 收敛;

(2) $p\leqslant 0$ 时，$\lim\limits_{n\to\infty}u_n=\lim\limits_{n\to\infty}\frac{1}{n^p}\neq 0$，故级数 $\sum_{n=1}^{\infty}(-1)^{n-1}\frac{1}{n^p}$ 发散;

所以原级数在 $p>1$ 时绝对收敛，$0<p\leqslant 1$ 时条件收敛，$p\leqslant 0$ 时发散.

习题 10-2

1. 用比较审敛法或其极限形式判别下列级数的敛散性:

(1) $\sum_{n=1}^{\infty}\frac{1}{2n-1}$;　　(2) $\sum_{n=1}^{\infty}\frac{1+n}{1+n^2}$;

(3) $\sum_{n=1}^{\infty}\frac{1}{(n+1)(n+4)}$;　　(4) $\sum_{n=1}^{\infty}\frac{n+1}{n(n+2)}$.

2. 用比值审敛法判别下列级数的敛散性:

(1) $\sum_{n=1}^{\infty}\frac{n^2}{3^n}$;　　(2) $\sum_{n=1}^{\infty}\frac{3^n}{n!2^n}$;　　(3) $\sum_{n=1}^{\infty}\frac{2^n\cdot n!}{n^n}$.

3. 判别下列级数是否收敛,如果收敛,指出是绝对收敛还是条件收敛.

(1) $1-\frac{1}{\sqrt{2}}+\frac{1}{\sqrt{3}}-\frac{1}{\sqrt{4}}+\cdots$;　　(2) $\sum_{n=1}^{\infty}(-1)^{n-1}\frac{n}{3^{n-1}}$;

(3) $\frac{1}{2}-\frac{8}{4}+\frac{27}{8}-\frac{64}{16}+\cdots$.

第三节 幂 级 数

一、函数项级数

设 $u_1(x)$，$u_2(x)$，$\cdots$，$u_n(x)$，$\cdots$ 是定义在同一集合 I 上的函数列,称

$$u_1(x)+u_2(x)+\cdots+u_n(x)+\cdots=\sum_{n=1}^{\infty}u_n(x)$$

为定义在集合 I 上的**(函数项)无穷级数**,简称**(函数项)级数**,集合 I 称为函数项级数的定义域.

例如,

$$\sum_{n=1}^{\infty}x^{n-1}=1+x+x^2+\cdots+x^n+\cdots$$

是定义在区间 $(-\infty,+\infty)$ 上的函数项级数.

任意 $x_0\in I$, 常数项级数

$$u_1(x_0)+u_2(x_0)+\cdots+u_n(x_0)+\cdots=\sum_{n=1}^{\infty}u_n(x_0),$$

如果收敛,则称 x_0 为级数 $\sum\limits_{n=1}^{\infty}u_n(x)$ 的收敛点;若级数 $\sum\limits_{n=1}^{\infty}u_n(x_0)$ 发散,称 x_0 为级数 $\sum\limits_{n=1}^{\infty}u_n(x)$ 的发散点;收敛点的全体的集合 D 称为级数 $\sum\limits_{n=1}^{\infty}u_n(x)$ 的收敛域,而发散点的集合 $\widetilde{D}$ 称为级数 $\sum\limits_{n=1}^{\infty}u_n(x)$ 的发散域.

在收敛域 D 内任意一点 x,级数 $\sum\limits_{n=1}^{\infty}u_n(x)$ 均收敛,且其和 S 与所取的点 x 有关,记作 $S=S(x)$, 即

$$\sum_{n=1}^{\infty}u_n(x)=S(x),\ x\in D;$$

$S(x)$ 称为级数 $\sum\limits_{n=1}^{\infty}u_n(x)$ 的和函数,其定义域为级数 $\sum\limits_{n=1}^{\infty}u_n(x)$ 的收敛域 D.
$S_n(x)=u_1(x)+u_2(x)+\cdots+u_n(x)$ 称为函数项级数的部分和,
$r_n(x)=u_{n+1}(x)+u_{n+2}(x)+\cdots$ 称为函数项级数的余项,
在级数的收敛点, $\lim\limits_{n\to\infty}S_n(x)=S(x)$,$\lim\limits_{n\to\infty}r_n(x)=0$,$x\in D$.

二、幂级数及其收敛性

函数项级数中最简单而常见的一类级数就是**幂级数**,它的形式是

$$a_0+a_1x+a_2x^2+\cdots+a_nx^n+\cdots$$

或简记作 $\sum\limits_{n=0}^{\infty}a_nx^n$, 其中常数 a_0, a_1, a_2, $\cdots$, a_n, $\cdots$ 叫做幂级数的**系数**.

关于幂级数主要解决两个方面的问题：其一，幂级数的收敛性及求和函数；其二，如何将函数展开成幂级数.

【例 1】 讨论幂级数 $1+x^2+x^3+\cdots+x^n+\cdots=\sum\limits_{n=0}^{\infty}x^n$ 的敛散性.

解 其定义域为 $(-\infty,+\infty)$，

对于每一个确定的 x，作为等比级数 $1+x^2+x^3+\cdots+x^n+\cdots$

已知 $1+x^2+x^3+\cdots+x^n+\cdots=\begin{cases}\dfrac{1}{1-x}, & |x|<1,\\ \text{发散}, & |x|\geqslant 1,\end{cases}$

即 $1+x^2+x^3+\cdots+x^n+\cdots=\sum\limits_{n=0}^{\infty}x^n=\dfrac{1}{1-x}$，$|x|<1$.

注 ① 此幂级数的和函数 $S(x)=\dfrac{1}{1-x}$ 的定义域仅仅为 $|x|<1$；

② 此幂级数的收敛点的分布是集中在一个对称区间内.

定理 1 设幂级数为 $\sum\limits_{n=0}^{\infty}a_nx^n$，则

(1) 若 $x=x_0$ 时，级数 $\sum\limits_{n=0}^{\infty}a_nx_0^n$ 收敛，则对于一切满足不等式 $|x|<|x_0|$ 的所有的 x，级数 $\sum\limits_{n=0}^{\infty}a_nx^n$ 均收敛，且为绝对收敛；

(2) 若 $x=x_1$ 时，级数 $\sum\limits_{n=0}^{\infty}a_nx_1^n$ 发散，则对于一切满足不等式 $|x|>|x_1|$ 的所有的 x，级数 $\sum\limits_{n=0}^{\infty}a_nx^n$ 均发散.

证 略

注 ① 在定理 1 中，必有 $|x_1|>|x_0|$；

② 取 x_2，使得 $|x_0|<|x_2|<|x_1|$，如果级数 $\sum\limits_{n=0}^{\infty}a_nx_2^n$ 收敛，由定理 1，$|x|<|x_2|$ 时的所有的 x，级数 $\sum\limits_{n=0}^{\infty}a_nx^n$ 均收敛，且为绝对收敛；再取 $|x_2|<|x_3|<|x_1|$，…，若级数 $\sum\limits_{n=0}^{\infty}a_nx_2^n$ 发散，由定理 1，$|x|>|x_2|$ 时的所有的 x，级数均发散；再取 $|x_0|<|x_3|<|x_2|$，… 最终总存在一个正数 R，使得当 $|x|<R$ 时，级数 $\sum\limits_{n=0}^{\infty}a_nx^n$ 收敛且绝对收敛；当 $|x|>R$ 时，级数 $\sum\limits_{n=0}^{\infty}a_nx^n$ 发散；称 R 为幂级数的收敛半径，幂级数的收敛区间 $(-R,R)$；

③ 注意到，在收敛区间的定义中，并未涉及到在收敛区间端点 $x=\pm R$ 的敛散

性，因此端点 $x=\pm R$ 的敛散性必须另行讨论；在讨论端点 $x=\pm R$ 的敛散性后，幂级数的收敛域可能为：$(-R, R)$、$[-R, R]$、$(-R, R]$、$[-R, R)$；

④ 若幂级数 $\sum_{n=0}^{\infty} a_n x^n$ 只有唯一的收敛点 $x=0$，规定 $R=0$；幂级数 $\sum_{n=0}^{\infty} a_n x^n$ 在定义域 $(-\infty, +\infty)$ 内点点收敛时，规定 $R=+\infty$，收敛域为 $(-\infty, +\infty)$.

定理 2 设幂级数 $\sum_{n=0}^{\infty} a_n x^n$，且 $\lim_{n\to\infty} \frac{|a_{n+1}|}{|a_n|}=\rho$，则

(1) $\rho \neq 0$ 时，$R=\frac{1}{\rho}$；

(2) $\rho=0$ 时，$R=+\infty$；(3) $\rho=+\infty$ 时，$R=0$.

证 对于每个确定的 x，$\sum_{n=0}^{\infty} |a_n x^n|$ 是正项级数，根据比值审敛法，由于

$$\lim_{n\to\infty} \frac{|a_{n+1} x^{n+1}|}{|a_n x^n|}=|x| \lim_{n\to\infty} \frac{|a_{n+1}|}{|a_n|}=|x| \rho,$$

所以 $|x|\rho<1$ 时，$\sum_{n=0}^{\infty} |a_n x^n|$ 收敛，$|x|\rho>1$ 时，$\sum_{n=0}^{\infty} |a_n x^n|$ 发散；

即 $|x|<\frac{1}{\rho}$ 时，级数 $\sum_{n=0}^{\infty} a_n x^n$ 为绝对收敛；

$|x|>\frac{1}{\rho}$ 时，$\sum_{n=0}^{\infty} |a_n x^n|$ 发散(注意此时 $\sum_{n=0}^{\infty} |a_n x^n|$ 的发散是由比值审敛法判定的)，可以推出，级数 $\sum_{n=0}^{\infty} a_n x^n$ 发散；

即 $|x|<\frac{1}{\rho}$ 时，$\sum_{n=0}^{\infty} a_n x^n$ 为绝对收敛；$|x|>\frac{1}{\rho}$ 时，级数 $\sum_{n=0}^{\infty} a_n x^n$ 发散；

按照定义，$R=\frac{1}{\rho}$.

$\rho=0$ 时，$\lim_{n\to\infty} \frac{|a_{n+1} x^{n+1}|}{|a_n x^n|}=|x| \lim_{n\to\infty} \frac{|a_{n+1}|}{|a_n|}=|x| \rho \equiv 0<1$，即对所有的 x 级数 $\sum_{n=0}^{\infty} |a_n x^n|$ 均收敛，从而 $R=+\infty$；

$\rho=+\infty$ 时，要使 $\lim_{n\to\infty} \frac{|a_{n+1} x^{n+1}|}{|a_n x^n|}=|x| \lim_{n\to\infty} \frac{|a_{n+1}|}{|a_n|}<1$，只有 $x=0$，表明级数 $\sum_{n=0}^{\infty} a_n x^n$ 仅仅有一个收敛的点 $x=0$，从而 $R=0$.

【例 2】 求幂级数 $\frac{2}{2}x+\frac{2^2}{5}x^2+\frac{2^3}{10}x^3+\cdots+\frac{2^n}{n^2+1}x^n+\cdots$ 的收敛区间.

解 $\frac{2}{2}x+\frac{2^2}{5}x^2+\frac{2^3}{10}x^3+\cdots+\frac{2^n}{n^2+1}x^n+\cdots=\sum_{n=1}^{\infty}\frac{2^n}{n^2+1}x^n$，$a_n=\frac{2^n}{n^2+1}$

$\rho=\lim_{n\to\infty}\frac{|a_{n+1}|}{|a_n|}=\lim_{n\to\infty}\frac{2^{n+1}}{(n+1)^2+1}\cdot\frac{n^2+1}{2^n}=2$，故 $R=\frac{1}{2}$；

收敛区间为 $\left(-\frac{1}{2},\frac{1}{2}\right)$.

【例 3】 求幂级数 $\sum_{n=1}^{\infty}\frac{2^{2n-1}}{n\sqrt{n}}(x+1)^n$ 的收敛区间.

解 $a_n=\frac{2^{2n-1}}{n\sqrt{n}}$，

$\rho=\lim_{n\to\infty}\frac{|a_{n+1}|}{|a_n|}=\lim_{n\to\infty}\frac{2^{2n+1}}{(n+1)\sqrt{n+1}}\cdot\frac{n\sqrt{n}}{2^{2n-1}}=4$，故 $R=\frac{1}{4}$；

所以收敛区间为 $\left(-\frac{5}{4},-\frac{3}{4}\right)$.

注 ① $\sum_{n=0}^{\infty}a_nx^n$ 的收敛区间关于 $x=0$ 对称；而 $\sum_{n=0}^{\infty}a_n(x-x_0)^n$ 的收敛区间关于 $x=x_0$ 对称；

② 若幂级数中的 x 的幂次有间隔，不能用以上的方法求 R，而是直接利用比值法，由 $\lim_{n\to\infty}\frac{|u_{n+1}(x)|}{|u_n(x)|}<1$ 解出 $|x|<R$.

【例 4】 求幂级数 $\sum_{n=0}^{\infty}\frac{(2n)!}{(n!)^2}x^{2n}$ 的收敛半径.

解 由 $\lim_{n\to\infty}\frac{(2n+2)!x^{2n+2}}{[(n+1)!]^2}\cdot\frac{(n!)^2}{(2n)!x^{2n}}=x^2\lim_{n\to\infty}\frac{(2n+1)(2n+2)}{(n+1)^2}=4x^2<1$，

得 $|x|<\frac{1}{2}$，所以 $R=\frac{1}{2}$.

三、幂级数的运算

1. 四则运算

若幂级数 $\sum_{n=0}^{\infty}a_nx^n$，$\sum_{n=0}^{\infty}b_nx^n$ 分别在 $(-R^*,R^*)$、$(-R',R')$ 内收敛，则在 $(-R,R)$ 内可以进行以下的四则运算，其中 $R=\min\{R^*,R'\}$.

$$\sum_{n=0}^{\infty}a_nx^n\pm\sum_{n=0}^{\infty}b_nx^n=\sum_{n=0}^{\infty}(a_n\pm b_n)x^n.$$

定理 3 设幂级数为 $\sum_{n=0}^{\infty}a_nx^n$，收敛半径为 R，和函数为 $S(x)$，即 $S(x)=$

$\sum\limits_{n=0}^{\infty} a_n x^n$，$(-R, R)$，则和函数 $S(x)$ 在$(-R, R)$内满足：

(1) $S(x)$ 在$(-R, R)$内连续；

(2) $S(x)$ 在$(-R, R)$内可积，而且可以逐项积分，即

$$\int_0^x S(x)\mathrm{d}x = \sum_{n=0}^{\infty} a_n \int_0^x x^n \mathrm{d}x = \sum_{n=0}^{\infty} \frac{a_n}{n+1} x^{n+1},\ x \in (-R, R);$$

(3) $S(x)$在$(-R, R)$内可导，而且可以逐项求导，即

$$S'(x) = \left(\sum_{n=0}^{\infty} a_n x^n\right)' = \sum_{n=0}^{\infty} a_n (x^n)' = \sum_{n=1}^{\infty} n a_n x^{n-1},\ x \in (-R, R).$$

【例 5】 求幂级数 $\sum\limits_{n=1}^{\infty} \dfrac{2n-1}{2^n} x^{2n-2}$ 的和函数，$x \in (-\sqrt{2}, \sqrt{2})$，并求 $\sum\limits_{n=1}^{\infty} \dfrac{2n-1}{2^n}$ 的和.

解 根据条件，当 $x \in (-\sqrt{2}, \sqrt{2})$时，$\sum\limits_{n=1}^{\infty} \dfrac{2n-1}{2^n} x^{2n-2}$ 收敛，设其和函数为$S(x)$，

即 $S(x) = \sum\limits_{n=1}^{\infty} \dfrac{2n-1}{2^n} x^{2n-2}$，在 $(-\sqrt{2}, \sqrt{2})$ 内可以逐项积分，

$$\begin{aligned}
\text{则} \int_0^x S(x)\mathrm{d}x &= \sum_{n=1}^{\infty} \frac{2n-1}{2^n} \int_0^x x^{2n-2} \mathrm{d}x = \sum_{n=1}^{\infty} \frac{2n-1}{2^n(2n-1)} x^{2n-1} \Big|_0^x \\
&= \sum_{n=1}^{\infty} \frac{2n-1}{2^n(2n-1)} x^{2n-1} = \sum_{n=1}^{\infty} \frac{1}{2^n} x^{2n-1} = \sum_{n=1}^{\infty} \frac{1}{(\sqrt{2})^{2n}} x^{2n-1} \\
&= \frac{1}{\sqrt{2}} \sum_{n=1}^{\infty} \left(\frac{x}{\sqrt{2}}\right)^{2n-1} = \frac{1}{\sqrt{2}} \left(\frac{x}{\sqrt{2}} + \left(\frac{x}{\sqrt{2}}\right)^3 + \left(\frac{x}{\sqrt{2}}\right)^5 + \cdots\right) \\
&= \frac{x}{2} \left(1 + \left(\frac{x}{\sqrt{2}}\right)^2 + \left(\frac{x}{\sqrt{2}}\right)^4 + \cdots\right) \\
&= \frac{x}{2} \cdot \frac{1}{1 - \left(\frac{x}{\sqrt{2}}\right)^2} = \frac{x}{2 - x^2},\quad \left|\frac{x}{\sqrt{2}}\right| < 1,
\end{aligned}$$

即 $x \in (-\sqrt{2}, \sqrt{2})$.

求得 $\int_0^x S(x)\mathrm{d}x = \dfrac{x}{2-x^2}$；两边关于 x 求导，则 $S(x) = \dfrac{2-x^2+2x^2}{(2-x^2)^2} = \dfrac{2+x^2}{(2-x^2)^2}$，即

$$\sum_{n=1}^{\infty}\frac{2n-1}{2^n}x^{2n-2}=S(x)=\frac{2+x^2}{(2-x^2)^2}\qquad x\in(-\sqrt{2},\sqrt{2}),$$

令 $x=1$，则 $x\in(-\sqrt{2},\sqrt{2})$，有 $\sum\limits_{n=1}^{\infty}\frac{2n-1}{2^n}=S(1)=\frac{2+1^2}{(2-1^2)^2}=3$.

习题 10-3

1. 求下列幂级数的收敛半径：

(1) $\sum\limits_{n=1}^{\infty}nx^n$； (2) $\sum\limits_{n=1}^{\infty}(-1)^n\frac{x^n}{n^2}$； (3) $\sum\limits_{n=1}^{\infty}\frac{x^n}{n(n+1)}$.

2. 求下列幂级数的收敛区间：

(1) $\sum\limits_{n=1}^{\infty}10^n\cdot x^n$； (2) $\sum\limits_{n=1}^{\infty}\frac{2^n}{n^2+1}x^n$； (3) $\sum\limits_{n=1}^{\infty}\frac{(-1)^n}{(2n+1)}x^{2n+1}$；

(4) $\sum\limits_{n=1}^{\infty}\frac{(2x+1)^n}{n}$.

3. 求下列幂级数的和函数：

(1) $x+\frac{x^2}{2}+\frac{x^3}{3}+\cdots+\frac{x^n}{n}+\cdots$； (2) $1+2x+3x^2+\cdots+(n+1)x^n+\cdots$；

(3) $\sum\limits_{n=1}^{\infty}nx^{n-1}$； (4) $\sum\limits_{n=1}^{\infty}(2n+1)x^{2n+1}$.

第十章 习题答案

习题 10-1

1. (1) $\frac{2}{2}+\frac{3}{5}+\frac{4}{10}+\frac{5}{17}+\frac{6}{26}$；(2) $\frac{1}{5}-\frac{1}{5^2}+\frac{1}{5^3}-\frac{1}{5^4}+\frac{1}{5^5}$；(3) $\frac{1}{2\cdot 2}+\frac{1}{4\cdot 2^3}+\frac{1}{6\cdot 2^5}+\frac{1}{8\cdot 2^7}+\frac{1}{10\cdot 2^9}$.

2. (1) $u_n=\frac{1}{2n-1}$；(2) $u_n=(-1)^{n-1}\frac{n+1}{n}$.

3. (1) 收敛；(2) 发散.

习题 10-2

1. (1) 发散；(2) 发散；(3) 收敛；(4) 发散. 2. (1) 收敛；(2) 收敛；(3) 收敛.

3. (1) 收敛；(2) 收敛. 4. (1) 条件收敛；(2) 绝对收敛；(3) 绝对收敛.

习题 10-3

1. (1) $R=1$；(2) $R=1$；(3) $R=1$. 2. (1) $\left(-\frac{1}{10},\frac{1}{10}\right)$；(2) $\left(-\frac{1}{2},\frac{1}{2}\right)$；(3) $(-1,1)$；(4) $(-1,0)$.

3. (1) $-\ln(1-x)$ $(-1\leqslant x<1)$；(2) $\frac{1}{(x-1)^2}$ $(|x|<1)$；(3) $\frac{1}{(1-x)^2}$ $(|x|<1)$；

(4) $S(x)=\frac{x(1+x^2)}{(1-x^2)^2}$ $(-1<x<1)$.

参 考 文 献

[1] 同济大学应用数学系.高等数学(本科少学时类型)上册.北京:高等教育出版社,2001.
[2] 同济大学应用数学系.高等数学(本科少学时类型)下册.北京:高等教育出版社,2001.
[3] 陈庆华.高等数学.北京:高等教育出版社,1999.
[4] 张学山.高等数学.北京:高等教育出版社,2011.
[5] 吴赣昌.高等数学. 北京:中国人民大学出版社,2009.
[6] 王东升,周泰文.新编高等数学题解.武昌:华中科技大学出版社,2004.